发酵工业原料炼制原理与应用

陈洪章　付小果　著

科学出版社

北　京

内 容 简 介

要建立节粮、节水、节能和环保的发酵工业，首先面临的是发酵原料的炼制问题。本书通过深入分析发酵工业原料炼制的共性问题，结合多年生物质原料高值化炼制研究基础，提出“发酵工业原料炼制”的理念，从“过程集成”和“结构与功能”角度，梳理了发酵工业原料炼制的科学原理，根据发酵原料的结构特点和目标产物的要求，将发酵原料预处理——组分分离提升到依据产品功能要求的选择性结构拆分过程，并系统阐述了淀粉类、糖类、木质纤维素类、有机废水以及城市生活垃圾等典型发酵原料的多组分分层多级炼制思路与发酵工业炼制模式，为实现资源节约、环境友好的发酵工业提供理论基础与技术支撑。

本书可供发酵工程、生物工程、生物技术等领域的研究生和其他研究人员阅读，也可供发酵相关企业的技术和管理人员参考。

图书在版编目(CIP)数据

发酵工业原料炼制原理与应用/陈洪章，付小果著. —北京：科学出版社，2012

ISBN 978-7-03-034836-4

Ⅰ.①发… Ⅱ.①陈… ②付… Ⅲ.①发酵工业-原料-高等学校-教材 Ⅳ.①TQ920.4

中国版本图书馆 CIP 数据核字(2012)第 127962 号

责任编辑：杨向萍 陈 婕 孙 青 / 责任校对：张怡君
责任印制：张 倩 / 封面设计：耕者设计工作室

科学出版社出版
北京东黄城根北街 16 号
邮政编码：100717
http://www.sciencep.com

骏杰印刷厂印刷

科学出版社发行 各地新华书店经销

*

2012 年 6 月第 一 版 开本：B5(720×1000)
2012 年 6 月第一次印刷 印张：19
字数：372 000

定价：65.00 元

(如有印装质量问题，我社负责调换)

前　言

随着化石原料的日益枯竭和人们对环保问题的关注，发酵工业体系可持续发展成为学术界与产业界的热点问题。现有的发酵工业是以粮食为主要生产原料的产业之一，发酵工业产品品种的增加和生产规模的迅速扩张必然增加粮食的消耗，导致粮食安全问题。1995 年，发酵工业的 5 个行业生产产品 133 万 t，消耗粮食约 301 万 t；而 2010 年发酵工业产品总产量已达 1683 万 t，是 1995 年产量的 12.65 倍，同时粮食消耗也相应增加。我国是一个人均耕地面积少的国家，人均粮食消费量不到 400kg，因此降低粮食消耗是重要的战略问题。

随着发酵工业产品品种的增加和生产规模的迅速扩张，发酵工业中废水、废渣污染的问题越来越突出，存在组分利用单一、提炼技术单一、耗水、耗能等问题，这些问题导致原料利用率低、环境污染，严重制约发酵工业自身的生存与发展。据统计，在我国工业废水 COD 排放总量中，轻工行业工业废水占 65%，其中发酵工业废水排放量仅次于造纸工业而稳居第二，成为一个大的污染工业。发酵工业成为一个大的污染工业，主要是因为发酵工业原料利用过程缺乏系统性理论指导，存在组分利用单一、提炼技术单一等问题。

几十年来，人们对待发酵工业的废水、废渣采用的是“末端治理技术”，出发点在于治理，即对产品生产过程所产生的废水采用各种技术进行治理，以求排放废水达到对环境无害的技术标准。实践证明，这是一种消极的、治标不治本的方法，特别是对大量的发酵工业原料利用中产生的高浓度有机废水，难以根治。末端治理技术是少量产出的技术，工程建设资金投入大，特别是昂贵的日常运行费用使企业难以负担，且生产规模越大越难以承受，既影响企业的正常发展，又制约发酵工业的发展。

在国家产业政策的正确引导下，发酵工业企业已经逐渐认识到只有提高原料利用率，建立清洁高效的原料预处理、提炼过程，从源头工艺控制、消除污染因素才能降低发酵的综合生产成本，提高企业经济效益，实现原料的利用价值，建立资源节约、环境友好的发酵工业体系。因此，可以说发酵工业首先要面临的是发酵原料的炼制问题。

本书在过程工程理论指导下，通过深入分析发酵工业原料炼制的共性问题，结合多年生物质原料高值化炼制研究基础，提出“发酵工业原料炼制”的理念；从“过程集成”和“结构与功能”角度，梳理了发酵工业原料炼制的科学原理；根据发酵原料的结构特点和目标产物的要求，将发酵原料预处理——组分分离提升到依据产品功能要求的选择性结构拆分过程；并系统阐述了淀粉类、糖类、木质纤维素类、有机废水以及城市生活垃圾等典型发酵原料的多组分分层多级炼制思路与发酵工业炼制模式，为实现资源节约、环境友好的发酵工业提供了理论基础与技术支撑。发酵工业原料炼制技术的发展将扩大发酵原料的范围，并且在很大程度上决定发酵成本和发酵的清洁性，是发酵工业未来的重要研究课题。

作者在该方面的研究得到了国家重点基础研究发展计划（973 计划）(2004CB719700 和 2011CB707400)、国家高技术研究发展计划（863 计划）(SS2012AA022502)、“十二五”国家科技支撑计划（2011BAD22B02）、中国科学院知识创新工程重要方向项目（KGCX2-YW-328）和中国科学院知识创新工程重大项目（KSCX1-YW-11A1）的资助。硕士研究生和博士研究生杨森、李冬敏、刘丽英、徐建、李宏强、丁文勇、邱卫华、彭小伟、靳胜英、孙付保、张志国、迟菲、于彬、王岚、韩业君、宋俊萍、代树华、王洪川、曾薇、翁媛媛、王玉美等在发酵工业原料炼制方面的研究工作是本书得以出版的重要前提。在书稿撰写过程中，付小果硕士参与第 2 章、第 3 章、第 6 章的撰写和汇总，贺芹博士参与第 1 章、第 5 章的撰写，冯权博士参与第 4 章和第 7 章的撰写。同时，本书的撰写参考了大量国内外前辈和同行们撰写的书籍和期刊论文资料，在此一并表示衷心的感谢。

书中有不当之处，诚请读者批评指正，并欢迎来函指导。

陈洪章

2011 年 12 月于北京市中关村北二条 1 号

中国科学院过程工程研究所生化工程国家重点实验室

E-mail：hzchen@home. ipe. ac. cn

目　　录

第 1 章　绪　　论

发酵工业是利用微生物的代谢活动经生物转化实现大宗产品的工业。现代化发酵工业的建立是近 10 年的事情，但古代劳动人民已经在自觉和不自觉地进行着发酵的生产和探讨。

我国是发酵工业的文明古国[1]，甲骨文及钟鼎文字都有“酒”字，这说明 3000 多年前酿酒技术在我国就已经很发达。《战国策·魏策》上记载：“昔者，帝女令仪狄作酒而美，进之禹，禹饮而甘之……”，这讲述的是夏禹和酒的故事，即夏禹饮过仪狄酿的酒后，并没有从此陶醉于酒，而是清醒地预言“后世必有以酒亡其国者”，“遂疏仪狄而绝旨酒”。旨酒是一种较好的甜酒，这说明当时不仅能酿酒而且能酿较好的酒。此外，如酱油、食醋、酱菜等发酵食品都具有悠久的历史。20 世纪 60 年代后，新型发酵工业兴起，以谷氨酸为代表的氨基酸工业、以柠檬酸为代表的有机酸工业、以淀粉酶为代表的酶制剂工业等，加上酿酒工业和酵母制造工业，形成了我国相当规模的发酵工业体系，在国民经济生活中起到了至关重要的作用。

随着发酵工业产品品种的增加和生产规模的迅速扩张，发酵工业中废水、废渣污染的问题越来越突出，存在组分利用单一、提炼技术单一、耗水、耗能等问题，从而导致原料利用率低、环境污染，严重制约发酵工业自身的生存与发展。

本书通过深入分析发酵工业原料炼制的共性问题，结合多年生物质原料高值化炼制研究基础，提出了“发酵工业原料炼制”的理念，梳理了发酵工业原料炼制的科学原理，并系统阐述了淀粉类、糖类、木质纤维素类、有机废水以及城市生活垃圾等典型发酵原料的多组分分层多级炼制思路与发酵工业炼制模式，以期能对发酵工业原料炼制模式的改变与发展起到一定的推动作用。

1.1　发酵工业在国民经济发展中的作用

发酵工业主要可以划分为固态发酵和液态发酵。其中，固态发酵起源于我国[1]，具有几千年的历史；而液态发酵虽然仅有近百年的历史，但是发展迅速，已经成为现代发酵工业的主体[2]。

发酵工业是主要的生物技术产业化部门。随着生物技术向纵深发展，发酵工业将会演变成一个产品众多、门类齐全、技术先进的生物工业。20 世纪 60 年代以前，我国轻工、食品领域的发酵工业主要由酿酒和酿造产品组成，几十年来我国的发酵工业取得了长足进步，随着现代生物技术的崛起，不仅对原有的酿酒和酿造工艺进行了技术改造，还不断开发出以现代生物技术为特征的新型发酵工业[3~5]，已突破传统的酿造和乙醇工业，其产品应用覆盖医药、卫生、轻工、化工、农业、能源、环保等诸多行业，发展出氨基酸、有机酸、酶制剂、抗生素、多元醇、酵母、维生素、功能性活性因子等一大批新兴产业。特别是基因工程和细胞工程等现代生物技术的发展与结合，人们通过细胞水平和分子水平改良或创建微生物新的菌种，使发酵工业的发酵水平大幅度地提高，发酵产品的种类和范围不断增加。至今，发酵工业已形成一个品种繁多、门类齐全、具有相当规模的独立工业体系，在国民经济中占有重要地位，某些产品如味精、柠檬酸年总产量已跃居世界首位[6]。

1.1.1 发酵工业产品类型

发酵工业已经深入到国民经济的各个部门，我国的发酵工业已经为国内和国际市场提供了多种大宗产品，如调味品、高活性干酵母、淀粉和淀粉糖、有机酸、饲料添加剂等[2,7]。此外，近 10 多年来发展成产业化生产的具有特种功能的发酵制品，如低聚糖类、真菌多糖类、糖醇类、活性肽类、微生物制剂以及生物防腐剂等，满足了不同人群的保健需求。其产品类型常见的有以下 15 种[8]。

1）酿酒

酿酒是人类利用微生物发酵最早的领域，是微生物工业的母体工业。目前，全世界饮料酒产量约 2 亿 t，其商品产量和产值在微生物工业中均占首位。饮料酒以含糖原料（果汁、甘蔗汁、蜂蜜等）和淀粉质原料（米、麦、高粱、玉米、红薯、土豆等）经酿造加工而成，其中起重要作用的是霉菌和酵母，前者将淀粉转化成糖，后者将糖转化为乙醇。饮料酒分发酵酒和蒸馏酒两大类，发酵酒有啤酒、白酒、葡萄酒、黄酒等，蒸馏酒有白酒、白兰地、金酒等。

2）发酵食品

发酵食品是人类很早以前利用微生物发酵的又一领域。天然食品经微生物（包括细菌、霉菌和酵母）适度发酵后，产生各种风味物质，使之味道更好，并有利于储存。根据功能的不同，发酵食品分为发酵主食品、发酵副食品、发酵调味品和发酵乳制品等。发酵主食品有面包、馒头、包子、发面饼等；发酵副食品有火腿、发酵香肠、豆腐乳、泡菜、咸菜等；发酵调味品有酱、酱油、食醋等；发酵乳制品有奶酒、干酪、酸奶等。

3）有机酸

乙酸和乳酸的生产和利用，在人们认识微生物之前就开始了。饮料酒在有氧条件下自然放置可制成醋，牛奶酸败可制成酸奶。而有机酸工业，则是随着现代发酵技术的建立而逐渐形成的。

霉菌和细菌都具有生产有机酸的能力，其生产方法可分为两类：一类是以碳水化合物和碳氢化合物为原料的中间代谢产物发酵；另一类是以糖、糖醇、醇、有机酸等为原料的生物转化发酵。采用发酵法生产的有机酸主要有乙酸、丙酸、丙酮酸、乳酸、丁酸、延胡索酸、苹果酸、酒石酸、衣康酸、柠檬酸、异柠檬酸、葡萄糖酸、抗坏血酸、水杨酸、乙酰丙酸等。

4）醇及有机溶剂

可用微生物发酵法生产的醇类和溶剂有乙醇、丙酮丁醇、异丙醇、甘油、丁二醇、二羟丙酮、甘露糖醇、阿拉伯糖醇、木糖醇等。

5）酶制剂

酶是一种生物催化剂，它具有专一性强、催化效率高等特点，能在常温和低浓度下催化复杂的生化反应。没有酶，就没有生物体的一切生命活动。动物、植物、微生物都具有细胞原生质分泌的各种特异的酶，借以催化各种生化反应，并呈现各种生命现象。微生物发酵的过程都是在各种酶的催化作用下完成的。

中国酒曲是世界上最早的微生物粗酶制剂，其中含淀粉酶、蛋白酶、脂肪酶和酒化酶等。19 世纪末，日本人高峰让吉从米曲霉中提取到高峰淀粉酶，这是利用微生物生产酶制剂的开端。

生物界已发现的酶有数千种，用微生物发酵法生产的酶有上百种，主要有糖化酶、淀粉酶、异淀粉酶、转化酶、异构酶、纤维素酶[9]、蛋白酶、脂肪酶等。

6）氨基酸

氨基酸是构成蛋白质的基本化合物，也是营养学中极为重要的物质。自从 20 世纪 50 年代日本人木下祝郎成功地用发酵法获得谷氨酸以来，几乎所有的氨基酸均可用发酵法生产。目前，氨基酸中产量最大的为谷氨酸，其余产量较少，主要有赖氨酸、精氨酸、蛋氨酸、亮氨酸等[10]。

7）核酸类物质

核酸的单体是核苷酸，由含氮碱基、戊糖与磷酸三部分组成，若仅由前两部分组成则称为核苷。核苷的生产始于 20 世纪 60 年代，最早的产品是鲜味剂肌苷酸和鸟苷酸。此后，发现很多核酸类物质如肌苷、腺苷、三磷酸腺苷等具有特殊的疗效且用途在不断扩大，促进了核苷酸类物质的生产。

8）抗生素

抗生素是由微生物产生的具有生理活性的物质，它不但可以抑制其他微生物的生长与代谢，有的还可以抑制癌细胞的生长，抑制抗血纤维蛋白溶酶作用。自 1928 年弗莱明发现青霉素以来，至今已发现的抗生素有 6000 余种，其中绝大多数来源于微生物，由微生物生产的医用抗生素已达上千种，如青霉素、链霉素、红霉素、土霉素等。

9）生理活性物质

生理活性物质是指促进或抑制某些生化反应，使生物维持正常的生命活动的一类物质，如激素、赤霉素等。

10）微生物菌体产品

微生物菌体产品是指发酵的目标产物是微生物本身。按用途不同，微生物菌体产品可分为以下 5 类：

（1）活性干酵母，包括面包活性干酵母和酿酒活性干酵母。

（2）活性乳酸菌制剂，它是直接食用的可用于改善人体肠道的微生物生态菌系。

（3）食用和药用酵母，包括作为营养强化剂或添加剂的普通食用酵母、用于普通协助消化的药用酵母，以及具有特殊功效或治疗作用的富集酵母。

（4）饲用单细胞蛋白，作为饲用蛋白质，其粗蛋白含量高达 80%。生产单细胞蛋白的原料非常广泛，包括糖质、淀粉质、纤维质以及工农业生产废弃物等可再生的资源，也可利用甲烷、甲醇、乙醇、乙酸和正烷烃等石油化工产品。

（5）其他菌体产品，如食用菌、药用真菌、某些工业用粗酶制剂等。

11）生物农药和生产增产剂

（1）微生物杀虫剂，如病毒杀虫剂、细菌杀虫剂、真菌杀虫剂、动物杀虫剂等。

（2）防治植物病害微生物，如细菌、放线菌、真菌等。

（3）生物除草剂，如环己酰胺、双丙磷 A、谷氨酰胺合成酶等。

（4）生物增产剂，如固氮菌、钾细菌、磷细菌、抗生素制剂等，作为农业生产的辅助肥料和抗菌增产剂等。

12）生物能

乙醇是替代石油的可再生能源。甲烷是微生物利用有机废弃物厌氧发酵的产物。其他生物能有微生物产氢、微生物燃料电池以及藻类产油等。

13）环境净化

自然界本身就存在碳和氮的循环，而微生物对生物物质的排泄及尸体的分解起重要的作用。利用生物技术处理生产和生活中的有机废弃物，加速分解过程的进行，对环境卫生做出很大的贡献。

（1）厌氧处理。在厌氧条件下，微生物利用分解废弃物中的碳水化合物、蛋白质和脂肪等有机物质产生沼气，在治理环境的同时，获得一定的能量，另外发酵后的残渣还可作为肥料。

（2）好氧处理。利用好氧性的微生物使有机物氧化，最终将有机物分解成二氧化碳和水。

（3）特殊处理。利用微生物对某些有害物质，如酚、有机氮、有机磷等进行生物降解处理，消除或降低有害物质对人类环境的影响。

14）微生物冶金工业

微生物冶金工业包括利用微生物探矿、冶金、石油脱硫等。

15）医药产品发酵工业

医药产品发酵工业指利用微生物生产干扰素、白介素等。

1.1.2 发酵工业发展历程

几千年前，人们就利用发酵技术来生产产品，如白酒、黄酒等，当时人们并不知道微生物与发酵的关系，对发酵的原因根本不清楚，只是依靠口传心授，一代代地传授着这种发酵的工艺，这个时期可以被称为自然发酵时期。虽然这一时期没有形成大规模的发酵工业，但这些经验对后来微生物学的发展以及发酵工业的建立发挥了重要的作用。

随着显微镜的发明，人们认识到微生物的存在。到了19世纪中叶，巴斯德通过实验发现，原来乙醇发酵是由活的酵母引起的，其他的发酵也是各种微生物作用的结果，从而解开了微生物与发酵之间的关系，使人们对发酵的认识有了质的飞跃。

微生物纯种培养技术的发展开创了人为控制微生物的时代，促进了近代发酵工业的建立。人们通过应用人为控制技术改进发酵工程技术，发明了简便的密闭式发酵罐，初步建立了人工控制环境的发酵系统，使啤酒等生产的腐败现象大大减少，生产规模和发酵效率不断提高，逐渐由手工作坊向大型工业化生产转变。在此基础上，逐渐建立丙酮、丁醇、有机酸、酶制剂等工业，由此，20世纪初，近代发酵工业初步形成。

20世纪40～70年代是近代发酵工业全面发展时期。这一个时期的起始标志是青霉素工业的迅速发展，由此带动了一批微生物次级代谢产品和新的初级代谢产品的开发，开创了好氧发酵工业。

而对现代分子生物技术所获得的基因工程菌、细胞融合所得的“杂交”细胞以及动植物细胞或固定化细胞等的利用标志着发酵工业进入了现代发酵工业时代。

现代发酵工业迅猛发展，所涵盖的产品也从原来的抗生素、食品等几个方面渗透到人民生活的各方面，如医药、保健、农业、环境、能源、材料等。发酵工业是一种以高科技含量为特征的新型工业，近年来，特别是20世纪90年代以来，行业的迅速发展已经使其在食品工业中占有重要地位。发酵工业的迅速发展不仅带动了相关行业的发展，而且对节约粮食、增加食品花色品种、提高产品质量及改善环境等发挥了重要作用。

我国传统发酵历史悠久，在《黄帝内经·素问》、《汤液醪醴论篇》里，已有酿酒的记载。白酒的起源当在元朝以前，尚待考证。酱油的酿造当始自周朝。在汉武帝时代开始有了关于葡萄酒的记载，距今已有 2000 多年的历史。现以常见的发酵产品为例简要介绍我国发酵工业的历史。

1）白酒

中国的酿酒业，距今已有数千年的历史。白酒是我国特有的、具有悠久历史的传统酒种。1949 年，我国白酒的产量只有 10.8 万 t。1996 年，我国白酒产量达到历史高峰，总量达到 801.30 万 t。2011 年，我国白酒的产量为 102.42 亿 L，其中规模较大的有五粮液、茅台、泸州老窖、剑南春、汾酒、古井 6 家公司。

2）黄酒

黄酒是我国最古老的酒种，早在夏、商、周三代就已经大量生产了，并流传至今，据史料记载已有 6000 年历史，目前年产量为 130 万 t 左右。

3）啤酒

我国最早的啤酒厂于 1900 年在哈尔滨建成，1949 年全国啤酒产量仅 7000 余吨，1981 年增至 91 万 t，工厂 200 余家。经过近 20 年的竞争，中国啤酒业逐渐实现了行业内的系统整合。2011 年，山东啤酒产量 64.8 亿 L，同比增长 19.40%，占全国总产量的 13.22%。现在已形成青啤、燕京、华润“三强”鼎立的态势。

1903 年由英德商人合办的“青岛啤酒”，具有 100 多年的啤酒酿造历史，主要致力于高档啤酒的开发。青岛啤酒不仅在国内拥有众多的消费者，而且还销往国际市场，啤酒出口量超过全国出口的 50%，曾连续多次获得国内国际大奖。

地处北京的“燕京啤酒”，是中国啤酒行业的一匹黑马，1981 年在顺义县以 1 万 t 的年产量起步，到 2000 年增至 141 万 t，跃居全国第二，在北京市场的占有率为 85%，天津市场的占有率为 25%。2010 年，“燕京”商标商誉价值总计 245.23 亿元。

4）葡萄酒

1892 年，华侨张弼士在烟台建立酿酒公司，这是我国第一个新型的葡萄酒酿造厂。目前，我国较大规模的葡萄酒工厂已有近 80 家。2010 年葡萄酒年产量约 69.83 万 t。年产万吨以上的有张裕、王朝、华夏、长城、新天酒业、柳河绿源、烟台威龙、烟台中粮等。上述 8 家公司占据约 60%的市场份额，销售收入占整个行业的 70%～80%。

5）酱油和醋

早在 3000 年前我国就已经掌握了酱油和醋的发酵工艺，但数千年来一直沿用传统固态发酵法，直到 20 世纪后才开始采用纯种培养技术生产，设备及酿造方法逐步实现了现代化。目前我国酱油和醋的年产量均居世界前列。

6）酶制剂

我国的酶制剂始于 20 世纪 60 年代，1965 年第一个酶制剂工厂在无锡建立。

目前，酶制剂进入全新的发展阶段，向“高档次、高质量、高水平”方向发展，向专用酶制剂和特种复合酶制剂发展，向新的应用领域发展。酶制剂应用技术将成为发酵工业核心技术。

7）柠檬酸

1965年前后，上海酵母厂首先采用深层发酵法，用薯干直接发酵生产柠檬酸。到2010年，全国柠檬酸年产能已达到100万t以上，占世界的70%左右，年产量达70余万t，占世界的65%左右，年出口量50万t，占世界贸易量的50%以上。

8）微生物制药

1953年5月1日，我国第一家抗生素厂（即后来的上海第三制药厂）在上海青霉素实验所的基础上正式建厂投产，自此我国抗生素生产走上了工业化的道路，以生产青霉素为主。1958年，我国最大的抗生素工厂——华北制药厂亦正式投入生产。在国家产业政策的大力支持下，微生物制药领域发展迅速，我国正逐渐缩短与先进国家的差距，国产药品的不断开发和上市，打破了国外长期垄断中国临床用药的局面。

9）味精

谷氨酸发酵研究成功后首先在上海投入生产。目前，年产味精万吨以上的工厂有17家。2010年，全国味精总产量215.6万t，规模较大的莲花味精集团2010年的销量达23.15万t。

10）基因工程产品

我国已经成功开发了20余种基因工程药物和疫苗。世界上销售额排名前10位的基因工程药物和疫苗，我国已能生产8种。

11）细胞工程产品

紫草、三七等植物细胞可在发酵罐中大规模培养。我国的传统中药涉及5000种左右植物，细胞培养是中药资源开发的一个重要方面。

数千年来由于科学技术进步缓慢，各种微生物工业也未能充分发展。由于历史的原因，我国直到20世纪中期才建立了一系列新的微生物工业。改革开放促进了社会经济和科学技术的迅速发展，发酵工业这门新兴产业得到了重视，自“六五”计划开始，发酵工业在中央和地方的科技发展计划中占了一定份额，经过几个五年计划的科技攻关，产、学、研的技术力量紧密结合，获得了一批重大科研成果，不仅使原有的传统工艺得到技术改造，还发展了一批具有现代生物技术特征的新产品，使发酵工业进入了一个新的发展阶段。

1.1.3 发酵工业发展现状

经过几十年的发展，发酵工业已形成一个完整的工业技术体系。发酵工业应用面广，涉及的行业多，发酵工业的企业众多。据报道，美国生物技术企业有1200多家，西欧有580多家，日本有300多家，而且这个行业还在不断地扩大。

我国生物化工行业经过长期发展，已有一定基础。特别是改革开放以后，生物化工的发展进入了一个崭新的阶段。生物化工产品也涉及医药、保健、农药、食品与饲料、有机酸等各个方面。2006～2010年，我国发酵工业主要产品的总产量保持稳定增长，平均年增长率为15.3%，显示出强大的活力，2010年发酵工业产品总产量达1683万t，同比增长9.3%；工业总产值达1850亿元，同比增长15.6%，其中柠檬酸、酶制剂、淀粉糖、酵母、赖氨酸增幅均超过14%。

我国发酵工业的巨大发展不仅在于产量的巨大提升，更在于发酵技术和发酵工艺的巨大进步。当前发酵技术进步主要表现为：技术经济指标有明显提高，工艺技术有重大改进，装备水平大大改善。发酵行业企业研发投入约占销售收入的4.5%，有的可高达10%以上，获得的专利成果数量也逐年递增。从而带动行业的技术水平不断提高、技术装备日益先进、产品质量大幅提高。“十一五”期间，我国发酵行业出口量持续增长，国际竞争力显著提高。2006～2010年，发酵工业主要产品出口呈现稳定增长的态势，主要产品出口总量年均增长率为19.1%，出口总额年均增长率为20.7%。2010年，我国发酵行业主要产品出口总量约为250万t，出口总额约25亿美元。

1. 中国是发酵工业大国[11]

中国是一个发酵工业大国，主要表现在发酵规模和发酵产品种类上。

1）生产规模大

我国的醋、酱油、啤酒等产量世界第一；抗生素，如青霉素等产量世界第一；维生素C、氨基酸（味精）、有机酸（如柠檬酸）等产量世界第一；也就是说对于传统的发酵工业和大宗发酵产品而言，我国的生产规模位于世界前列。

2）产品种类多

我国的发酵工业产品丰富，其中包括具有本国特色的发酵产品如黄酒等，我国有5000多家发酵企业，相关产业年产值超过2万亿元，约占国民经济的20%。

“十五”期间我国发酵工业产值比“九五”末增长58.5%，产品产量增长102%，出口创汇增长67.5%。进入“十一五”以来，在国家产业政策的指导下，随着科技创新和技术进步的推进，科技推广应用和产业化步伐的加快，发酵产业产品空间进一步拓展、产业链不断延伸，发展前景更加广阔。据统计，2000～2008年发酵产业产品产量从260万t增长到1300万t左右，年均增长率达到22.4%，2008年主要产品出口额约34亿美元，同比增长36.6%，显示出强大的活力。味精、柠檬酸、山梨醇的产量均居世界第一，淀粉糖的产量在美国之后，居世界第二位。在产品结构方面，以味精为代表的老一代发酵产品在行业中的比例逐步下降，其发展速度保持在年均增长 12.0%，2008 年占全部发酵产品产量的 14.2%；而淀粉糖（醇）则异军突起，2000～2008 年年均增长达到 33.6%，其在整个发酵产品中的比例也逐年增高，2008 年占全部发酵产品产量的 54.3%。另外，发酵行业年产洗涤剂用碱性蛋白酶 4.8 万 t，全国约有 30%的洗衣产品添加了酶制剂；在改善环境方面，以柠檬酸钠作为无磷洗衣粉的配料生产的洗衣粉已在国内开始上市；木聚糖酶应用于制浆工业中段，代替了部分漂白粉，减轻氯离子的污染，已在工业试验中获得成功；在农药方面，生物农药品种达 12 种，主要有苏云金杆菌、井冈霉素、赤霉素等，其中，井冈霉素的产量居世界第一位；在医药方面，抗生素得到迅猛发展，青霉素的产量居世界首位。其他生化药物中，初步形成产业化规模的有干扰素、白细胞介素等；在有机酸方面，我国开发的生物法长链二元酸工艺居世界领先地位；在保健品方面，我国已能用生物法生产多种氨基酸、维生素和核酸等；另外，我国生物法丙烯酰胺的生产能力与日本同处于世界领先地位。

我国发酵工业正处于积极发展的良好势头，具有自身的特点，对其在国民经济发展过程中的作用影响重大。

发酵工业产品的增长，不仅丰富了人民的生活，而且使我国的发酵工业在国际上具有举足轻重的地位。我国发酵工业的主要出口产品包括味精、酵母、柠檬酸及柠檬酸盐三类产品。世界年消费味精 120 多万 t，我国占一半以上。柠檬酸年出口量 50 万 t，占世界贸易量的 50%以上。

总之，我国发酵工业的发展已经在食品工业及轻工业中占有一席之地，并在国内经济中发挥着重要的作用。

2. 中国不是发酵工业强国

从规模上讲，我国是发酵大国，但是从发酵能力、投入产出比、产品品质上考察，我国并不是发酵强国。

1）工艺技术落后

我国发酵企业工艺技术相对落后，与同类产品国际水平相比，生产水平低 25%～45%、能耗高 40%、水耗高 55%。例如，我国淀粉生产企业约 400 家，玉米淀粉原料干物收率平均在 90%左右，比国外低 5%～8%，多数工厂副产品回收利用较差。产品结构比较单一，酶制剂行业比较突出，主要以淀粉酶类为主，如 1991 年酶制剂总产量为 9 万 t，其中糖化酶总产量为 7 万 t，占总产量 78%，其他品种只占 22%。近年来结构调整仍变化不大，尤其是糖化酶占总产量比例达 60%以上。表 1.1 为几种代表性发酵产品国内外发酵水平的比较。

表 1.1　发酵产品国内外发酵水平的对比[11]

发酵产品	国内水平	国际水平
谷氨酸	产酸率 12%～13%， 转化率 45%～55%	产酸率 15%～18%， 转化率 60%～65%
维生素 C	糖酸转化率 94%	糖酸转化率 97%
头孢菌素	30000～35000U/mL	40000U/mL 以上
柠檬酸	产酸率 14%～16%	产酸率 25%

从表 1.1 可以看出，我国发酵工业水平与国际水平的差异不仅仅体现为能耗、水耗、转化率、得率上的弱势，在发酵产品纯度上也存在较大的差距。

2）环境污染严重

发酵工业废水的年排放量仅低于造纸行业，居各种废水排放量第二位，我国每年发酵废水排放达 80 亿 m^3，占工业排放总量的 10%，化学需氧量（chemical oxygen demond，COD）排放量高达500 万 t，为工业总排放的 20%。目前三河（辽河、淮河、海河）和三湖（太湖、巢湖、滇池）一带的发酵工厂的废水已初步得到治理，重点工厂已达到了国家规定的排放标准，但是离清洁生产还有较大距离，表现为原料利用率比较低，一般比国外先进水平低 3%～5%。

3）创新品种较少，产品品质不高

产品纯度与国外同行业相比还有一定距离，有些产品国内无法生产或无法达到应用要求，部分产品长期依赖进口。

发酵工业除靠自身的发展取得经济效益外，更重要的是作为一种生物技术，对相关行业的发展有重要的促进作用，对节约国家粮食的消耗、增加品种、提高产品质量以及改善环境等均有重要作用。例如，味精工业的酸法糖化改为双酶法糖化，使转化率从 90%左右提高到 97%～98%，味精总收率提高 4%，全行业年增产味精 2 万多 t，年节约粮食 8 万 t。白酒、乙醇工业采用酶制剂和酿酒用活性干酵母，提高出酒率，节约粮食 20 多万 t。

1.1.4　发酵工业发展趋势

1. 发酵行业将有一个快速发展过程

在未来的 5 年内，发酵行业还将有一个较快的发展过程，最直接的表现即产量的增加。由于人们生活水平的提高，国家重视农产品深加工工业的发展和应用领域的拓展，发酵行业在以下 5 个方面会有较大发展。

1）味精产量增速较快

这几年味精行业的增长速度一直较快，按 2010 年国家统计局统计量为 256.44 万 t，目前又有一些新建的较大规模的企业开始投产，生产能力大幅增加。

2）淀粉糖行业会有更大发展

2010 年，我国淀粉糖总产量 922.8 万 t，关键是如何进一步拓展应用领域，有希望的是在饮料行业和啤酒行业的应用，在其他食品中的应用也在逐渐扩大。

3）以 L-乳酸为代表的其他发酵制品的规模化生产

以 L-乳酸为例，国际上对生物可降解材料聚乳酸的开发力度增加，如美国 1997 年建成了年产 4000t 的中试装置，2000 年扩至 8000t，2001 年更是在此基础上新建了年产 13 万 t 的聚乳酸装置。

随着原油等不可再生资源的逐步减少，世界各地努力开发新型高分子材料，聚乳酸由于其原料的可再生性、生产过程的低污染性而受到广泛关注。聚 L-乳酸（PLLA）类生物降解塑料包括乳酸均聚物和乳酸共聚物。在聚乳酸的分子工程（化学改性）方面，包括共聚、共混、分子修饰等以改变聚乳酸（PLA）的结晶性和亲水性，增加功能基。目前的共聚物有丙交酯与乙交酯、己交酯、乙二醇、赖氨酸等；共混物有 PLA 与聚氨酯、聚甲基丙烯酸甲酯、聚己交酯、纤维素等；分子修饰主要是 PLA 接枝，如接赖氨酸、丙烯酸等。国外在 PLLA 及其共聚物材料的制备与应用方面的专利数以千计，主要集中在美国、欧洲和日本。近年来，随着 PLLA 研究的不断深入和聚合物的产业化，我国的科研机构在 PLA/PLLA 的合成、聚合设备的设计和制作方面取得了一定进展。2011 年，聚乳酸在国内的总产能接近 2 万 t，5 个主要制造商大都在扩大其产能，争取达到万吨级别。未来几年，聚乳酸在中国市场的需求将呈上升趋势，预计在 2015 年将超过 200 万 t。

4）酶制剂

我国酶制剂虽然有 30 多万 t 的产量，但 85％是为酿酒、乙醇、淀粉糖、发酵制品的淀粉糖化服务的品种，其他工业用酶的比例很小，只有少量纺织工业砂洗布用酶，洗涤剂用碱性蛋白酶和果汁加工用果胶酶有小规模生产。随着经济的发展和环保及食品安全的要求提高，酶制剂将进入更多的工业领域。因此酶制剂在今后 10 年将有较大的发展前景。另外，发酵产品和工业乙醇的增产也会带动酶制剂的产量有一定提高。

5）功能性发酵制品

发酵产品中一些具有生理活性的功能性发酵制品的品种将会更多，如无毒可代谢的生物防腐剂、提高免疫力的真菌多糖、用于降血压和助消化的酶解蛋白肽等。总之，在未来 5 年内，发酵行业的发展会很快，将呈现出蓬勃发展的局面。

2. 竞争将更加激烈

从发酵各行业来看，味精行业、柠檬酸行业、酶制剂行业、酵母行业、淀粉糖行业，都已经是相当成熟，行业的技术水平整体相差不多，今后一段时期的产量增幅较大，新增产量的企业规模也很大，实力较强，新增产量进入市场后，对原市场格局会造成很大冲击，最明显的表现就是价格会进一步下滑。总体来看，各行业企业都在利用各种手段不断降低成本，整个行业的利润空间越来越小，而生产能力还在不断扩大，所以今后的竞争将会很残酷。

3. 产业结构将进一步调整

由于激烈的竞争，大多数产品的规模效益会更加体现出来，一些规模小、效益差、没有自身特点的企业将会被淘汰，产业的集中度会越来越高，将进一步形成产业结构自然调整的局面。这对行业的发展并不是一件坏事，因为我国目前的企业规模与国际大企业相比，差距太大，参与国际市场竞争的能力不强，最多只是在某些产品上依靠价格优势在国际市场上有一定影响，但总体实力还不够。今后的这种调整也是很痛苦的，有些条件较差、缺乏竞争力的企业应及早调研、转产或与大厂组合。现在味精、柠檬酸行业正在形成这种局面。淀粉糖行业的调整更是在所难免，随着新技术、新设备、新产品的应用和推广，许多小企业被淘汰，企业生产经营水平和市场信誉得到大幅提高，形成了一批以名牌产品为龙头，跨地区、跨行业且具有较强竞争力的优势企业集团。2007 年以山东省鲁州食品集团有限公司为代表的 6 家企业的品牌荣膺“中国名牌”称号，有力地提高了淀粉糖行业的知名度。

1.2 发酵工业运行框架中的问题

与发达国家相比，我国发酵工业的发展速度和规模受人瞩目，但我国生物化工行业存在着许多问题：我国的生物化工产业主要以医药、轻工、食品业为主，部分企业对生物化工产品大都是精细化工产品这一点了解不够，加之行业规范不完善，导致发酵工业运行过程中产生严重的污染，这集中表现在发酵上游原料利用率低以及发酵过程中产生固体废弃物、水污染、空气污染等方面[12,13]。因此，运行过程中，应选择合适的原料以降低成本与消耗，并加强废物处理，减少环境污染。

1.2.1 发酵工业原料中粮食原料替代的问题

发酵工业是以粮食为主要生产原料的产业之一[7]，发酵工业的发展必然导致粮食消耗的增加。我国是一个人均耕地面积少的国家，人均粮食不到 400kg，因此降低粮食消耗是重要的战略问题[14]。1995 年发酵工业的 5 个行业生产产品 133 万 t，消耗粮食约 301 万 t，而 2010 年发酵工业产品总产量已达 1683 万 t，产量增加了11.65倍，粮食消耗也相应地增加。

随着世界人口的增加，粮食安全问题日益突出[15]，同时发酵工业原料需求不断增大，发酵原料扩展到广泛的非粮原料是一种必然趋势[16]，木质纤维素、甜高粱、葛根、菊芋、有机废水等都成为替代原料的研究热点。由于其资源丰富、可再生性，木质纤维素原料成为最现实可行的天然发酵工业原料[17]。当今世界各发达国家，都把纤维素生物转化作为生物技术领域跨世纪的战略课题来抓。但木质纤维素并不能直接作为发酵糖源，因此，清洁、高效降解木质纤维素制备可发酵糖炼制技术成为国内外研究的热点。从纯生物学的角度看，木质纤维素是不难降解成小分子的，在自然生态循环中无时无刻不在发生此过程。但进行工业生产时，就会出现技术经济难于过关的问题。故至今未能实现将木质纤维素用作生化工程产业原料的美好愿望。显然木质纤维素生物转化技术不仅仅是一个生物学问题，更是一个工程学问题，因为技术经济问题往往不是理论科学家关注的目标，而属于工程科学家研究的范围，是发酵工程学科中最具挑战性的课题。正如青霉素的大工业生产开发过程，只有在工程技术上开创了液体深层纯种培养技术，才能在技术经济上获得决定性突破。我们认为木质纤维素原料要替代粮食成为发酵工业原料，同样面临技术经济难于过关的问题[18]。

1.2.2 污染问题

随着发酵工业产品品种的增加和生产规模的迅速扩张，发酵工业中废水、废渣污染的问题越来越突出[19,20]。据统计，在我国工业废水COD排放总量中，轻工行业工业废水占65%，其中发酵工业废水排放量仅次于造纸工业而稳居第二，成为一个大的污染工业，环境制约已成为发酵工业发展的限制性因素。发酵行业中，每吨产品产生的发酵残液量较多的主要是味精[21]、柠檬酸[22]和酵母[23,24]的发酵生产，酶制剂产生的高浓度有机废水相对较少，淀粉糖基本上不产生高浓度的有机废水。此外，在大型味精厂附有以玉米为原料的淀粉生产车间，每吨淀粉需要消耗2～3t玉米，同时产生黄浆水、玉米浸泡水等[25]。发酵工业的废水、废渣中含有丰富的蛋白质、氨基酸、糖类和多种微量元素，需要进行环保治理[26,27]。

发酵工业成为一个大的污染工业，一方面是由于发酵工业只注重原料单一组分的利用、原料利用率低造成的；另一方面是由于发酵工业原料利用中存在单一技术利用造成的。

1. 发酵工业原料利用存在单一组分利用、原料利用率低的问题

天然的发酵工业原料是多组分复杂原料，如粮食原料玉米中，除含有65%～70%的淀粉外，还含有玉米皮9%、玉米胚芽7%和玉米蛋白粉7%等，

发酵生产中往往只单一地利用玉米中 70%的淀粉组分，其余的 30%不被利用，这些物质一般随生产废水排出，成为发酵工业的污染源[28]。

另外发酵工业原料利用不充分、利用率低也造成污染。如采用淀粉原料进行发酵生产时，一般需先将淀粉制备成可发酵糖液后发酵，再将发酵产品提取分离。淀粉原料在上述利用过程中，淀粉制备糖液的转化率平均在 95%以下，投入淀粉中有 5%未能充分利用，残留在发酵液中；淀粉或淀粉糖未能全部发酵转化成产品，未发酵糖和发酵副产品残留在提取废液中，如味精的转化率为 50%，柠檬酸的转化率为 90%，酵母的转化率为 50%；发酵液中的产品未能全部提取出来，部分产品在生产过程中流失，如味精的总收得率只有 90%，柠檬酸的总收得率不到 80%；生产过程中加入的辅料、溶入发酵液而未发生作用的残留物，随发酵废液排放都将对环境造成污染[29~32]。

2. *发酵工业原料利用中存在单一技术利用、环境污染严重的问题*

天然发酵工业原料必须经过预处理、酶解、糖化等技术才能制备可发酵糖，单一的提炼技术导致大量的废水、废渣产生，严重污染环境，如玉米提胚技术和甘蔗提汁技术等。

普遍采用的玉米湿法提胚技术，是将玉米用大量含亚硫酸的水浸泡后进行研磨提胚，用旋流分离器分离提胚。提胚过程中产生的大量含硫酸盐的水对环境造成污染，且提取得到的是含水量大的湿胚，必须干燥才能进行玉米油制备工艺，生产成本增加，同时含水量大使提取的玉米胚中的油脂酸败以及不饱和脂肪酸发生氧化，制取的玉米胚油酸价较高，油品质量差，油脂精炼损耗增大[33]。

同样，传统的甘蔗压榨法提汁技术也是一个耗能、多污染的处理技术，在提汁流程中，大多数的企业采用三次以及三次以上的压榨处理，因为，第一次从原料提汁只能得到糖汁的 75%，剩余 25%的糖汁还留在蔗渣中，为了提高原料的糖的提取得率，需要加入大量的水将已经膨胀的蔗渣充分渗浸，将细胞内的糖分进一步渗出，进行多次的压榨提汁，这使糖液制备的提汁流程能耗提高，同时糖液的浓度降低[34,35]。

现代发酵工业以大规模的液体深层发酵为特征，这种以大量水为载体的发酵方式也是发酵原料利用过程产生污染的原因之一。一家企业日产发酵液有几百立方米甚至几千立方米，而小分子产品在水性液体（发酵液）中含量大都在 10%以下，许多高价值或大分子产品浓度更低，有的甚至低于 1%[36]。按目前情况，生产 1t 产品要排放 15～20t 高浓度有机废水（COD_{Cr}通常在 5×10^4mg/L 以上），因而大量的发酵废液如果没有切实可行的、经济效益和环境效益俱佳的先进技术进行处理的话，必然给环境造成严重污染，且生产规模越大污染越严重，最终将制约发酵工业自身的生存与发展。

由于全球性环境问题愈来愈严重，近年来国际上开始反思现行的社会经济发展模式，研讨人类生存发展和环境保护的关系。1992 年联合国在巴西召开了有 100 多个国家元首或首脑参加的“联合国环境与发展”大会，这次“地球峰会”提出了“可持续发展战略”这一极其重要的社会经济发展思想。1994 年 3 月 25 日国务院通过了《中国 21 世纪议程（草案）》[37]，这是我国 21 世纪人口、环境与发展的白皮书。其中明确提出“推广清洁生产工艺和技术”。

几十年来，人们对废水治理工作进行了艰难而又顽强地探索，取得了不少积极的成果，如乙醇工业废水厌氧处理既减轻了污染又产生了可供使用的沼气、味精废水好氧培养酵母在获得饲料酵母蛋白的同时也降低了污染程度。但与其他工业的污水处理技术相似，上述方案的出发点是“治”，即对产品生产过程所产生的废水采用各种技术进行治理，以求排放废水达到对环境无害的技术标准。人们对这类污染治理的技术常统称为“末端治理技术”。

几十年来，人们对待发酵工业的废水、废渣采用的是末端治理技术，出发点在于治理，即对产品生产过程所产生的废水采用各种技术进行治理，以求排放废水达到对环境无害的技术标准。例如，1980 年我国味精产量 2 万 t，柠檬酸产量 1 万 t；1996 年味精产量增至 55 万 t，柠檬酸产量增至 15 万 t，分别为 20 世纪 80 年代的 27.5 倍和 15 倍，污水治理从来没有停止过，但实际的污染几乎和生产规模同步增长，在众所周知的淮河水域污染中，发酵工业高浓度有机废水是主要的污染源之一。前国家科学技术委员会主任兼国家环境保护委员会主任宋健同志曾亲临我国生产规模第一的河南周口味精厂视察味精废水治理情况。“七五”、“八五”期间，国家有关部门曾专门将乙醇、味精废水的治理立项为“科技攻关”课题。全国各大发酵企业在废水治理工程上的资金投入少则几百万，多则几千万，虽然取得了一些成绩，但因治理技术在总体思路上均属于末端治理，只能治标，不能治本，不能从根本上解决废水污染问题，因此随着发酵工业生产规模的扩张，高浓度有机废水的污染愈演愈烈[38]。

几十年环境保护的实践表明，末端治理技术是一个消极的，治标不治本的治污方法，特别是对大量的工业高浓度废水，难以根治；从技术角度而言，末端治理技术的开发难度不亚于生产工艺技术的开发，而更大的问题是经济问题，末端治理技术的少量产出，难以抵消工程建设的资金投入和昂贵的日常运行费用，生产规模越大越难以承受（如山东一中型淀粉厂，其废水处理费用为 1 万元/天）。

末端治理技术难以彻底解决环境问题还有一个管理上的原因，由于末端治理的成本太高，与企业经济效益发生矛盾甚至冲突。而经济效益是企业生存和发展的根本，当经济效益下降时，企业为保证其经济效益就会设法与环保执法部门周旋。事实上许多采用末端治理技术的废水治理工程只是在执法部上门检查时方才（或才全部）启用（1998 年元旦淮河流域“零点行动”刚结束，山东某化工厂便迫不及待向淮河排放废水导致江苏徐州市生活和生产用水告急便是一个例证）。而且法不责众，成千上万个这样的废水治理工程每日每时的运行及其效果环保执法部门是无力监控的。在我国目前有名的“三河三湖”污染区，发酵工业废水都是较大的污染源，只是程度不等而已，不但给环境造成很大危害，也反过来制约了发酵工业本身的发展。许多规模较大的发酵生产企业在废水治理上大量投入得不到回报，经济效益严重下滑，影响企业的正常发展；具有原料和能源优势的地区因没有优良的废水污染根治技术，发酵产品的项目难获政府批准；外资也不愿意在有环境污染难题的产业上投资，甚至有合资企业因废水治理难以奏效导致外方撤资的情况发生。由此可见，废水污染确已成为发酵工业进一步发展的限制性因素。

在国家产业政策的正确引导下，发酵工业企业已经越来越认识到发展循环经济和节能减排的重要性和必要性，努力提高原料转化率、副产品的综合利用率，加大对生产过程中产生的废水、废渣和废气的治理和回收利用。2006～2010 年发酵行业主要发酵产品的煤耗和水耗情况[39]如表 1.2 所示。

表 1.2 可表明，2006～2010 年，我国发酵行业主要发酵产品节能减排效果显著，其中味精行业吨产品水耗平均每年降低 4%，煤耗下降 2.2%；柠檬酸行业吨产品的水耗平均每年降低 11.2%，能耗下降 6.1%；淀粉糖行业吨产品的水耗平均每年降低 8.6%，能耗下降 6.3%；酶制剂行业吨产品的水耗平均每年降低 5.6%，能耗下降 1.8%；酵母行业吨产品的水耗平均每年降低 4%，能耗下降 1.3%。

表 1.2 我国发酵行业吨产品能耗情况[39] （单位：t）

发酵产品	2006 年		2007 年		2008 年		2009 年		2010 年	
	水耗	煤耗3)	水耗	煤耗	水耗	煤耗	水耗	煤耗	水耗	煤耗
味精	105	1.9	95	1.86	92	1.83	90	1.75	85	1.69
柠檬酸1)	57	7.32	31	6.43	28	6.12	26	5.37	25	5.10
淀粉糖2)	14	0.80	11	0.70	10	0.64	9	0.58	8	0.55
酶制剂	11	2.00	10	1.95	9	1.90	8	1.89	7.9	1.82
酵母	90	1.98	83	1.95	78	1.93	73	1.91	70	1.85

1）柠檬酸吨产品煤耗为蒸汽消耗，不包含上报煤耗企业的数据。
2）淀粉糖各项指标均以玉米为原料。
3）煤耗以标准煤计。

1.2.3 原料的综合利用问题

以粮食为主要原料的发酵工业，其污染物主要是由于粮食未被充分利用造成的[28]。一般粮食中除了 65%～70%的淀粉外，还含有其他成分，如玉米含有玉米皮9%、玉米胚芽7%和玉米蛋白粉7%等，应该加以充分地利用。发酵生产只能利用粮食中约70%的淀粉，其余的30%不被利用，有些物质随生产废水排出。有些大中型企业已经建立了副产物回收利用设施，99%以上的玉米资源都得到了利用，但是有些小型企业需要在工艺和设备上加以完善和改进，使玉米的副产物全部得到利用，提高原料利用率，减少对环境的污染，使玉米资源得到全部综合利用。

面对日益严峻的资源、环境挑战，发酵工业应着力解决节粮、节水、节能及环保问题[12,13]。原料及原料的炼制成本在一定程度决定发酵产品的整体成本与市场竞争力，如中国发展和改革委员会在中国生物液体燃料规模化发展研究（专题报告二）——中国非粮生物液体燃料试点示范技术选择与评价中分析利用玉米、木薯、甜高粱等原料发酵乙醇，原料成本可占总成本的50%～60%，甚至可达80%。只有提高原料利用率、建立清洁高效的原料预处理、提炼过程，才能实现原料的利用价值、降低发酵的综合生产成本，建立资源节约、环境友好的发酵工业体系。因此，可以说发酵工业首先要面临的是发酵原料的炼制问题。

1.3　发酵工业原料炼制思路的提出

发酵工业所用的原材料，大部分属于粮食、油脂、蛋白质和农用肥料，其中山芋粉、玉米粉、淀粉、糊精、麦芽糖、葡萄糖和豆油等都是可供人畜食用的粮食、油料或以粮食为原料的产品；黄豆饼粉、花生饼粉、酵母粉、蛋白胨、氨基酸等也都是农、副、畜、渔产品的加工产物。我国人口众多，发酵产品的品种和产量与日俱增，每年都要消耗大量粮食、油料和蛋白质原料，严重影响和干扰了国家的粮食生产和供应计划以及营养保健措施。因此，节约用粮或以其他原材料代替粮食是当前微生物工业生产研究的主要课题。

同时天然的物料组分复杂，往往不能直接用于工业发酵，需经过预处理、糖化、酶解等过程，主要是提炼其中的糖分用于发酵。传统的发酵主要用玉米淀粉糖化后发酵，随着世界人口的增加，粮食安全问题日益突出，同时发酵工业的需求在不断增大，发酵原料扩展到广泛的非粮原料是一种必然趋势，如木薯、甘薯、甜高粱、葛根、黄姜、菊芋、秸秆等。这些原料除了含有可用于发酵的糖、淀粉、纤维素、半纤维素外还有许多其他有价值的组分，如葛根素等药用成分、木质素组分和蛋白质组分等，发酵工业不仅要关注发酵组分和发酵过程，还必须兼顾其他组分的有效利用，这样才能实现原料的利用价值、降低发酵的综合生产成本。

1.4　发酵工业原料炼制原理

发酵原料炼制的本质是采用各种炼制方法和手段的有机组合实现发酵原料组分清洁、高值分离和高效利用，在炼制过程中要充分考虑炼制方法对原料各组分的影响，因此要开发新的炼制方法和炼制方法的组合形成新的工艺。清洁、经济、高效的炼制过程将降低发酵原料炼制成本，提高原料炼制效率，促进我国天然发酵原料合理高效转化利用。

为了实现原料中所有成分的充分利用，首先必须针对天然发酵原料的复杂性，建立一套新的行之有效的多组分综合利用技术，即发酵工业原料炼制技术。经过多年的生物质原料高值化利用的研究，我们在原料炼制方面取得了一些成果[40,44]，提出了原料组分分离和选择性结构拆分的炼制原理。

1.4.1　发酵工业原料组分分离

发酵工业原料组分分离意味着发酵工业原料的精制，不仅仅将天然发酵原料中的淀粉和糖类作为发酵碳源利用，还不能忽视原料中的蛋白质、油脂等非发酵成分的利用。把天然发酵原料视为一种多组分资源，精制成具有一定纯度的各种组分，并希望这些组分分别加工成有价值的产品，将复杂原料组分的资源分配利用，实现原料组分的全利用[40]。

1.4.2　发酵工业原料的选择性结构拆分

建立资源节约、环境友好的发酵工业体系，必须解决发酵工业节粮、节水、节能和环保的问题。因此，发酵原料的炼制过程在考虑原料组分利用率提高的同时，还应综合考虑其能耗与环保性。

发酵工业原料的组分分离是一种将原料中所有的成分完全拆分成独立的成分，然后各组分再进行转化利用的理念，这是一个消耗能量、破坏物质结构的过程。对于某些可综合利用多组分生产一种产品的过程来说，组分分离增加了能量消耗，原料的原子经济性不高。如在生产保健性产品葛根酒时，为了充分利用葛根淀粉以及葛根原料中富含的葛根黄酮，可以将原料直接发酵成富含黄酮的保健性的葛根酒，而不是将原料中的淀粉与黄酮分别分离出来，在淀粉发酵后的成品乙醇中再加入黄酮[45]。

综合组分分离原理、产品工程以及绿色化学等特点，我们提出了发酵工业原料的选择性结构拆分炼制原理，即从根据原料的结构特点和目标产物的要求，将原料组分分离提升到依据产品功能要求对原料选择性结构拆分过程[17]。这一过程的目的不仅仅在于获得几种产品，而是要以最少能耗、最佳效率、最大价值、清洁转化为目标，建立节水、节能、清洁友好的发酵工业原料炼制体系。

1.5 发酵工业原料炼制发展现状

经过多年的生物质原料高值化利用的研究，我们在原料炼制方面取得了一些成果，提出了原料组分分离和选择性结构拆分的研究思路，建立了以汽爆为核心的原料炼制平台和针对不同原料的多种炼制工艺[46]。例如，针对玉米深加工行业提胚效果差、玉米深加工综合利用程度不够、产品收益低、污染大等问题，建立汽爆玉米组分分离的新体系，开创一条玉米高值化利用的新途径[47]，与干法和湿法提胚相比，汽爆玉米组分分离效果好、工序少、时间短、无污染、能耗低；并构建以玉米汽爆组分分离为基础的汽爆玉米胚乳黄色素和醇溶蛋白提取及提取剩余物发酵乙醇的多联产技术路线，实现玉米原料各组分的高值利用，通过技术经济分析，验证了其经济性和可行性。在秸秆原料的炼制和高值利用方面，建立了一系列有实际应用价值的工艺路线。如针对秸秆半纤维素、纤维素和木质素三组分的特点，建立了利用秸秆半纤维素水解发酵丁醇[48,49]，分离纤维素用于造纸，木质素用于制造黏胶、树脂等产品的工艺路线，解决了秸秆单一组分利用和纤维素酶解成本高的问题，大大降低了秸秆原料生产丁醇的成本，提高了秸秆的利用价值。

发酵原料炼制技术的发展扩大了发酵原料的范围，并且在很大程度上决定着发酵成本和发酵的清洁性，是未来发酵工业的重要研究课题。

1.6 发酵工业原料炼制方向——生物过程工程挑战性课题

在国家产业政策的正确引导下，发酵工业企业已经越来越认识到只有提高原料利用率、建立清洁高效的原料预处理、提炼过程，从源头工艺控制、消除污染因素，才能降低发酵的综合生产成本，提高企业经济效益，实现原料的利用价值，建立资源节约、环境友好的发酵工业体系[50]。因此，可以说发酵工业首先要面临的是发酵原料的炼制问题。

建立可持续发展的发酵工业，要解决节粮、节水、节能和环保问题，在今后的发展中必须走资源节约型循环经济的发展道路。

发酵行业不能依赖于单一的原料，因为可能遭遇不可预见的成本风险。玉米、稻谷等谷物原料现仍是发酵原料的主要来源，但生物质原料如木质纤维素原料已经用于生物乙醇、生物柴油的炼制，以后将有更多的化学品由生物质如谷物外壳和其他农业残余物来生产炼制。

发酵工业原料来源主要的发展趋势为由化学原料向可再生原料转变，由粮食原料向非粮食类、木质纤维素类原料转变，由粗加工原料向精制原料转变。如发酵培养基所用的原材料，大部分属于粮食、油脂、蛋白质和农用肥料，其中玉米、大米、淀粉、糊精、麦芽糖、葡萄糖和豆油等都属可供人畜食用的粮食、油料；而黄豆饼粉、酵母粉、蛋白胨、氨基酸等也都是农、副、畜、渔产品的加工产物，并不适合作为工业生产原料。中国是世界上的人口大国，粮食安全问题是国家的重要战略问题。发酵产品的品种和产量与日俱增，每年都要消耗大量粮食、油料和蛋白质原料，严重影响和干扰了国家的粮食生产和供应计划以及营养保健措施。因此，节约用粮或以其他原材料代替粮食是当前微生物工业生产研究的主要课题。如中国科学院过程工程研究所 2006 年在山东建立的年产 3000t 纤维素乙醇的示范项目，该项目以生产清洁液体燃料为龙头，以秸秆的生物量全利用技术作为秸秆生态工业的突破口，通过多学科交叉和多种高新技术的集成，开发和建立了具有独立的自主知识产权的技术体系，形成秸秆转化利用系统的技术集成化、系统化和配套化，设计了分层多级利用生态工业群模式；建立了以秸秆为原料的生态工业园区技术集成体系，提出并验证了“秸秆生物量全利用”、“秸秆生态工业”、“分层多级利用”和“组分快速高效分离”的新思路；基于秸秆与木材在化学组成和结构的差异，创建了无污染汽爆新技术。秸秆酶解发酵燃料乙醇新技术及其产业化示范工程项目创新性强，创建了具有自主知识产权的不添加酸碱的秸秆汽爆新技术、气相双动态固态发酵新技术和秸秆固相酶解同步发酵-分离耦合新技术。所建成的年产 3000t 秸秆发酵生产燃料乙醇产业化示范工程具有集成和配套的特点，产品具有市场竞争力，为秸秆酶解发酵燃料乙醇工业化生产提供了一条符合我国国情的生产技术路线。该项目对发展我国可再生能源和贯彻可持续发展战略具有重要的意义，是循环经济的重要内容，市场前景良好。

该项目成果的应用前景早已人所共知，社会经济效益也不言而喻。近年来由于农村生活能源结构的变化与集约化生产的发展，秸秆田间焚烧产生的烟雾已成为一大社会公害，如何合理利用秸秆日益引起各级政府的重视。但成熟技术很少，如粉碎还田、制燃烧煤气等，由于多种原因，推广应用难于深入与持久。秸秆作为自然生态循环的大宗中间产物，如能从环境的污染源变成生态工业的宝贵原料，无疑具有重大的经济、社会和生态效益。

因此以生产清洁液体燃料为龙头的秸秆的生物量全利用技术作为秸秆生态工业的突破口，同样具有重大的社会经济意义与典型示范性。中国农业人口占80%，农业始终是国民经济发展中的瓶颈，高效农业是现代化进程中的首要目标。以生产清洁液体燃料为龙头的秸秆生态工业的兴起与发展，必将为新型高效农业的形成以及城乡、工农一体化的发展提供新的机遇与生长点，是将生态农业推向高级阶段的必要条件，具有伟大的战略意义与现实意义。

以可再生的非粮类生物质原料为发酵工业未来的替代原料。在生物质原料中，木质素和半纤维素包裹着纤维素，形成致密的三维网状结构。预处理是打破这种致密结构，提高酶解效率的必要手段，因此这一领域受到科学家和工程学家的广泛关注。例如，中国科学院过程工程研究所的陈洪章研究员从秸秆等原料自身结构特点出发，发明了低压无污染汽爆技术，在汽爆过程中原料利用自身所含乙酰基在高温作用下产生的乙酸进行自体水解。不过，提出的各种预处理技术在高效性、清洁性、污染等方面仍然存在问题，主要原因在于把预处理目标过多地放在后续酶解转化上，而仅仅把预处理看做一种手段，造成资源浪费的同时也带来了环境污染。因此，不论是从生态资源效益，还是从环境经济效益出发，预处理技术都需要以新的思路和方法来重新考虑。

中国科学院过程工程研究所陈洪章研究员基于在发酵工业原料炼制方面20多年的研究积累，发明了低压无污染汽爆技术[46,51]和强化传质传热的新型固态发酵技术[52,53]，提出了原料高值化综合利用的生态产业化炼制新模式[44,54]，并取得了相关研究结果与行业内的肯定。在科学技术的进步特别是发酵工程技术与原料预处理技术发展的带动下，发酵产业原料和产品种类逐渐增加，产品应用领域逐渐扩大，现已与造纸、酿酒、制糖和皮革等行业建立起技术创新联盟，这必将成为发酵产业一个新的经济增长点，为我国发展生物经济做出了更大贡献，相信发酵工业的发展前景是十分光明的。

参考文献

[1] 陈洪章，徐建．现代固态发酵原理及应用［M］．北京：化学工业出版社，2004：1，2.

[2] 李艳，张志民，张永志，等．发酵工业概论［M］．北京：中国轻工业出版社，1999：1，2.

[3] 李宏强，陈洪章．固态发酵的参数周期变化及对微生物发酵的影响［J］．生物工程学报，2005，21（3）：440-445.

[4] 陈洪章，李宏强．新型大规模纯种固态发酵研究进展［J］．生物技术，2009，Z1：6-12.

[5] 付小果，陈洪章，李宏强，等．压力脉动固态发酵微生物蛋白质及机理的研究［J］．北京化工大学学报，2006，33（3）：42-46.

[6] 韦革宏，杨祥．发酵工程［M］．北京：科学出版社，2008：5-17.

[7] 姚汝华．微生物工程工艺原理［M］．广州：华南理工大学出版社，2007：2-10.

[8] 韩德权．发酵工程［M］．黑龙江：黑龙江大学出版社有限责任公司，2008：3-8.

[9] 李宏强，陈洪章．纤维素生物转化过程工程的研究［J］．生物产业技术，2010，（1）：40-46.

[10] 张震元．氨基酸发酵工业的发展近况［J］．生物工程进展，1989，9（4）：27-36.

[11] 陈坚．微生物重要代谢产物——发酵生产与过程分析［M］．北京：化学工业出版社，

2005：1-30.

[12] 陈洪章，彭小伟. 生物过程工程与发酵工业——发酵工业原料替代与清洁生产研究进展［C］. 中国发酵工业协会第四届会员代表大会论文暨项目汇编，2009：1-6.

[13] 尤新. 走资源节约环境友好发展之路［J］. 发酵工业，2011，(3)：1-15.

[14] 王家勤. 中国发酵工业发展概况［J］. 中国食品添加剂，1999，(2)：40-45.

[15] 许世卫. 我国粮食安全目标及风险分析［J］. 农业经济问题，2009，5 (2)：12-17.

[16] Chen H Z. Process Engineering in Plant-Based Products［M］. New York：Science Publishers，2009：2-25.

[17] 陈洪章，邱卫华，邢新会，等. 面向新一代生物及化工产业的生物质原料炼制关键过程［J］. 中国基础科学，2009，11 (5)：32-37.

[18] 陈洪章. 生物质科学与工程［M］. 北京：化学工业出版社，2008：1-35.

[19] 黄子安. 发酵污水处理技术研究与分析［J］. 化学工程与装备，2011，(5)：184-186.

[20] 尤新，李红兵. 发酵工业面临的问题与采用膜分离技术的前景［J］. 膜科学与技术，1997，17 (4)：8-13.

[21] 董黎明，张艳萍，汪苹，等. SBR法处理味精废水脱氮机理研究［J］. 环境科学与技术，2010，33 (11)：152-155.

[22] 周友超. 国内柠檬酸废水处理方法研究进展［J］. 广东化工，2010，37 (9)：113，114.

[23] 曹臣，吴海珍，吴超飞，等. 酵母废水处理技术分析及生物流化床耦合工艺的应用实践［J］. 化工进展，2011，3 (2)：449-455.

[24] 李知洪，肖冬光，梁音. 以糖蜜为原料的酵母废水处理技术［J］. 酿酒科技，2010，(7)：86-92.

[25] 程长平，田浩，陈栋，等. 膜分离技术在味精废水处理中的应用［J］. 发酵科技通讯，39 (3)：35-38.

[26] 孙巍，许玫英，孙国萍. 高浓度发酵废水的生物处理及资源化利用研究进展［J］. 环境科学与技术，2011，34 (8)：189-194.

[27] Mohanakrishna G，Venkata M S，Sarma P N. Bioelectrochemical treatment of distillery wastewater in microbial fuel cell facilitating decolorization and desalination along with power generation［J］. Journal of Hazardous Materials，2010，177 (1-3)：487-494.

[28] 尤新. 玉米深加工发展主要成就、存在问题及今后发展方针［J］. 粮食加工，2009，34 (4)：12-16.

[29] 潘志彦，陈朝霞，王泉源，等. 制药业水污染防治技术研究进展［J］. 水处理技术，2004，30 (2)：67-71.

[30] 黄万抚，周荣忠，廖志民. 发酵类制药废水处理工程的改造［J］. 工业水处理，2010，30 (3)：82-84.

[31] 杨小姣，冯雪荣，孙金斗，等. 谷氨酸发酵废水中提取菌体蛋白研究进展［J］. 中国酿造，2009，8：20-23.

[32] 石振清，王静荣，李书申. 味精废水处理技术综述［J］. 环境污染治理技术与设备，

2003，2（2）：81-85.

[33] 陈世忠，孙长友，李振林. 对酒精厂玉米半干法粉碎的重新认识［J］. 酿酒，2001，28（6）：60，61.

[34] 孙潇，陆浩湉，高俊永，等. 甘蔗糖厂静压饱和浸渗提汁实验研究［J］，甘蔗糖业，2011，（1）：24-28.

[35] 陈维均，许斯欣. 甘蔗制糖原理与技术：第一分册［M］. 北京：中国轻工业出版社，2001：11，12，17-20.

[36] 毛忠贵，陈建新，张建华. 发酵工业与清洁生产［J］. 发酵科技通讯，1999，28（1）：17-21.

[37] 刘培哲. 可持续发展理论与《中国21世纪议程》［J］. 地学前缘，1996，3（1）：1-9.

[38] 杨健，王士芬. 高含盐量石油发酵工业废水处理研究［J］. 给水排水，1999，25（3）：35-38.

[39] 中国发酵工业协会. 依托高科技发酵工业呈现快速发展势头［J］. 中国工业报，2011-08-10.

[40] 陈洪章，李佐虎. 木质纤维原料组分分离的研究［J］. 纤维素科学与技术，2003，11（4）：31-40.

[41] 陈洪章. 秸秆资源生态高值化理论与应用［M］. 北京：化学工业出版社，2006：2-7.

[42] 陈洪章. 生物基产品过程工程［M］. 北京：化学工业出版社，2010：5-15.

[43] 陈洪章，付小果. 生物质原料过程工程［M］//李洪钟，等. 过程工程：物质-能源-智慧. 北京：科学出版社，2010：560-579.

[44] 陈洪章，王岚. 生物基产品制备关键过程及其生态产业链集成的研究进展——生物基产品过程工程的提出［J］. 过程工程学报，2008，8（4）：676-681.

[45] 陈洪章，付小果. 一种富含黄酮的淀粉清洁制备及葛根资源综合利用的方法：中国，201110047633.4［P］. 2011-09-14.

[46] 陈洪章，刘丽英. 蒸汽爆碎技术原理及应用［M］. 北京：化学工业出版社，2007：4.

[47] Chi F，Chen H Z. Fabrication and characterization of zein/viscose textibe fibers［J］. Journal of Applied Polymer Science，2010，118（6）：3364-3370.

[48] Wang L，Chen H Z. Increased fermentability of enzymatically hydrolyzed steam-exploded corn stover for butanol production by removal of fermentation inhibitors［J］. Process Biochemistry，2010，46（2）：604-607.

[49] 陈洪章，王岚. 一种秸秆半纤维素制备生物基产品及其组分全利用的方法. PCT，PCT/CN2011/000142［P］. 2011-02-24.

[50] 张蓓，熊明勇. 人工神经网络在发酵工业中的应用［J］. 生物技术通讯，2003，14（1）：74-76.

[51] 陈洪章，李佐虎. 无污染秸秆汽爆新技术及其应用［J］. 纤维素科学与技术，2002，10（3）：47-52.

[52] 陈洪章，李佐虎. 固态发酵新技术及其反应器的研制［J］. 化工进展，2002，21（1）：

37-39.

[53] 徐福建，陈洪章. 纤维素酶气相双动态固态发酵 [J]. 环境科学，2002，23 (3)：53-58.

[54] 陈洪章，李佐虎. 生化工程的新理念及其技术范例——生态生化工程的发展及其学科基础 [J]. 中国生物工程杂志，2002，22 (3)：74-77.

第 2 章　发酵工业原料学

发酵工业是利用微生物的代谢活动经生物转化大规模制造产品的一门工业。微生物为了生长、繁殖的需要从外界不断地吸收营养物质，也就是利用发酵工业原料的营养成分从中获得能量并合成新的细胞物质，同时排出废物。微生物的代谢作用使得微生物在自然界的物质循环中起着极其重要的作用，因此，对发酵工业原料的研究是发酵工业首先需要面对的问题[1]。

微生物所利用的营养物质，大部分属于粮食、油脂、蛋白质等天然原料，微生物工业是用粮最多的产业部门，每生产 1t 乙醇，耗粮 3t 左右，每生产 1t 有机酸，耗粮 3～8t，抗生素、酶制剂等用粮量尤大，全世界微生物工业消耗的粮食原料数量是十分惊人的。随着微生物工业的日益发展，面临着原料供应不足的问题，人们迫切需要开辟新的原料途径，如利用纤维素、石油等[2～6]。

发酵工业原料具有成分多样、结构复杂等特点[7]，本章将针对发酵工业原料复杂多样的特性，从微生物代谢入手，阐述发酵工业微生物代谢原料的类型、原料特性、代谢原料的拓展以及面向新型发酵工业体系所需的发酵工业原料替代[8]等。

2.1　微生物代谢原料学概述

微生物体进行化学反应统称为代谢，包括合成代谢和分解代谢。简单的小分子合成复杂的大分子，并组成细胞结构，称为合成代谢；各种营养物质或细胞物质降解为简单的产物，称为分解代谢。合成代谢是分解代谢的基础，分解代谢为合成代谢提供能量和原料。物质代谢过程中伴随着能量代谢。微生物代谢中物质、能量转运的过程，也就是发酵工业原料的转化、利用过程[7]。

由于微生物的种类、遗传特性和环境条件不同，微生物所积累的代谢产物不同，主要有微生物菌体、微生物酶和微生物代谢产物[9]。

微生物的代谢产物很多，主要有乙醇、丙酮丁醇、有机酸、氨基酸、核苷酸类、蛋白质、抗生素、维生素、脂肪、多糖类等。这些产物中有些是微生物在一定条件下所生产的，如乙醇、乳酸等；也有许多产物微生物在正常代谢生长时不能过量积累，必须具有特异的生理特征的微生物才能积累，由此，通过人为的发酵机制的调控，有时候一些代谢产物也成为下一步代谢反应的原料。综上可以看出，微生物代谢特点有两点：代谢旺盛（强度高转化能力强）且代谢类型多[10]。

由此，发酵工业原料的炼制过程也是一个复杂的过程。

2.2 微生物代谢和发酵

发酵工业中微生物的代谢过程，首先涉及的是微生物菌种代谢营养物质的发酵过程[11,12]。

发酵一词是19世纪巴斯德提出的，有些微生物在没有氧气的情况下也可以生活，当时巴斯德把这种现象叫做“发酵”。发酵现象具有和地球上生命体诞生同样长的历史，了解其本质却是近200年的事情。英语发酵为“fermentation”由拉丁语“ferver”派生，意思是翻涌，就是只看到了发酵现象。巴斯德研究了乙醇发酵的生理意义，认为发酵是酵母在无氧条件下的呼吸过程，是“生物获得能量的一种形式”。也就是说，发酵是在厌氧条件下，糖在酵母菌等生物细胞的作用下进行分解代谢，向菌体提供能量，从而得到产物乙醇和 CO_2 的过程。然而，发酵对不同的对象具有不同的意义，生物学家把利用微生物在有氧或无氧条件下的生命活动制备微生物菌体或代谢产物的过程统称为发酵。

现代发酵是指从不需氧的产能过程中获得能量的一种方式[13]，是以有机物为最终电子受体的生物氧化过程，是由厌氧或兼性厌氧微生物在厌氧条件下实现的生化过程。这显然有别于工业发酵所指的微生物产品的生产过程。工业常把好氧或兼性厌氧微生物在通气或厌气的条件下的产品生产过程统称为发酵。在生产上通过微生物的代谢作用，把底物转化成中间产物，来获得某种工业产品，这种工业产品是发酵基质没有彻底氧化的产物。

微生物能以很多种有机物作为发酵基质，它们大都能转化成葡萄糖或葡萄糖的中间代谢产物而被微生物利用。根据代谢产物和代谢途径不同，有各种不同的发酵类型，以乙醇发酵、乳酸发酵、混合酸发酵、丙酮发酵研究得最清楚。下面以葡萄糖为发酵基质来讲述微生物如何通过发酵将葡萄糖分解，并获得能量和某些代谢产物的一般过程。微生物不同，它分解葡萄糖后，积累的代谢产物也不同，根据主要代谢产物，可将微生物发酵类型分为以下几种[14,15]。

2.2.1 微生物发酵

1. 由EMP途径中丙酮酸出发的乙醇发酵

1）酵母菌发酵乙醇

酵母菌的乙醇发酵和白酒、葡萄酒、啤酒等各种酒类生产关系密切，发酵是以二磷酸己糖途径为基础进行的。丙酮酸脱羧酶是酵母菌乙醇发酵的关键酶，目前所知它主要存在于酵母菌中，能催化二磷酸己糖途径的最终产物丙酮酸脱羧为乙醛，乙醛接受磷酸甘油醛氧化成1,3-二磷酸甘油酸所释放出的H还原成乙醇(图2.1)。

葡萄糖⟶2丙酮酸⟶2乙醇

反应式：$C_6H_{12}O_6 \longrightarrow C_2H_5OH + CO_2\uparrow + ATP$

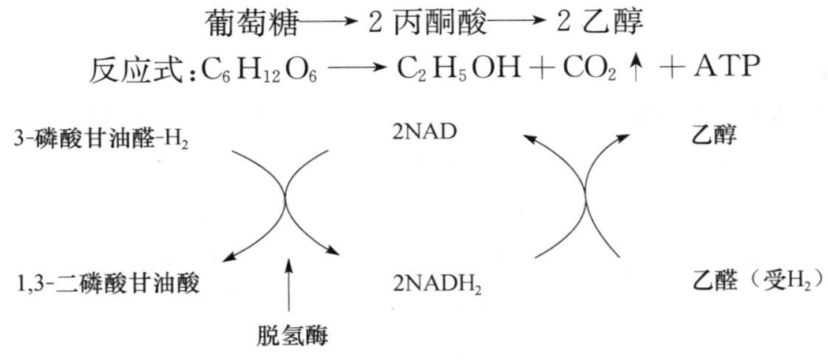

图2.1　酵母菌发酵乙醇途径[14]

1分子葡萄糖经酵母菌的乙醇发酵生成2分子乙醇和2分子CO_2，净增2分子ATP。酵母菌乙醇发酵应严格控制三个条件：①酵母菌是兼性厌氧菌，在有氧条件下丙酮酸就进入三羧循环进行有氧呼吸，彻底氧化成CO_2和H_2O，其结果是糖的利用率低，乙醇的生成量减少；②在发酵环境中含有$NaHSO_3$时，$NaHSO_3$与乙醛结合成复合物；③乙醛会发生歧化反应，两分子乙醛生成一分子乙醇和一分子乙酸。在后两种情况下，乙醛还原成乙醇过程受阻。由于以上三个条件，控制酵母菌乙醇发酵的条件具有重要意义。

2）细菌的乙醇发酵

少数细菌如运动发酵单细胞菌也能进行乙醇发酵，但与酵母乙醇发酵途径不同，它通过EMD途径进行乙醇发酵。这一途径的特性酶是α-酮3-脱氧6-磷酸葡萄糖醛缩酶。

$$C_6H_{12}O_6 \longrightarrow C_2H_5OH + CO_2\uparrow + ATP$$

乙醇发酵通常以糖类物质（甜菜）、淀粉物质（玉米、高粱、谷物、薯类）或纤维物质为原料。淀粉和纤维素类需先糖化才能被利用，因为酵母不发酵淀粉和纤维素。

乙醇发酵有以下特点：

(1) 发酵基质氧化不彻底，发酵结果仍为有机物。

(2) 酶体系不完全，只有脱氢酶，没有氧化酶。

(3) 产生能量少。酵母乙醇发酵净产2ATP。细菌乙醇发酵净产1ATP，它是丙酮酸直接接受糖酵解的过程，脱下H使之还原成乳酸的过程。

2. 乳酸发酵

乳酸发酵是指乳酸细菌将葡萄糖分解产生的丙酮酸逐渐还原成乳酸。细菌积累乳酸的过程是典型的乳酸发酵。我们熟悉的牛奶变酸生产出的酸奶、渍酸菜、泡菜和青储饲料都是乳酸发酵。进行乳酸发酵的都是细菌，如短乳杆菌、乳链球菌等。

1）同型乳酸发酵

同型乳酸发酵途径如图 2.2 所示。在糖的发酵中，产物只有乳酸的发酵称为同型乳酸发酵。青储饲料中的乳链球菌发酵即为同型乳酸发酵。乳酸脱氢酶是同型乳酸发酵的关键酶。细菌细胞内不含丙酮酸脱羧酶，其过程是丙酮酸为直接氢受体，沿 EMP 途径生成丙酮酸在脱氢酶催化下还原成乳酸。

总反应式：$C_6H_{12}O_6 + ADP + Pi \longrightarrow C_3H_6O_3 + ATP$

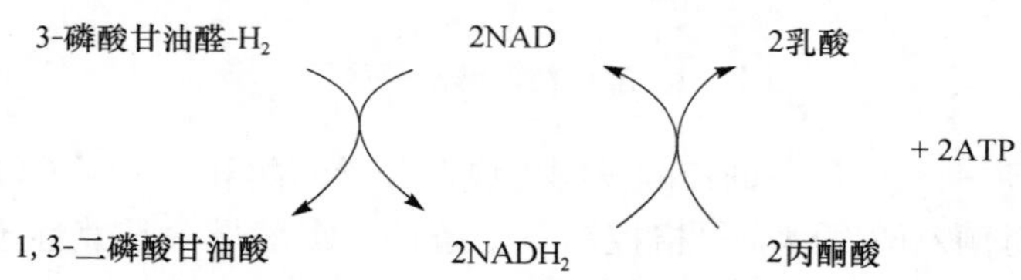

图 2.2 同型乳酸发酵途径[14]

2）异型乳酸发酵（HMP 途径）

在糖的发酵中，发酵产物除乳酸外还有乙醇与 CO_2 称为异型乳酸发酵。青储饲料中短乳杆菌发酵即为异型乳酸发酵。异型乳酸发酵以一磷酸己糖途径（PK）为基础，发酵结果是 1 分子葡萄糖生成 1 分子乳酸、1 分子乙醇、1 分子 CO_2。

北方渍酸菜、南方泡菜是常见的乳酸发酵，这是自然发酵。有很多微生物，如胚芽乳酸杆菌进行异型乳酸发酵，酵母也能进行乳酸发酵。

乳酸发酵细菌不破坏植物细胞，只利用植物分泌物生长繁殖。腐败菌、霉菌能破坏菜的组织细胞，分泌磷酸激酶，使菜变臭。要想渍好酸菜，必须做到以下几方面：

（1）必须控制不被杂菌感染，白菜要清洗，避免杂菌起势高，易污染。

（2）要创造适合乳酸发酸的厌氧环境条件，将酸菜上加压（放石块），在缸中加水，造成厌氧环境。

（3）要加些盐，3％～5％NaCl 浓度为好，氯抑制亚硝酸铵的产生，又可调节渗透压，渗出营养物供乳酸菌生活。亚硝酸铵是致癌物质。

（4）缸要刷净，并不要带进油污，因乳粉霉菌以脂肪为营养，有油污存在，这种菌繁殖起来，也会使酸菜产生异味。

（5）pH3～4 为宜。

乳酸发酵细菌多为杆菌，如乳酸杆菌；革兰氏阳性菌无芽孢，少数为球菌，如乳链球菌。近代工业以淀粉物质为原料，经糖化，再接乳酸菌，发酵生产纯乳酸，德氏乳酸杆菌是工业生产常用的菌种。

3. 混合酸发酵

某些细菌通过发酵将葡萄糖变成琥珀酸、乳酸、甲酸、H_2 和 CO_2 等多种代谢产物，由于代谢产物中含多种有机酸，因此将这种发酵称为混合酸发酵。大多数肠杆菌如大肠杆菌等均能进行混合酸发酵。混合酸发酵也是沿 BMP 途径进行。一般的产气杆菌发酵葡萄糖可以得到大量的丁二醇，在丁二醇形成的过程中，可产生一种红色化合物。这是细菌分类鉴定中常用的 VP 反应原理。大肠杆菌不产生 2,3-丁二醇，因此 VP 反应为阴性。在大肠混合酸发酵过程中，由于产生的有机酸较多，pH 在 4.2 以下，加入甲基红指示剂，就产生特征性的红色反应（即 VP 阳性），产气气杆菌甲基红反应为阴性（丁二醇的 pH 高）。

从上述几种发酵类型可以看出：

（1）糖酵解作用是各种发酵的基础，而发酵是糖酵解过程的发展。

（2）发酵的结果仍积累某些有机物，说明基质在氧化过程中不彻底。

（3）被氧化的基质同时又是电子受体。

2.2.2　微生物代谢

微生物在生长发育和繁殖过程中，需要不断地从外界环境中摄取营养物质，在体内经过一系列的生化反应，转变成能量和构成细胞的物质，并排出不需要的产物[16]。

代谢作用是生物体生命活动过程中一切生化反应的总称，它是生命活动的最基本特征。代谢作用包括分解代谢（异化作用）和合成代谢（同化作用）。分解代谢为合成代谢提供原料和能量，而合成代谢又为分解代谢提供物质基础，两者相互对立而又统一，在生物体内偶联进行，使生命繁衍不息。

1. 微生物的酶

生物体内的化学反应几乎都要依靠酶的催化才能进行。酶是由生物细胞合成的，以蛋白质为主要成分的生物化学反应催化剂。从化学组成来看，可分为简单蛋白和结合蛋白两种酶。根据酶在细胞中的活动部位，也可将酶分为胞外酶和胞内酶两种。

酶作为生化反应的催化剂和其他的催化剂一样，能显著改变反应的速度，但不能改变反应的平衡点。酶有以下几个特点：催化反应的效率高，具有高度的专一性，容易失活，活性受调节控制等。

2. 微生物的物质代谢

微生物代谢的基本过程可分为两大类，即分解代谢和合成代谢。

1）微生物的分解代谢

微生物在生命活动中，能将复杂的大分子物质分解为小分子的可溶性物质，并有能量转变过程，这种物质转变称为分解代谢。大多数微生物都能分解糖和蛋白质，少数微生物能分解脂类[17]。

（1）糖的分解。糖类是异养微生物的主要碳素来源和能量来源，包括各种多糖、双糖和单糖。多糖必须在细胞外由相应的胞外酶水解，才能被吸收利用；双糖和单糖被微生物吸收后，立即进入分解途径，被降解成简单的含碳化合物，同时释放能量，供应细胞所需的碳源和能源。

（2）蛋白质及氨基酸的分解。细菌分解蛋白质的酶有两类：一类为蛋白酶；另一类为肽酶。蛋白酶为胞外酶，能将蛋白质分解为多肽和二肽。肽酶为胞内酶，肽类可进入微生物细胞中，将进入细胞内的肽水解为游离的氨基酸，供菌体利用。

微生物对氨基酸的分解方式有很多，主要为脱氨作用和脱羧作用。不同细菌水解不同氨基酸除用于生成新的氨基酸外，还有其他物质产生，如大肠杆菌、枯草杆菌水解含硫氨基酸有 H_2S 产生；大肠杆菌、变形杆菌水解色氨酸可形成吲哚。这些特性可用于细菌的鉴定。

（3）脂肪的分解。脂肪是脂肪酸和甘油的结合物。某些微生物能产生脂肪酶，将脂肪水解为甘油和脂肪酸。甘油和脂肪酸可被微生物摄入细胞内，进行代谢。

2）微生物的合成代谢

微生物的细胞物质主要是由蛋白质、核酸、碳水化合物和类脂等组成。合成这些大分子有机化合物需要大量能量和原料[18]（图 2.3）。能量来自营养物质的分解，至于原料，可以是微生物从外界吸收的小分子化合物，但更多的是从营养物质分解中获得。从这里可以看到分解作用与合成作用之间相互依赖的紧密关系，由于它们相互依赖、偶联进行，微生物才能具有旺盛的生命活动和正常的生长繁殖，因而才能在自然界中得以生存和发展。微生物种类很多，合成途径也复杂多样[19,20]。

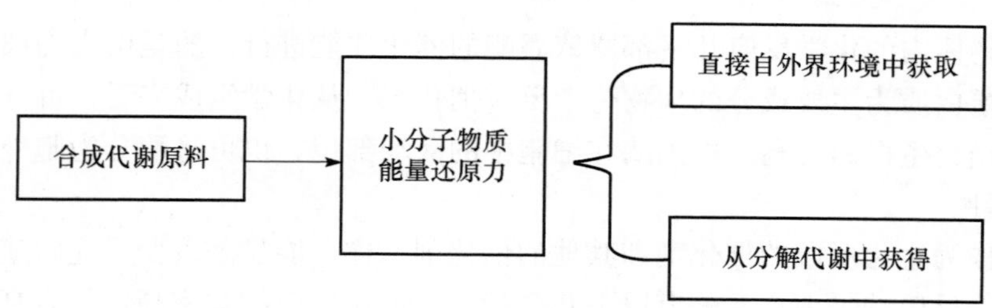

图 2.3　微生物合成代谢原料来源

（1）小分子前体碳架物质。这类物质是指直接被机体用来合成细胞物质基本组成成分的前体物（氨基酸、核苷酸及单糖等）。

形成这些前体物的小分子碳架主要有 12 种：乙酰 CoA、磷酸二羟丙酮、3-磷酸甘油醛、PEP、丙酮酸、4-磷酸赤藓糖、α-酮戊二酸、琥珀酸、草酰乙酸、5-磷酸核糖、6-磷酸果糖以及 6-磷酸葡萄糖，它们可通过单糖酵解途径及呼吸途径由单糖等物质产生。

（2）能量。微生物合成代谢所需要能量来自发酵、呼吸和光合磷酸化过程形成的 ATP 和其他高能化合物。

（3）还原力。还原力主要是指还原性烟酰胺腺嘌呤核苷酸物质，即 $NADPH_2$ 或 $NADH_2$，这两种物质在转氢酶作用下可以互相转换。

3. 微生物的能量代谢

所有生物进行生命活动都需要能量，因此，能量代谢是新陈代谢的核心问题[16]。

自然界中的能量以多种形式存在，但生物只能利用光能或化学能，而光能也必须在一定的生物体（光合生物）内转化成化学能后，才能被生物利用。

一个化学反应只有在一定条件下，当有能量放出时才能自由地进行，即自由能的变化为负值时，反应才能进行，这种反应称为放能反应；如果产物的自由能大于反应物的自由能时，必须供给能量才能进行反应，这种反应称为吸能反应。

在生物体内，吸能反应所需要的能量是由放能反应来供给的，两者是偶联进行的。其中的能量载体主要是 ATP。ATP 是腺嘌呤核苷三磷酸的缩写，ATP 的生成和利用是微生物能量代谢的核心。在生物体内，ATP 主要由 ADP 的磷酸化生成。生成 ATP 的过程需要供应能量，能量来自光能或化学能。

利用光能生成 ATP 的过程称为光合磷酸化作用，这种转变需要光和色素作媒介。

利用化合物氧化过程中释放的能量进行磷酸化生成 ATP 的过程称为氧化磷酸化作用，它为一切生物所共有，微生物的氧化作用根据最终电子受体的性质不同可分为：呼吸作用、无氧呼吸作用和发酵作用。

ATP 主要用于供应合成细胞物质（包括储藏物质）所需的能量。此外，细胞对营养物质的吸收、鞭毛菌的运动、发光细菌的发光等所消耗的能量也要由 ATP 供给。组成细胞的物质主要是蛋白质、核酸、类脂和多糖，合成这些物质都需要 ATP。

2.3　微生物代谢原料

微生物为了生长、繁殖的需要从外界不断地吸收营养物质，从中获得能量并合成新的细胞物质，同时排出废物。研究微生物的营养成分，主要是了解微生物的营养特性和培养条件，进一步控制和利用它们更好地为工业生产服务。微生物的营养活动，是依靠向外界分泌大量的酶，将周围环境中大分子的蛋白质、糖类、脂肪等营养物质分解成小分子化合物，再借助细胞膜的渗透作用吸收这些小分子营养成分来实现的。因此，培养基的营养成分对微生物的生长、合成酶系以及代谢途径的影响极大。根据微生物生长、繁殖和发酵的不同要求，培养基的成分和含量也有所不同，所以培养基的种类很多。但是，无论哪一种培养基，都应满足微生物生长、繁殖和发酵所需要的各种营养物质，如表 2.1 所示，包括碳源、氮源、无机盐、特殊生长因子和水 5 类物质。

表 2.1　微生物的营养来源[9]

碳源	碳酸气 淀粉水解糖、糖蜜、亚硫酸盐纸浆废液等 石油、石蜡、天然气 乙酸、甲醇、乙醇等石油化工产品
氮源	豆饼或蚕蛹水解液、味精废液、玉米浆、酒糟水等有机氮 尿素、硫酸铵、氨水、硝酸盐等无机氮
无机盐	磷酸盐、钾盐、镁盐、钙盐等矿盐 铁、锰、钴等微量元素 其他
特殊生长因子	硫胺素、生物素、对氨基苯甲酸、肌醇等
水分	水

1. 碳源

碳源主要用来供给菌种生命活动所需的能量和构成菌体细胞，是代谢产物的物质基础。通常可用作碳源的物质主要有糖类、脂肪及某些有机酸。霉菌和放线菌均可利用脂肪和某些有机酸作为碳源。

2. 氮源

氮源主要用来构成菌体细胞物质和代谢产物，即蛋白质及氨基酸之类的含氮代谢物，通常所用的氮源可分为有机氮源和无机氮源两类。有机氮源如黄豆饼粉、花生饼粉、棉籽饼粉、玉米浆、蛋白胨、酵母粉、鱼粉、蚕蛹粉、发酵菌丝体和酒糟等；无机氮源如氨水、硫酸粉、尿素、硝酸钠、硝酸铵和磷酸氢二铵等。

3. 无机盐

无机盐类是微生物生命活动所不可缺少的物质，其主要功能是构成菌体的成分，作为酶的组成部分或维持酶的活性，调节渗透压、pH、氧化还原电位等。微生物的生长发育和生物合成过程需要铅、镁、硫、磷、铁、钾、钠、氯、锌、钴、锰等无机盐类与微量元素，一般它们在各种培养基原料中已有足够含量，无须再加，但是菌种不同，需要的各种无机盐类和微量元素的浓度也不同，必须根据具体情况予以控制。

4. 特殊生长因子

特殊生长因子的主要功能是构成辅酶的组成部分，促进生命活动进行。微生物所需的特殊生长因子包括生物素、硫胺素、对氨基苯甲酸、肌酸等，但需要量极少。某些微生物自己可以合成所需的生长因子，甚至在体内积累，而不需要外界供给。

5. 水

水是微生物生长所必需的，微生物所需的营养物及代谢产物必须溶解于水中，才能通过细胞膜而被吸收或排出。体内各种生化反应也必须在水溶液中方能进行。发酵微生物多为异养菌，培养基的碳源多为淀粉、淀粉水解糖等碳水化合物，糖蜜，亚硫酸盐纸浆废液及石油、正构石蜡、天然气、乙酸、甲醇、乙醇等石油化工产品。近年关于利用氢细菌由碳酸气、氢和氮生产单细胞蛋白质的研究，正在开展之中，因此自养菌在发酵工业中的应用亦受到重视。

中国是人口大国，随着人口的增加，需要消耗的发酵产品的品种和产量日益增加，故而用于生产发酵产品的粮食原料也日益增加，将对国家的粮食安全构成威胁，因此，节约用粮或以其他原材料代替粮食是当前微生物工业生产研究的主要课题。

在发酵上节约用粮比较有效的办法是抓发酵的稳定和高产。因此，怎样控制发酵、防止染菌、提高发酵单位和总收率、降低单耗，是节约用粮的关键所在。

碳源的节约和代用，应该从多方面着手。例如，使用稀薄培养基适当减少糖氮配比，严格控制放罐时残糖浓度；改用废糖蜜、葡萄糖废母液和工业用葡萄糖来代替淀粉、糊精和食用葡萄糖等；改革工艺，改进代谢控制方法；提高生产菌种的发酵单位等，其中以菌种选育的作用更为显著。碳源代用的主攻方向还在于原料的转换，即开拓新的原料资源和微生物资源，目前野生植物淀粉、植物纤维、木屑水解物、石蜡、乙酸、乙醇等代粮发酵研究正在开展。

随着原料的转换，不仅要选育与原料转换相适应的菌种，同时还要选择不同的发酵控制方法。例如，谷氨酸发酵原料的转换，最初使用葡萄糖，后改用淀粉水解糖液或薯粉水解糖液，产糖地区则采用价格低廉的糖蜜为原料。

2.3.1 碳源

碳在细胞的干物质中约占50%，所以，微生物对碳的需求最大。凡是作为微生物细胞结构和代谢产物中碳架来源的营养物质，都称为碳源。

作为微生物营养的碳源物质种类很多，从简单的无机物（CO_2、碳酸盐）到复杂的有机含碳化合物（糖、糖的衍生物、酯类、醇类、有机酸、芳香化合物及各种含碳化合物等）都可以作为碳源。根据碳素的来源不同，可将碳源物质分为有机碳源和无机碳源两类。发酵中常用的碳源物质通常是各种有机碳源。

发酵工业应用的碳源范围很广，又因不同的微生物有所不同。下面根据发酵工业原料的来源不同，介绍几种常用的碳源：淀粉类碳源、糖类碳源、木质纤维素类碳源以及有机酸醇类碳源等。

1. 淀粉类碳源

大多数微生物为异养型，以有机化合物为碳源。在有机碳源中，糖类一般是最好的碳源，淀粉是糖类碳源的主要来源之一。

发酵工业所利用的淀粉类原料主要为粮食作物。我国粮食作物有稻谷、小麦、玉米、大豆和薯类5个主要品种，此外还有高粱、谷子等杂粮作物，在我国主要粮食作物品种中，稻谷产量居于第一位，玉米产量位居第二位，小麦产量位于第三位。1949年全国稻谷总产量仅有4865万t，到1978年全国稻谷总产量达到1.37亿t，比1949年增长1.8倍，2000年全国稻谷产量为1.89亿t，2009年我国稻谷产量为1.95亿t，稻谷年平均产量稳居世界第一位。与稻谷生产情况相比，我国玉米和小麦生产发展速度更快，2009年我国玉米产量约为1.63亿t，居世界第二位。2009年小麦产量约为1.11亿t，居世界第一位。2009年大豆产量为1450万t，居于世界第四位。

目前我国粮食生产年产量超过5亿t，年人均占有量接近400kg，比世界人均水平高出100多kg，粮食自给率保持在95%以上，储备粮达1.5亿～2亿t，比世界平均水平多一倍[21～23]。从2004年到2009年，实现42年来首次连续6年增产，新中国成立以来首次连续3年稳定在5亿t以上（图2.4）。

发酵工业原料的种子作物的碳水化合物的主要形式是淀粉。淀粉在植物种子中分布广泛，是禾谷类种子中最主要的储藏物质。淀粉由两种理化性质不同的多糖——直链淀粉和支链淀粉组成，两者都是葡萄糖的聚合体。通常淀粉含有20%～25%的直链淀粉和75%～80%的支链淀粉。直链淀粉和支链淀粉的比例是决定淀粉特性和粮食品质的重要因素。糯质种子的淀粉几乎完全是支链淀粉。在水稻种子中，直链淀粉与支链淀粉的含量因类型和品种而异，粳稻米的支链淀粉含量低，一般为20%以下，少数粳稻米的支链淀粉含量为20%～25%；一般

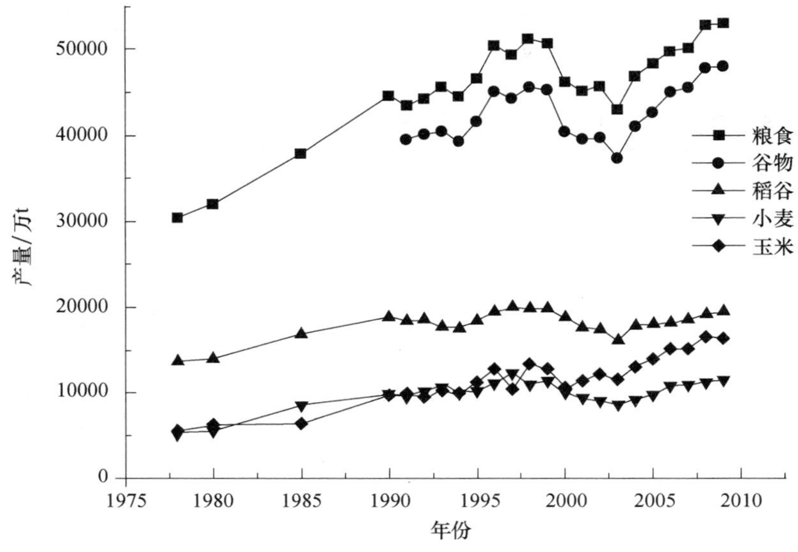

图 2.4 1978～2009 年中国粮食产量（农业部农业统计年鉴整理）

籼稻米的直链淀粉含量较高，在 25%以上，部分中等，少数较低。

淀粉以淀粉粒的形式储存于胚乳细胞中，在种子的其他部位极少或者完全不存在。淀粉粒的主要成分是多糖，多糖含量一般在 95%以上，此外，还含有少量的矿物质、磷酸及脂肪酸。淀粉粒由 50%～75%的支链淀粉和 25%～50%的直链淀粉组成，但也有例外，如玉米蜡质突变体的淀粉粒中不含有直链淀粉。淀粉粒有单粒和复粒两种形式，复粒是许多单粒的聚合体（水稻和燕麦的淀粉粒），马铃薯的淀粉粒一般是单粒，但有时也形成复粒和半复粒。不同植物种子的淀粉粒大小相差很大，直径 12～150μm 不等，如马铃薯的淀粉粒直径为 45μm，大麦、小麦、甘薯、水稻的淀粉粒直径分别是 25μm、25μm、15μm 和 7.5μm；甚至在同一种子中淀粉粒的大小也有很大的变化。

大多数禾谷类的成熟种子中，可溶性糖含量不高，一般占种子干物质的 2%～2.5%，其中主要是蔗糖，大部分分布于胚及种子以外的部分（包括果皮、种皮、糊粉层及胚乳外层），在胚乳中的含量很低。胚的蔗糖含量因作物种类而不同，为 10%～23%。有时候棉籽糖等低聚糖构成种子的主要储藏物质。

2. 糖类碳源

糖是一种非常重要的工业发酵碳源，可以直接作为碳源，尤其是葡萄糖可直接用于发酵。发酵工业原料的炼制主要是提炼其中的糖用于发酵，因而糖类原料的炼制对于整个发酵工业来说至关重要。

在发酵工业中大规模应用的糖类原料主要为甘蔗、甜菜以及甘蔗或甜菜制糖的副产物糖蜜（表 2.2，表 2.3）。

表 2.2 1978～2009 年中国甘蔗、甜菜产量（农业部农业统计年鉴整理）

年 份	甘蔗产量/万 t	甜菜产量/万 t
1978	2111.6	270.2
1980	2280.7	630.5
1985	5154.9	891.9
1990	5762.0	1452.5
1991	6789.8	1628.9
1992	7301.1	1506.9
1993	6419.4	1204.8
1994	6092.7	1252.6
1995	6541.7	1398.4
1996	6818.7	1541.5
1997	7889.7	1496.8
1998	8343.8	1446.6
1999	7470.3	863.9
2000	6828.0	807.3
2001	7566.3	1088.9
2002	9010.7	1282.0
2003	9023.5	618.2
2004	8984.9	585.7
2005	8663.8	788.1
2006	9709.2	750.8
2007	11295.1	893.1
2008	12415.2	1004.4
2009	11558.7	717.9

表 2.3 2009 年主要甘蔗产量分布（农业部农业统计年鉴整理）

地 区	产量/万 t	比例/%
上海	1.6	0.01
江苏	11.6	0.10
浙江	81.4	0.70
安徽	21.8	0.19
福建	65.9	0.57
江西	62.2	0.54
河南	28.3	0.24
湖北	34.4	0.30

续表

地　区	产量/万 t	比例/%
湖南	78.2	0.68
广东	1253.5	10.84
广西	7509.4	64.97
海南	479.2	4.15
重庆	11.6	0.10
四川	93.9	0.81
贵州	64.3	0.56
云南	1761.3	15.24

1）甘蔗

甘蔗在我国农业经济中占有重要地位，其产量和产值仅次于粮食、油料和棉花，居第 4 位。由于甘蔗的适应性强，近年来我国甘蔗的种植面积逐年增加，由 2000 年的 1068.62 千 hm^2 增至 2007 年的 1553.57 千 hm^2，产量由 2000 年的 6828.0万 t 增至 2007 年的 11295.1 万 t（表 2.2）。我国甘蔗主要种植于广西、云南、广东、海南、福建、四川、湖南等地，这些甘蔗主产区气候条件适宜，发展甘蔗种植业有助于当地蔗农增收，有利于发展当地农村经济。从表 2.3 中可以看出，广西是全国甘蔗的主产区，其 2009 年总产量占到全国甘蔗总产量的 64.97%，单位面积产量仅次于广东省。但就全国而言，单位面积产量差别很大，最高的比最低的高出 82%。

但是甘蔗的收获情况受灌溉和台风的影响比较大，一遇干旱或者台风，其收获面积就大幅度减少。甘蔗中含有丰富的糖分、水分，因此甘蔗是我国制糖的主要原料。在世界食糖总产量中，蔗糖约占 65%，在我国则占 80%以上。糖是人类必需的食用品之一，也是糖果、饮料等食品工业的重要原料。同时，甘蔗还是轻工、化工和能源的重要原料。因而，发展甘蔗生产，对提高人民的生活、促进农业和相关产业的发展，乃至对整个国民经济的发展都具有重要的地位和作用。

除含有丰富的糖分之外，甘蔗中含有相当多的蛋白质，在多数新鲜甘蔗压榨汁中，蛋白质含量约为干基固体物总量的 1%～15%。一个年处理 100 万 t 甘蔗的糖厂，混合汁中的蛋白质有 1000 多 t，可以为社会提供大量营养物，也可以配制大量饲料。多数甘蔗茎含蔗蜡 0.1%～0.2%，它是一种高级植物蜡，有多种用途（同类产品目前要由热带植物提取），100 万 t 甘蔗就含有 1000 多 t 蔗蜡。至于固醇、高级烷醇、抗氧化剂等，虽然含量的比例不大，但它们都是具有良好生物功能和医疗功能的宝贵成分，经济价值很高。

2）甜菜

甜菜（*Beta vulgaris*）也称莙菜、糖萝卜，又分为野生种和栽培种。甜菜野生种的种类多且分布广，分类亦不统一[24]。

甜菜起源于地中海沿岸，野生种滨海甜菜是栽培甜菜的祖先，大约在 1500 年前从阿拉伯国家传入中国。在我国，叶用甜菜种植历史悠久，而糖用甜菜是在 1906 年才引进的。我国的甜菜主产区在东北、西北和华北。

从表 2.4 可以看出，新疆、黑龙江、内蒙古是全国甜菜的主产区，其 2009 年总产量约占全国甜菜总产量的 90%，其中新疆、黑龙江和内蒙古甜菜产量分别占全国总产量的 58.29%、15.32%和 15.27%。

表 2.4　2009 年全国甜菜产量与分布（农业部农业统计年鉴整理）

	产量/万 t	比例/%
全国	717.8	100
河北	30.7	4.28
山西	15.4	2.15
内蒙古	109.6	15.27
辽宁	6.2	0.86
吉林	6.6	0.92
黑龙江	110.0	15.32
山东	0.1	0.01
四川	0.2	0.03
云南	0.1	0.01
甘肃	20.4	2.84
青海	0.1	0.01
新疆	418.4	58.29

甜菜在深而富含有机质的松软土壤上生长良好；施用化肥和粪肥均有良效。它普遍实行灌溉，能忍耐盐碱含量较高的土壤，但对强酸性土壤和低硼敏感。如果土壤缺硼，则会抑制甜菜生长并使甜菜根内出现黑心病。甜菜广泛种植于温带和寒温带地区，温热地区则在凉爽季节种植。在适宜的气候下，甜菜生长期为 8～10 周，某些饲料甜菜则长达 30 周。甜菜叶是核黄素、铁以及维生素 A 和维生素 C 的来源。

甜菜是二年生草本植物，是我国的主要糖料作物之一，生活的第一年主要是营养生长，在肥大的根中积累丰富的营养物质，第二年以生殖生长为主，抽出花枝经异花授粉形成种子。

3）糖蜜

糖蜜是甘蔗或甜菜糖厂的一种副产物，又称橘水。糖蜜含糖量很高，这些糖分就制糖工业技术水平来说已不能或不宜用结晶方法进行回收。糖蜜是一种非结晶糖分，因其本身就含有相当数量的可发酵性糖，无需糖化，因此是微生物工业大规模发酵生产乙醇、甘油、丙酮、丁醇、柠檬酸、谷氨酸、食用酵母及液态饲料[25]等的良好原料。

3. 木质纤维素类碳源

石油是地球上蕴藏丰富的资源，特别是存在种类繁多的石油微生物，它们几乎能利用所有的石油成分。例如，使化学性质稳定的烷烃类化合物在常压下发生化学反应，而不需高温、高压、耐酸、耐腐蚀的设备。从 20 世纪中、后期开始，许多国家开展微生物利用石油的广泛研究，取得了大量研究成果，表明几乎所有糖发酵的产物都可通过石油馏分发酵获得。

虽然石油代粮发酵研究已取得大量可转化为生产的成果，但是由于石油储量和开采量的限制，特别是石油消耗加速而导致石油价格持续攀升，严重阻碍了石油代粮发酵的产业化步伐。因此，人们不得不重新寻找新的代粮发酵原料。

目前，纤维素成为最现实可行的代粮发酵的天然资源。因为它是自然界最丰富的可再生资源，每年通过光合作用合成 1×10^{12} t 以上，这是世界粮食产量的几百倍。所以，开发纤维素代粮发酵的前景广阔，特别是 20 世纪 80 年代后，随着各国对环境问题的关注而更倾向于开发利用能够生物降解、环境协调良好且取之不尽、用之不竭的天然原料——纤维素[26]。

纤维素是由 D-吡喃葡萄糖环经 β-1,4-糖苷键组成的直链多糖，它来源于棉花、木材、麻类、草类、某些海洋生物的外膜及各种农产品。

纤维素分子链上大量反应性强的羟基的存在，十分有利于形成分子内和分子间的氢键，使得纤维素分子链易于聚集在一起，趋于平行排列而形成结晶性的纤维素结构。纤维素分子内氢键和分子间氢键对纤维素链形态和反应性有着深远的影响，尤其是 C_3 羟基与邻近分子环上的氧所形成的分子间氢键，不仅增强了纤维素分子链的线性完整性和刚性，而且使分子链紧密排列而形成结晶区，其中也存在着分子链疏松堆砌的无定形区。这便是纤维素形态结构研究中最流行的两相共存学说。两相结构的存在严重地影响着纤维素的物理化学性质和反应性能。

人们普遍认为，大多数反应试剂只能穿透纤维素的无定形区，而不能进入紧密的结晶区。由于结晶区和非结晶区（无定形区）共存的复杂形态结构，以及分子内和分子间氢键的影响，纤维素很难溶于普通的溶剂，这就决定了纤维素多数的化学反应都是在多相介质中进行的，很难进行均匀的化学改性。此外，纤维素链中葡萄糖基环上三个羟基的反应能力也不一样。为了克服多相反应的非均匀性和提高纤维素的反应性能，在进行反应之前，纤维素材料通常都经过溶胀或活化处理。最近的研究发现，蒸汽爆破（steam explosion，SE）处理对纤维素分子内和分子间氢键的断裂、纤维素化学反应性的提高非常有效。SE 处理由于具有处理时间短、化学品用量少、能耗低等优点而引起人们的关注。

随着生物技术的发展，纤维素的酶催化降解成为研究的重点，特别是以单糖为降解最终产物的纤维素酶促水解。酶解成本较高是纤维素代粮发酵的主要障碍。美国已投入上千万美元进行降低纤维素酶解成本的研究，一旦纤维素酶解成本降低到可经济生产的应用阶段，开发利用纤维素就进入产业化的实质阶段。由于酶解后的单糖非常容易被多种生物利用，故可进行多种发酵产品的开发应用[27,28]。例如，最简单有效的办法是利用基因工程构建超级菌株，可直接利用纤维素获得乙醇等产品。

因此，开发纤维素代粮发酵将成为发酵工业的重要研究领域，具有重大的社会效益和经济效益。

4. 有机酸、醇类碳源

发酵工业有时也利用有机酸、醇类作为碳源，特别是在沼气发酵、白酒发酵、污泥厌氧资源化利用过程中，有机酸、醇类[29,30]成为关键的微生物碳源。

1）沼气发酵

从有机物质厌氧发酵到形成甲烷，是非常复杂的过程，不是一种细菌所能完成的，是由很多细菌参与联合作用的结果。甲烷细菌在合成的最后阶段起作用，它利用伴生菌所提供的代谢产 H_2、CO_2 等合成甲烷，整个过程可分几个阶段，如图 2.5 所示。

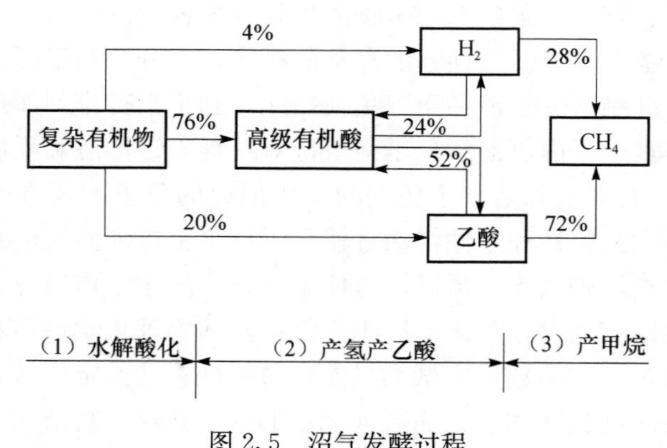

图 2.5 沼气发酵过程

图 2.5 中几个阶段不是截然分开的，没有明显的界线，也不是孤立进行的，而是密切联系在一起互相交叉进行的。

沼气发酵是一个极其复杂的生物化学过程，包括各种不同类型微生物所完成的各种代谢途径。这些微生物及其所进行的代谢都不是在孤立的环境中单独进行，而是在一个混杂的环境中相互影响。它们之间的互相作用包括：不产甲烷细菌和产甲烷细菌之间的作用；不产甲烷细菌之间的作用及产甲烷细菌之间的作用。

2）白酒发酵

有机酸是白酒重要的呈味物质，而且是生成酯类的前体物质，它在白酒生产过程中有着极其重要的意义。有机酸是浓香型白酒的重要呈味物质，不同种类的有机酸与乙醇作用后生成的相应酯类构成了酒的主体香气成分。在浓香型白酒中，在一定比例的范围内有机酸含量高的酒质好。适量的有机酸能使酒体丰满、醇厚、回味悠长。实践证明，凡是回味好、谐调、丰满的酒，其总酸含量均较高，达到150mg/100mL左右。根据对名酒的色谱分析，现已查明含有20多种有机酸，其中，己酸、丁酸、乳酸、乙酸具有明显的定味作用。多年来的理论研究与生产实践都说明了浓香型白酒酿造的实质，就是增酸与控酸的过程。增酸就是在确保酵母菌正常发酵的条件下，创造一个适于己酸菌及丁酸菌生长的环境，使其产生较多的己酸与适当的丁酸，进而合成尽可能多的己酸乙酯和适量的丁酸乙酯。控酸就是采取一切措施，减少乳酸菌、乙酸菌等杂菌的侵袭，抑制它们的生长繁殖和发酵，使乳酸、乙酸的生成量尽可能低一些，进而降低乳酸乙酯与乙酸乙酯的合成量。通过增酸与控酸，便可达到增己酸降乳酸的目的。

刘永军等[31]研究了不同有机酸碳源对混合菌株产酸的影响，以甲酸、丁酸、戊酸为碳源，经混合菌株发酵后，产生的有机酸种类较少，多数以原有形式存在且生成的己酸量较少甚至没有，可见上述三种有机酸不能被混合菌株很好地利用。以乙酸、乳酸、丙酸为碳源，大多数被转化为其他有机酸且生成的有机酸种类较为丰富，可见乳酸、丙酸、乙酸能很好地被混合菌株利用，而且以丙酸为碳源时，乳酸生成量明显升高。由此可见，乳酸由丙酸转化而来。同时，混合菌株无论以哪种有机酸为碳源，总是有乙酸、丁酸、己酸生成，可以看出，混合菌株对底物转化趋势是“乙酸→丁酸→己酸”，在生成乙酸的过程中产生其他酸。

以甲酸和其他有机酸混合作为混合菌株发酵碳源，底物几乎全以其原有形式存在，其他有机酸的生成量很少甚至没有，可见甲酸对混合菌株发酵有明显的抑制作用。以乙酸＋乳酸、乙酸＋丁酸、丙酸＋乳酸、丙酸＋丁酸为碳源，己酸生成量明显高于各单一有机酸为碳源生成的己酸量，可见不同有机酸的组合对混合菌株发酵有促进作用，特别是以乙酸＋丁酸为碳源，己酸生成量大幅度地增长，这进一步验证了前面提到的有机酸生成趋势是“乙酸→丁酸→己酸”。

另外，污泥厌氧消化产生的高级脂肪酸也是微生物发酵合成PHA[32]、PHB的良好碳源[33,34]。

5．CO_2

近50年来，中国年平均地表气温明显增加，升温幅度略大于全球气温增加的幅度。发达国家虽然历史上是排放大户，但现在发展中大国已站到排放前列。据报道，中国与同处于发展阶段的国家相比，CO_2 排放强度相对较高，详见表

2.5。从经济发展的长期趋势看，中国正处于一个高碳经济发展阶段。温家宝总理在哥本哈根气候峰会上强调，到2020年，中国单位GDP CO_2 排放将比2005年下降40%～50%。

表 2.5 世界主要国家 CO_2 排放的历史变化和未来走势 （单位：百万 t）

国 家	1990年	2006年	2030年
世界	20988	28003	41905
日本	1071	1213	1182
美国	4863	5670	6891
俄罗斯	2180	1587	1973
中国	2211	5606	11448
印度	589	1250	3314

CO_2 是工业燃料的主要产物，目前全球每年有大量的 CO_2 排放到大气中，预计到2030年 CO_2 浓度将达到工业革命前的2倍，使海平面上升20～140cm，引发全球“温室”灾难。另外，CO_2 又是一种廉价的碳资源，具有巨大的使用价值。当前，人们主要用其生产液体 CO_2、合成尿素和甲醇等，消费量尚不足1亿t/年，可拓展空间很大。于是，CO_2 的大量回收利用和再资源化已成为世界各国关注的焦点。传统的碳资源即为石油、煤炭和天然气等矿物质，都是不可再生能源，预计到2020年，连续地开采将使这些能源日显枯竭，凸显“碳源危机”。而大气和水中的 CO_2 约合碳 1×10^{14} t，相当于煤和石油含碳量的10倍左右。而潜在的 CO_2——碳酸盐在自然界中分布极为广泛，含碳量更高，约为 1×10^{16} t。因此，研究将 CO_2 作为21世纪的新碳源，既可规避因不可再生能源的大量消耗而导致的“碳源危机”，又可有效解决“温室”灾难。

在发酵工业中，有些微生物主要以二氧化碳作为碳源生长。硝化菌是自养菌，就是以二氧化碳作为碳源，而不能以有机物为碳源。少量硝化菌是兼性厌氧的可以以有机物为碳源。

二氧化碳作为生物的碳源，是通过植物或微生物的循环途径将 CO_2 转化成化学物质或其自身生长的营养物质。能利用 CO_2 的生物主要是植物和自养微生物。绿色植物的叶绿体中有一个特有的酶促机构，催化 CO_2 转变成还原性的有机化合物的过程。但是地球上还有植物不能生长的特殊环境，自养微生物利用 CO_2 的优势便显现出来。从整个生物圈的物质、能量流来看，自养微生物可以利用可见光作为主要能源驱动 CO_2 的利用。使用特定的酶可更加直接快速地实现 CO_2 的利用。

与森林等高等植物的 CO_2 利用方法相比，微生物具有繁殖快、CO_2 利用效率高、适合工业化集约生产、对土地和水的依赖程度低等许多优点。而与深海储存、开采过的煤层储存、含盐蓄水层储存和废弃油气田储存等传统的地质储存技术相比，微生物利用法具有可持续性和低风险性。据报道地质储存可能存在以下环境风险：CO_2 逃逸到大气层造成二次污染，CO_2 泄漏对地下水的危害、对陆地和海洋生物的多样性和生态系统的危害，诱发地震、引起地面沉降或升高等。同时地质储存要受环境容量的限制，CO_2 气体不可能无限制地注入海洋、煤层、含盐蓄水层和废弃油气田中，一旦气体饱和将再难进行储存。生物利用法还可以产生许多具有经济价值的副产物（生物燃料甲烷、乙醇、氢气以及生物肥料和动物饲料等），承担污水净化的任务。

自养微生物利用光能或无机物氧化时产生的化学能同化 CO_2，构成细胞物质。利用 CO_2 的自养微生物较多[2]，一般可分为两类：光能自养型和化能自养型微生物，如表 2.6 所示。

表 2.6　利用 CO_2 的微生物种类

能　源	好氧/厌氧	微生物
光能	好氧	微藻类
		蓝细菌
	厌氧	光合细菌
		氢细菌
化能	好氧	硝化细菌
		硫化细菌
		铁细菌
	厌氧	甲烷菌
		乙酸菌

光能自养型微生物包括微藻类、蓝细菌和光合细菌，含有叶绿素，以光为能源、CO_2 为碳源合成菌体物质或代谢产物；化能自养型微生物以 CO_2 为碳源，能源主要有 H_2、H_2S、NH_4^+、NO_2^-、Fe^{2+} 等。微藻（包括蓝细菌）和氢细菌具有生长速度快、适应性强等特点。国内外现已大规模生产的微藻主要有栅列藻属（*Scenedesmus*）、小球藻属（*Chlorella*）、盐藻属（*Dunaliella*）和螺旋藻属（*Spirulina*）等。Ishizaki 等利用产碱杆菌以 CO_2 为碳源在限氧条件闭路循环发酵系统中培养 60h，其菌体浓度高于 60g/L，PHB 达 36g/L。化能自养菌中利用 CO_2 生长速度最快的是氢细菌，已发现的氢细菌有 18 个属，近 40 个种。

微藻类具有光合速率快、繁殖快、环境适应性强、利用效率高等优点，常与其他工程技术结合，用于利用 CO_2。de Morais 等将螺旋藻中的 *Spirulina* sp. 和斜生栅藻 *S. obliqnus* 培养在恒温 30℃ 的三级连续管状光生物反应器中，观察 CO_2 的利用状况和这两种微生物对 CO_2 的耐受力。结果发现，螺旋藻 *Spirulina* sp. 的最大比生长速率和最高产率分别为 $0.44d^{-1}$ 和 0.22g/(L · d)；最高 CO_2 利用率在 CO_2 体积分数为 6% 时是 53.29%，在 CO_2 体积分数为 12% 时为

45.61%。斜生栅藻 *S. obliqnus* 的最高 CO_2 利用率在 CO_2 体积分数为 6%时为 28.08%，在 CO_2 体积分数为 12%时为 13.56%。Hanagata 等培养的 *Chlorella* 在 CO_2 体积分数为 10%时，产率为 0.15g/(L·d)；在 CO_2 体积分数为 40%时，产率为 0.18g/(L·d)。Sung 等培养的 *Chlorella* 菌株 KR-1 在不同体积分数 CO_2 下有不同的产率，CO_2 体积分数为 10%时，产率为 1.1g/(L·d)；CO_2 体积分数为 30%时，产率为 0.8g/(L·d)；CO_2 体积分数为 50%时，产率为 0.6g/(L·d)；CO_2 体积分数为 70%时，产率为 0.1g/(L·d)。有的菌株在 CO_2 环境中可以加速生长，Chang 等培养的 *Chlorella* 菌株 NTU-H15 和 NTU-H25 在通入 5%CO_2 时细胞生长速度加快，最高产率达到 0.31g/(L·d)。

能够转化 CO_2 的微生物种类极多，转化机理比较复杂，其中有望实现工业化规模的主要有微藻和氢氧化细菌。藻体素有“储能库”之称，特别是其中的葡萄藻（*Botryocladia leptopoda*）、小球菌（*Chlorella*）和盐藻（*Dunaliella salina*）三种。许多研究者发现，CO_2 是藻类产烃和生长的显著刺激因素。自养微生物在利用 CO_2 的同时，可以转化为菌体细胞以及许多代谢产物，如有机酸、多糖、甲烷、维生素、氨基酸等，具体有以下几方面：

1）单细胞蛋白（SCP）

利用二氧化碳生产单细胞蛋白较有潜力的微生物主要是菌体生长速度快的微型藻类及氢氧化细菌，如 *Alcaligens eutrophus* 以 CO_2、O_2、H_2 及 NH_4^+ 等为底物合成的菌体蛋白含量可高达 74.2%～78.7%；*P. hydrogenthermophila* 的蛋白质含量为 75%，而且这些氢细菌的氨基酸组成优于大豆，接近动物性蛋白，具有良好的可消化性。Yaguchi 等分离的可在 50～60℃条件下能够快速生长的高温蓝藻（*Synechococcus* sp.）倍增时间仅为 3h，蛋白质含量 60%以上。另外，在日本已经产业化了螺旋藻（*Spirulina*）、小球藻（*Chlorella*）等微藻，它们因藻体含有丰富的蛋白质、脂肪酸、维生素、生理活性物质等而作为健康食品及医药制品远销海内外。

2）乙酸

迄今为止，已发现利用 CO_2 和 H_2 合成乙酸的微生物有 18 种[22]，*Acetobacterium* 属 5 种，*Sporomusa* 属 5 种，*Clostridium* 属 4 种，还有 4 种尚未鉴定。其中产酸能力最强的是 *Acetobacterium*BR-446，在 35℃、厌氧、气相 CO_2∶H_2＝1∶2 的条件下摇瓶培养 BR-446，其最大乙酸浓度可达 51g/L。利用中空纤维膜反应器和海藻酸钙包埋法培养 BR-446，其乙酸生产速率为 714.0（g/L·d），乙酸浓度为 2.9～4.0g/L。

3）生物降解塑料——聚 3-羟基丁酸酯（PHB）

Ishizaki 等利用真养产碱杆菌 *Alcaligenes eutrophus* ATCC17697，以 CO_2 为碳源，在限氧条件下闭路循环发酵系统中培养至 60h，其菌体浓度高于 60g/L，

PHB 达 36g/L。而当采用两级培养法时（先异养生长，然后在自养条件下积累 PHB），PHB 的生产速率可达 0.56～0.91g/L·h，PHB 浓度达 15.23～23.9g/L。

4）多糖

Nguyen 等发现革兰氏阴性细菌 *Pseudomonas hydrogenovora* 在限氮条件下培养至静止期（30℃，76h），可分泌大量的胞外多糖（12g/L），其单糖组成为半乳糖、葡萄糖、甘露糖和鼠李糖。Nishihara 等从海水中分离出 *Hydrogenovibrio marinus* MH-110，在限氧条件下培养 53h，胞内糖原型多糖含量达 0.288g/(g·干细胞)。

5）可再生能源——藻类烃

藻体中储藏着巨大的潜能，有望成为工业藻种的有葡萄藻（*Bothyococcus braunii*）、小球藻（*Chlorella*）和盐藻（*Dunaliella salina*）三种。许多研究者发现，提高 CO_2 的浓度是藻类产烃和生长的显著刺激因素，如 Casadevall 等用透明玻璃管培养葡萄藻并通以含 1%CO_2 的空气，在对数生长期产烃量占细胞干质量的 16%～44%，最大产烃率 0.234g/(d·g 生物量)。

6）甲烷

从目前分离到的甲烷细菌的生理学可以看出，绝大多数甲烷菌都可以利用 CO_2 和 H_2 形成甲烷，而且个别嗜热菌产甲烷活性很高，如 Sung 等在中空纤维生物反应器中利用热自养甲烷杆菌转化 CO_2 和 H_2，该反应器可保持菌体高浓度及长时间产甲烷活性，甲烷及菌体产率分别为 33.1L/(L 反应器·d) 和 1.75g 细胞/(L 反应器·d)，转化率达 90%。Tsao 等在搅拌式反应器中利用 *Methanococcus jannaschii*，80℃连续转化 H_2 和 CO_2（4∶1），菌体和甲烷的最大比生产速率分别达 0.56h^{-1}和 0.32mol/(g·h)。

2.3.2　氮源

氮元素是微生物细胞蛋白和核酸的主要成分，对微生物的生长发育有重要的意义[35,36]。微生物利用氮元素在细胞内合成氨基酸和碱基，进而合成蛋白质、核酸等细胞成分以及含氮的代谢产物。无机的氮源一般不提供能量，只有极少数的化能自养型细菌如硝化细菌可利用铵态氮和硝态氮作为氮源和能源。

能把氮气作为氮源的只限于固氮菌、某些放线菌和藻类等。高等植物和霉菌以及一部分细菌，仅能以无机氮素化合物为氮源。动物和一部分细菌，仅能利用有机氮化合物作为氮源。作为植物的氮源最重要的是无机化合物中的硝酸盐和铵盐。硝酸盐一般需还原成铵盐后才能进入有机体中，但由于生物的性质和环境条件的不同，作为氮源来说，有时铵盐适宜，有时硝酸盐适宜。如果浓度适宜，亚硝酸盐、羟胺等也可作为氮源。作为氮源的有机化合物有氨基酸、酰胺和胺等。特殊的细菌，也有时需要以极其特殊的氮素化合物作为唯一的氮源来进行培养。

氮素化合物如果只用作微量的维生素和生长促进因子等，则不能称为氮源。

同碳源谱一样，总体来看，发酵工业上应用的氮源物质范围也非常广泛。除极少数具有固氮能力的微生物（如自生固氮菌、根瘤菌）能利用大气中的氮以外，微生物的氮源都来自自然界中的无机氮或有机氮物质，因此，我们将氮源分为无机氮源和有机氮源两种。

1. 无机氮源

常见的无机氮源主要包括氨水、铵盐、硝酸盐、亚硝酸盐等。无机氮源的利用速度一般比有机氮源快，因此无机氮源又被称为速效氮源[37]。某些无机氮源由于微生物分解和选择性吸收的原因，其利用会逐渐造成环境 pH 的变化。例如：

$$(NH_4)_2SO_4 \longrightarrow 2NH_3\uparrow + H_2SO_4$$

$$NaNO_3 + 8[H] \longrightarrow NH_3\uparrow + 2H_2O + NaOH$$

在第一个反应中，反应产生的 NH_3 被微生物选择性地吸收，环境培养基中就留下 H_2SO_4，这样培养基就逐渐变酸；在第二个反应中，同样 NH_3 为微生物选择性的吸收，环境培养基中就留下 NaOH，这样培养基就逐渐变碱。像第一个反应这样经微生物选择性代谢后形成酸性物质的无机氮源称为生理酸性物质，而像第二个反应这样经微生物代谢后形成碱性物质的无机氮源称为生理碱性物质。合理使用生理酸性物质和生理碱性物质是微生物发酵过程中调节培养基 pH 的一种有效手段。

氨水是一种发酵工业中普遍使用的无机氮源。氨水是氨溶于水中得到的水溶液，在发酵工业中是一种能被快速利用的氮源，在氨基酸、抗生素等发酵工业被广泛应用。氨水同时用于发酵过程中 pH 调节。在发酵中后期利用氨水来调节 pH 往往比用 NaOH 等强碱效果好，因为其可以兼做氮源，具有促进产物合成的作用（在一些产物含氮量比较高的发酵中尤其明显，如红霉素发酵[38,39]）。另外，氨水具有一定的碱性，但是并不代表其中没有微生物的生存，氨水中存在一些嗜碱性的微生物，如嗜碱链霉菌，因此，在使用前应以适当的方法除去其中的微生物，避免发酵液的污染。

无机氮源价格便宜，利用迅速，但是并非所有的微生物都能利用这类简单的氮源。有些微生物的生长，必须辅以适当的有机氮源。

2. 有机氮源

有机氮源是另一大类发酵氮源，主要是各种成分复杂的工农业下脚料，种类繁多。常用的有机氮源有花生饼粉、黄豆饼粉、棉籽饼粉、玉米浆、酵母粉、鱼粉、蚕蛹粉、蛋白胨、麸皮、废菌丝体、酿酒工业的酒糟以及实验室常用的牛肉膏和蛋白胨等。

与无机氮源相比，有机氮源具有以下特点：

1）成分比较复杂

有机氮源除含有丰富的蛋白质、肽类、游离的氨基酸以外，还含有少量的糖类、脂肪和生长因子等。由于有机氮源营养丰富，因而微生物在含有机氮源的培养基中常表现出生长旺盛、菌体浓度增长迅速等特点。

2）被菌体利用的速度不同

如酵母浸出物和玉米浆中的氮源物质主要以较易吸收的蛋白质降解产物形式存在，而降解产物特别是氨基酸可以通过转氨作用直接被机体利用，有利于菌体生长，为速效氮源；而黄豆饼粉和花生饼粉等中的氮主要以大分子蛋白质形式存在，需要进一步降解成小分子的肽和氨基酸后才被微生物吸收利用，其利用速度缓慢，有利于代谢产物的形成，为迟效氮源。在生产中，常控制速效氮源和迟效氮源的比例以控制菌体生长期和代谢产物形成期的协调，达到提高产量的目的。

3）微生物对有机氮源中氨基酸的利用有选择性

微生物在有机氮源的培养基中可以直接利用游离氨基酸合成用于构成细胞的蛋白质和其他细胞物质。微生物对氨基酸的利用是有选择性的，如缬氨酸既可用于红霉素链霉菌的生长，又可以氮源的形式参与红霉素的生物合成。在螺旋霉素发酵中，发酵培养基里加入 L-色氨酸可使螺旋霉素的产量显著提高，但 L-赖氨酸则完全抑制螺旋霉素的生物合成。另外，有机氮源中含有的某些氨基酸是菌体合成次级代谢产物的前体，如 α-氨基己二酸、半胱氨酸和缬氨酸是合成青霉素和头孢菌素的直接前体；玉米浆中含有的苯乙胺和苯丙氨酸有合成青霉素 G 的前体作用；色氨酸是合成硝吡咯菌素和麦角碱的前体。

4）有机氮源是引起发酵水平波动的主要因素

天然原料中的有机氮源由于产地不同、加工方法不同，其质量不稳定，常引起发酵水平波动。

如抗生素发酵中常用的黄豆饼粉，根据油脂的含量可将其分为全脂黄豆粉（油脂含量在 18%以上）、低脂黄豆粉（油脂含量在 9%以下）和脱脂黄豆粉（油脂含量在 2%以下）三类。我国东北产的大豆加工制备的黄豆饼粉质量较好，主要是因为此种大豆中含硫氨基酸含量较高，有的含量达 4.0%以上。此外，黄豆饼粉质量还受加工方法的影响，热榨黄豆饼粉和冷榨黄豆饼粉因其中蛋白质及水分含量存在差异，对发酵产生的影响是不同的。

玉米浆是常用的有机氮源，对许多品种的发酵水平有显著影响。玉米浆是用亚硫酸浸泡玉米的水经过浓缩加工制成的，呈鲜黄至暗褐色，为不透明的絮状悬浮物，固体物质含量在 50%以上。玉米浆含有丰富的氨基酸、还原糖、磷、微量元素和生长素，其中玉米浆中含有的磷酸肌醇对红霉素、链霉素、青霉素和土霉素等的生产有积极促进作用。此外，玉米浆还含有较多的有机酸，如乳酸等，因此玉米浆的 pH 在 4.0 左右。由于玉米产地不同、浸渍工艺不同，玉米浆质量不同。一般，玉米浆的用量根据淀粉原料的不同、糖浓度及发酵条件不同而异，一般用量为 0.4%～0.8%。玉米浆中含有丰富的可溶性蛋白、生长素和一些前体物质，含 40%～50%固体物质。在玉米浸泡过程中若染上乳酸菌和酵母菌，则提高玉米浆的质量；若染上腐败性细菌则降低玉米浆的质量。玉米浆是微生物生长普遍应用的有机氮源，它还能促进青霉素等抗生素的生物合成。

尿素也是一种常见的有机氮源，但尿素作为氮源使用要注意以下几点：一是尿素是生理中性氮源；二是尿素中含氮量比较高（46%）；三是微生物必须分泌脲酶才能分解尿素。另外，相对于玉米浆，尿素的营养不够丰富，影响微生物的生长。目前，尿素广泛应用于抗生素和氨基酸的发酵生产，尤其是谷氨酸的生产。

蛋白胨是实验室微生物培养基的主要有机氮源。蛋白胨是将肉、酪素或明胶用酸或蛋白酶水解后干燥而成的外观呈淡黄色的粉剂，具有肉香的特殊气息。蛋白质经酸、碱或蛋白酶分解后也可形成蛋白胨。蛋白胨富含有机氮化合物，也含有一些维生素和糖类。它可以作为微生物培养基的主要原料，在抗生素、医药工业、发酵工业、生化制品及微生物学科研等领域中的用量均很大，可以用来治疗消化道疾病；不同的生物体需要特定的氨基酸和多肽，因此存在着各种蛋白胨，一般来说，用于蛋白胨生产的蛋白包括动物蛋白（酪蛋白、肉类）和植物蛋白（豆类）两种。

2.3.3 生长因子、前体物质、产物促进剂和抑制剂

随着原料转换、生产菌种的不断更新，为了进一步大幅度提高发酵产率，在微生物工业某些发酵过程中，发酵培养基除了碳源、氮源、无机盐、生长因子和水分 5 种成分外，还需要添加某些具有特殊功用的物质，如某些氨基酸、抗生素、核苷酸和酶制剂发酵需要添加前体物质、促进剂、抑制剂等。添加剂的利用往往与菌种特性和生物合成产物的代谢控制有关，目的在于大幅度提高发酵产率，降低成本。

1. 生长因子

生长因子是一类微生物必不可少的物质，一般为一些小分子的有机物，需求量很小。广义的生长因子包括微生物、碱基以及某些氨基酸等，狭义的生长因子一般指维生素。微生物所需的维生素一般为维生素 B 族，如维生素 B_1、维生素

B_2、维生素 B_3 等，在生化代谢中多为各种辅酶。

同微量元素一样，维生素等生长因子一般不需要单独添加，培养基中很多营养丰富的天然原料中已含有足够的生长因子。

维生素 H 又称生物素、辅酶 R，是水溶性维生素，也属于维生素 B 族，是一种重要的生长因子。它是合成维生素 C 的必要物质，是脂肪和蛋白质正常代谢不可或缺的物质，是一种维持人体自然生长和正常人体机能所必需的水溶性维生素，是代谢脂肪及蛋白质不可或缺的物质，也是维持正常成长、发育及健康必要的营养素，无法经由人工合成[40]。

生物素不足会造成细胞膜合成不完整，细胞内容物渗漏。在谷氨酸发酵中一般使用生物素缺陷型的菌株[41]在生物素丰富的情况下，谷氨酸菌的细胞膜合成完整，谷氨酸不能从膜内渗透到膜外，胞内的谷氨酸积累到一定程度，对谷氨酸脱氢酶进行反馈控制，从而停止谷氨酸的生物合成。在生物素限量的情况下，由于细胞膜合成不完整，谷氨酸能够从胞内渗透到胞外，使胞内谷氨酸的含量降低，谷氨酸对谷氨酸脱氢酶的反馈控制失调，谷氨酸不断地被优先合成。生物素作为催化脂肪酸生物合成最初反应的关键酶乙酰 CoA 羧化酶的辅酶，参与了脂肪酸的生物合成，并影响磷脂的合成。当生物素控制在亚适量时，脂肪酸合成不完全，导致磷脂合成也不完全。由于细胞膜是磷脂双分子层组成的，当磷脂含量减少到正常量的一半时，细胞发生变形，谷氨酸就从胞内渗出，积累于发酵液中。当生物素过量时，细胞内有大量的磷脂质，使细胞壁、细胞膜增厚，不利于谷氨酸的分泌，造成产酸率下降，影响发酵生产的经济效益。

在缬氨酸发酵过程中，生物素、硫胺素及玉米浆的一些成分是菌体生长及代谢所必需的生长因子，其用量直接影响缬氨酸的产量。雷剑芬等[42]在研究生长因子用量对缬氨酸发酵的影响中，通过正交方案，选择合适的生长因子用量，有效地提高了缬氨酸的产量，摇瓶产酸水平达 50g/L，在 $5m^3$ 的发酵罐上生产时，也取得明显效果，产酸水平可达 40g/L。

2. 前体物质

某些化合物加到发酵培养基中能直接被微生物在生物合成过程中结合到产物分子中去，而其自身的结构并没有多大变化，但产物的量却因此而有较大地提高，这类化合物称为前体物质。有些氨基酸、核苷酸和抗生素发酵必须添加前体物质才能获得较高的产率[43]。例如，丝氨酸、色氨酸、异亮氨酸、苏氨酸发酵时，培养基中需分别添加各种氨基酸的前体物质，如甘氨酸、氨茴酸、吲哚、2-氨基-4-甲基硫代丁酸、α-氨基丁酸及高丝氨酸等，如表 2.7 所示，这样可避免氨基酸合成途径的反馈抑制作用，从而获得较高的产率。目前，应用添加前体物质的方法大规模发酵生产丝氨酸在日本已经实现。又如，5′-核苷酸可从糖在加有化学合成的腺嘌呤为前体的情况下，用腺嘌呤或鸟嘌呤缺陷变异菌株直接发酵生成。此外，抗生素合成的前体物质更是抗生素分子的前身或其组成的一部分，它直接参与抗生素合成而自身无显著变化。

表 2.7　氨基酸发酵的前体物质[9]

氨基酸	菌　株	前体物质	产率/%
色氨酸	嗜甘油棒状杆菌	甘氨酸	1.6
色氨酸	异常汉逊酵母	氨茴酸	0.8
蛋氨酸	麦角菌	吲哚	1.3
异亮氨酸	脱氢极毛杆菌	2-氨基-4-甲基硫代丁酸	1.1
异亮氨酸	黏质赛杆菌	α-氨基丁酸	0.8
苏氨酸	阿氏棒状杆菌	D-苏氨酸	1.5
	谷氨酸小球菌	高丝氨酸	2.0

抗生素合成的前体物质在一定条件下可控制生产菌的合成方向和增加抗生素的产量。在青霉素的生产过程中，人们发现加入玉米浆后，青霉素的单位提高，进一步研究发现单位增长的原因是玉米浆中含有苯乙胺。抗生素发酵常用前体物质如表 2.8 所示。苯乙酸、丙酸均可以在生产过程中使用，但要注意这些前体加入过多对菌体会产生毒性。因此在发酵过程中，加入前体不但可使青霉素 G 比例大为增加（占总青霉素量的 99%以上），而且可使青霉素的产量有所提高（由于前体物质的存在，可使培养基的硫酸盐中的硫原子更多地结合到青霉素分子中去）。

表 2.8　抗生素发酵常用的前体物质[9]

抗生素	前体物质	抗生素	前体物质
青霉素 G	苯乙酸或在发酵中能形成苯乙酸的物质，如乙基酰胺等	金霉素	氯化物
		溴四环素	溴化物
青霉素 O	烯丙基巯基乙酸	红霉素	丙酸、丙醇、丙酸盐、乙酸盐
青霉素 V	苯氧乙酸	灰黄霉素	氯化物
链霉素	肌醇、精氨酸、甲硫氨酸	放线菌素 C3	肌氨酸

前体物质的利用往往与菌种的特性和菌龄有关，如两种青霉素产生菌对苯乙酸的利用率不同，形成青霉素 G 的比例也不同，较老的菌丝对前体的利用较多。前体物质越易被氧化的，用于构成青霉菌分子的比例就越少。

一般说来，当前体物质是合成过程中的限制因素时，前体物质加入量越多，抗生素产量就越高，如表 2.9 中所示随前体物质苯乙酸添加量增加，青霉素的产量提高。但前体物质的浓度越大，利用率越低。在抗生素发酵中大多数的前体物质对生产菌体有毒性，故一次加入量不宜过大。为了避免前体物质浓度过大，一般采取间隙分批添加或连续滴加的方法加入。

表 2.9 不同浓度的前体物质对青霉素产量的影响[9]

苯乙酸添加量/%	青霉素产量/(U/mL)	青霉素 G 的比例/%	苯乙酸添加量/%	青霉素产量/(U/mL)	青霉素 G 的比例/%
0.1	7750	57.5	0.3	9630	90.6
0.2	8515	73.0	0.4	9200	95.6

3. 促进剂与抑制剂

在氨基酸、抗生素和酶制剂发酵生产过程中，可以在发酵培养基中加入某些对发酵起一定促进作用的物质，称为促进剂或刺激剂。例如，在酶制剂发酵过程中，加入某些诱导物、表面活性剂及其他一些产酶促进剂，可以大大增加菌体的产酶量。添加诱导物，对产诱导酶（如水解酶类）的微生物来说，可使原来很低的产酶量大幅度地提高，这在生产酶制剂新品种时尤其明显。一般的诱导物是相应酶的作用底物或一些底物类似物，这些物质可以“启动”微生物体内的产酶机构，如果没有这些物质，这种机构通常是没有活性的，产酶是受阻抑的。

在培养基中添加微量的促进剂可大大地增加某些微生物酶的产量。常用促进剂有各种表面活性剂（洗净剂、吐温 80、植酸等）、二乙胺四乙酸、大豆油抽提物、黄血盐、甲醇等。例如，栖土曲霉 3942 生产蛋白酶时，在发酵 2～8h 添加 0.1%LS 洗净剂（即脂肪酰胺磺酸钠），就可使蛋白酶产量提高 50%以上。添加占培养基 0.02%～1%的植酸盐可显著地提高枯草杆菌、假单胞菌、酵母、曲霉等的产酶量。在生产葡萄糖氧化酶时，加入金属螯合剂二乙胺四乙酸（EDTA）对酶的形成有显著影响，酶活力随二乙胺四乙酸用量而递增。又如添加大豆油抽提物，米曲霉蛋白酶可提高 187%的产量，脂肪酶可提高 150%的产量。在酶制剂发酵过程中添加促进剂能促进产量增加的原因主要是，改进了细胞膜的渗透性，同时增强了氧的传递速度，改善了菌体对氧的有效利用。

抗生素工业在发酵过程中加入某些促进剂或抑制剂（表 2.10），常可促进抗生素的生物合成。在不同的情况下，不同的促进剂所起的作用也各不相同：有的可能起生长因子的作用，如加入微量植物刺激剂可促进某些放线菌的生长发育，缩短发酵周期或提高抗生素发酵单位；有的可推迟菌体的自溶，如巴比妥药物能增加链霉素产生菌的菌丝抗自溶能力（巴比妥主要对链霉素生物合成酶系统具有刺激作用）；有的是抑制了某些合成其他产物的途径而使之向所需产物的途径转化；有的是降低了生产菌的呼吸，使之有利于抗生素的合成，如在四环素发酵中添加硫氰化苄，可降低菌在三羧酸循环中某些酶活力，而增强戊糖代谢，使之利于四环素的合成；有的可改变发酵液的物理性质，改善通气效果，如加入聚乙烯醇、聚丙烯酸钠、聚二乙胺等水溶性高分子化合物或加入某些表面活性剂后改善了通气效果，进而促进发酵单位提高；有的可与抗生素形成复盐，从而降低发酵液中抗生素的浓度和促进抗生素的合成，如在四环素发酵中加入 *N*,*N*-二苄基乙烯二胺（DBED）与四环素形成复盐，促使发酵向有利于四环素合成的方向进行。

表 2.10　抗生素的抑制剂[9]

抗生素	被抑制的产物	抑制剂
链霉素	甘露糖链霉素	甘露聚糖
去甲基链霉素	链霉素	乙硫氨酸
四环素	金霉素	溴化物、巯基苯并噻唑、硫尿嘧啶、硫脲
去甲基金霉素	金霉素	磺胺化合物
头孢菌素 C	头孢霉素 N	L-蛋氨酸
利福霉素 B	其他利福霉素	巴比妥药物

氨基酸发酵易于发生的问题：一是谷氨酸发酵时噬菌体引起的异常发酵，由于噬菌体有宿主专一性，现在的措施是交替更换菌种或选用抗噬菌体菌株，但噬菌体也可以发生宿主范围突变，因此也可采用添加氯霉素、多聚磷酸盐、植酸等防止；二是赖氨酸发酵等营养缺陷型菌株易发生回复突变，现在发酵时已通过采用定时添加红霉素而解决。

在发酵过程中添加促进剂的用量极微，选择得好，效果较显著，但一般来说，促进剂的专一性较强，往往不能相互套用。

另外，一些蛋白质、酶等在微生物发酵、降解过程中起到一定的促进作用。在纤维乙醇研究过程中，陈洪章研究员发现细胞壁蛋白对纤维素的降解存在促进作用等[44～46]。针对木质纤维素转化中纤维素酶成本高、利用效率低等问题，从纤维素酶及其协同因子角度，对植物细胞壁蛋白的特征和应用进行研究，玉米植株细胞壁蛋白与 *T. viride* 纤维素酶具有协同作用，其中新鲜玉米秸秆的活性最显著。新鲜玉米秸秆除了具有纤维素酶活性以外，还存在没有糖苷水解酶活性的纤维素酶协同因子。对秸秆内生微生物培养、活性分析表明，细胞壁蛋白的活性来自植物自身。

2.3.4　水

水分是微生物细胞的主要组成成分，占鲜质量的 70%～90%。不同种类微生物细胞含水量不同，同种微生物处于发育的不同时期或不同的环境其水分含量也有差异，幼龄菌含水量较多，衰老和休眠体含水量较少。微生物所含水分以游离水和结合水两种状态存在，两者的生理作用不同。结合水不具有一般水的特性，不能流动，不易蒸发，不冻结，不能作为溶剂，也不能渗透。游离水则与之相反，具有一般水的特性，能流动，容易从细胞中排出，并能作为溶剂，帮助水溶性物质进出细胞。微生物细胞游离态的水同结合态的水比例为 4∶1。微生物细胞中的结合态水约束于原生质的胶体系统之中，成为细胞物质的组成成分，是微生物细胞生活的必要条件。游离水是细胞吸收营养物质和排出代谢产物的溶剂及生化反应的介质；一定量的水分又是维持细胞渗透压的必要条件。由于水的比热高又是热的良导体，能有效地调节细胞内的温度。微生物如果缺乏水分，则会影响代谢作用的进行。

水对微生物正常生长的意义：①水尤其是结合水是构成微生物细胞结构的重要化学成分；②自由水是细胞内良好的溶剂；③水的比热容大，还可以维持微生物细胞的温度；④自由水和结合水的比值，可以调节微生物细胞的代谢强度；⑤某些细菌具芽孢、荚膜等特殊结构，可以帮助这些微生物适应缺水环境。

2.3.5　微生物代谢原料的拓展

张星元教授编著的《发酵原理》一书，分别从电子流、物质流以及信息流三个方面揭示了微生物代谢的运动本质，归纳了现代工业发酵的一系列应用性原理，将工业发酵提升到现代生物技术及生物工程的高度，认为未来的发酵工业将主要从以下 5 个方面进一步拓展与延伸[10]：①微生物营养类型的扩展；②不同元素的代谢的扩展；③不同代谢层面的扩展；④原料与目的产物的扩展；⑤原料群和产物群的扩展。因此作为发酵工业源头的发酵原料也应该相应地拓展与延伸。

在发酵工业生产中，人必须依赖微生物细胞的生命活动生产产品，而微生物细胞的生命活动要靠代谢能来支撑，要靠代谢网络来运转，要靠细胞经济来整体协调。如果没有代谢能的自我支撑，如果没有各个层次的代谢网络的协调运行，系统（微生物细胞）的性质就会发生变化，微生物细胞就会与它的环境逐渐趋于平衡，细胞的生命活动过程就会停止。没有微生物细胞生命活动，也就没有工业发酵生产。

张星元教授从细菌细胞入手研究微生物生命活动规律，提出了微生物生命活动的三个基本假说，其中代谢能支撑假说强调了微生物生命活动的前提即代谢能的持续供应；代谢网络假说概括了微生物生命活动的内容即能量、物质的转化关系；细胞经济假说揭示了微生物生命活动的法则即人和微生物合作的基础。在上述三个假说基础上，对发酵工业生产上的应用做出了以下几个方面的预测。

1）物质能量转化的预测

微生物细胞可以经物质和能量代谢，将其从生存环境中获得的营养和能源物质，转化为能量，包括代谢能和其他形式的能量，以及其他物质，包括细胞、可溶性有机物和气体。能量流和物质流是紧密联系在一起的，没有物质流的运转，能量流无从谈起。而没有能量流的存在，物质流也不能形成。能量转化过程中自由能的损耗以热量的形式放出，导致培养物温度升高。在发酵生产中，物质流是我们追求的物质体现；营养物质经微生物细胞的代谢生产细胞的中间代谢物和能量代谢副产物，它们都是可溶性有机物；有氧呼吸中还有有机物氧化的终端产物二氧化碳生成。

2）细胞资产流失的预测

代谢中间产物是细胞的分子模块，如果作为工业发酵的目的产物而从细胞中抽出，将影响细胞的生长速度。能量代谢副产物不参加细胞组成，及时排出细胞有利于细胞能量代谢的持续进行。在细胞机器运行的过程中，胞外产物（包括物质代谢中间产物和能量代谢副产物）和热能都能从总收入（进入细胞的有机化合物）开支，从微生物细胞的角度来看是细胞资产的流失。

3）原料与产物的预测

代谢网络中任何一种中间产物，包括借助生物学、化学方法可与代谢网络联网的任何一种有机化合物，都有可能开发成为发酵工业的原料和目的产物。

物质代谢和能量代谢是统一过程（代谢过程）的两个方面：生物体赖以生存的代谢能的转化寓于物质转化之中；代谢网络假设把代谢形象化为一个虚拟的网络——新原料、新产品开发的蓝图。代谢网络中任何一种中间产物原则上都可能开发成工业发酵的新原料和新产品；如果希望使用的有机原料或希望生产的产品（有机化合物）不能在代谢网络上找到，按计算机网络联网的思路，借助生物学、化学方法使目标化合物（原料或产品）与微生物的代谢网络联网，最终可能被开发成为工业发酵的原料或目的产物。

4）新过程参数的预测

微生物生产和分泌的能量代谢副产物的种类和产量的变化、所放出能量的变化也将成为工业发酵过程的工艺控制的重要数量依据。

在供氧条件或营养条件发生变化的情况下，兼性厌氧微生物细胞内脱氢酶的辅酶把它在脱氢反应中接受的电子转交给内源的电子受体，生成能量代谢副产物排出细胞，同时辅酶自身再生，再生后又可回用于下一轮的脱氢反应，从而使能量代谢继续下去。

5）细胞机器的预测之一——细胞机器的推出

根据工业生产对目的产物的种类和产量分布的要求，借助菌种改良和发酵工艺控制，可以对微生物细胞的代谢进行有目的地导向，调整微生物细胞合成和分泌目的产物的种类和产量分布，从而使微生物细胞成为工业发酵生产线上的生物机器——细胞机器。

6）细胞机器的预测之二——细胞机器的监测

工业发酵依靠微生物细胞群体的代谢活动。工业发酵生产的产率是细胞机器群体的贡献。细胞机器的数量和质量不应该混为一谈，应该分别监测。

7）细胞机器的预测之三——细胞机器的控制

工业发酵过程中的细胞增殖阶段和目的产物合成阶段，应建立相应的工艺流程，并提供相应的可执行此规程的设备条件，从而使两阶段的代谢平稳过渡。

8）扩大能量流失的预测

扩大代谢过程中能量的流失，以求生物降解过程与细胞群体增长过程的分离，使生物降解过程中细胞量基本维持在一个水平上。

现代发酵工程依靠微生物活细胞来完成发酵工厂生产线上不可缺少的加工步骤，这些微生物活细胞由微生物代谢能来支撑，转化过程中代谢网络上的任何的中间物质都有可能开发成为发酵工业的原料和目的产物，是发酵工业中微生物代谢原料的进一步拓展。

2.4　发酵工业原料特性

发酵工业所用的原材料形态多种多样，不同原料组成和结构也有很大的差别[7]。

天然发酵原料组分存在多样性，主要以糖类为主，其次是蛋白质、脂类等物质。谷类作物、豆类作物以及薯类作物的糖类是淀粉，甘蔗和甜菜的糖类是蔗糖，农作物秸秆主要组分为纤维素、半纤维素和木质素，而还有一些可用于发酵的天然植物原料除富含淀粉、糖等还含有黄酮、多糖、生物碱等生物活性物质[1]。由于天然原料成分多样，工业加工利用之前往往要先对原料进行炼制。在加工之前对发酵原料的组分分离不仅有助于提高产品的纯度与品质，还可以对原料进行综合利用，有助于更好地发挥出其各组分价值。

作为发酵工业的主体原料粮食，同一物种不同品种不同生长环境原料的大小结构、化学成分有所不同。从外观看，不同粮食作物的大小、形状、颜色、斑纹有所不同。粮食作物形状和色泽在遗传上是相当稳定的性状，而在不同品种之间，往往存在显著的差异。即使同一品种，在不同地区和不同年份，作物的饱满程度也可能相差较大。在一定程度上，作物的形状、色泽和大小不但受植物生长气候条件的影响，而且与作物本身的成熟度也有密切关系。不同原料的差异性决定了对同一种粮食原料进行加工利用的工艺参数要有所不同，加工所需的能耗也会有所不同。

纤维素、半纤维素和木质素共同构成了木质纤维素植物细胞壁的主要成分，也是天然纤维素原料的主要组成成分。纤维素的分子排列规则，聚集成束，决定了细胞壁的构架。在纤丝构架之间充满了半纤维素和木质素。植物细胞壁的结构非常紧密，在纤维素、半纤维素和木质素分子之间存在着不同的结合力。纤维素和半纤维素或木质素分子之间的结合主要依赖于氢键；半纤维素和木质素之间除氢键外，还存在着化学键的结合，致使从天然纤维素原料中分离的木质素总含有少量的碳水化合物。半纤维素和木质素间主要是半纤维素分子支链上的半乳糖基和阿拉伯糖基与木质素之间通过化学键结合的木质素-碳水化合物复合体[26]。

另外，三大组分在植物中的组成、结构以及分布因植物的种类、产地和生长期等的不同而不同。同时，植物类原料中还含有少量的果胶、脂肪、蜡、含氮化合物、无机灰分等化合物和植物生长所需的，以及在原料运输和生产过程中带进的各种金属元素等[10]。这使得植物类原料的化学成分和结构非常复杂，也导致了不同原料的预处理和利用方式存在很大差异，甚至是截然不同的，因此只有对生物质原料的结构与组成进行详细的研究才能有效地利用各种生物质原料。

天然植物资源具有复杂的、不均一的多级结构[1]。以秸秆类资源为例[47～51]，在器官水平上，秸秆分为叶片、叶鞘、节、节间、稻穗、稻茬、根儿部分；在组织水平上，秸秆分为维管束组织、薄壁组织、表皮组织和纤维组织带；在细胞水平上，秸秆分为纤维细胞、薄壁细胞、表皮细胞、导管细胞和石细胞；秸秆生物结构存在不均一，而且各部分的化学成分及纤维形态差异很大，某些部位的纤维特征还要优于某些阔叶木纤维，说明秸秆的这些部位具有高值利用的潜力。收获秸秆一般不进行不同器官的分离，因此整株秸秆中含有多种器官和组织。秸秆化学成分存在差异，秸秆中含有大量半纤维素，灰分含量大于1%，有些稻草则可高达10%以上。秸秆的纤维形态特征存在差异，秸秆中细小纤维组分及杂细胞组分含量高，多达50%；纤维细胞含量低，为40%。

2.5 发酵工业原料的转变与替代

作为农业产业化、农产品深加工的发酵工业，要解决节粮、节水、节能和环保问题，在今后的发展中必须走资源节约型循环经济的发展道路。除了主产品外，对原料如玉米中未利用的物料以及发酵中产生的废物[52]，包括淀粉和非淀粉部分，应该采用现代高新技术加以回收，使粮食原料的所有成分得到充分利用。在提高附加值的同时，既提高了原料利用率，又减轻和消除了污染，使企业走上可持续发展的正确道路；对生产设备和工艺技术加以规范管理，加强对废水（废物、废气）的治理，建设资源节约型的发酵工业，促使企业走上环境友好型和可持续发展之路[53]。

发酵行业不能依赖于单一的原料，因为有可能遭遇不可预见的成本风险。例如，目前生物炼油厂已超越了生产单一燃料的概念，即用大豆油生产生物柴油或用谷物生产生物乙醇，它可用各种原料生产多种产品。这意味着可以用许多生物质如谷物外壳和其他农业残余物来生产化学品，而不只是以谷物为原料。

发酵工业原料来源主要的发展趋势为由化学原料向可再生原料转变，由粮食原料向非粮食类、木质纤维素类原料转变，由粗加工原料向精制原料转变。如巴西利用廉价的糖类发酵生产乙醇，2004 年加拿大 Iogen 公司实现了以纤维素为原料大规模生产乙醇。在该公司的验证工厂中，借助酶使小麦秸秆转化为糖类，继而再通过发酵转化成乙醇。尽管已有许多进展，但发展生物炼油厂仍有大量工作要做。美国加利福尼亚州的酶生产商 Genencor 国际公司和 Diversa 公司开发出新一代酶，使纤维素转化为糖，再通过发酵制成乙醇。

1. 化学原料向可再生原料转变

全球石油价格飞涨，由此推动全球化学工业向后石油时代迈进。随着社会的发展，来自经济、环保及政治等方面的压力要求化工界减轻对石油的依赖，一些大公司已认识到这一趋势对化工行业今后的发展将产生较大影响，正加大对可再生资源的研发投入，开发以植物油、动物油及农产品废弃物等为原料替代石油合成后续化学品的工艺路线。化工界推出的第一批可再生资源及生物技术方面的成果，体现在塑料、燃料这些大宗产品的“绿色”生产工艺方面。如生物法 PHA（聚羟基脂肪酸酯）塑料、以玉米为原料的聚乳酸塑料和纤维、PTT（聚对苯二甲酸丙二醇酯）纤维等因直接与消费者接触，大众对它们的“绿色”概念容易认可。第二批可再生资源研发重点则集中于专用化学品，特别是涂料和工业清洗行业所用的溶剂及分散剂。这类产品属于工业产品，对它的“绿色化”接受程度取决于性价比。杜邦公司在成功开发以玉米为原料生产 1,3-丙二醇的工艺路线后，正加紧对 1,3-丙二醇下游产品的研发。

2. 由粮食原料向非粮食类、木质纤维素类原料转变

随着近代微生物工业发展规模的日益扩大，我们面临自然资源匮乏问题，这迫切需要开辟原料新来源，而利用纤维素、石油甚至空气等资源代粮发酵生产各种产品已取得了成功[54]。粮食安全问题是关系国计民生的重要问题。近年来，国际市场能源价格处于历史高位，包括我国在内的许多国家将粮食产品用于替代能源的生产，这是玉米等粮食需求增加的一个重要因素。随着我国燃料乙醇产业迅速发展，各地积极发展生物燃料乙醇产业，建设燃料乙醇项目的热情空前高涨，存在着产业过热倾向和盲目发展势头，大量增加了玉米等粮食的工业性消耗，出现了“与人争粮，与粮争地”的现象。

节粮，需要从多方面提高粮食的利用率。“十一五”期间，发酵工业在节约用粮方面有了较大的突破。但我们要加强研究与创新，进一步提高粮食如玉米原料的利用率；另外，要进一步发展原料中的非淀粉物质的深加工。

所谓提高玉米原料的利用率，就是指提高加工每吨玉米获得的总商品量，包括主产品淀粉、淀粉深加工产品以及各类非淀粉物质。目前，国内少数先进企业

玉米原料的利用率可达到97.5%（国内中小企业的玉米原料利用率则更低一些，一般在95%以下），即有2.5%以上的原料未利用，也就是说对于一个年处理50万t的企业，每年约1.25万t的原料仍未得到利用，除少量固体废渣外，主要以含可溶性糖类、蛋白质等的高浓度有机废水排出，成了污染源。国外先进企业的玉米原料利用率可以达到99%以上。

提高原料如玉米原料的利用率，首先应提高其主体成分淀粉的利用率。一是要做好玉米淀粉的提取，并提高糖化收率。玉米中所含的淀粉约占70%，要使其充分转化为糖。目前，玉米淀粉的糖化收率为95%～100%，实际上糖化收率是可以达到100%的。二是要使淀粉转化成的糖更多地转化为终端产品。三是要进一步提高产品的提取率，一部分已转化的产品未能充分提取出来，而是残留在废水中，变成了污染源。

提高原料的利用率，其次要充分利用好玉米中的非淀粉物质。玉米中除了65%～70%的淀粉外，还含有其他成分，如玉米皮9%、玉米胚芽7%和玉米蛋白粉7%等[2]。做好玉米的非淀粉物质的深度加工，有望给行业带来较高的收益，其产品的附加值应高于淀粉的附加值。

3. 由粗加工原料向精制原料转变

发酵工业原料由粗加工原料向精制原料转变，主要是基于原料中各组分性质与作用，实现原料各组分的充分、分级、综合利用，提高发酵过程的经济性和科学性。发酵工业使用粗加工原料，由于原料中含有的杂质如重金属物质等会对微生物造成不利的影响，尤其是越来越多的发酵行业采用基因工程菌为生产菌株，各种发酵原料的精制甚至包括发酵用水品质的提高显得尤为重要。

参考文献

[1] 陈洪章. 生物质科学与工程 [M]. 北京：化学工业出版社，2008：2-5.

[2] 陈洪章，李冬敏. 生物质转化的共性问题研究——生物质科学与工程学的建立与发展 [J]. 纤维素科学与技术，2006，14 (4)：62-68.

[3] 陈洪章，邱卫华，邢新会，等. 面向新一代生物及化工产业的生物质原料炼制关键过程 [J]. 中国基础科学，2009，11 (5)：32-37.

[4] 陈洪章，王岚. 生物基产品制备关键过程及其生态产业链集成的研究进展——生物基产品过程工程的提出 [J]. 过程工程学报，2008，8 (4)：676-681.

[5] 陈洪章，彭小伟. 生物过程工程与发酵工业——发酵工业原料替代与清洁生产研究 [C] //中国发酵工业协会第四届会员代表大会论文暨项目汇编. 北京：中国发酵工业协会，2009：1-6.

[6] Chen H Z, Qiu W H. Key technologies for bioethanol production from lignocellulose

[J]. Biotechnology advances，2010，28 (5)：556-562.

[7] 陈洪章. 生物基产品过程工程 [M]. 北京：化学工业出版社，2010：1-25.

[8] Wang L，Chen H Z. Increased fermentability of enzymatically hydrolyzed steam-exploded corn stover for butanol production by removal of fermentation inhibitors [J]. Process Biochemistry，2010，46 (2)：604-607.

[9] 姚汝华. 微生物工程工艺原理 [M]. 广州：华南理工大学出版社，2007：1-10.

[10] 张星元. 发酵原理 [M]. 北京：科学出版社，2005：165-253.

[11] 韦革宏，杨祥. 发酵工程 [M]. 北京：科学出版社，2008：2-37.

[12] 张星元. 发酵工程专业课程设置的思考和实践 [J]. 微生物学通报，1999，26 (2)：147-149.

[13] 熊宗贵. 发酵工艺原理 [M]. 北京：中国医药科技出版社，1995：1-35.

[14] 宋超生. 微生物与发酵基础教程 [M]. 天津：天津大学出版社，2007：2-29.

[15] 张克旭. 微生物代谢的发酵与调控 [M]. 北京：中国轻工业出版社，1982：1-50.

[16] 张维钦. 能量代谢 [M]. 北京：科学出版社，1979：3-19.

[17] 高楠，张庆林. 微生物代谢产物库研究进展 [J]. 微生物学杂志，2005，25 (5)：104-106.

[18] 李寅，曹竹安. 微生物代谢工程：绘制细胞工厂的蓝图 [J]. 化工学报，2004，55 (10)：1573-1580.

[19] 陈坚. 微生物重要代谢产物——发酵生产与过程分析 [M]. 北京：化学工业出版社，2005：2-35.

[20] 韦洪娟，林贞建，李德海，等. 单菌多次级代谢产物方法及其在微生物代谢产物研究中的应用 [J]. 微生物学报，2010，50 (6)：701-706.

[21] 戴新明，熊善柏. 我国粮食精深加工及商品化技术发展现状与对策 [J]. 粮食与饲料工业，2001，(10)：1-3.

[22] 姚惠源. 中国粮食工业科技的发展与前景 [J]. 粮食与饲料工业，1999，1：3-4.

[23] 张华，屈宝香. 我国粮食加工业现状，问题与对策 [J]. 中国食物与营养，2003，11：34-36.

[24] 吴志霜，王跃华. 野生植物甜菜树嫩茎叶的营养成分分析 [J]. 植物资源与环境学报，2005，14 (1)：60-61.

[25] 郭晨光，王红英. 甘蔗糖蜜在奶牛饲养上的应用 [J]. 中国奶牛，2002，2：22-24.

[26] 陈洪章. 纤维素生物技术 [M]. 第二版. 北京：化学工业出版社，2010：5-10.

[27] 陈洪章，李佐虎，陈继贞. 汽爆纤维素固态同步糖化发酵乙醇 [J]. 无锡轻工业大学学报，1999，18 (5)：78-81.

[28] 陈洪章，刘健. 半纤维素蒸汽爆破水解物抽提及其发酵生产间接细胞蛋白工艺 [J]. 化工冶金，1999，20 (4)：428-431.

[29] 陈洪章，邱卫华. 一种水解酸化生物质原料制备发酵碳源的方法：中国，201110035297.1 [P]. 2011-09-07.

[30] 陈洪章，付小果. 木质纤维素水解酸化微生物菌剂的制备方法：中国，201110034303.

1 [P]. 2011-09-07.
[31] 刘永军，邓小晨，王忠彦，等. 不同有机酸碳源对混合菌株产酸的影响 [J]. 酿酒科技，1998，20 (6)：19，20.
[32] 陈国强，赵锴. 生物工程与生物材料 [J]. 中国生物工程杂志，2002，22 (5)：1-8.
[33] Bengtsson S，Werker A，Christensson M，et al. Production of polyhydroxyalkanoates by activated sludge treating a paper mill wastewater [J]. Bioresource Technology，2008，99 (3)：509-516.
[34] 张颖鑫，辛嘉英，宋昊，等. 有机酸对甲烷利用菌 *Methylosinus trichosporium* IMV3011 生物合成聚-3-羟基丁酸酯的影响 [J]. 分子催化，2009，(4)：298-303.
[35] 王淑芳，杨永春，齐玲敏，等. 氮源对构菌深层培养的影响 [J]. 中国食用菌，1996，15 (2)：42-44.
[36] 胡章喜，徐宁，段舜山. 不同氮源对 4 种海洋微藻生长的影响 [J]. 生态环境学报，2010，19 (10)：2452-2457.
[37] 欧美珊，吕颂辉. 不同无机氮源对东海原甲藻生长的影响 [J]. 生态科学，2006，25 (1)：28-31.
[38] 卞晨光，宫衡，付水林. 有机氮源对红霉素发酵影响的具体分析 [J]. 中国抗生素杂志，2005，30 (4)：193-195.
[39] 孟蕾，汪海塘. 讨论氮源对青霉素发酵的影响 [J]. 黑龙江科技信息，2010，6：187.
[40] 黄清荣，卜庆梅，杨立红，等. 几种生长因子对鸡腿菇菌丝体及胞外多糖的影响 [J]. 西北农业学报，2007，16 (2)：174-177.
[41] 刘树涛，王文风. 生物素与谷氨酸发酵 [J]. 山东食品发酵，2009，4：11-14.
[42] 雷剑芬，陆可. 生长因子用量对缬氨酸发酵的影响 [J]. 发酵科技通讯，2002，31 (1)：18，19.
[43] 薛峰，陶文沂. 前体物质和碳氮源补加策略对钝齿棒杆菌发酵生产三精氨酸的影响 [J]. 食品与生物技术学报，2007，26 (6)：86.
[44] Han Y J，Chen H Z. Synergism between corn stover protein and cellulase [J]. Enzyme and Microbial Technology，2007，41 (5)：638-645.
[45] Han Y J，Chen H Z. Characterization of β-glucosidase from corn stover and its application in simultaneous saccharification and fermentation [J]. Bioresource Technology，2008，99 (14)：6081-6087.
[46] 计红果，庞浩，张容丽，等. 木质纤维素的预处理及其酶解 [J]. 化学通报，2008，5：329-334.
[47] Jin S Y，Chen H Z. Structural properties and enzymatic hydrolysis of rice straw [J]. Process Biochemistry，2006，41 (6)：1261-1264.
[48] Jin S Y，Chen H Z. Superfine grinding of steam-exploded rice straw and its enzymatic hydrolysis [J]. Biochemical Engineering Journal，2006，30 (3)：225-230.
[49] Jin S Y，Chen H Z. Fractionation of fibrous fraction from steam-exploded rice straw [J]. Process Biochemistry，2007，42 (2)：188-192.

[50] Jin S Y，Chen H Z. Near-infrared analysis of the chemical composition of rice straw [J]. Industrial Crops and Products，2007，26 (2)：207-211.

[51] Chen H Z，Jin S Y. Effect of ethanol and yeast on cellulase activity and hydrolysis of crystalline cellulose [J]. Enzyme and Microbial Technology，2006，39 (7)：1430-1432.

[52] 尤新. 玉米深加工发展主要成就、存在问题及今后发展方针 [J]. 粮食加工，2009，34 (4)：12-16.

[53] 吕欣，张晓妮，毛忠贵，等. 发酵工业清洁生产模糊综合评价模型框架 [J]. 西北农林科技大学学报，2005，33 (7)：139-142.

[54] 闵恩泽. 利用可再生农林生物质资源的炼油厂——推动化学工业迈入“碳水化合物”新时代 [J]. 化学进展，2006，18 (2)：131-141.

第 3 章　发酵工业原料炼制原理

发酵工业是近几十年来迅速发展起来的新兴产业，主要产品包括氨基酸、有机酸、酶制剂、酵母、淀粉糖、多元醇和特种功能生物制品等，是国民经济的主要支柱产业之一[1]。

成分多样、结构复杂的天然发酵工业原材料，如玉米、稻谷等，往往不能直接用于工业发酵，需经过预处理、糖化、酶解等过程，主要是提炼其中的糖分用于发酵[1]。近年来，淀粉、糖类等发酵原料的提炼技术发展迅猛，但仍存在一些问题，如原料利用不充分、耗水、耗能以及环境污染等。

3.1　发酵工业原料炼制的提出

现有的发酵工业是以粮食为主要生产原料的产业之一，发酵工业产品品种的增加和生产规模的迅速扩张必然增加粮食的消耗，导致粮食安全问题。我国是一个人均耕地面积少的国家，人均粮食消费量不到 400kg，因此降低粮食消耗是重要的战略问题。

随着发酵工业产品品种的增加和生产规模的迅速扩张，发酵工业中废水、废渣污染的问题越来越突出。存在组分利用单一、提炼技术单一、耗水、耗能等问题，导致原料利用率低，环境污染，严重制约发酵工业自身的生存与发展。

建立可持续发展的发酵工业，应着力解决节粮、节水、节能、环保问题[2,3]。在国家产业政策的正确引导下，发酵工业企业已经逐渐认识到只有提高原料利用率，建立清洁高效的原料预处理、提炼过程，从源头工艺控制、消除污染因素，才能实现原料的利用价值，降低发酵的综合生产成本，建立资源节约、环境友好的发酵工业体系，因此，可以说发酵工业首先要面临的是发酵原料的炼制问题。

为了实现原料中所有成分的充分利用，首先必须针对天然发酵原料的复杂性，建立一套新的行之有效的多组分综合利用技术，即发酵工业原料炼制技术。发酵原料炼制技术的发展在很大程度上决定着发酵成本和发酵的清洁性，是发酵工业未来的重要研究课题。

发酵原料炼制的本质是采用各种炼制方法和手段的有机组合实现发酵原料组分清洁、高值分离和高效利用，在炼制过程中要充分考虑炼制方法对原料各组分的影响，因此要开发新的炼制方法和炼制方法的组合形成新的工艺。清洁、经济、高效的炼制过程将降低发酵原料炼制成本，提高原料炼制效率，促进我国天然发酵原料合理高效转化利用。

3.2　发酵工业原料预处理

预处理（pretreatment）过程就是通过处理破坏原料的表皮或内部结构，从而有利于酶解发酵等后续工艺过程。如果不经过预处理，那么将需要消耗大量的酶或者得到少量的产物。随着研究深入和生产需要，预处理技术得到长足的发展，成为发酵工业原料处理过程中的重要一环，从原来的单一预处理逐步发展形成了多种方式组合预处理的新模式，并且越来越多的预处理方法正在被研究和利用。

3.2.1　发酵工业淀粉资源的提胚预处理

用于发酵工业的淀粉质原料的预处理主要为淀粉的制备技术。以玉米淀粉制备为例，淀粉的制备主要在于玉米的提胚。在提胚过程中，一方面要使玉米中的胚和玉米皮尽量完整地脱落；另一方面要使混合物中的各种物质分离，以尽量提高胚的得率和纯度。

玉米的提胚技术主要有干法提胚、湿法提胚和半湿法提胚三种。湿法提胚工艺所得的胚纯度高，一般在 70%以上，胚的干基含油也较高，油粮比一般为 1.8～2.2，一般提取出的胚占 6%～8%。干燥后的胚（水分含量 2%～4%）含油率达 44%～50%。但由于湿法提取的胚水分高达约 60%，所得湿胚必须经干燥才能储存或进入制油工序，这使得干燥能量消耗大、生产成本提高。这种含水量大、转送时间长的提胚工艺，会促使胚中的油脂酸败以及不饱和脂肪酸的氧化，使制取的玉米胚油酸价高、油品质量差、油脂精炼损耗增大。另外，玉米籽粒用亚硫酸液浸泡，残余酸度对乙醇生产不利，对设备、管道也有一定的腐蚀作用[1]。因此，这种工艺的优点是各组成成分的分离彻底，可以得到比较纯的淀粉和胚，但该工艺设备投资大，投资回收期长，操作费用高，能耗高，污染严重，所得的蛋白质和胚只能用作饲料原料，不能食用。

与湿法工艺相比，干法提胚工艺所得到的胚纯度和脂肪含量不高，胚中含有大量的淀粉，这种工艺因为分离效果差，分离纯度低，不能用于玉米生产淀粉，只能根据乙醇、啤酒、味精、柠檬酸、麦芽糖浆、葡萄糖浆以及膨化食品等适合以脱脂玉米粉渣为原料的一些行业的具体要求，加工生产脂肪含量低于 15%、干基淀粉含量在 78%以上的含有玉米胚乳蛋白的玉米粉渣。但该工艺投资小，操作费用低，能耗低，无污染，所得的产品——玉米粉渣和胚能用作食品工业原料。这种工艺主要应用于玉米联产提胚生产玉米片、玉米珍珠米以及脱脂玉米粉等食品，部分万吨以下小型乙醇厂或饲料厂也采用干法提胚工艺。从我国现有的干法提胚工艺的技术水平来看，需要解决的主要问题之一是胚破损严重造成的胚纯度低的现象。

玉米半湿法提胚是利用玉米胚的特性，使玉米籽粒在温度、水分、时间的综合作用下，使胚、胚乳、皮层在加工过程中的耐摩擦力、摩擦系数、密度、悬浮速度等方面的差异增大，采用水分调节以及搓碾、碾压、破碎、筛选和风选等技术，将胚和胚乳等其他组分分开[4]。半湿法提胚与干法提胚一样，也存在着分离效果差和分离纯度低的问题，不适合淀粉加工行业。但半湿法提胚淀粉损失率比干法提胚略低一些，从综合效益来看，略好于干法提胚。

3.2.2 发酵工业糖类资源的提汁预处理

糖类原料的预处理主要体现在原料的榨汁制糖过程[5]。以甘蔗制糖为例，传统的以甘蔗为原料制糖工艺包括[6~8]：提汁、清净、蒸发、结晶、分蜜和干燥等工序。甘蔗提汁主要采用压榨法，主要是将甘蔗斩切成丝状与片状的蔗料，入压榨机，使充满蔗汁的甘蔗细胞的细胞壁受到压榨机辊和油压的压力而破裂，蔗料被压缩，细胞被压扁的同时排出蔗汁；蔗汁借助渗浸系统将从压榨机排出，对开始膨胀的蔗渣进行加水或稀汁渗浸，以稀释细胞内的糖分，提取更多的蔗汁。在提汁流程中，第一次压榨可得到糖汁的75%，使用的能耗是整个提汁流程能耗的25%，但在制糖行业中，为了充分地提汁，大多数制糖企业采用三次以及三次以上的压榨处理，也就是说将另外耗用75%的能耗获得25%的糖汁，这使制糖行业的提汁流程能耗大大提高。

3.2.3 发酵工业木质纤维素资源的降解预处理

预处理是实现木质纤维素高值转化的重要工具[9]。预处理需要改变木质纤维素的结构，使纤维素易于酶解转化为可发酵糖，其中关键是破坏木质素的包裹作用和纤维素的结晶结构。使用化学试剂比如酸碱来进行预处理，其原理就是通过化学试剂破坏晶体纤维结构，从而裂解纤维素；机械作用的原理则是增加原料颗粒的比表面积；物理化学法比如蒸汽爆破既能破碎物料、产生微孔，从而增加比表面积，同时也发生水解作用破坏木质纤维素的晶体结构；生物法主要是借助微生物酶系直接分解半纤维素、纤维素或者木质素，从而达到预处理的目的。

有效预处理方式的标准有多个。美国国家研究委员会的标准是不需要减小生物质的粒度，保留半纤维素组分，降低抑制发酵产物的形成，使能耗和成本最低等。而降低预处理阶段使用的催化剂的成本，需要考虑将催化剂循环使用，并要求形成高附加值的木质素副产物等。另外，还要综合考虑预处理对下游加工成本的影响，包括操作成本、资本成本和生物质成本等，形成整套生产工艺的最低成本[10~12]。

预处理是纤维素转化为可发酵糖过程中成本最高的一步操作，通过研发、技术的改进，预处理成本的降低还有很大空间[13～19]。预处理的目的则不仅仅限于纤维素的利用，而是基于生物质的综合利用，使生物质的每种组分得以最大化、高值化利用。

3.2.4　发酵工业固体垃圾资源的汽爆分选预处理

垃圾资源化的首要工作就是垃圾的分选[20,21]。分选是垃圾资源化处理的关键技术。实现了垃圾的分选，就可以将食物类有机物采用堆肥法处理；塑料、橡胶类可采用热解法生产可燃气及燃料油；无法回收的可燃物采用焚烧处理，同时回收热能；石头、砖瓦、焚烧残渣可用作建材或填埋处理。国内城市生活垃圾较多采用单一处理方法。每一种处理方法总是对垃圾中某一种或几种组分有效，对其他组分效果不好，甚至无能为力。为了发挥某一方法的优点，避开缺点，采用两种、三种或更多种方法联合处理势在必行。垃圾分选技术主要有筛选、重力分选、磁力分选、电力分选、光电分选、摩擦及弹跳分选、浮选、溶剂分选等。通常使用风力分选工艺，采用的设备是气流分选器，就是利用气流将垃圾分成重、中间、轻组分，再采用磁力分选器将黑色金属分出。

就城市生活垃圾和工业固体物而言，固体废弃物处置系统由收运子系统、处理子系统和处置子系统三部分构成，其系统过程如图 3.1 所示。

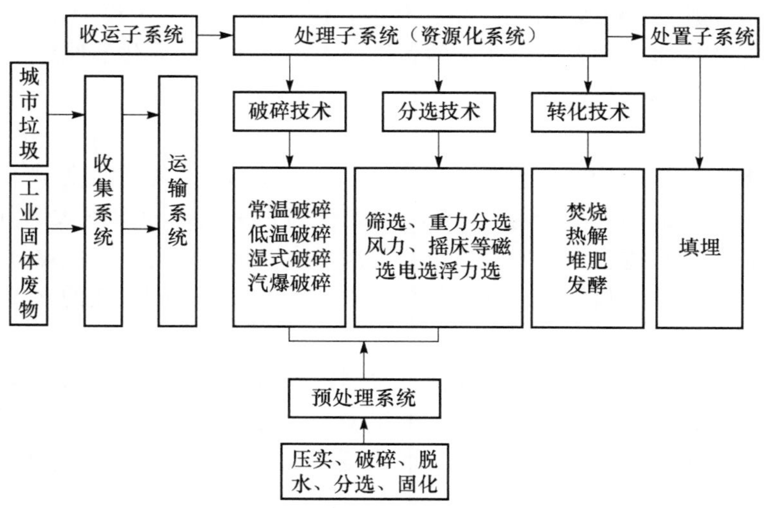

图 3.1　固体废弃物处置系统示意图

狭义上说，垃圾综合处理的核心就是机械生物处理，而机械生物处理的目的是要分选出可燃物，收集可回收利用的有机和无机部分，利用可堆肥发酵的有机部分，最终减少填埋量。随着城市生活垃圾产生量的与日俱增，高效迅捷的垃圾筛分手段成为解决垃圾处理过程中瓶颈问题的关键环节。为此，关于生活垃圾有效筛分的新工艺、新技术不断涌现出来。

蒸汽爆破一般是先把大块物料稍加破碎，然后放入压力反应器内，通入高压蒸汽，一般所加压力为 16～34kg/cm^2，温度为 200～240℃，压力维持时间为 30s 至 10min 不等，然后迅速减压，迫使物料释放到大气中。汽爆过程中会产生多种对垃圾处理有益的作用。

1）粉碎作用

在汽爆过程中，垃圾内部的蒸汽从高压瞬间释放到低压时的爆破力使垃圾粉碎。该粉碎过程比机械粉碎更彻底、更完全，因为蒸汽会充满垃圾的所有周质空间，无孔不入，爆破力使得大小有机垃圾都能够完全粉碎。这样可以省略垃圾分选步骤中的机械粉碎步骤。

2）分解作用

在高温条件下，垃圾中的蛋白质、脂肪、纤维素等大分子物质部分降解，特别是一些难以生物降解的物质，如园艺垃圾中的纤维素、木质素会在汽爆过程中部分水解，或者它们的分子结构发生有利于生物降解的改变，这是因为蒸汽无孔不入，能够在有机物的分子水平上发生作用，降低垃圾的降解难度。

3）均匀化作用

将汽爆技术应用于厨余高含水类生活垃圾的处理时，处理后的厨余呈稠浆状，各类有机质达到了均匀化，在厌氧消化时有利于产气菌群对底物的充分利用，堆肥过程时也更加有利于底物的腐殖化作用，而且均质化的原料也可以简化堆肥后产品的干燥制粒过程。

4）消毒作用

在密封的汽爆罐内，蒸汽压力达到 0.8～1.2MPa，蒸汽温度达到 160℃左右，垃圾在汽爆罐内保持 5min 左右，垃圾中的有害病毒和细菌大部分被杀死。这样在后面的处理过程中，操作人员会更加卫生安全。同时，在汽爆过程中，蒸汽会凝结在垃圾中的粉尘上，从而使得粉尘沉降下来，起到有效的除臭作用。

5）分选作用

在汽爆过程中，高压蒸汽将垃圾从汽爆罐的出口喷射出来。由于垃圾成分的密度不同，不同垃圾从汽爆罐出口喷射出来的远近距离也不同。密度大的、没能够粉碎的石头或金属等会落在近处，而密度小的、粉碎了的垃圾会落在较远处，从而起到分选作用。

6）汽爆处理垃圾全过程

破袋—手选—风选—磁选—汽爆—后续利用……

该过程与一般的分选步骤相比，比较简单。手选除去大体积的垃圾，如家具、电器等；风选将塑料袋除去；磁选将铁金属分选出来；汽爆处理粉碎垃圾，并将重的砖石沙砾等进一步分选出来。经过汽爆处理的垃圾可直接进入后续利用阶段。

3.3　发酵工业原料组分分离

发酵工业原料组分分离意味着发酵工业原料的精制，不能将天然的发酵原料如淀粉、糖类以及木质纤维素类原料等仅作为发酵碳源利用，且不能忽视原料中的蛋白质、油脂等非发酵利用组分。把天然发酵原料视为一种多组分资源，精制成具有一定纯度的各种组分，并希望这些组分分别加工成有价值的产品，将复杂原料组分的资源分配利用，实现原料组分的全利用[22]。

3.3.1　组分分离概念的提出

组分分离是在预处理技术基础上发展起来的，它主要是针对预处理技术只强调发酵工业炼制过程中单一组分的利用，而其他组分废弃，对其他组分的分离技术薄弱等问题提出了一个新概念。组分分离以生物量全利用为目的，是对预处理技术的深化和提升。组分分离的目的不仅仅限于发酵工业原料中糖、淀粉等的利用，而是基于发酵原料的综合利用，使发酵原料的每种组分得以最大化、高值化利用。

例如，发酵工业基本上是以粮食为主要原料经过微生物发酵制造产品的产业，一般粮食中除了 65%～70%的淀粉外，还含有其他成分，如玉米中含有玉米皮 9%、玉米胚芽 7%和玉米蛋白粉 7%等。国内少数先进企业，已经建立了副产物回收利用设施，玉米原料的利用率可以达到 97.5%，也就是说对于一个年处理 50 万 t 的企业，每年约 1.25 万 t 的原料未得到利用；而有些小型企业，玉米原料的利用率一般在 95%以下，但国外先进企业玉米原料利用率可以达到 99%以上。

3.3.2　组分分离作用原理解析

对发酵原料进行组分分离是实现生物量全利用的关键问题之一。以发酵工业非粮替代原料——木质纤维素原料为例，要建立清洁、高效的纤维素可发酵糖炼制技术，就必须进行木质纤维素的组分分离。

组分分离概念的提出适合于生物量全利用的要求。木质纤维原料组分分离要求高效、低成本地分离三组分。一种合理的组分分离方法不仅仅是限于纤维素的利用，而且是基于生物质的综合利用，使生物质的每种组分得以最大化、高值化利用。通常单一技术无法同时达到三大组分快速分离的目标，多种技术的组合，相互取长补短，发挥各自优势，是组分分离技术可行的途径。

对于组分分离的评价根据生物量全利用的要求提出新的评价标准，可以归纳为以下几点[23]：①各组分的分离和回收是以便于各组分的工业利用为目的的。这就是说组分分离的目的并非一味地强调各组分完全分离后的再利用。如对于纤维素酶解来说，去除木质素并非要100%，如果20%～60%去除率就可以满足酶解的要求，则没有必要完全去除，否则在能耗上将大幅度提高。②减少各组分之间的相互抑制，这就要求组分分离后的各组分有一定的纯度，否则就会相互影响。例如，由于酚基木质素对常规微生物转化有抑制作用，致使转化速率低，转化不完全，产品质量低，产品价格难以抵挡市场竞争等。③天然的发酵原料如糖类、淀粉类、纤维类结构复杂，但各组分的价值是等同的，必须经济地进行回收，以尽量减少损失或不损失。④生产过程中必须尽量避免异味的产生，所用化学制剂必须能经济地回收，无污染，达到清洁生产的要求。⑤所采用组分分离技术最好具有一定的广适性，适用于各类发酵原料，或者各类原料建立专门的组分分离体系。⑥组分分离体系的低成本，即降低操作费用和投资费用。

由此可见，发酵原料组分分离的标准需要从技术，经济和环境三方面来进行评价。一项组分分离新技术要能得到实施，首先要技术上可行，其次是要节能、降耗和无污染，最后是在经济上要有利可得，能够实现三个效益的统一。

3.3.3 淀粉类原料的组分分离

发酵工业中利用的主要粮食原料如玉米的各种组分通过植物细胞结构和组织结构而混杂在一起，胚、胚乳和玉米皮三者的成分有所不同，因此，三者的用途也有所不同，例如，淀粉主要集中在胚乳中，是制造淀粉以及发酵的原料，而油脂主要在胚中，可以用来提取玉米油，玉米皮的主要成分是木质纤维素。此外，玉米的胚、胚乳和玉米皮中各自还含有不同的组分，例如，玉米胚乳中除了淀粉之外还含有黄色素、蛋白质（尤其是醇溶蛋白）等物质，这些物质在玉米中虽然不是主成分，但是其经济价值却很高。如果能够将黄色素和醇溶蛋白等组分更容易地分离和提取，不仅可以让玉米各组分物尽其用，并且可以降低工业生产的成本，从而让玉米产生更大的经济价值[24,25]。因此，玉米深加工前的组分分离不仅有助于提高产品的品质，还可以更好地对玉米进行综合利用，有助于更好地发挥其各组分价值，解决资源浪费问题，并且合理的组分分离还可以减少转化过程中因为某些组分的损失浪费而造成的污染问题。

为了能够从玉米深加工中获得更多高附加值的产品，近年来有很多对玉米中一些成分进行提取或者转化利用的研究，但是这些研究成果的产业化并不理想，其根本原因在于现在对玉米进行高值化的研究仍然是建立在湿法、干法和半湿法提胚组分分离的基础上的。

因此，玉米深加工行业存在综合利用程度低和污染大等问题，其根本原因在于现有的玉米组分分离技术不过关。组分分离技术在我国曾经受到高度重视，还被列入“八五攻关计划”，也取得一些进展，但至今还没有取得很好的效果，其主要问题是玉米胚的提取率和提取纯度较低，达不到工业生产要求。

因此，适应玉米高值化利用的新的组分分离方式，应该是基于玉米组织结构以及成分特性进行分离，不仅能够在植物组织层面上对玉米进行结构的组分分离，即将玉米胚、胚乳和玉米皮三组分有效地分离，并且要能够使玉米细胞中的各种化学成分更容易地分离，即将玉米细胞中的经济价值高的成分，如黄色素、玉米醇溶蛋白、玉米油等物质更容易从细胞和组织中分离提取出来，同时，还能够尽量使各组分的成分不受到破坏。

3.3.4 糖类原料的组分分离

用于发酵工业的主要的糖类原料如甘蔗中除提出的糖汁外，甘蔗渣是制糖工业的主要副产品，一般每产1t糖就产生2t甘蔗渣，因此每个糖厂都库存大量的甘蔗渣。传统上甘蔗渣经常被废弃不用，或者多数只用做燃料，其利用率很低，不仅造成了资源的浪费，而且还带来了环境的污染[26,27]。随着甘蔗制糖业的深入发展，对蔗渣等资源化研究进一步开展，现在蔗渣利用主要集中于饲料、造纸等。但经过三次或三次以上榨汁处理的甘蔗渣，由于其糖分低且蔗渣中木质化程度高，作为反刍动物饲料时，有机物消化率只有20％～25％或更低。在甘蔗渣制浆方面，已研制出一些甘蔗渣制浆方法，但由于甘蔗渣原料含有甘蔗髓以及长短纤维夹杂等，这种浆料仅适合生产较低档的纸种，印刷适应性较差，而且经济成本很高。

宋俊萍等将固态发酵后的甜高粱茎秆进行长短纤维的分离，将主要含甘蔗髓和短纤维的发酵渣直接作为饲料或发酵生产高蛋白饲料，而将富含纤维的长纤维部分用于造纸或制备纤维板，将甜高粱原料中糖分的利用与纤维、蛋白质等组分的利用相结合，利用酿酒、制糖后产生的大量茎秆造纸制备蛋白饲料，形成了一个新的经济产业链条。

3.3.5 木质纤维素类原料组分分离

从生物量全利用角度看，现有的纤维素原料预处理技术的落脚点仍然是纤维素酶解发酵，对半纤维素、木质素的高值利用考虑很少。这样必将严重影响生物质原料利用的健康发展。因此，首先必须赋予预处理新的含义；其次要针对生物质原料复杂性，建立一套新的行之有效的多组分综合利用技术，即组分分离-定向转化技术。

目前，全世界范围内，在天然纤维原料微生物转化研究中，虽然已经取得了很大的进展，但未能完全进入工业化生产，其中主要原因有两个方面：一方面，纤维原料预处理的成本较高；另一方面，纤维素酶解成本高。两个问题都直接与天然纤维原料预处理有关，如第二个问题，要提高纤维素的酶解率，必须从酶制剂和作用底物的可及性及易酶解性两个方面着手。从降低成本考虑，预处理后的天然纤维素既提高了酶解底物的可及性、易酶解性，又能减少纤维素酶制剂无效吸附，降低其他成分对纤维素酶制剂的抑制，从而降低纤维素酶制剂用量。因此，天然纤维原料预处理问题是微生物转化全面进入工业化的关键因素之一[22]。

目前研究的天然纤维原料预处理技术大都存在成本过高的问题，造成这种局面的原因何在？分析当前造纸工业的发展形势就能很好解释这个问题，归结一点就是技术单调，过分强调单一组分的利用，其他组分则作为废弃物。其中木质素的利用价值一直未引起人们的重视与研究，既造成环境污染，又造成资源浪费，不但没有成为经济效益的重要角色，反而成为效益的负担。此外，传统的秸秆转化过程也将秸秆视为“单一”组分的物质和采用“单一”生物或热化学方法，或套用木材转化或淀粉发酵的方法和思路，这是限制秸秆高效转化的主要因素之一。

木质纤维类生物质的三大组分纤维素、木质素和半纤维素紧密交联在一起，由于各组分化学结构和性质完全不同，其利用率很低，通过适当的预处理方法，可以破坏或改变其部分结构以实现生物质的高值化利用。常用的预处理方法包括物理法、化学法和生物法等。然而，这些预处理技术仅仅是一种不彻底的组分分离方法，它只能实现生物质原料中的一个或者两个主要组成成分的利用，而其他组分则被破坏或者浪费。因而，要实现生物质原料的生物量全利用，开发新的组分分离技术是基础和关键。

由于生物质是由众多的大分子以复杂紧密的结构形式存在，利用它们时就面临一个问题，即是先把这些不同的大分子分离开，再衍生化或降解好呢？还是不分离它们而直接降解、转化好呢？两种方法可得到不同的结果，如前一种方法可以直接得到很多相对分子质量较高的化合物，进而可以得到更精细的降解化合物，但要实现这个目标，必须克服一个难题，即如何才能把这些大分子进行有效、洁净地相互分离；后一种方法直接通过热化学分解把生物质降解成相对分子质量较低的混合物，而后再利用它们，或气化成小分子气体，或分离它们成各种各样的化合物，这种方法虽然避开了分离大分子的难题，却不得不面对分离复杂的降解小分子混合物的难题。前一条路线可能好一些，原因是如果能够直接利用这些天然的大分子材料将可避免许多高分子聚合的反应，另外分离后的大分子再降解，其产物则相对简单得多，但要实现这个目标，就必须首先解决纤维素、半纤维素、木质素及其他大分子洁净分离的问题。因此，在这个方面需要进行大量深入细致的研究：①从分子-超分子-宏观结构-微观结构的全尺度上重新认识生物质中大分子间复杂的结构关系，以明确这些大分子是如何相互作用的；②在对结构进行细致研究的基础上，研究使用化学、物理及生物的手段使大分子相互高效分离的清洁路线。

如果能够很好地解决这两个问题，那么第一条路线就成功了一半，在第一路线的瓶颈问题没有有效地解决之前，现在大多数的研究人员选择了第二条路线，即先通过降解使生物质转化成小分子的混合物，而后再利用及转化。

3.3.6　废水、污泥、城市垃圾等废弃物的组分分离

城镇生活垃圾主要是由居民生活垃圾，商业、服务业垃圾和少量建筑垃圾等废弃物所构成的混合物，成分比较复杂，其构成主要受居民生活水平、能源结构、城市建设、绿化面积以及季节变化的影响。我国大城市的垃圾构成已呈现向现代化城市过渡的趋势，有以下特点：一是垃圾中有机物含量接近 1/3 甚至更高；二是食品类废弃物是有机物的主要组成部分；三是易降解有机物含量高。目前我国城镇垃圾热值在 4.18MJ/kg 左右[27]。

在我国城市生活垃圾中，报纸、纸板箱、可回收容器瓶等可回收废物回收率较高，因此厨房垃圾和残枝枯叶成为城市生活垃圾的主要成分。不论是垃圾卫生填埋还是在郊区堆积，垃圾中的有机垃圾是产生垃圾渗滤液和臭气的主要原因，必须引起高度重视。如果能在堆积或填埋前将有机垃圾分离并处理，将有助于控制这些垃圾问题。现在，很多工业国家都在计划通过完全禁止或部分禁止可生物降解垃圾进入垃圾填埋场来解决这一问题[28]。

生活垃圾需要在源头进行分离。城市生活垃圾源头分离根据对家庭危险废物的规定可以分为两分、三分和四分流法进行分类收集分离。垃圾包括有机物、可循环物和残渣。在典型的两分流法中，所有的食物残渣、庭院废弃物、污染的纸类（餐巾纸、擦手纸、蜡纸、废弃的纸尿裤和卫生巾等）、宠物排泄物、动物的皮毛和人类的头发是湿有机垃圾流，可回收的物品（纸、金属、玻璃器皿和塑料）和其他生活垃圾（织物、皮革、其他各种玻璃、陶瓷等）组成干垃圾流。

由图 3.2 可以看到，整个生态产业链的运转都是以垃圾的源头分类收集为中心的，分类收集的实施情况将决定整个产业链能否良好稳定地运行。整个产业链主要可分为三大环节：可回收废弃物的回收利用、有机废弃物的资源化利用以及部分无机物和有害垃圾的填埋处理。分类收集到的生活垃圾经过风选、磁选、机械分选等一系列筛选处理后，可将绝大部分可回收资源分离出来，分别加以循环利用。

（1）将收集得到的废弃纸品进行脱墨处理后作为再生纸或再生纸板的生产原料。

（2）将垃圾中可裂化物料（主要是塑料制品）经检验后加入裂化釜中，裂化釜通过再生器将催化剂加温循环，达到一定温度后，可将塑料气化，通过除尘、

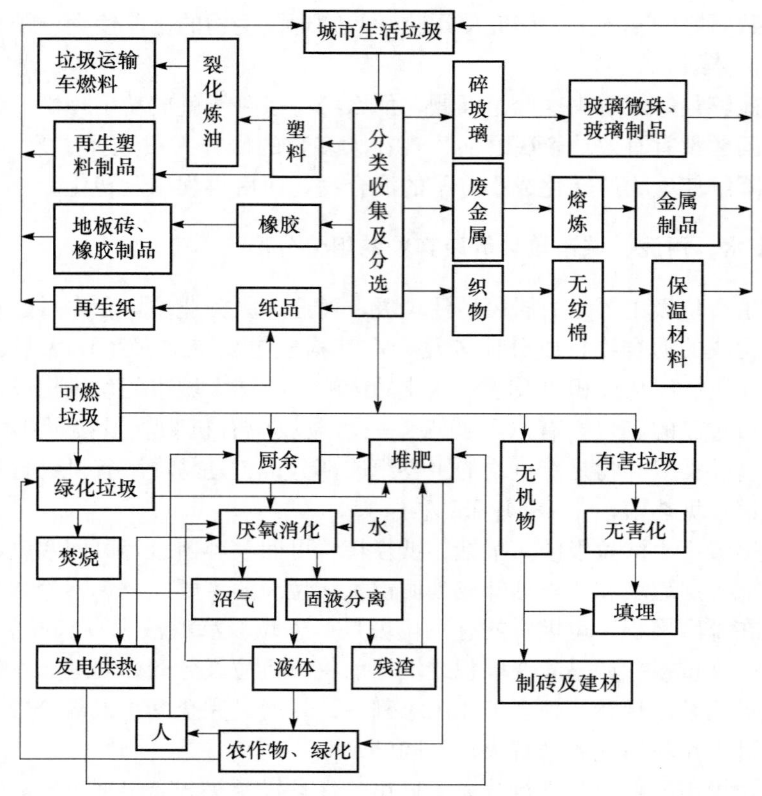

图 3.2　城市生活垃圾组分分离系统

喷淋、净化，进入分馏塔中，根据不同出口流向冷凝器到储罐储存，再将储罐中的油质通过精馏塔再次精馏可制出汽油、柴油等油品，也可作燃油、溶剂油使用。

(3) 将垃圾中可制细粉的塑料经破碎、清洗、烘干，经检验后通过上料机按一定比例（母液、塑料片、添加剂）加入立式反应釜中，进行搅拌、保温、反应熔化。通过管道输入结晶釜中沉淀析出，进入离心机将母液和结晶物分离，然后通过粉碎、烘干（根据需要进行筛分）检验、包装、入库，产品可制成各种塑料制品。

(4) 将垃圾中分选的橡胶废品经冲洗、烘干后进行粉碎，加入有关添加剂（黏合剂、颜料、催化剂、交联剂、防老化剂等）混合，进成型机中模压成型，再经干燥、固化、检验、包装、入库，产品可做成各种颜色，具有防滑、防震、绝缘、抗静电、柔软而富有弹性、防水耐温、隔音抗氧化等性能，可适合各种要求的地板铺设。

（5）将垃圾中玻璃进行清洗、分选、粉碎制粉，通过熔化炉将玻璃粉熔化造微珠，再进行筛分、检验、包装、入库，特殊用途的需经镀膜、着色等工艺。玻璃微珠可用于制作喷丸强化、板件成型、分散剂、填充剂、交通反光设施、光饰加工和磨料等。

（6）将垃圾中纺织物经烘干、破碎、筛分、针刺后进行打捆包装入库，产品可作为保温材料。

（7）将垃圾中的废金属送入熔炉熔化后，可作为炼钢、制作金属制品的原材料。

生活垃圾的可回收资源被分离后，剩下的有机质部分也可进入资源化的物质循环。从低位热值高的可燃垃圾中再细分出纸类垃圾回收利用，余下的大部分绿化垃圾既可堆肥，又可用于焚烧发电、供热。另一部分有机质含量高但不适于燃烧的厨余垃圾可进行厌氧消化以及堆肥处理，消化后收集的沼气可用于发电及供热，消化残渣经固液分离后的固态部分可送去堆肥，液态部分可直接用于农业灌溉以及厌氧消化的循环用水，仅需在初次消化时额外加水调整物料固液比，大大减少了用水量和废水的排放。堆肥后的肥料又可用于农业及绿化，增强土壤肥力。而厌氧消化和堆肥运行时所需的能耗不仅完全可由焚烧发电和沼气发电产生的能量所满足，多余的部分还可并入电网，作为城市供电。

3.4 发酵工业原料的选择性结构拆分

建立资源节约、环境友好的发酵工业体系，必须解决发酵工业节粮、节水、节能和环保的问题[2,3]。因此，发酵原料的炼制过程在考虑原料组分利用率提高的同时，还应综合考虑其能耗与环保性。

可用于发酵工业的原料如木质纤维素原料是一种结构复杂、成分多样的天然原料，复杂的组成决定了木质纤维素原料本身就是一个功能大分子体，不同的结构组分能够产生不同的功能产品。

发酵工业原料的组分分离都是先耗费一定的能量破坏生物质结构，将所有的组分“拆到底”，然后各组分再进行转化利用。这样，对于某些可多组分综合利用生产一种产品的过程来说，组分分离增加了能量消耗，使原料的原子经济性不高。由此，提出了发酵工业原料的选择性结构拆分炼制原理。

发酵原料的组分分离炼制原理是从原料组分的分离、利用出发，而选择性结构拆分原理是根据原料的结构特点和目标产物的要求，将原料组分分离提升到依据产品功能要求对原料选择性结构拆分过程[22]。这一过程的目的不仅仅在于获得几种产品，而是要以最少能耗、最佳效率、最大价值、清洁转化为目标，建立节水、节能、清洁友好的发酵工业原料炼制体系。

3.4.1　淀粉质原料的选择性结构拆分

葛根是一种常见的淀粉植物资源，富含淀粉与异黄酮，但近年来对葛根的研究，多集中在葛根淀粉、葛根黄酮的提取工艺以及葛根黄酮的精制。而在应用方面，葛根往往只是作为淀粉原料提取葛根淀粉，或者作为葛根黄酮的原料提取葛根黄酮，很难兼顾葛根淀粉与葛根黄酮的综合利用，更别说葛根中含有的9%～15%的葛根纤维和5%～8%的蛋白质的利用。陈洪章等针对葛根资源的特点，采用汽爆的方式对葛根进行预处理后，形成了连续耦合固态发酵生产乙醇，发酵过程中原料中的葛根黄酮部分地溶入乙醇中，从而将葛根原料直接发酵成富含黄酮的葛根酒，而不是将原料中的淀粉、纤维素与黄酮分别分离出来，在淀粉以及纤维素分别发酵后的成品乙醇中再加入黄酮[29]。

3.4.2　糖类原料的选择性结构拆分

针对甘蔗制糖发酵利用过程中多道压榨提汁耗能且造成后续蔗渣资源化困难等缺点，提出甘蔗一道提汁发酵，而一次提汁后的含糖物料采用固态发酵乙醇、丁醇、乳酸等化学品以及综合利用的方法[30]，耗用传统甘蔗提汁工艺约25%的能量一次提出约75%的甘蔗总糖量，采用固态发酵的方式利用原料中残余的约25%糖量降低甘蔗利用的能量消耗，转变发酵工业糖类原料传统的炼制方式，实现糖类资源的高值化炼制。

3.4.3　木质纤维素类原料的选择性结构拆分

发展资源节约、环境友好的发酵工业原料炼制技术体系，开发木质纤维素资源替代和转化理论和技术体系，是我国发酵工业原料炼制产业需要承担的重要任务，也是目前国际学术界和工业界关注的前沿和焦点[31～38]。

创建以木质纤维素为原料工业新模式，必须从工程角度重点突破制约木质纤维素成为新型发酵工业原料的炼制问题[39～43]。以基础科学为研究手段，以生态循环经济理念为指导，开发木质纤维素原有结构和功能被保留利用的炼制技术，建立原子利用率最高、能量消耗最低、过程最简单的功能利用过程，使木质纤维素原料成为新型的发酵工业替代原料。

为了实现这一目的，需要解决以下三个关键科学问题：

(1) 原料聚集态结构拆分与功能利用关系研究。生物质原料是一个功能大分子体，具有低碳含量、低能量密度和高度不均一性等特征，不同结构拆分方式下将产生不同的功能组分。因此，阐明原料聚集态超分子结构拆分与功能化利用之间的关系，提高原料高值化利用水平，是使生物质成为工业通用原料的关键科学问题之一。

（2）原料结构组分与多相催化反应本征特征的关系。木质纤维生物质具有致密不透水的含晶体的高级结构，直接催化转化难以进行或者影响转化产品的性能。选择性结构拆分可以避免现有先组分分离再转化的成本高、易污染等问题。但是，必须认知原料结构组分与选择性催化反应的关系，表征结构拆分下组分催化转化反应规律，这是发展面向新一代生物及化工产业生物质原料炼制体系的关键科学问题之二。

（3）高效低成本原料炼制过程优化原理。由于原料复杂结构及其高度不均一性，秸秆的功能化利用必然是多步骤、整体处理、分路径区别利用的反应系统和流程，属于集群反应体系。生物质原料炼制过程必须是以最少能耗、最佳效率、最大价值的清洁转化为目标。选择性结构拆分与产品功能转化是实现最经济、最有效步骤的新途径，但是还必须认识原料炼制系统内各过程的集群反应机制，解析针对复杂固相物料的炼制系统以及各过程的匹配原理，这是实现生物质原料高效炼制的关键科学问题之三。

木质纤维素原料的发酵功能高值化属于发酵原料炼制集群反应体系，要求以最经济、最有效的步骤和方法实现原料的转化。因此认识木质纤维素原料分层多级定向转化炼制系统内各个过程的集群反应机制，解析针对复杂固相物料的立体全方位资源利用炼制系统以及各过程的匹配耦合原理，是实现木质纤维素原料替代发酵原料高效炼制的关键。涉及的主要科学问题有：大规模原料多层次、多尺度功能高值化过程间的相互关联，采用系统工程的原理及方法研究过程工业中的能量转化与传递的协同效应及耦合规律；在此基础上分析功能化工艺的经济技术可行性，总结生物质集群反应机制及普适规律，实现原料炼制过程的集成优化。

以生物乙醇为模式产物，研究经过炼制的原料、水解与生物降解过程的耦合效应及优化原则；生物反应器内物质、能量、相变、化学反应等多场耦合的传热传质及反应机理与规律；建立集成木质纤维素原料的酶解、发酵、产物在线吸附、分离于一体的连续化工艺体系的物质和能量传递规律与耦合过程优化原理。

3.4.4　废水、污泥、城市垃圾等废弃物的选择性结构拆分

发酵工业大多以好氧发酵为主体，供氧需要消耗能量，并产生大量的二氧化碳，造成碳资源的浪费，而从节能减排来讲，发酵工业的未来应以厌氧发酵为主。污泥厌氧消化是最古老和最常见的污泥生物处理法之一，但活性污泥中有机物质的含量较低，因此酸化后有机酸浓度太低，从而造成发酵效率低，难以作为有效的碳源。在木质纤维素等固体废弃物原料中接入含有丰富微生物菌群的活性污泥，控制适当的厌氧条件，可使木质纤维素等固体废弃物原料厌氧酸化为各种酸类、醇类物质，作为丰富的碳源用于不同产品的发酵[44]，这样既弥补了单纯活性污泥中有机废物含量过低、厌氧消化产酸浓度低的缺陷，又可以显著提高酸

化后有机酸浓度，降低微生物发酵的生产成本。

参 考 文 献

[1] 陈洪章，彭小伟. 生物过程工程与发酵工业——发酵工业原料替代与清洁生产研究进展[C]. 中国发酵工业协会第四届会员代表大会论文暨项目汇编. 北京：发酵工业协会，2009：1-6.

[2] Chen H Z. Process Engineering in Plant-Based Products [M]. New York：Nova Science Publishers，2009.

[3] 陈世忠，李振林. 对酒精厂玉米半干法粉碎的重新认识 [J]. 酿酒，2001，28 (6)：60，61.

[4] 黄炳权，张秀玲. 玉米半湿法提胚及制取玉米油工艺技术 [J]. 粮食与食品工业，2004，11 (3)：15-18.

[5] 尹兴祥，张跃彬. 关于我国发展甘蔗糖业循环经济的思考 [J]. 中国糖料，2010，2：77，78.

[6] 杨尚东，谭宏伟，李杨瑞. 日本甘蔗生产现状及研究动向 [J]. 西南农业学报，2010，23 (4)：1346-1351.

[7] 王允圃，李积华，刘玉环. 甘蔗渣综合利用技术的最新进展 [J]. 中国农学通报，2010，26 (16)：370-375.

[8] McMillan J D. Pretreatment of lignocellulosic biomass [J]. ACS Symp Ser，1994，566：292-324.

[9] Sun Y，Cheng J Y. Hydrolysis of lignocellulosic materials for ethanol production：A review [J]. Bioresource Technology，2002，83 (1)：1-11.

[10] Zaldivar J，Nielsen J，Olsson L. Fuel ethanol production from lignocellulose：A challenge for metabolic engineering and process integration [J]. Applied Microbiology and Biotechnology，2001，56 (1)：17-34.

[11] Chen H Z，Liu L Y，Li Z H. New process of maize stalk amination treatment by steam explosion [J]. Biomass and Bioenergy，2005，28 (4)：411-417.

[12] Jin S Y，Chen H Z. Superfine grinding of steam-exploded rice straw and its enzymatic hydrolysis [J]. Biochemical Engineering Journal，2006，30 (3)：225-230.

[13] Chen H Z，Liu L Y. Unpolluted fractionation of wheat straw by steam explosion and ethanol extraction [J]. Bioresource Technology，2007，98 (3)：666-676.

[14] Jin S Y，Chen H Z. Structural properties and enzymatic hydrolysis of rice straw [J]. Process Biochemistry，2006，41 (6)：1261-1264.

[15] Sun F B，Chen H Z. Organosolv pretreatment by crude glycerol from oleochemicals industry for enzymatic hydrolysis of wheat straw [J]. Bioresoure Technology，2007，99 (13)：5474-5479.

[16] Sun F B，Chen H Z. Evaluation of enzymatic hydrolysis of wheat straw pretreated by at-

mospheric glycerol autocatalysis [J]. Journal of Chemical Technology & Biotechnology, 2007, 82 (11): 1039-1044.

[17] Sun F B, Chen H Z. Comparison of atmospheric aqueous glycerol and steam explosion pretreatments of wheat straw for enhanced enzymatic hydrolysis [J]. Journal of Chemical Technology & Biotechnology, 2008, 83 (5): 707-714.

[18] Sun F B, Chen H Z. Enhanced enzymatic hydrolysis of wheat straw by aqueous glycerol pretreatment [J]. Bioresource Technology, 2008, 99 (14): 6156-6161.

[19] 安恩科. 城市垃圾的处理与利用技术 [M]. 北京：化学工业出版社，2006.

[20] 周维芝，潘军，苗苏丰. 加拿大城市生活垃圾的源头分离与干湿堆肥 [J]. 中国人口资源与环境，2002，12 (4)：133，134.

[21] 陈洪章，李佐虎. 木质纤维原料组分分离的研究 [J]. 纤维素科学与技术，2003，11 (4)：31-40.

[22] 陈洪章. 生物质科学与工程 [M]. 北京：化学工业出版社，2008：2-27.

[23] 田景明，王凤英. 关于玉米提胚工艺的探讨 [J]. 粮食与食品工业，1998，(1)：17-19.

[24] Lu X, Zhang X N, Mao Z G, et al. Frame model for evaluation of cleaner production in fermentation industry by fuzzy comprehensive evaluation [J]. Journal of Northwest Science Technology Univ of Agri and For (Nat. Sci. Ed.), 2005, 33 (7): 137-142.

[25] 涂启梁，付时雨，詹怀宇. 甘蔗渣综合利用的研究进展 [J]. 中国资源综合利用，2006，24 (11)：13-16.

[26] 陈山，王弘，卢家炯. 甘蔗制糖业副产物的综合利用 [J]. 食品与发酵工业. 2005，31 (1)：104-108.

[27] 聂艳丽，刘永国，李娅，等. 甘蔗渣资源利用现状及开发前景 [J]. 林业经济，2007，5：61-63.

[28] 张小平. 固体废物污染控制工程 [M]. 北京：化学工业出版社，2010：8.

[29] 陈洪章，付小果. 一种富含黄酮的淀粉清洁制备及葛根资源综合利用的方法：中国，201110047633. 4 [P]. 2011-09-14.

[30] 陈洪章，付小果. 一种甘蔗制糖固态发酵联产化学品及综合利用的方法：中国，201110034113. X [P]. 2011-09-07.

[31] 陈洪章，迟菲. 玉米汽爆分离及其胚乳多组分联产利用技术：中国，200910089381. 4 [P]. 2009-12-23.

[32] Pan X J, Arato C, Gilkes N. Biorefining of softwoods using ethanol organosolv pulping: Preliminary evaluation of process streams for manufacture of fuel-grade ethanol and co-products [J]. Biotechnology and Bioengineering, 2005, 90 (4): 473-481.

[33] Pan X J, Gilkes N, Pye J. Bioconversion of hybrid poplar to ethanol and co-products using an organosolv fractionation process: Optimization of process yields [J]. Biotechnology and Bioengineering, 2006, 94 (5): 851-861.

[34] Jiang X C, Zhou H C, Pan J F, et al. Comparison between modified wet method and semidry method for corn treatment in ethanol plant [J]. Cereal and Food Industry,

2010，17（3）：10-13.

［35］ Kamm B，Kamm M. Biorefineries——multi product processes. Advances in Biochemical Engineering Biotechnology［M］，2007，105：175.

［36］ 闵恩泽. 利用可再生农林生物质资源的炼油厂——推动化学工业迈入“碳水化合物”新时代［J］. 化学进展，2006，18（2）：131-141.

［37］ 莫湘筠. 以玉米为原料的多元醇工业现状与发展趋势［J］，食品与药品，2008，10（9）：6-8.

［38］ Chen H Z，Liu L Y. Unpolluted fractionation of wheat straw by steam explosion and ethanol extraction［J］. Bioresource Technology，2007，98（3）：666-676.

［39］ 刘丽英，陈洪章. 纤维素原料/离子液体溶液体系流变性能的研究［J］. 纤维素科学与技术，2006，14（2）：9-12.

［40］ Sun F B，Chen H Z. Evaluation of enzymatic hydrolysis of wheat straw pretreated by atmospheric glycerol autocatalysis［J］. Journal of Chemical Technology & Biotechnology，2007，82（11）：1039-1044.

［41］ Chen H Z，Qiu W H. Key technologies for bioethanol production from lignocellulose［J］. Biotechnology Advances，2010，28：556-562.

［42］ Wang L，Chen H Z. Increased fermentability of enzymatically hydrolyzed steam-exploded corn stover for butanol production by removal of fermentation inhibitors［J］. Process Biochemistry，2011，46：604-607.

［43］ 陈洪章，付小果. 木质纤维素水解酸化微生物菌剂的制备方法：中国，201110034303.1［P］. 2011-09-07.

［44］ 陈洪章，邱卫华. 一种水解酸化生物质原料制备发酵碳源的方法：中国，201110035297.1［P］. 2011-09-07.

第 4 章　糖类原料炼制与发酵工业模式

糖是一种非常重要的工业发酵碳源，可以直接作为碳源，或尤其是葡萄糖可直接用于发酵。发酵工业原料的炼制主要是提炼其中的糖用于发酵[1]，因而糖类原料的炼制对于整个发酵工业来说至关重要。

4.1　糖类原料资源及分布

发酵工业常用的糖类原料主要有甘蔗、甜菜、糖蜜以及甜高粱[1～3]等，下面分别介绍上述原料的资源及成分。

4.1.1　甘蔗资源

甘蔗原产于印度，后来传播到南洋群岛。大约在周朝时传入中国南方。先秦时代的“柘”就是甘蔗，到了汉代才出现“蔗”字。10～13 世纪，江南各省普遍种植甘蔗；中南半岛和南洋各地也普遍种甘蔗制糖。

亚历山大大帝东征印度时，部下一位将领说印度出产一种不需蜜蜂就能产生蜜糖的草。公元 6 世纪甘蔗被引入伊朗种植。8～10 世纪甘蔗的种植遍及伊拉克、埃及、西西里、伊比利亚半岛等地。后来葡萄牙和西班牙殖民者又把甘蔗带到了美洲。

甘蔗的分布主要在北纬 33°至南纬 30°之间，其中以南北纬 25°之间面积比较集中。世界蔗区的分布是年平均气温 17～18℃的等温线以上。甘蔗的垂直分布在赤道附近可达 1500m。在我国云南的滇西南蔗区，海拔已达 1500～1600m。我国地处北半球，甘蔗分布南至海南岛，北至北纬 33°的陕西汉中地区，地跨纬度 15°，东至台湾东部，西至西藏东南部的雅鲁藏布江，跨越经度达 30°，其分布范围广，为其他国家所少见。我国的主产蔗区，主要分布在北纬 24°以南的热带、亚热带地区，包括广东、台湾、广西、福建、四川、云南、江西、贵州、湖南、浙江、湖北南方 11 个省、自治区。20 世纪 80 年代中期以来，我国的蔗糖产区迅速向广西、云南等西部地区转移。

图 4.1 为我国 1978～2009 年甘蔗种植面积的统计。图 4.2 为相应的 1978～2009 年我国甘蔗总产量的统计，由图可以看出我国糖类种植以及甘蔗的产量是升高的。从图 4.3 可以看出，广西是全国甘蔗的主产区，其 2009 年总产量占到全国甘蔗总产量的 64.97%，单位面积产量仅次于广东省。但就全国而言，单位

面积产量差别很大，最高的比最低的高出 82%。

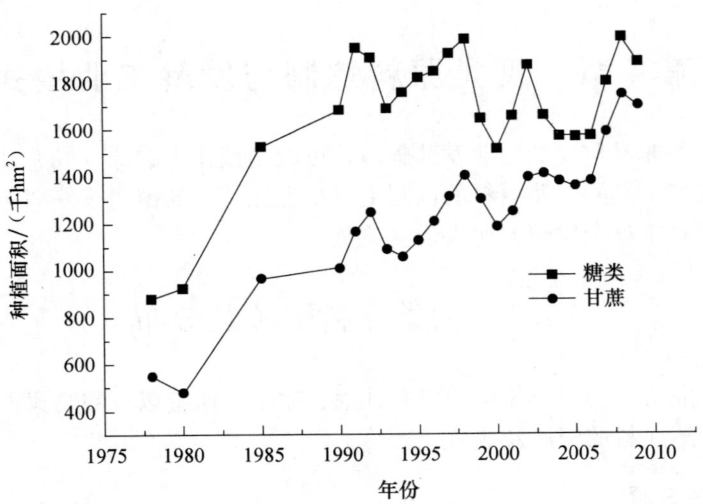

图 4.1　1978～2009 年我国甘蔗种植面积[4]（农业部农业统计年鉴整理）

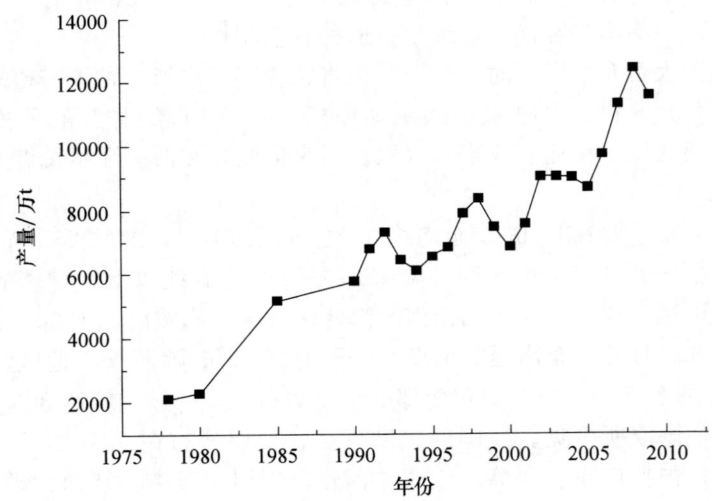

图 4.2　1978～2009 年我国甘蔗总产量[4]（农业部农业统计年鉴整理）

1. 甘蔗资源分布

近年来我国各地的甘蔗研究院所相继开展了甘蔗新品种的选育和研究，迄今为止已育成了 100 多个甘蔗品种供生产使用，推动了我国甘蔗种植业的发展。我

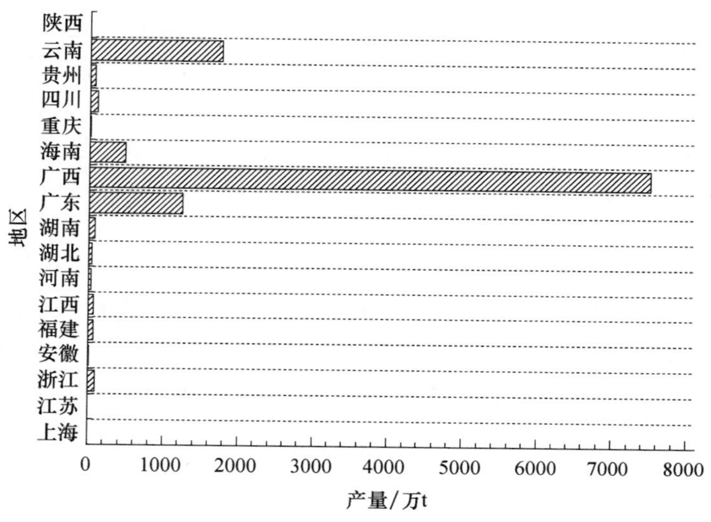

图 4.3　2009 年我国甘蔗种植分布及产量[4]（农业部农业统计年鉴整理）

国甘蔗的选育主要是围绕出苗率、萌芽率以及抗风和抗病能力、宿根性等来进行的，目前主要推广的有粱育 97/51、德育 95/7、德育 99/36、盈育 91/59、粤糖 83/88、德育 2002/38、粤糖 94/128 等。这些品种在主产区都广泛进行种植和推广，特别是粤糖 94/128，萌芽率高，萌芽快，分蘖力特强，生势旺盛，有效茎数多，抗风、抗病能力强，易种好管，更受到种植者的欢迎。

2. 甘蔗资源成分

甘蔗中含有丰富的糖分、水分，因此甘蔗是我国发酵工业主要糖类原料。糖是人类必需的食用品之一，也是糖果、饮料等食品工业的重要原料。同时，甘蔗还是轻工、化工和能源的重要原料[5,6]。因而，发展甘蔗生产，对提高人民的生活、促进农业和相关产业的发展，乃至对整个国民经济的发展都具有重要的地位和作用。

甘蔗资源除含有丰富的糖分之外[7]，甘蔗中含有相当多的蛋白质、蔗蜡等成分，经济价值很高。因此，综合利用甘蔗才能实现其生物量的全利用[8]。

1）蔗蜡

蔗蜡是甘蔗表皮和茎节处的薄层白色蜡质，其数量因甘蔗品种和生长条件不同（如干旱或虫害）而有较大变化，多数甘蔗茎含粗蔗蜡 0.1%～0.2%。蔗蜡是一种高级植物蜡，化学成分为长碳链脂肪酸酯、脂肪酸、脂肪醇和碳氢化合物的混合物。它接近名贵高价的植物蜡——卡拿巴蜡，可作为它的代用品，用途很广；也可用作汽车蜡、地板蜡、皮革抛光剂、防水包装纸、复写纸、鞋油、电器绝缘材料等的原料。纯蔗蜡白色，但工业品多数带黄色至棕绿色。蔗蜡的熔点为79～82℃，是硬蜡，有蜡光性，不溶于水、冷乙醇和丙酮，稍溶于冷乙醚和氯仿，易溶于热乙醇、四氯化碳、乙酸乙酯、汽油等溶剂中。从滤泥中提取蔗蜡，传统使用溶剂抽提法，流程与设备复杂，溶剂消耗量大，成本较高，产品的提纯精制较困难，因而难以发展。

2）植物固醇

植物固醇又称甾醇（sterol），是存在于动植物体内的一类环状化合物。固醇常与脂肪并存于生物体内。它具有重要的生理功能，是多种组织和细胞的组成成分，与蛋白质结形成脂蛋白，构成各种细胞膜，与细胞的正常生理代谢活动有密切关系。固醇的性质接近脂肪，常与其他的脂肪类物质共存。蔗脂内的植物固醇中约20％为豆固醇（stigmasterol，$C_{29}H_{48}O \cdot H_2O$），约80％为β-谷固醇（sitosterol，$C_{29}H_{50}O$）。在蔗汁中，固醇与蔗蜡、蔗脂的各种成分混杂在一起，大部分进入滤泥中。

植物固醇的用途十分广泛，它是降血脂药物，可降低血液中胆固醇浓度，防治血管硬化，疗效较好，无不良作用；它是一种优良的食品抗氧化剂，抗氧化能力很高，可防止食品氧化变质；它还是优良的饲料营养剂，可加快畜禽生长速度。

3）叶绿素

蔗汁中的叶绿素常与各种类脂物一起存在，澄清时转入到滤泥中，它可溶于乙醇而不溶于水。天然叶绿素可加工成为叶绿素铜钠盐，可溶于水。叶绿素主要用作医药原料和牙膏的添加剂，也常作为天然的植物色素加入蔬菜、水果罐头中。过去叶绿素主要从菠菜、竹叶等原料提取，如用滤泥为原料，数量大而且集中，成本较低。在提取叶绿素后分离出来的液体中，还含有类胡萝卜素，它可进一步制成维生素K和维生素E。

4）二十八烷醇和其他高碳烷醇

二十八烷醇（亦称为蒙旦醇、普利醇），化学式为$CH_3(CH_2)_{26}CH_2OH$。一般的产品是几种高级烷醇的混合物，包含二十四烷醇、三十烷醇或三十四烷醇等。高碳烷醇存在于生物体的蜡状物质中，如蔗蜡、糠蜡、蜂蜡、虫蜡以及苹果皮等，但含量相当少。以蔗蜡为原料，数量最多且成本较低。二十八烷醇具有多种重要的生理和医疗功能，如提高人的体力、耐力和精力，增强包括心肌在内的肌肉功能，促进高脂血症的脂质分解，改善心肌缺血，减少心肌损伤，可用于治疗冠心病，有抗凝血作用，还可用于治疗大脑局部缺血，有预防血栓形成、保护肝脏的作用等。

5）抗氧化剂

抗氧化剂对人的健康和食品工业的产品保存都十分重要，近年国内外医学界和产业界都对其进行大力研究。医学研究说明，人体的多种疾病是由于身体内过多的氧自由基将正常细胞氧化破坏造成的，自由基是很多种非病毒和细菌性疾病以及机体老化性和退化性疾病的主要致病原因。抗氧化剂能够和这些氧自由基结合，将它们消除或形成其他无害的物质排出体外，减缓氧化反应，因而有良好的保健、防衰老和减少疾病的作用。喝茶有益于健康，就是由于茶叶含有丰富的儿茶素等多酚类抗氧化剂。抗氧化营养素是 21 世纪营养学研究的一个重点，它的种类很多，新开发的高效制品如有机硒化合物、原花青素（OPC）等。原花青素（属多酚类）具有极强的抗氧化活性，是传统抗氧化剂维生素 C 和维生素 E 的数十倍。蔗汁中含有大量的这类物质，将它们分离提取制成产品有极大的经济效益和社会效益。

4.1.2　甜菜资源

甜菜是二年生草本植物，古称莙荙菜，是我国的主要糖料作物之一，生长的第一年主要是营养生长，在肥大的根中积累丰富的营养物质，第二年以生殖生长为主，抽出花枝经异花受粉形成种子。

生长第一年主要是营养生长，可分为幼苗、叶丛繁茂、块根糖分增长和糖分积累 4 个时期。生长第二年主要是生殖生长，可分为叶丛、抽薹、开花和种子形成 4 个时期。甜菜为喜温作物，但耐寒性较强。全生育期要求基础温度 10℃以上的积温 2800～3200℃。块根生育期的适宜平均温度为 19℃以上。当土壤 5～10cm 深处温度达到 15℃以上时，块根增长最快，4℃以下时近乎停止增长。昼夜温差与块根增大和糖分积累有直接关系，昼温 15～20℃，夜温 5～7℃时，有利于提高光合效率和降低夜间呼吸强度，增加糖分积累。适宜块根生长的最大土壤持水量为 70％～80％。持水量超过 85％时块根生长受到抑制；90％以上时块根开始窒息，终致死亡。糖分积累期持水量低于 60％时块根生长缓慢，根体小而木质化程度高，品质较差，不利于加工制糖。块根生长前期需水不多，生育中期需有足够水分，生育后期需水量减少。全生育期降水量以 300～400mm 为宜，收获前 1 个月内降水宜少，否则含糖率显著降低。适宜的日照时数为 10～14h。在弱光条件下，光合强度降低，块根生长缓慢。日照时数不足会使块根中的全氮、有害氮及灰分含量增加，降低甜菜的纯度和含糖率。在遮光条件下，块根中单糖占优势，品质显著变化。

栽培甜菜主要有 4 个种类：食用甜菜、糖用甜菜、饲料甜菜及叶用甜菜[9]。

1. 甜菜资源分布

我国的甜菜主产区在东北、西北和华北。图 4.4 和图 4.5 分别表明了 1978～2009 年我国甜菜种植面积与产量。

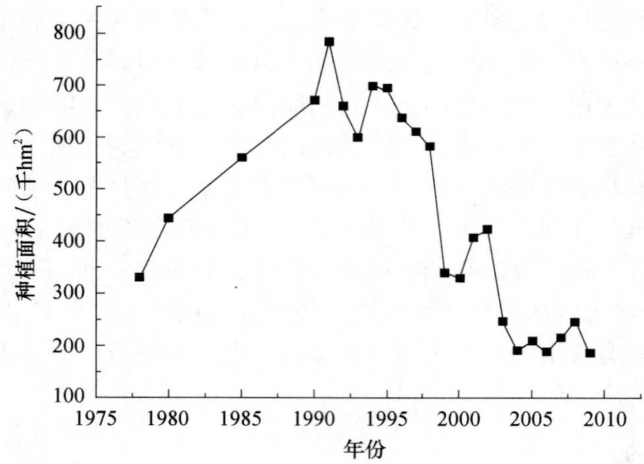

图 4.4　1978～2009 年我国甜菜种植面积[4]（农业部农业统计年鉴整理）

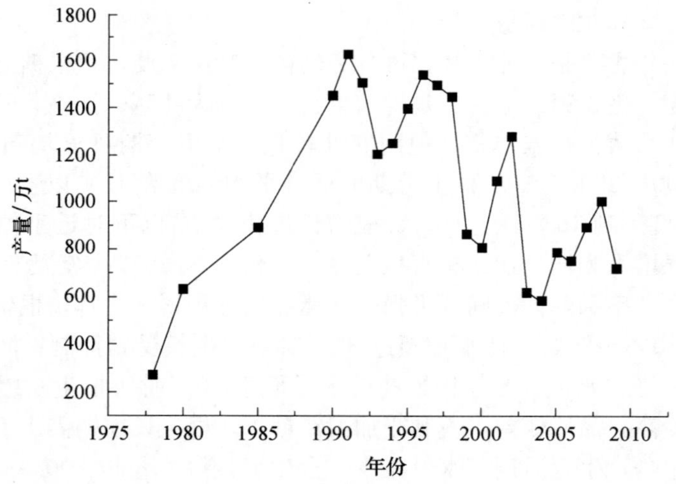

图 4.5　1978～2009 年我国甜菜总产量[4]（农业部农业统计年鉴整理）

从图 4.6 可以看出，新疆、黑龙江、内蒙古是全国甜菜的主产区。其 2009 年总产量约占到全国甜菜总产量的 90%，其中新疆、黑龙江和内蒙古甜菜产量分别占全国总产量的 58.29%、15.32%和 15.27%。

2. 甜菜资源成分

糖用甜菜块根的含糖率较高，它是制糖工业的主要原料，也是甜菜属中开发利用最为充分的栽培种。甜菜浑身都是宝。甜菜的主要产品是糖。除生产蔗糖

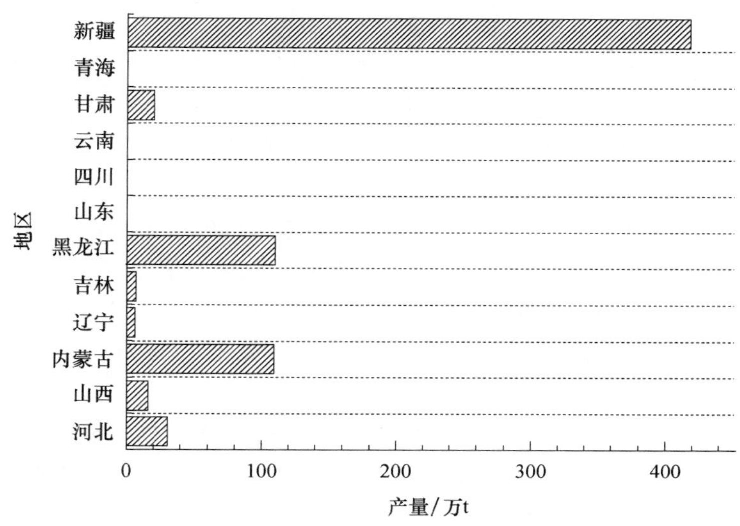

图 4.6　2009 年我国甜菜产量分布[4]（农业部农业统计年鉴整理）

外，甜菜及其副产品还有广泛开发利用前景，具有综合利用的价值[10]。

1）甜菜茎叶

甜菜的茎叶含有丰富的营养成分。新鲜的甜菜茎叶含蛋白质 2.4%、脂肪 0.4%、纤维 1.6%，还含有赖氨酸和色氨酸及一定数量的微量元素。1kg 茎叶的营养价值相当于 0.4 饲料单位。新鲜茎叶除直接利用和干储外，也可青储保藏。茎叶经发酵后可增加饲料的可消化养分，使饲料具有芳香味，促进牲畜的食欲，能降低草酸钙的含量，防止牲畜腹泻，用青储茎叶喂奶牛可减少牛奶中甜菜碱含量，提高产奶量。此外，甜菜茎叶还可以作为肥料还田，培肥地力，增加土壤中有机质含量[11]。

2）甜菜菜根

甜菜的块根中水分占 75%，固形物占 25%。固形物中蔗糖占 16%～18%，非糖物质占 7%～9%。非糖物质又分为可溶性和不溶性两种：不溶性非糖物中含纤维素 1.2%、半纤维素 1.1%、黏胶物 2.4%、蛋白质 0.1%、灰分 0.1%、其他物质 0.1%；可溶性非糖主要包括钾、钠、镁等无机盐类和脂肪、蛋白质、甜菜碱、果胶质等有机物质。甜菜制糖工业副产品主要是块根内 3.5%左右的糖分、7.5%左右的非糖物质以及在加工过程中投入与排出的其他非糖物质，如甜菜粕、糖蜜、滤泥等。

3）甜菜粕

在制糖过程中，甜菜块根经切丝浸提后所剩残渣加工成为甜菜粕。通常每加工 100t 甜菜块根便同时生产出 90t 新鲜的甜菜粕。甜菜粕中含有 93%的水分，

7%左右的干物质，其中蛋白质 0.6%、纤维 1.4%、灰分 0.3%、无氮浸出物 4.7%。10kg 甜菜粕相当于 0.8～1.0 个饲料单位。为了便于储藏运输，也可制成干粕。由于甜菜干粕碳水化合物含量、淀粉值和可消化养分总量高，故可作精饲料。因甜菜干粕蛋白质少，发热量高，与高蛋白的精饲料及粗饲料一起使用可调节高蛋白营养平衡，其味道甘美，是养牛业的理想饲料。使用时应先加水浸泡，否则易引起牲畜腹胀。为提高甜菜干粕的营养价值，还可在干粕内添加废糖蜜及其他营养成分，制成糖蜜型或营养型甜菜颗粒粕，更便于包装运输和管理。自 20 世纪 80 年代以来，我国甜菜颗粒粕的生产发展较快，年产量已达到 10 多万 t。国内的甜菜制糖厂大多配有甜菜颗粒粕的生产线。

4）果胶

甜菜中的纤维素和半纤维素由于不溶于水，在浸糖过程中不移入糖汁中而留在废粕内。果胶质与纤维素处于化合状态，在一定的条件下，可水解释放进入糖汁，成为影响清洁和结晶的有害物质。在制糖过程中，通过控制浸糖温度，可使 90%以上的果胶留在甜菜粕中。经简单工艺就可提取出来。果胶是一种重要的食品添加剂，主要用作胶凝剂、增稠剂、稳定剂和乳化剂，在化妆品、医药等方面也有重要的作用[12]。

5）甜菜废蜜

在制糖过程中所产生的低度糖蜜，不能再返回煮糖，此类糖蜜称之为废蜜，其产量为甜菜加工量的 4%左右。废蜜因其价格低、附加值高的优点，往往用作发酵工业的底物，如可用来生产乙醇、氢气、有机溶剂（如丙酮、丁醇等）、味精等，同时，废蜜中还含有多种有益成分，可从中提取甜菜碱、焦糖色素等。

6）甜菜滤泥

制糖后的滤泥含有丰富的钙质和其他营养物质，主要用作肥料、饲料、甜菜保藏的防腐剂等。此外，滤泥通过工艺加工能制造质量较好的水泥，用于建筑。

4.1.3 糖蜜资源

糖蜜可分为甘蔗糖蜜和甜菜糖蜜。甘蔗糖蜜是以甘蔗为原料的糖厂的一种副产物。我国南方各省位于亚热带，气候温和，适于种植甘蔗，如广东、广西、福建、四川和台湾等省均盛产甘蔗，甘蔗糖蜜的产量为原料甘蔗的 2.5%～3%。甘蔗糖蜜中含有 30%～36%的蔗糖与 20%的转化糖。甜菜种植以东北、西北、华北等地区为主，甜菜糖蜜为甜菜糖厂的一种副产物，它的产量为甜菜的 3%～4%。

糖蜜是微生物工业大规模发酵生产乙醇、甘油、丙酮、丁醇、柠檬酸、谷氨酸、食用酵母及液态饲料等的良好原料[13]。

从表 4.1 可知，糖蜜中干物质的浓度很大，在 80～90°Bx，含糖分 40%以上，含 5%～12%的胶体物质以及 10%～12%的灰分，如果不进行预处理则微生物无法生长和发酵，故糖蜜发酵前的预处理非常重要。

表 4.1　甘蔗糖蜜与甜菜糖蜜的成分[14]

成分＼糖蜜名称	甘蔗糖蜜		甜菜糖蜜
	亚硫酸法	碳酸法	
锤度/(°Bx)	83.83	82.00	79.6
全糖分/%	49.77	54.80	49.4
蔗糖/%	29.77	35.80	49.27
转化糖/%	20.00	19.00	0.13
纯度/%	59.38	59.00	62.0
pH	6.0	6.2	7.4
胶体/%	5.87	7.5	10.00
硫酸灰分/%	10.45	11.1	10.00
总氮量/%	0.465	0.54	2.16
总磷量/%	0.595	0.12	0.035

4.1.4　甜高粱资源

甜高粱［学名 *Sorghum dochna*（Forssk.）Snowden］也叫芦粟、芦穄、芦黍、雅津甜高粱、芦稷、甜秫秸、甜秆、糖高粱和高粱甘蔗，为粒用高粱的一个变种，它同普通高粱一样，每亩①地能结出 150～500kg 的粮食，但它的精华主要在富含糖分的茎秆，其单产可达 5000～10000kg 每亩。甜高粱茎秆可用于制糖、酿酒、制乙醇燃料、造纸和饲料等，如巴西有芦黍酒生产。芦黍是禾本科高粱属一年生草本植物，为高粱的一个变种。中国北方叫甜秫秸，南方叫芦穄，是一种糖料作物，也是优良的饲料作物和能源作物。

1. 甜高粱资源分布

甜高粱在我国栽培历史悠久，分布北起黑龙江，南至四川、贵州、云南等省，西自新疆维吾尔自治区，东至江苏、上海等省、市，特别是长江下游地区尤为普遍。崇明岛盛产甜高粱，被誉为“芦粟之乡”。过去习惯生食其汁液，南方也有用其榨汁熬制糖稀或制作片糖。

我国已收集到 70 余个品种。多数属早熟种，株高一般为 250cm 左右，高的 3m 以上。锤度 5%～17%，个别品种达 20%以上。

如紫花芦穄是中国上海等地的地方品种，晚熟，在北京不抽穗，株高 3m 以

① 1 亩＝666.7m^2。

上，生物产量高，锤度达22%左右。

甜杂1号是我国以7504不育系与丽欧配制的杂交种。杂种优势很强，株高3m以上，籽粒产量每公顷高达6000kg左右。锤度15%，鲜秆每公顷产60t左右。

第2次世界大战后，美国受进口糖困扰，率先选育出高糖、抗病甜高粱品种丽欧。1970～1985年间又相继推出洛马、拉马达、雷伊、凯勒、M-81E、贝利和考利。其中参加全美饲用甜高粱评比的考利产糖8400kg/hm^2，比丽欧提高162%；M-81E鲜质量达117750kg/hm^2，比丽欧提高205%；雷伊、凯勒、考利通过工艺鉴定，确定适于做结晶糖，从而解决了甜高粱生产工艺仅限于糖浆的问题[15]。

巴西也获得了一批新成果，甜高粱系列品种有：BR-501、BR-502、BR-503、BR-504、BXH283-2和BXH34-3-1等，还育出了适于低纬度地区种植的IPA1218、BR-505和BR-602，其中BR-602的鲜质量达92700kg/hm^2。

根据我国国情，适宜栽植的甜高粱品种应是粮糖兼用型[16]。它既有较高的籽粒产量，又要有很高的茎秆产量和汁糖含量，可以充分利用甜高粱籽粒和茎秆这两方面的潜力。我国甜高粱资源丰富，研究始于20世纪80年代，当时仅有少量的分散种植，且仅限于甜秆嚼汁。中国农业科学院品种资源所通过收集、整理、引种和榨汁试验，明确了我国甜高粱的出汁率一般为50%～60%，最高达70%，可作优质饲料的有永250、永266、永70、永251和永63，可与种植面积最大的丽欧相媲美[15]。我国选育出的一批甜高粱杂交品种，1hm^{2}甜高粱的茎秆产量达到90～120t，可产籽粒3～6t，茎秆汁液含量为60%左右，含糖量为15%～20%。鉴于糖料、能源、饲料的需求，我国有数十家科研、生产单位对甜高粱的综合利用进行了深入研究。除了引种资源，我国湖南常德、辽宁、吉林九站和长春兽大等科研单位也都选育出了一些甜高粱品种，并在生产上得以应用。

我国甜高粱注册资源总计374份，其中地方品种159份，选系（品种）207份，不育系和保持系4对。《中国高粱品种资源目录》中，甜高粱地方品种67份；目录续编（1982～1989）中，地方品种54份，选系（品种）3份，不育系和保持系1对；1991～1995年目录中，地方品种38份，选系（品种）204份，不育系和保持系3对。国外引进甜高粱品种（系）1152份。高士杰[17]曾对我国甜高粱地方品种和选育品种（系）加以分析，发现甜高粱主要分布在西北、华北、东北、东南、华东和华中地区；从云南到黑龙江，从上海到新疆都有栽培；其中地方品种分布为：辽宁9份、吉林6份、黑龙江4份、内蒙古3份、山西9份、山东3份、陕西26份、新疆3份、河南10份、湖北30份、安徽11份、江苏3份、上海7份、云南6份、贵州1份、四川11份、重庆1份、中国科学院植物研究所香山植物园4份、中国科学院西北水土保持研究所12份。选育品种（系）

分布为：中国农业科学院品种资源研究所总计 199 份、中国科学院西北水土保持研究所 1 份、吉林 7 份。不育系和保持系分布为：吉林 3 对、内蒙古 1 对。

甜高粱不仅有“高能作物”之称，而且也因它有抗旱、耐涝、耐盐碱的特性，有作物中的“骆驼”之称[18]。它对土壤的适应能力很强，pH5.0～8.5，能很好地生长。甜高粱根系发达，有大量次生根，能从干燥的土层中吸收水分，茎表以及叶脉外部都有蜡质，可以阻止水分散失，故而能够耐旱。此外，甜高粱也能耐水涝，只要田间的积水没有淹没穗部，对其生育和产量的影响都不大。

甜高粱[19]同普通高粱一样，每 667m^2 地能生产出 150～500kg 的粮食，但它的精华不在于它的籽粒，而在于其每亩 4000～5000kg 的富含糖分的茎秆，因此也被叫做甜秫秸、甜秆和糖高粱。在我国，甜高粱的单位面积乙醇产量远高于玉米、甜菜和甘蔗，在我国中部，优良的甜高粱品种的含糖量可与甘蔗相媲美，在北方要比甘蔗高[20]。

在生物量能源系统中，甜高粱是第一位的竞争者。在北京，甜高粱品种雷伊于 7 月 20～26 日，平均每天长高 12cm，其生长速度之快，实在令人赞叹，无愧于“高能作物”的光荣称号[21]。每亩甜高粱每天合成的碳水化合物可产 3.2L 乙醇，而玉米只有 1L，小麦为 0.2L，粒用高粱才 0.6L。南斯拉夫联邦共和国的实验也表明，每公顷水浇地可产 8000L 乙醇。

2. 甜高粱资源成分

甜高粱的籽粒含有丰富的营养，淀粉含量为 63%～65%，粗脂肪为 2.39%～5.47%，蛋白质 8.42%～14.45%。甜高粱籽粒的淀粉质量分数为与玉米的淀粉质量分数相近，可以被加工成可口的饮用高粱酒，也可以用来生产燃料乙醇，也可以从中提取高粱色素或生产变性淀粉。后者广泛用于纺织、日化、食品等工业部门[22]。

甜高粱茎秆是糖分储存的重要场所，也是利用的主要部位。对甜高粱的研究和利用，尽管目的和途径不同，如制糖、制酒、制乙醇，或直接青储作饲料等，均是围绕着一个“糖”字。甜高粱茎秆糖分的高低是衡量其茎秆利用价值的重要指标。甜高粱品种一般含糖量 6%～24%，含糖量在 15%左右的适宜做青储，18%以上作为能源作物。经试验分析，甜高粱茎秆中汁液约占 80%（实际可榨得 65%左右）。榨汁中水分占 85%～90%，水分中溶有蔗糖、葡萄糖、果糖等糖分；其他为非糖分，如淀粉、果胶、有机酸、树胶等。此外，还混有细碎的榨渣、蜡质物、色素等。榨汁糖锤度 15%～20%。甜高粱汁中糖分与甘蔗相比较，还原糖的含量明显高，这也正是过去其作为糖料被舍弃的原因。然而生产乙醇并不需要结晶，含单糖多的榨汁可直接发酵生产乙醇（也可不压榨进行固体发酵），使其成为一种重要的潜在能源[23]。

宋俊萍等[1,24]将甜高粱秆的鞘、皮、髓质分离，进行水分以及含糖量的测定，测定结果如表 4.2 所示。甜高粱秆的髓质和皮中总糖含量较高，还原糖含量较低，叶鞘中的糖以还原糖为主。因为各部分的糖分含量相对较高，因此将包含髓质、鞘、皮在内的总的甜高粱秆粉碎后作为底物，这样可以省去分离工序，避免分离困难的问题。

表 4.2 甜高粱秆各部分水分以及含糖量测定 （单位：%）

	髓质	鞘	皮	混合（髓质＋鞘＋皮）
水分含量	82.81	51.41	61.07	79.06
总糖含量	15.99	3.27	8.14	13.02
还原糖含量	0.63	2.72	1.06	2.16

甜高粱茎秆纤维主要是由 39.7％的纤维素、24.4％的半纤维素和 22.52％的木质素三种成分所组成，以苯丙烷为单元的三维木质素结构将它们相互之间交织在一起，彼此存在某种形式的结合，一起构成了植物细胞壁物质。在开发植物纤维生产燃料乙醇的工艺技术时，一方面要求纤维素的产糖率高，损失破坏小；另一方面，又希望能够得到产糖率和纯度都高的高附加值的半纤维素分解产物，因此，应尽量保留木质素的原生态，为木质素高附加值的产品加工奠定基础，只有综合利用了茎秆的所有组分，这种综合加工工艺才有可能商业化[22]。

甜高粱茎秆经过榨汁或发酵后，其残渣的主要成分是纤维素。甜高粱的纤维结构好，密度高，造出的纸亮度好，能够无污染生产纸浆，质量甚至可以超过木质纸浆。将甜高粱酿酒、制糖与造纸、纤维板相结合，统筹规划，利用酿酒、制糖后产生的大量茎秆造纸，可形成一个新的经济产业链条。

4.2 发酵工业糖类资源糖的制备

糖分为单糖、二糖、多糖，简单的区别就是其单糖数目的多少。单糖是糖的最基本组成单位，食品中的单糖主要有葡萄糖、果糖和半乳糖等；二糖是两个分子的单糖缩合而成的糖，主要有蔗糖、乳糖和麦芽糖。多糖是由很多单糖缩合而成的高分子化合物，有淀粉、纤维素、果胶等。

据近代考古学方面的成果，远在史前时代，人类就已经懂得从自然界中的物质，如蜂蜜、鲜果中获取甜味食物了，但这些甜味食物还只能算自然物质而不能算人类的加工制品。随着时代的进步和社会的发展，人类的糖业发展大致经历了早期制糖、手工业制糖和机械化制糖三个阶段。

制糖业是利用甘蔗或甜菜等农作物为原料，生产原糖和成品食糖及对食糖进行精加工的行业。糖料一般春季生长，10 月开始收获。制糖企业每年从 10 月、

11 月开榨到次年 3 月、4 月停榨为一个生产周期，称为一个榨季。原料采购和生产呈现季节性和阶段性，而销售则是全年进行。制糖过程就是利用渗浸或压榨提出糖汁，然后除去非糖成分，再经蒸发、浓缩和煮糖结晶，最后用离心分蜜机分去母液而得白砂糖成品，含有不能结晶的部分蔗糖和大部分非糖的母液即废糖蜜。

4.2.1　糖制备工业发展历程

制糖工业是一门传统的农产品加工工业，属于轻工业的范畴，是食品行业的基础工业，又是造纸、化工、发酵、医药、建材、家具等多种产品的原料工业，在国民经济中占有重要地位[25]。

制糖工业是高度机械化、连续化的现代化生产工业，它的产品就是我们通常说的食糖。食糖的生产过程几乎包括了所有主要的化工单元，故制糖工业是具有综合化工单元生产过程的食品生产企业，其生产规模是其他食品生产加工企业无法与之相比的，糖厂每天生产用的原料、材料以及产品与副产品都是以千吨计算的。

德国于 1802 年在库内恩建成了世界上第一座甜菜糖厂，并创建了甜菜制糖工业。经过 200 多年的发展，随着制糖工业的科技要求及工艺指标要求越来越高，对制糖装备的要求也越来越高。我国由于制糖工业基础薄弱，技术投入不足，使生产技术水平及装备水平与发达国家相比还有一定差距，特别是在规模化生产、装备开发和自动化水平方面差距较大[26]。

制糖工业是轻工领域有机污染比较严重的工业之一[25]。

1. 早期制糖阶段

1）制饴

饴糖被认为是世界上最早制造出来的糖。饴糖属淀粉糖，故也可以说，淀粉糖的历史最为悠久。饴糖是一种以米（淀粉）和麦芽经过糖化熬煮而成的糖，呈黏稠状，俗称麦芽糖。时至今日，一些家庭式作坊仍然沿用古老的传统工艺进行饴糖生产并供应市场，在制糖业中仍有一定地位。但通常所说的制糖是指以甘蔗、甜菜为原料制糖。

2）甘蔗制糖

甘蔗制糖最早见于记载的是公元前 300 年印度的《吠陀经》和我国的《楚辞》。这两个国家是世界上最早的植蔗国，也是两大甘蔗制糖发源地。在世界早期制糖史上，我国和印度都占有重要地位。据史料记载，我国的蔗糖生产，源于战国而定型于唐初。我国蔗糖的生产，真正取得较大发展的是在唐、宋两朝，其中宋代的成就可能更大一些。据宋代洪迈所作《容斋随笔》记载，宋代蔗糖的产区主要在福唐（今福建福清县东南）、四明（今浙江宁波）、番禺（今属广东）、广汉、遂宁（均属今四川）5 个地区，其中就质量而言以遂宁所产的为最好。

当我国的甘蔗制糖技术向外传播的时候，世界上另一个甘蔗制糖发源地印度，也不断向各国传播甘蔗制糖技术。7 世纪，阿拉伯人把印度的甘蔗种植技术传入西班牙、意大利。自此，地中海沿岸开始有甘蔗种植，随后甘蔗的种植技术又传入北美洲的一些国家。15 世纪末，哥伦布将甘蔗制糖技术传至西印度群岛，很快又传至古巴、波多黎各。15 世纪 20～30 年代，甘蔗制糖技术先后传到墨西哥、巴西、秘鲁等，不久，甘蔗制糖业在南北美洲都发展起来。

3）甜菜制糖

长期以来，用来制糖的主要原料是甘蔗，而甘蔗只能生长于热带、亚热带地区，寒冷地区则不能种蔗制糖。18 世纪末期，一种新的制糖原料——甜菜终于被发现，给制糖业的发展带来重大突破。

1747 年，德国化学家马格拉夫发现甜菜块根中含有蔗糖，但未受到重视。1786 年，马格拉夫的学生阿哈尔德在柏林近郊试种甜菜成功，实现了从甜菜中提取蔗糖并开始进行甜菜的选择和育种工作。1799 年阿哈尔德发表论文，宣告可以用甜菜制糖。1802 年，阿哈尔德在东欧西里西亚附近的库内恩建立了世界上第一座甜菜糖厂。同年，俄国也建成一座甜菜糖厂。1811 年，法国建成一座甜菜糖厂。此后，欧洲各国相继建厂，甜菜制糖业很快兴起。1810 年，俄国的甜菜糖厂已达 10 座。1824 年，乌克兰开始建立甜菜糖厂，此后 15～20 年间，已发展到 67 座，乌克兰遂成为俄国的主要产糖区。

2. 机械化制糖业的发展

甜菜糖的发源和生产主要是在欧洲，而 19 世纪又是欧洲资本主义发展的时代，先进的工业和发达的科学技术，给制糖业实行机械化提供了很多有利条件。现代机械化制糖的工艺和设备大多始于欧洲的甜菜制糖业。19 世纪初至 19 世纪 60 年代的这段时间是机械化制糖工业的主要形成时期，许多制糖新工艺新设备不断涌现。甜菜制糖业在这段时间里，完成了渗出提汁、糖汁加灰二次碳酸饱充清净、多效蒸发、真空煮糖结晶和离心分蜜成糖等基本技术。

19 世纪初期，良好的吸附剂骨炭已应用于甜菜糖汁的脱色，并取得了较好效果。1821 年，东巴勒将甜菜块根切成薄片，以热水浸渍提取糖分，改变了早期用压榨甜菜取汁的做法，成为渗出法的先导。到 1830 年，东巴勒发明渗出法，但由于未找到理想的澄清方法，取得的糖汁不易澄清。1840 年，库尔曼发明二氧化碳饱充法，在澄清糖汁方面取得突破性的进展。1843 年多效蒸发罐的发明使糖汁得以蒸浓。同时，采用高效能的离心分蜜工艺使糖膏中糖晶粒和糖蜜完全分离，得到的不再是带蜜的糖，而是干净的砂糖。1849 年，卢梭发明了碳酸法制糖工艺。1849 年，应用二氧化硫漂白糖汁取代成本较高的骨炭，糖汁的清净技术进一步提高。1859 年，佩里耶和波塞茨将碳酸法改良为双碳酸法，澄清效果显著提高，但糖汁的沉淀颗粒仍不易除去。1864 年，德耐克发明过滤机使糖汁沉淀颗粒得以分离。同年，奥地利人罗伯特制成间歇式渗出罐组，它与双碳酸法清净工艺相配合后被普遍采用。20 世纪发展了连续渗出器，逐渐取代了罗伯特渗出罐。至此，较完善的碳酸法制糖工艺基本形成，成为现代制糖技术的先导。

由于甜菜制糖大部分工艺也适用于甘蔗制糖，因而很快被甘蔗制糖业所采用，但甘蔗制糖和甜菜制糖在澄清工艺上有较大的不同。在取汁方面，甘蔗糖厂仍基本上采用压榨取汁方式。18 世纪末甘蔗制糖已采用了三辊压榨机。

19 世纪初期，真空结晶（煮糖）罐制造成功。19 世纪中期，已开始用蒸汽机带动压榨机，并开始采用离心分蜜机。此后，随着制糖工艺渐趋成熟和适合于工业化生产的设备不断出现，制糖业遂进入大规模工业化生产阶段。

3. 我国制糖工业发展历程

19 世纪末至 20 世纪初，是中国机械化制糖的酝酿、探索时期。20 世纪 30 年代，中国兴起机械化制糖热潮，但未形成机械化制糖工业体系，制糖业基本上还处于手工业阶段。1949 年后，不断发展成为完整的现代制糖工业体系。

中国近代的机械化制糖，基本上沿袭了一条拿来主义的道路。1878 年，英商怡和洋行在香港设中华精糖公司，机器购自英国，以土糖为原料生产精炼糖，每日能处理 4000 吨土糖。

1905 年，中国东北开始种植糖用甜菜。1908 年建成一座日加工甜菜 350t 的甜菜制糖厂（阿城糖厂）。

1915 年又建成一座日加工甜菜 350t 的甜菜制糖厂（呼兰糖厂）。

1916 年，日本人在中国东北成立"南满洲制糖株式会社"，并在沈阳郊区建立一座日加工 500t 甜菜的奉天糖厂，1917 年投产。1922 年又在铁岭建成铁岭糖厂，这两座糖厂都于 1926 年停产。

1920 年，北京溥益公司在山东济南兴建溥益糖厂，于 1921 年投产，1929 年停产。

广东制糖历史悠久，制糖原料（甘蔗）丰富，客观上也利于制糖业的发展。1933 年 8 月至 1936 年 1 月，在檀香山铁工厂、捷克斯可达厂两家厂商的承包下，在广东建成了市头、顺德、东莞、新造、惠阳、揭阳 6 座机械化制糖厂。其设计的总生产能力为每天压榨甘蔗 7000t，每天产白糖 700t。机器设备全部由外国进口，工艺技术、设备规模都是空前的。广东遂成为全国机械化制糖业的重要基地。

20 世纪以来，台湾省机械化制糖业发展较快。最早的机械制糖厂建立于 1901 年，至 1945 年，全省已有 42 家机械化制糖厂。1934～1943 年，台湾糖业发展迅速，糖产量剧增，并有大量出口。1938～1939 年制糖期，机械制糖产量达到 137 万 t。

自 1949 年后，中国内地的制糖业不断得到发展。甘蔗制糖业主要分布在广东、广西、云南、福建、海南、四川等地。甜菜制糖业集中在黑龙江、内蒙古、吉林、新疆等地。甘蔗糖与甜菜糖的产量之比约 4∶1（现在约为 15∶1）。发展到 20 世纪 80 年代，中国已成为世界制糖大国之一。

2005 年我国全部制糖企业实现累计工业总产值 35364493 千元，比上年同期增长 10%；全年实现累计产品销售收入 35377650 千元，比上年同期增长 18.31%；全年实现累计利润总额为 3676307 千元，比上年同期增长 33.39%；全年累计亏损企业亏损总额为 226522 千元，比上年同期下降 24%。

2006 年我国全部制糖企业实现累计工业总产值 50130643 千元，比上年同期增长 41.7%；全年实现累计产品销售收入 47327045 千元，比上年同期增长 33.78%；全年实现累计利润总额为 6231679 千元，比上年同期增长 69.51%；全年累计亏损企业亏损总额为 286174 千元，比上年同期增长 22.47%。

我国制糖工业调查报告显示，2007 年我国人均食糖年消费量约为 8.4kg，但仍是世界人均食糖消费最少的国家之一，远远低于世界人均年消费食糖 24.9kg 的水平，仅及世界人均年消费食糖量的 1/3，属于世界食糖消费“低下水平”的行列。未来 10 年世界食糖的生产和消费总趋势将缓慢增加，其中发展中国家食糖消费将出现明显增长趋势，我国是世界食糖最大的潜在市场。

4.2.2 发酵工业糖类原料炼制关键技术

甘蔗、甜菜等糖类原料制备工序主要包括提汁、清净、蒸发、结晶、分蜜和干燥。不同的原料，提汁与清净工艺不同，而后 4 道工序的工艺技术与甜菜制糖的基本相同。而糖类原料在发酵工业应用，并不需要将其制备成成品的糖，主要利用的是糖类原料的糖汁，因此，糖类原料的提汁技术是糖类发酵工业原料炼制的关键技术，下面主要介绍甘蔗、甜菜等糖类原料的提汁技术。

1. 发酵工业甘蔗制糖关键技术

制糖工业甘蔗制糖包括以下过程。

1）榨汁

蔗茎在压榨车间的运带上被迅速回转的刀群斩切，再经撕裂机破碎，然后连续经 4～7 台三辊压榨机顺次榨出蔗汁。由撕裂机和第一台压榨机流出的蔗汁称混合汁。

2）清净

混合汁中含有各种非糖分，须经清净处理后才能进一步加工。应用较广的方法有石灰法和亚硫酸清净法。石灰法多用于制造甘蔗原糖。

3）蒸发

经过清净后的清汁经预热后放入内装加热汽鼓的立筒式蒸发罐，通入热蒸汽，使糖汁受热而蒸发浓缩，成为可以煮糖结晶的糖浆。

4）煮糖、助晶、分蜜

将糖浆抽入煮糖罐在真空下进一步加热蒸发。待蒸发浓缩到一定的过饱和度后，即可投入糖粉起晶。随后继续不断地加入糖浆或糖蜜，使晶粒逐渐长大，直到全罐内形成含晶率和母液浓度都符合规定的糖膏，即可放罐。放出的糖膏经助晶槽流入分蜜机，利用离心力分去母液，留在机中的结晶糖经打水洗涤，卸出干燥后即为砂糖成品。分出的母液，即糖蜜还可进行第 2 次和第 3 次煮糖、分蜜。

5）原糖精炼

先在原糖汁中加入糖蜜进行洗涤后，由离心机再次分离，并将晶粒洗净，再加少量石灰乳并用硅藻土过滤；然后通过脱色得精糖液。

从甘蔗提取蔗汁的方法有压榨法与渗出法。压榨法是对甘蔗通过预处理和压榨设备与渗浸系统相配合提取蔗汁的方法。渗出法是甘蔗经预处理破碎，通过渗出设备和采用一定的流汁系统，蔗料经水和稀糖汁淋渗，使甘蔗糖分不断被浸沥而洗出的方法。

（1）甘蔗压榨法提汁。压榨提汁原理主要是将甘蔗斩切成丝状与片状的蔗料，入压榨机，使充满蔗汁的甘蔗细胞的细胞壁受到压榨机辊和油压的压力而破裂，蔗料被压缩，细胞被压扁的同时排出蔗汁；借助于渗浸系统将从压榨机排出、开始膨胀的蔗渣进行加水或稀汁渗浸，以稀释细胞内的糖分，提取更多的蔗汁。

压榨法是对甘蔗通过预处理和压榨设备与渗浸系统相配合提取蔗汁的方法。压榨法耗用钢材与电力较多，但它具有处理甘蔗能力适应性强、技术管理方便和运行可靠等优点，使之迄今仍是甘蔗提汁的主要方法。

采用压榨法生产流程，蔗料相继通过几座三辊压榨机被多次压榨。在蔗料进入末座压榨机之前加水渗浸。加入的水称渗浸水，一般用量为甘蔗量的 15％～25％。从末座榨出的汁称末座榨出汁，它随即被泵入前一座压榨机作为渗浸液，渗浸进入该座压榨机的蔗料，所榨出的稀汁再作前一座压榨机的渗浸液，如此直至第二座压榨机，这就是糖厂普遍使用的复式渗浸法。由第一座及第二座压榨机压出的汁合并成混合汁，送清净处理。从末座压榨机排出的蔗料称为蔗渣。蔗渣中水分为 45％～50％，糖分为 1％～4％，纤维为 45％～52％，可溶性固体物为 1.5％～6％。蔗渣可作燃料送锅炉，或另作其他工业原料。衡量提汁方法的提糖效率用糖分抽出率，其定义为从甘蔗中已被提取的蔗糖占甘蔗中蔗糖的质量百分数。甘蔗糖厂糖分抽出率为 92％～97％。

压榨提汁主要设备包括切蔗机、压榨机及其驱动装置、渗浸系统及相应的输送设备。切蔗机由蔗刀及驱动装置组成。压榨机由三个辊子及机架构成。三辊压榨机的辊被装嵌成三角形，视其所处位置分别称为顶辊、前辊和后辊。顶辊与前、后辊间有一定的间隙。三个辊的轴端带有传动齿，由原动机如电动机、汽轮机或蒸汽机经减速装置驱动顶辊，从而使三个榨辊以相同的速度转动。

20 世纪 80 年代后期以来，甘蔗提汁技术一方面倾向于加强甘蔗预处理，使破碎度提高到 70%～80%；注重采用高位入料槽，或者采用两个压力入料辊（又称齿状入料辊）与传统的三辊压榨机组成五辊压榨机，以强化压榨机的入料，并进行预压缩，从而提高压榨机生产能力；另一方面在渗浸工艺上，又在复式渗浸系统的基础上，采用压榨机出来的稀汁的大部分回流本座压榨机，使在不增加渗浸水量的前提下增加渗浸液量，使蔗渣含液量达到饱和，呈饱和渗浸，充分渗浸与稀释蔗料的残留糖分，达到进一步提高糖分抽出的目的。

压榨法耗用钢材与电力较多，但它具有处理甘蔗能力适应性强、技术管理方便和运行可靠等优点，因此至今仍是甘蔗提汁的主要方法。

（2）甘蔗渗出法提汁。甘蔗渗出法的基本原理是利用甘蔗细胞中的细胞质与细胞壁之间有一层细胞质膜，对细胞外面的物质能起选择吸收的渗透作用。因此，可以应用固-液萃取的浸沥操作，通过洗涤、稀释、浸透和扩散作用把甘蔗中蔗糖分子转移于渗出汁中，达到提取糖分的目的。

甘蔗渗出法提汁工艺主要包括甘蔗预处理、糖分渗出和湿蔗渣脱水。渗出工艺又可分成两类：一类是蔗丝渗出，甘蔗经预处理成蔗丝后进入渗出器，经渗出水和稀汁渗浸得渗出汁；另一类是蔗渣渗出，甘蔗预处理后的蔗丝先经一台压榨机，榨取相当于甘蔗含糖的 60%～80%的原蔗汁后，再进入渗出器作进一步的渗出提汁，压榨出原蔗汁与渗出汁合并成混合汁送清净处理。从渗出器出来的蔗料称湿蔗渣，水分约 85%，入脱水设备脱水，将水分降至 50%以下，送锅炉作燃料或作其他工业原料。脱水设备所得稀汁称脱水汁，通常经加入磷酸、石灰和加热等化学、物理方法清净处理，清汁导回渗出器以助萃取和多回收糖分。渗出法糖分抽出率与压榨法大体相同。

甘蔗预处理工艺要求的甘蔗破碎度，对蔗渣渗出法为 75%～80%，对蔗丝渗出法为 85%～90%，蔗丝幼细、片状，蔗屑不应过多，以利于更有效地渗出甘蔗糖分。预处理设备常用撕裂机或重锤式撕裂机，切蔗机或其组合设备。脱水设备多用三辊压榨机。渗出器有多种形式，主要有 Silver 型、BMA 型、De Smet 型、Dds 型和 Saturne 型等。不同形式的渗出器各具特点，但工艺效果大致相同。各种渗出器都具有使蔗料连续向前移动或旋转推前的运动构件及分级渗淋系统。预处理的蔗料送入渗出器的一端，在另一端加入约甘蔗量 25%的渗出水，以渗淋萃取糖分，并排出湿蔗渣。借助多级渗淋系统，使蔗料与萃取液经受多级逆流渗滤，渗出汁自入蔗料端排出。渗淋系统级数，蔗丝渗出用 12～18 级，渗出时间 20～35min；蔗渣渗出用 8～12 级，渗出时间 16～26min。渗出温度是通过加热渗淋稀汁，维持渗出器内热裂区渗出汁温度为 80～90℃，最终渗出汁温度为 50～65℃。

影响渗出糖分抽出效率的主要因素是甘蔗破碎度、渗出温度、时间和渗出水加入量。渗出器生产能力主要取决于它的规范尺寸和流过蔗料层的蔗汁流速。而影响蔗汁流过蔗料层速度的因素是甘蔗质量、预处理破碎度、蔗料层厚度、脱水汁质量和渗出温度。

渗出提汁法具有省钢材、省动力、省投资、省维修费用等优点，但技术管理要求较高，耗用蒸汽较多。

2. 发酵工业甜菜制糖关键技术

对于发酵工业的甜菜制糖的过程研究关注的仍然是甜菜提汁的过程[27]。

甜菜提汁前先要进行甜菜预处理和切丝，然后制取渗出汁。

甜菜在加工前要经过输送、除杂、洗涤等预处理。待加工甜菜存于糖厂甜菜窖，窖下设有截面呈长形、底为圆角的流送沟通往制糖车间。窖内装有水力冲卸器，以 5～7 倍于甜菜量的水将甜菜冲入沟内。沟上装有除草、除石设备。经流送和除去草石等杂物的甜菜送入洗涤槽，进一步洗净表面附土，除净残留砂石。机械化收获的甜菜由于含杂量大，一般要经两级洗涤。加工冻甜菜时流送洗涤还有解冻作用，流送洗涤废水可回收循环使用。待加工甜菜也有采用干法输送的，即用传送机械将甜菜除杂，直接送到洗涤槽。

洗净甜菜通常用斗式升运机或皮带机经磁力除铁后送入切丝机的储斗中。

常用切丝机有平盘式和离心式，平盘式切丝机主要由垂直轴和旋转刀盘构成。嵌有切丝刀的刀框置于刀盘外圈上，盘中央安装主轴和传动装置并用罩帽盖住，刀盘外缘装有套筒与罩帽形成环状空间，充入甜菜柱。在刀框的上部有一逐渐缩小通道的压菜板，当刀盘旋转时甜菜被夹住压向切丝刀而切成菜丝。离心式切丝机刀框直立于机身的圆周壁上。落入机内的甜菜在随主轴转动的三桨蜗形板和惯性离心力作用下沿筒壁移动而被壁上的刀片切成菜丝。

切丝刀片有带立刃和不带立刃的波纹形刀，也有平板梳形刀。我国多采用带立刃的波纹形刀，其切出的菜丝为 V 形。菜丝应厚度均匀，具有一定弹性和机械强度，并有较大的比表面积。菜丝群的透水性应良好，以利于糖分提取。新鲜甜菜切出的菜丝长度应在 8m/100g 以上，碎片小于 5%，不含联片。

以水为溶剂将菜丝中糖分提取出来的过程称为渗出，得到的含糖水溶液称为渗出汁，提取糖分后的菜丝称为废粕。渗出过程中要求以一定量的水最大限度地将菜丝中糖分提取出来，而非糖分则尽量保留在废粕中。

甜菜中的蔗糖存在于细胞液中，切成菜丝后菜丝表面上许多细胞被切破，渗出时糖分连同非糖分被浸出。但菜丝内部细胞中的糖分被包在细胞内，必须使构成细胞的原生质发生变性才能通过细胞壁渗析出来。用加热的方法可使原生质凝固，菜丝被水浸泡时糖分借助渗析作用扩散到水（汁）中，水则渗透到细胞内。这样菜丝中的糖分不断进入汁中，直到汁中的糖分浓度接近菜丝中的时为止。

生产中采用逆流渗出的方法，即菜丝从渗出器的一端连续进入，导向另一端排出；渗出用水则从出菜端连续进入，与菜丝作逆向流动进行渗出后至进菜端排出。由于进水是与将要排出的废粕接触，进菜丝则与含糖分将达最高的汁接触，故菜、汁间始终能保持一定浓度差，使渗出过程得以快速、有效进行。

渗出过程中菜丝质量、温度、时间、提汁率（所得渗出汁质量对菜丝质量的百分数）、菜丝与汁的接触方式、微生物活动等都是重要控制因素。选用性能优良的渗出器也极为重要。渗出设备经历了由间断到连续的发展过程，我国在 20 世纪 60 年代开始用连续渗出器取代间断操作的渗出罐组。连续渗出器主要有转鼓式、喷淋式、塔式、斜槽式等形式，各具特点，工艺效果大体相近。大型渗出器单台生产能力已达每天处理甜菜 7000～10000t 或更高，并实行自动控制。

我国甜菜糖厂多采用 Dds 斜槽式双螺旋连续渗出器。器体呈长槽形，与地面成 8°倾角。槽内设两条平行、反向旋转、部分叠交的螺旋推进器。螺旋叶由不同间距的螺带焊成，在同步旋转中将菜丝由渗出器的低端（首端）推向高端（尾端）。首端上面是菜丝进口。渗出器的尾端有可以调节方向的进水喷头和回送压粕水的进水管以及排出废粕用轮。渗出器的侧面和底面有分段夹套式蒸汽加热室。

渗出温度是重要的控制参数，既要满足甜菜细胞原生质凝固的要求，又要防止细胞壁高温水解、菜丝变软失去弹性而导致渗出汁纯度降低和流通困难。适宜的温度还可有效地控制器内微生物的活动。随加工甜菜品质不同，最适温度为 70～75℃（新鲜甜菜）或 65～70℃（冻甜菜、冻化甜菜）。自身没有加热面的渗出器如转鼓式等，则可用加热后的渗出汁将冷菜丝热烫到 70～72℃后，再送入渗出器中。

菜丝在渗出器中延留 60～80min，菜丝中的糖分几乎全被提取出来，废粕含糖约 0.3%（对甜菜）以下。

渗出汁通过首端的除渣板输出，用泵送到清净工序。提汁率一般控制为 110%～120%，以便充分降低废粕含糖又不致过于冲稀糖汁。

渗出汁呈暗褐色，微酸性（pH6.0～6.5），易起泡沫。除含有 12%～16% 的蔗糖外，还含有 2%左右的多种非糖分。成分受甜菜品质、储存情况和渗出条件等影响而有很大差异。

渗出过程中必须按需要加入灭菌剂和消泡剂，以维持正常操作，加工冻化甜菜时尤为重要。

渗出器排出的废粕经压榨脱水后得到压粕和压粕水。压粕水经过必要处理后可回收到渗出器中。湿粕（含干固物 6%～7%）量约为加工甜菜量的 90%。

3. 发酵工业糖蜜处理技术

从糖蜜乙醇发酵的特点可清楚看到，糖蜜干物质浓度很大，糖分高，产酸细菌多，灰分与胶体物质很多，如果不预先进行处理，酵母是无法直接进行发酵的。因此必须进行预处理，糖蜜的处理程序包括稀释、酸化、灭菌、澄清和添加营养盐等过程。

1）糖蜜的稀释

（1）糖蜜稀释的工艺要求。糖蜜一般锤度为 80～90°Bx，含糖分 50%以上，发酵前必须用水冲稀，在工艺上称为稀释。稀释糖蜜的浓度随生产工艺流程和操作而不同，通常糖蜜稀释的工艺条件为：①单浓度流程，稀糖液浓度 22%～25%；②双浓度流程，酒母稀糖液 12%～14%，基本稀糖液 33%～35%。

（2）糖蜜的稀释方法。糖蜜的稀释方法可分为间歇稀释法与连续稀释法两种。

糖蜜的间歇稀释是在稀释罐内进行；稀释罐内附有搅拌器。如果工厂原有糖化锅设备，一般都利用糖化锅作稀释设备。糖蜜间歇稀释法是先将糖蜜由泵送入高位槽，经过磅秤称重后流入稀释罐，同时加入一定量的水，开动搅拌器充分拌匀，即得所需浓度的稀糖液，经过滤后可供酒母培养和发酵用。

我国糖蜜乙醇工厂多采用连续稀释法，糖蜜连续稀释是通过连续稀释器进行。

2）糖蜜的酸化

考虑到糖蜜中的灰分、胶体物质等杂质多，有害微生物的污染，营养盐的缺乏以及适宜酸度的调整，因此，糖蜜进行乙醇发酵预处理时，在糖蜜稀释的同时，必须进行酸化、灭菌、澄清和添加营养盐。间歇稀释操作法则是逐项进行。目前我国糖蜜乙醇工厂多采用连续稀释热酸法澄清处理糖蜜，把酸化、灭菌、添加营养盐和澄清同时进行。

糖蜜加酸酸化的目的是防止杂菌的繁殖，加速糖蜜中灰分与胶体物质沉淀，同时调整稀糖液的酸度，使适于酵母的生长。由于甘蔗糖蜜为微酸性，甜菜糖蜜为微碱性，而酵母发酵最适合 pH4.0～4.5，故而工艺上要求糖蜜稀释时要加酸。对甜菜糖蜜来说，加酸可以使其中的 Ca^{2+} 生成硫酸钙沉淀，因而加速糖蜜中胶体物质与灰分一道沉淀而除去。

加酸的方法各地略有不同。通常间歇发酵时，较普遍地采用将酸加入稀糖液中的方法，也有将酸直接加入糖蜜中，但此法在我国很少采用。现在我国糖蜜乙醇工厂多采用将糖蜜稀释到40%～60%时，再加酸，然后加热澄清，取清液再进行稀释。这样既能提高酸的灭菌作用，又可加速沉淀，并能减少酸化设备的容积，提高设备利用率。它的优点是：糖蜜只需经一次稀释，简化了生产过程，有利于实行自动化；加酸可在室外进行，以降低厂房的高度；无须设置单独的输酸管道。其缺点是：由于糖蜜黏度大，为了保证糖蜜和酸均匀混合，必须有专门的混合器；酸化后储存时储槽的槽壁必须用涂沥青漆或铺聚氯乙烯板等耐酸材料。糖蜜酸化时，通常用硫酸来酸化，也可用盐酸，用盐酸时，在以后生产过程中不生成沉淀，而硫酸盐是生产设备积垢的主要原因之一。用盐酸酸化后回收酵母的色泽较好，因 Cl^- 能起一定的漂白作用。但盐酸的腐蚀性较大，在缺乏耐酸材料的情况下，用盐酸有一定的困难。

加酸量与方法一般随糖蜜的种类而异，甘蔗糖蜜稀释时可直接加入稀糖液量0.2%～0.3%的浓硫酸，混合均匀即可，每吨糖蜜用酸量（1.84g/cm^3）2～3.5L，或者每升发酵醪0.7～1L。甜菜糖蜜大多带有碱性，故用酸量较甘蔗糖蜜多，对单浓度流程来说，基本稀糖液一般不加酸，而酒母稀糖液酸度应为6°～7°。

甜菜糖蜜中的有机碱（—NH_2）在加酸时与酸作用能放出剧毒的黄棕色气体 NO_2，为了避免中毒，酸化槽必须要有排气孔，酸化工段应有良好的通风设备。

3）糖蜜的灭菌

糖蜜中常污染大量的微生物，大致包括野生酵母、白念珠菌以及乳酸菌一类的产酸菌。为了防止糖液染菌，保证发酵的正常进行，除了加酸提高糖液的酸度外，最好还要进行灭菌。灭菌方法有两种：

（1）加热灭菌。通蒸汽加热到80～90℃，维持1h，即可达到灭菌的目的。稀糖液的加热除了灭菌外，还有利于澄清作用，但加热处理需要耗大量的蒸汽，又需要增设冷却、澄清设备，一般工厂不宜采用。

（2）药物防腐。我国糖蜜乙醇工厂常用防腐剂为：漂白粉，用量为每吨糖蜜200～500g；甲醛，用量为每吨糖蜜用40%甲醛600mL；氟化钠，用量为醪量的0.01%；五氯代苯酚钠，用量为0.004%。使用时应注意它在酸性环境中分解成五氯苯酚和钠盐，所以应添加在未酸化的糖蜜稀释液中。

我国吉林新中国糖厂乙醇车间曾用多种药物对严重染菌糖蜜进行了灭菌试验，分别加入92%的五氯代苯酚钠（用量为0.0004）、40%的甲醛（用量为0.084%）以及漂白粉（用量为0.006%）。试验结果说明五氯代苯酚钠的效果最好，漂白粉次之，甲醛更次。

抗菌物质也有用于防止发酵时杂菌的污染。苏联一些乙醇工厂曾经采用一种名叫抗乳菌素的抗菌物质，它是从紫色放线菌135的菌丝体中分离出来的，当发酵液中添加1～20μg/mL（溶解于50%乙醇溶液）时，便可抑制乳酸菌活动，而不影响霉菌与酵母的生长。糖蜜发酵时加入剂量为0.005%的抗乳菌素，不影响乙醇的产量和质量，而抑制乳酸菌的效果甚好。

4）糖蜜澄清

糖蜜中含有很多的胶体物质、灰分和其他悬浮物质，它的存在对酵母的生长与乙醇发酵均有害，故应当尽可能除去，糖蜜的澄清有以下方法。

(1) 加酸通风沉淀法。此法又称冷酸通风处理法。将糖蜜加水稀释至50°Bx左右，加入0.2%～0.3%浓硫酸，通入压缩空气1h，静止澄清8h，取出上清液作为制备糖液用，通风一方面可赶走SO_2或NO_2等有害气体以及挥发性酸和其他挥发物质，另一方面可增加糖液中的含氧量，提高糖液的溶氧系数，利于酵母的增殖。

(2) 热酸处理法。在较高的温度和酸度下，对糖蜜中有害微生物的灭菌作用和胶体物质、灰分杂质的澄清沉降作用均较强。采用热酸处理法，通常把酸化灭菌和澄清同时进行。工艺上在原糖蜜稀释时，采用阶段稀释法。第一阶段先用60℃温水将糖蜜稀释至55～58°Bx，同时添加浓硫酸调整酸度至pH3～3.8，进行酸化，然后静止5～6h。第二阶段则将已经酸化的糖液再稀释到酵母培养液所需的浓度12%～14%，而供发酵醪用的糖蜜经连续稀释器一次加水稀释至所需要的浓度，然后流入主发酵罐内。

此外，我国某乙醇厂采用热酸通风沉淀的操作过程如下：糖蜜加水稀释到浓度为40%，然后加入一定量的硫酸，将pH调节到4～4.5，放入澄清槽加热至80～90℃，通风30min，通风后保温70～80℃静止澄清8～12h，然后取出上层清液冷却，以后处理按一般的工艺流程进行。所得沉淀物质可再加4～5倍的水充分搅拌，然后静止澄清4～5h，所得的澄清液可用作下一次稀释糖蜜用水，残渣则弃去。从提纯效果来看，这个方法比冷酸通风处理法好。但这个方法的缺点是：澄清时间较长、需要较多澄清桶、占地面积大、花劳动力多。从减少设备腐蚀、不需冷却设备、缩短生产周期角度出发，大规模生产采用冷酸通风沉淀方法较适宜。

国内有些工厂试验添加聚丙烯酰胺（PAM）絮凝剂来做酒母稀糖液的澄清处理，可大大缩短澄清时间。添加絮凝剂加速澄清沉降的工艺操作如下：先将糖蜜加水稀释至40～50°Bx，加一定硫酸调整酸度至pH3～3.8，加热100℃，添加8ppm① 的PAM，搅拌均匀，絮凝澄清静止1h，取清液即可制备稀糖液用。

国内大多数糖蜜乙醇工厂只考虑用作酒母的稀糖液进行澄清处理，而对基本

---

① ppm为10^{-6}。

糖液则不经澄清处理，这样可大大简化生产，提高效率。

(3) 机械分离法。采用压滤法或离心机分离法。

5）营养盐的添加

酵母生长繁殖时需要一定的氮源、磷源、生长素、镁盐等。新鲜甘蔗汁或甜菜汁原含有足够酵母所需要的含氮化合物、磷酸盐类及生长素，但由于经过了制糖和糖蜜的处理等工序而大部分消失。糖蜜因制糖方法的不同，所含的成分也不一样，稀糖液中常常缺乏酵母营养物质，不但直接影响酵母的生长，而且影响乙醇的产量。因此必须对糖蜜进行分析，检查是否缺乏营养分，了解缺乏的程度，然后适当添加必需的营养成分。

(1) 甘蔗糖蜜所需添加的营养成分和生长素。甘蔗糖蜜对酵母来说需要添加氮源、磷源、镁盐和生长素。

氮的需要量可根据酵母细胞数及糖蜜中氮的含量来计算。例如，每一毫升成熟酒母醪含有1.5亿酵母细胞，即1L中含有1500亿酵母，每1亿酵母重0.07g，则每千克酒母中酵母细胞的质量为1500×0.07=105g。

已知鲜酵母含氮量为2.1%，则每千克酒母醪含氮量为10×0.021=0.21g，而制备一千克酒母醪用糖蜜为150g。

甘蔗糖蜜含氮约0.5%，其中能被酵母利用的氨基态氮及其他氮素仅为20%～25%，即150g糖蜜中含有能被利用的氮0.15g，甘蔗糖蜜中的氮不能满足酵母生长繁殖的需要，故甘蔗糖蜜需添加氮源。

我国甘蔗糖蜜乙醇工厂普遍采用硫酸铵作为氮源，因为铵离子易被酵母消化，每吨糖蜜添加氮量为21%的硫酸铵1～1.2kg，四川内江一带多采用每升糖蜜添加1g硫酸铵。有些工厂添加尿素，尿素含氮量为46%，因而可适当减少用量，通常为硫酸铵用量的一半。

有些工厂加酵母自溶物作为稀糖液的氮素补充物。取分离出的乙醇酵母泥，置于35～40℃条件下，使酵母细胞自溶，通过菌体的蛋白酶将酵母细胞分解为氨基酸作为氮源的补充，这样可减少3/4的硫酸铵用量。

有些工厂添加麸曲作为氮源的补充。麸皮中含有丰富的蛋白质，但不能直接为酵母利用，如用蛋白质分解能力强的曲霉菌制成麸曲，再加热50℃，保温6h，便可使蛋白质分解变为可溶性氮，同时曲霉菌还能合成酵母所需要的生长素，故添加麸曲除了可补充稀糖液中的氮源外，还能补充生长素，这样可大大节省硫酸铵和尿素。

我国甘蔗糖蜜乙醇工厂所添加的磷酸盐，多数采用钠、钾、铵、钙盐类，因溶液为酸性，适于酵母的生长繁殖和乙醇发酵。我国甘蔗糖蜜乙醇工厂普遍采用过磷酸钙，用量为糖蜜的0.25%～0.3%。

镁盐的存在不仅能促进酵母的生长、繁殖，扩大酵母生长素的效能，同时也能促进乙醇发酵，因激酶的催化反应离不开 Mg^{2+}，同时酵母的生长素需有镁盐共同存在才能发挥效能。因此，乙醇发酵生产中添加镁盐对提高发酵率具有现实意义。我国糖蜜乙醇工厂通常添加硫酸镁，用量为糖蜜的 0.04%～0.05%。

氯化镁或硝酸镁单独加入稀糖液则无作用，如与硫酸铵同时使用，则有促进效能。

酵母必要的生长素有维生素 B_1、维生素 B_2、肌醇、生物素及泛酸等，各种糖蜜中的生长素由于制糖过程中的高温蒸发或糖蜜处理时加热而被破坏，宜适当添加酵母生长素，一般是添加适量的玉米浆、米糠或麸曲自溶物等作为酵母生长素的补充。但是，从生产实践中选育分离驯养的酵母菌种，对生长素的要求并不突出，因此大规模生产时采用添加生长素的较少。然而对于低纯度糖蜜和劣质糖蜜的乙醇发酵时，对生长素的要求值得引起注意。

（2）甜菜糖蜜所需要添加的营养盐。在甜菜糖蜜中往往氮源足够，只缺乏磷酸盐，根据每升酒母醪含氮量为 0.21g，制备每升酒母醪用糖蜜 150g，甜菜糖蜜含氮 1.5～3g。已知在通风时甜菜糖蜜中 50%的氮可为酵母利用，即 150g 糖蜜中含可被利用的氮 0.75～1.5g，为需要量的 6 倍，故一般甜菜糖蜜在通风情况下是不缺氮的。但在不通气培养酒母，以及有时糖蜜含氮量低时，可加入硫酸铵或酵母自溶液来补充氮源，一般硫酸铵（含氮 21%）用量为糖蜜的 0.36%～0.40%。

目前，一般甜菜糖蜜乙醇工厂都用过磷酸钙作为磷源，其用量为甜菜糖蜜量的 1%，浸出液浓度为 5%～6%，还有直接用磷酸作为磷源，70%工业磷酸（相对密度 1.5），用量为 0.03%（对甜菜糖蜜算）。另外，还可用磷酸氢二铵作为磷源，它除了含磷外，还含有氮，因此可以适当减少硫酸铵的用量。

4.3　甜高粱原料的发酵工业炼制模式

由于甜高粱具有抗旱、耐涝、耐寒、耐盐碱，对土壤、肥料要求不高，生长迅速、糖分积累快、生物学产量高等优点，有“植物骆驼”的美誉。另外，与其他作物相比，玉米、小麦、稻谷都是重要的粮食作物，如果大量用作发酵产品的原料必将影响粮食安全。其他非粮原料，如甘蔗只能在热带种植，木薯也只限于华南地区；而从利用的土地看，种植甜高粱可以利用低产、荒芜的盐碱地和其他荒地，开辟了新的农地资源。甜高粱耐盐碱，从海南岛到黑龙江均可种植，而且在盐碱地种植时间越长，土壤的盐碱度越低。充分发挥甜高粱作为高能作物所具有的高效益、低成本的优势，对解决粮食安全、缓解能源危机、减轻环境污染具有举足轻重的作用。

4.3.1 发酵工业甜高粱资源炼制现状

甜高粱是 C_4 途径作物，具有极高的光合效率，被称为“高能作物”[28]。在自然条件下 C_4 作物在最大日照时仍达不到光饱和，CO_2 补偿点低，接近于零，在 CO_2 浓度高达 1000μL/L 时，光合速率仍在升高。C_3 作物大豆和甜菜的光呼吸分别消耗掉白天合成的光合产物的 47%～75%和 34%～55%，而甜高粱的光呼吸几乎未能测出。而且甜高粱光合作用的最适温度为 30～35℃，高温下的光合强度是 C_3 作物的 2 倍。因此甜高粱的光合效率极高，是大豆、甜菜、小麦等作物的数倍。据报道，在生长旺期，甜高粱平均日增高 12cm 左右，在各种农作物中居于首位。甜高粱是目前世界上生物量最高的作物，其生物产量潜力很大，一般茎秆产量 60～75t/hm^2，还可产籽粒 2～7.5t/hm^2。由德国创造的鲜生物产量世界纪录达 169t/hm^2，我国湖北省公安县创造的全国最高纪录为 157.5t/hm^2。

甜高粱的精华不在于它的籽粒，而在于高大茎秆中含有大量的糖分。甜高粱茎秆中汁液丰富，含糖量高，可以通过发酵生产乙醇。甜高粱的平均汁液锤度为 16%左右，而且甜高粱中的糖浆型品种主要含葡萄糖和果糖，易于转化为乙醇，发酵生产乙醇所用时间短、转化率高，既方便快捷，又节约能源。

甜高粱起源于炎热、干旱、土壤贫瘠的非洲大陆，因此具有较强的抗旱、耐涝、耐盐碱、耐高温等特性。甜高粱对水分的需要量比甜菜少，仅为甘蔗的1/3。凡早晚温差大于等于 10℃，土壤 pH5.0～8.5，甜高粱均能很好生长。尤其是在一些气候条件不利、生产条件不好的地区，如干旱、半干旱地区、低洼易涝和盐碱地区、土壤贫瘠的山区和半山区均可种植甜高粱。从世界范围看，甜高粱大部分种植在热带半干旱地区和高海拔冷凉山区以及盐碱、酸土地区。在我国，从海南岛至黑龙江都有种植，但最适宜的生长地域是长江流域和黄河流域。据资料表明，我国现有耕地面积 18.26 亿亩（2010 年国土资源部统计），以占世界不到 10%的耕地养活占世界 22%的人口。因此，种植甜高粱对开发 6899 万 hm^2 四荒地（荒山、荒坡、荒沟、荒滩）资源，具有重要意义[29]。

甜高粱用种子繁殖，用种量仅为 7.5kg/hm^2 左右，且很适于机械播种。甜高粱生育期为 105～165 天，在长江以南一年可收获两次。据国内育成的甜高粱杂交种试种和生产的结果看，一般可产茎秆 60t/hm^2 以上，产粮食 3000～7500kg/hm^2。另外，在一些不适宜种植甘蔗和甜菜的地区种植甜高粱，既不与粮食作物争地，又可粮、糖双收。

从产出的产品看，甜高粱的籽粒产量相当于同等种植面积的粮食，茎秆的产量高于同等种植面积的甘蔗，茎秆加工后秆渣的纤维含量相当于同等种植面积的速生林，即 1hm^2 甜高粱＝1hm^2 粮食＋1hm^2 甘蔗＋1hm^2 速生林。从种植的收入看，按单产茎秆 75t/hm^2、籽粒 3750kg/hm^2，以茎秆 0.12 元/kg、籽粒 1.50 元/kg的价格计，甜高粱收入为 1.46 万元/hm^2，是玉米的 2.2 倍、小麦的 2.4 倍[30]。数据显示，用甜高粱生产乙醇的收入要比甜菜、玉米高得多。在美国，甜高粱总产值为 1400 美元/hm^2，而玉米和大豆的收入仅为 493～600 美元/hm^2；乙醇的粗原料成本为 0.18～0.2 美元/L，而甜菜生产的成本比甜高粱高 65%～85%。在伊朗也有类似情况，甜菜和甜高粱的净收入比为 1∶2[29]。

甜高粱除用于制糖、畜禽饲料、生产生物燃料外，甜高粱综合利用的途径也十分宽阔，如开展糖料渣制浆造纸；发展糖果、饮料等糖产品下游产品；利用乙醇深加工生产精细化工产品；用糖料渣生产中密度纤维板等综合利用项目，进一步提高资源利用率，综合效益十分显著。

此外，气候变暖可能使北方江河径流量减少，南方径流量增加。各流域年平均蒸发量增大，其中黄河及内陆河地区的蒸发量将可能增大 15%左右。因此，旱涝等灾害的出现频率会增加，并加剧水资源的不稳定性与供需矛盾。世界正面临一场新的水危机。人类已用完了一半的可利用的淡水，到 2050 年，这一数字可能达到 3/4，届时，将有 15 亿人口无法获得饮用水。甜高粱的蜡质叶脉具有强大的锁水功能，生产 1kg 干物质只需水 250～350kg，而小麦、大豆需水 500～700kg。因此，选用耐旱的高能植物甜高粱，对于我国的农业生产的可持续发展显得格外重要。

4.3.2　甜高粱的储藏

由于甜高粱茎秆水分含量高且富含糖分，极易受微生物污染，发生霉变，难以储藏。目前甜高粱茎秆储藏方法都存在大量的问题，如耗能高、糖分保留效果不明显、成本高。而加入添加剂和防腐剂残留可能对后续发酵产生负面影响。因此甜高粱茎秆储藏问题，始终是制约甜高粱规模化工业生产的瓶颈。如果能够在自然条件下较好地储藏甜高粱，就可以降低成本，并实现长年平稳生产，较好地解决茎秆储藏与加工周期的矛盾。

甜高粱茎秆储藏是一个保持糖分的过程。代树华等对北京和内蒙古两地不同气候条件下自然干燥储藏的甜高粱茎秆物性变化及含糖量变化差异进行了监测和研究，分析了环境温度和湿度对甜高粱茎秆储藏的影响。

1. 甜高粱茎秆含水量在储藏期内变化情况

研究三批甜高粱茎秆在储藏期内含水量的变化，测定结果如图 4.7 所示。

由图 4.7 可以看出，内蒙古储藏的甜高粱茎秆初始含水量为 76%，由于内蒙古气候干燥、气温低，甜高粱茎秆前 2 个月水分降低很快，水分减少达到 50%，

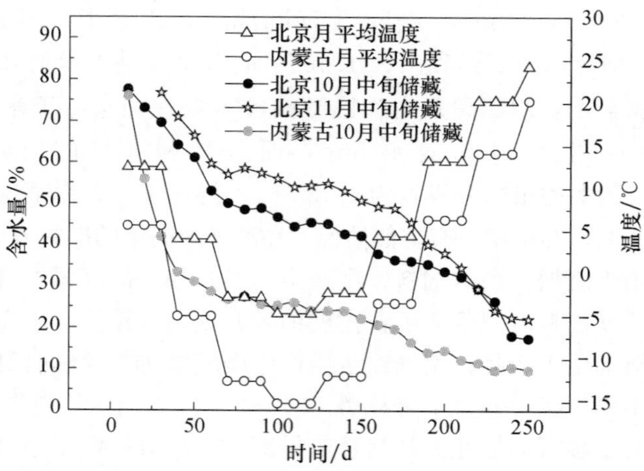

图 4.7　甜高粱茎秆在储藏期内含水量与天数的关系

以后水分减少缓慢，8 个月后含水量降至约 10％；北京储藏的两批甜高粱初始含水量分别为 77.6％、76.7％，储藏期前 2 个月，水分分别减少了 25％、17％，以后水分减少缓慢，5 个月以后随着温度的升高水分又迅速降低，8 个月后含水量分别为 17.4％、22％。

2. 甜高粱茎秆总糖在储藏期内变化情况

研究三批甜高粱茎秆在储藏期内总糖含量（占干基比例）的变化，测定结果如图 4.8 所示。

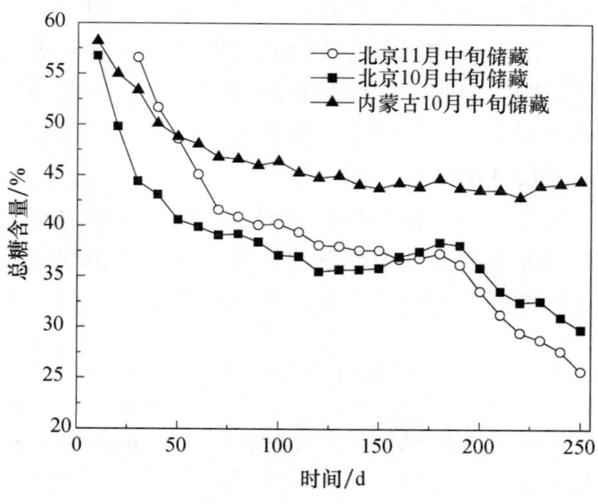

图 4.8　甜高粱茎秆在储藏期内总糖含量与天数的关系

由图 4.8 可以看出，内蒙古储藏的甜高粱茎秆初始总糖含量（g/g 干基）为 58.2%，第一个月总糖损失较大，损失 11%左右，以后总糖基本不发生变化，8 个月后总糖含量为 46.5%，基本没有霉变现象出现，总糖损失 11.7%。

北京储藏的两批甜高粱初始总糖含量分别为 56.74%和 56.6%，12 月以前温度较高，总糖损失较大，分别损失 16.84%和 11.5%，第一批霉变现象较第二批严重；12 月到次年 4 月温度较低，此时总糖基本上不发生变化，总糖损失分别为 2.4%和 8.25%；次年 4 月以后，随着温度升高，总糖又降低较大，8 个月后总糖损失分别为 26.94%、30.9%，剩余总糖含量分别为 29.8%、25.7%。北京第二批储藏的甜高粱茎秆开始含糖量降低较少，4 月后总糖损失较快，超过了第一批甜高粱的损失，可能是因为含水量较大，温度升高时微生物比较活跃所致。北京储藏的甜高粱茎秆性状变化与曹文伯考查的在河北乐亭储藏的甜高粱茎秆性状变化相似。

3. 北京储藏的甜高粱茎秆中单组分含糖量变化情况

研究北京储藏的甜高粱茎秆在储藏期内单组分含糖量（g/g 干基）的变化，测定结果如图 4.9 所示。

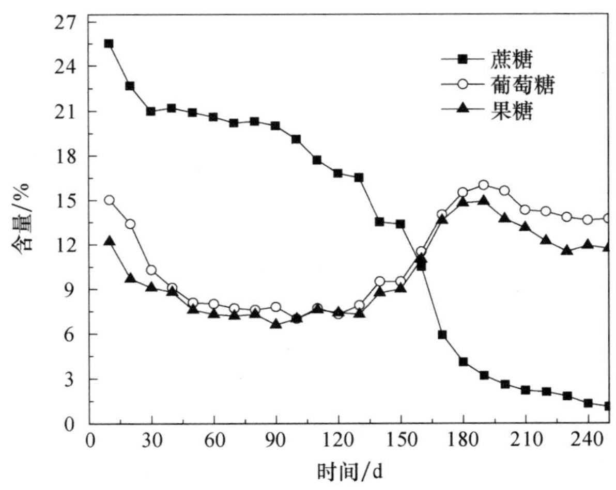

图 4.9　甜高粱茎秆在储藏期内单组分含糖量与天数的关系

甜高粱茎秆中主要有三种糖分，即蔗糖、葡萄糖和果糖，它们均可被直接利用或发酵产生乙醇。储藏过程中蔗糖、葡萄糖和果糖在前 2 个月降低较大，以后降低缓慢，4 个月以后蔗糖降低很快，而葡萄糖和果糖出现了先升高后降低的趋势。8 个月后甜高粱茎秆中蔗糖仅占 1.1%，葡萄糖占 13.7%，果糖占 11.7%。葡萄糖和果糖的升高说明甜高粱茎秆在储藏过程中蔗糖分解变成了葡萄糖和果糖。

4.3.3　发酵工业原料甜高粱生态产业炼制模式

甜高粱的利用途径很多，因此考虑产业化时，可以以实现系列产品加工为目标，生产出多种产品。从甜高粱的综合利用途径[31]（图 4.10）可以看出，甜高粱的利用可以带动粮食生产、粮食加工、饲料生产、养殖产业、肉类加工、有机肥料、食糖生产、燃料乙醇、酿酒、食品、造纸、运输等一系列产业的发展，不仅可以创造出较高的经济效益，而且可以为农村和城市的富余劳动力提供大量的就业机会。

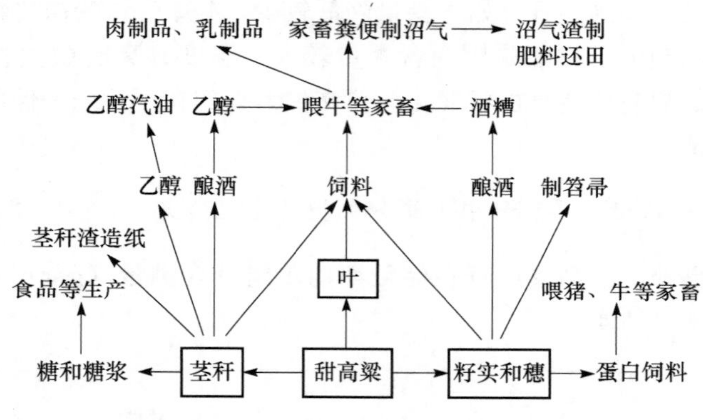

图 4.10　甜高粱的综合利用途径[32]

北京绿能经济植物研究所的“甜高粱生态农业系统”形成了农村能源自给，农、牧、副、渔业共同发展的可持续农业生态系统，在甜高粱田间套种木耳或其他食用菌，其甜高粱的籽粒可制备粮食和饲料，叶片可喂奶牛和鱼，茎秆酿酒或制燃料乙醇，酒糟可喂奶牛，牛粪及甜高粱的残根可以作为沼气的原料，沼气供给照明、做饭或用于塑料大棚中给蔬菜补光、增温、提高 CO_2 的浓度，沼肥还田。该农业生态系统具有较高的经济效益，产值可达 18 万元/hm^2，为一般作物的 10～20 倍。

“甜高粱生态农业系统”具有一定的独创性、实用性和前瞻性，可在适宜栽培甜高粱的地区推广应用[31]。巴西、澳大利亚和中日合资沈阳新洋高粱合板有限公司等分别提出了粮食-饲料-能源-生物肥料综合生产体系：生物量用于燃料工业，高粱茎皮用于板材，利用茎秆髓部制糖，糖渣和废浆酿制白酒或醋。当然，还可利用废糖渣生产活性炭和生物肥料。这样的系列产品加工可大大提高甜高粱产业的经济效益[33]。在日本，甜高粱乙醇制备工艺研究是比较完备的，涉及多行业的交汇，可得到效益极高的多样化产品。在获得了糖、乙醇、柠檬酸、丙酮、丁醇、异丙醇、微生物蛋白饲料、谷氨酸和赖氨酸等产品的同时，把农业、畜牧业、食品加工业、汽车工业、有机化学、重化学工业紧密地联合起来，可形成以甜高粱为主脉的神经网络系统，从而完成生物质能的转换[15]。

甜高粱的茎秆富含糖分，可用以制糖浆和结晶糖。甜高粱制糖浆色泽金黄，营养丰富，具有独特的芳香味，可以广泛地用于食品和医药工业。制糖浆要选用糖浆型的甜高粱品种，要求茎汁含糖量高，出汁率在 60%以上，同时要求茎汁中葡萄糖、果糖的含量低。制糖浆适宜的品种有 M-81E、泰斯和特雷西等。用甜高粱茎秆制砂糖，需选用糖晶型甜高粱品种，它要求甜高粱茎汁中蔗糖含量高，还原糖含量低。可以采用磷酸法、双磷酸法和加酶磷酸法等制糖新技术，提高澄清的效果，使汁液中的淀粉转化成葡萄糖、果糖，提高出糖率和砂糖质量，出糖率可以达到 12%左右，经济效益显著。用甜高粱制砂糖的适宜品种有凯勒、丽欧、雷伊、高粱蔗 7418 等。

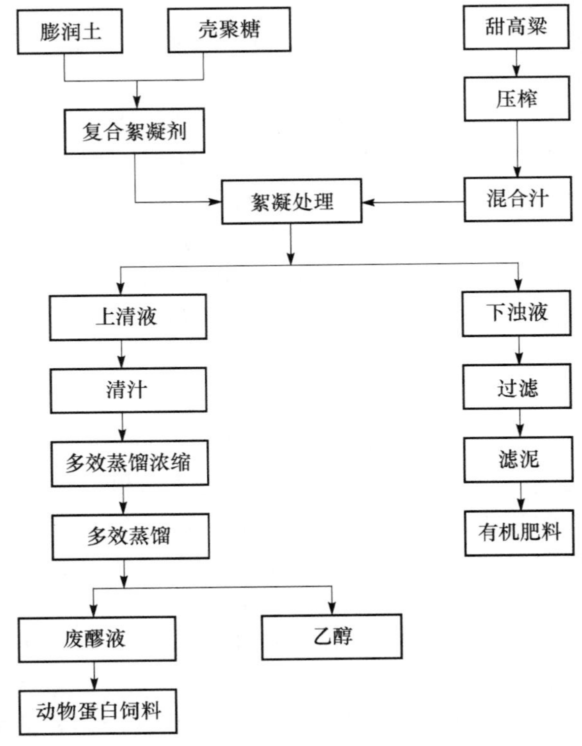

图 4.11　甜高粱汁液态发酵乙醇流程

甜高粱作为制糖业的原料很早就得到开发[34]。1859 年，美国从中国引种甜高粱品种“琥珀”，并生产糖浆。到 1880 年，用甜高粱生产糖浆达 1.14 亿 L，第一次世界大战后最高年产 1.8 亿 L。1969 年，美国化学家 Smith 成功研究出从甜高粱汁液中除去淀粉和乌头酸以生产结晶糖的方法。之后，墨西哥、前苏联、印度、印度尼西亚等国家都以不同规模用甜高粱生产糖。我国的制糖业始于20世纪70年代，当时全国食糖供应十分紧张，甜高粱制糖引起了许多省、市有关部门的重视，先后开展了制糖试验。进行制糖试验成功的有河北省乐亭县糖厂、广东省甘蔗糖业科学研究所、广西壮族自治区昭平县糖厂、山东省莘县糖酒厂等。河北省乐亭县糖厂用甜高粱制糖单位面积的纯收入远高于小麦，经济效益显著。广东省甘蔗糖业研究所改进原有设备进行机械化制糖，该工艺设备简单，操作容易，效益明显，为现代化糖厂加工甜高粱生产食用糖积累了经验。

目前，国内外关于甜高粱发酵技术的研究热点主要集中在制备燃料乙醇上。甜高粱发酵生产乙醇有两种方式[35]：液态发酵和固态发酵。据资料显示[33,34]，甜高粱茎秆生产乙醇通常采用的是液态发酵技术。液态发酵属于成熟的传统工艺，具有配套的工艺设备（图4.11），其流程一般是先清理甜高粱茎秆，再将茎秆榨汁，将榨出的汁过滤澄清，加入一定量的酵母进行发酵，最后通过工艺加工得到所需的乙醇产品[36]。

利用液态发酵技术生产乙醇的文献报道有：曹俊峰、高博平[37]等研究了甜高粱汁在不同的pH、接种量、温度、浓度、时间条件下进行发酵的情况；王峰、成喜雨等[34]研究了$MgSO_4$、$(NH_4)_2SO_4$和KH_2PO_4对甜高粱茎秆汁液乙醇发酵的影响，并对甜高粱茎秆汁液乙醇发酵的经济可行性进行了分析；孙清等[38]采用正交试验的方法，以辽沈抚污灌区栽种的甜高粱茎秆为试材，研究了氮、钾、镁营养盐添加量对乙醇产率的影响，确定了甜高粱发酵乙醇的适宜工艺。

固态发酵（solid state fermentation，SSF）是指在培养基呈固态，虽然含水丰富，但没有或几乎没有自由流动水的状态下进行的一种或多种微生物发酵过程[38,39]。底物（基质）是不溶于水的聚合物，它不仅可以提供微生物所需碳源、氮源、无机盐、水及其他营养物，而且还是微生物生长的场所。固态发酵有许多优点：①固态底物含水量少，减少了反应的体积；②减少了原料的预处理费用；③酒糟容易处理，符合环保的要求。Kirby和Mardon提出用甜菜进行固态发酵生产廉价乙醇。Nakumura和Sato用淀粉质固态原料进行乙醇发酵，然后用循环惰性气体将生产的乙醇移出，发酵效率达80%以上。与液体发酵相比，甜高粱固态发酵乙醇的优势更加明显，下面对我国甜高粱固态发酵的研究现状进行介绍。

1. 甜高粱固态发酵制备乙醇、丁醇等生物质能源

甜高粱无论种子还是茎秆均含有丰富的糖分汁液，可用以生产乙醇以及系列酒产品。将甜高粱的茎秆粉碎后加大曲发酵。4～6天后蒸酒可以生产白酒。其工艺简单、设备少、成本低，一般的乡村酒厂和专业户就可以生产白酒。此外，

还可用高粱糠和甜高粱制糖后的残渣和废糖稀制酒。一般每 100kg 残渣和废稀可以酿制 50°白酒 3～5kg。甜高粱茎秆粉碎榨汁后可直接发酵酿酒，酒品质量可以达到国家标准。山东、内蒙古、河南、甘肃、湖北等省区都建有甜高粱酒厂。

甜高粱是一种新型可再生的高效能源作物，用甜高粱茎秆粉碎后发酵制乙醇，在国外研究和应用较多。巴西自 1975 年、美国自 1978 年就开始用甜高粱生产乙醇。欧共体（欧盟）经过多年研究表明，甜高粱是最适合欧洲大陆种植的能源作物。俄罗斯、印度、日本和中国也进行了大量研究和应用。若将甜高粱茎秆（糖及纤维）、籽粒中碳水化合物全部转化为乙醇，可产乙醇 6420L/hm^2，大大高于其他作物。其生产成本比用粮食低 50%以上；而且，有利于保护生态环境和促进农业可持续发展[34]。

利用甜高粱固体发酵乙醇的技术在我国从 20 世纪 80 年代初开始就引起了广泛的关注[39]。1980 年后，我国的河南、辽宁、内蒙古等地，利用甜高粱茎秆固体发酵生产白酒的研究获得成功。1981～1983 年河南省商丘平台酒厂以“丽欧”甜高粱茎秆固体发酵制取白酒，起名为“丽欧大曲”销往市场，颇受酒民的欢迎。1992 年改种 M-81E，亩产白酒达 230kg。20 世纪 80 年代，辽宁辽阳千山酒厂、朝阳酒厂也曾利用本厂固体酿酒设备发酵“沈农甜杂 2 号”高粱，生产白酒，平均折合亩产 60°白酒 200kg。沈阳农业大学甜高粱固体发酵课题组利用自己研制的设备和工艺，全面系统地创新乙醇生产快速发酵技术，并在校内“东北寒冷地区综合能源示范基地”内建成日产 500kg 乙醇的中试工厂，其工艺技术已达到世界先进水平[40]。

我国用甜高粱制取乙醇也显示出了广阔的前景。沈阳农业大学 1984 年就开始进行辽宁省科学委员会重点攻关课题“甜高粱茎秆制取酒精及其应用的研究”。此外，中国科学院过程工程研究所、清华大学、北京化工大学、中粮集团等科研单位和企业也积极开展了甜高粱制取乙醇的相关研究工作。国家科学技术委员会在“十五”期间投入资金，设立专题进行“甜高粱茎秆制取乙醇”的研究，为甜高粱茎秆制取乙醇产业化实施奠定了基础。2007 年，国内首套现代甜高粱茎秆制乙醇生产装置在江苏省东台市建成投产。该项目利用沿海滩涂种植甜高粱，可年产 3000t 高粱茎秆制乙醇，这是中国石油吉林燃料乙醇有限公司探索“非粮”生产燃料乙醇的示范项目。

甜高粱秸秆固体发酵乙醇工艺的特点[41]为：①利用我国传统生产原酒的技术。这种设备遍及中国广大城乡，其工艺设备简单、建厂期短、收效快、易于操作、便于推广。②固体发酵乙醇比液体发酵乙醇提取率提高了 40%。③采用固体发酵分散生产原酒，集中进行蒸馏，设备利用率高。④整个过程中没有污水、污物的排放。国外在 20 世纪 80 年代就进行过许多甜高粱固体发酵乙醇的研究[39,42～46]。王孟杰、肖明松在“略谈甜高粱秸秆制取酒精”中简要地阐述了甜高粱固体发酵乙醇的流程[41]。另外，有人将甜高粱茎秆粉碎之后，加入稻皮和丢糟，混匀后清蒸，待到蒸料冷却后，加入糖化剂和发酵剂，加浆水，在10～30℃条件下入池发酵，并在发酵过程中不断地调节温度；待到发酵结束之后蒸馏乙醇。

对于甜高粱茎秆固态发酵的研究，目前主要有固态窖发酵和转筒固态发酵两种方式，它们均为间歇发酵。对于固态窖发酵，一般是先将收获后的甜高粱茎秆去掉穗和叶子，留下茎秆并粉碎成小段，加入酵母，入窖发酵，发酵结束后蒸酒。固态窖发酵的具体步骤如图4.12所示。

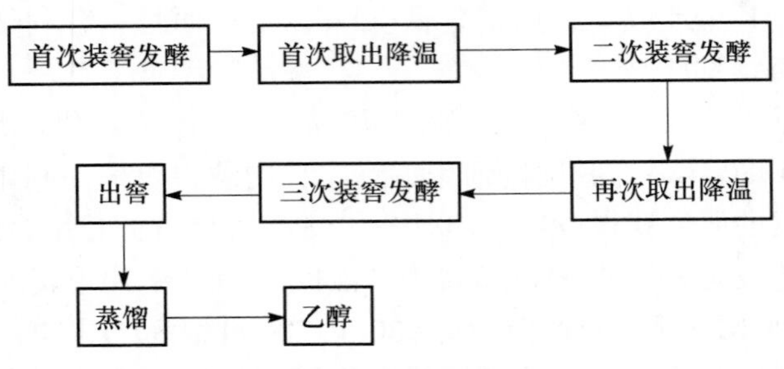

图4.12　甜高粱茎秆固态窖发酵生产过程[41]

其中发酵过程中需要进行几次物料转移，以降低温度。甜高粱茎秆固态窖发酵生产乙醇，具有几千年的生产实践积累，其采用的装置结构简单，具有小规模、季节性生产组织的优势。但是存在一些问题：①生产过程劳动力投入大，生产过程不连续，物料转移过程中的乙醇挥发损失大；②占地面积大，以发酵时间为三天计，乙醇产能1t/d的窖容为150m^3以上；③对生产过程的状态控制难度大，乙醇分离能耗高，生产环境差，不具备大规模产业化的必要条件。

宋俊萍等采用甜高粱秆固态发酵乙醇[1,47]，将1g高活性干酵母投到20mL无菌水中，在35℃的水浴中活化30min后，取出于室温下放置1h；待酵母活化后，在无菌超净台上进行接种。接种率以甜高粱发酵料干基重为准。发酵72h后的结果如图4.13所示，接种率为0.50%时产生的乙醇最多。随着接种率的增加，出现了降低—升高—降低的变化趋势，特别是在接种率大于5.0%时，乙醇产量急剧下降，这可能是产生的乙醇又被酵母作为碳源利用了的缘故。最后剩余的总糖含量小于0.04%，说明所含的糖分基本利用完全。

发酵过程中产生的CO_2气体的逸出引起了发酵系统质量的变化，因此系统的质量变化与乙醇产量存在着一定的数量关系。图4.14就是通过对接种率为0.50%时的系统质量变化情况的分析，得出乙醇产量在24h之后随发酵时间的变化情况。由图4.14可以看出，发酵24h后，在后续的24h内增长率仅为12.6%，并且乙醇质量单位时间内变化很小，低于0.01g/h，可认为在24h之后发酵基本上终止。

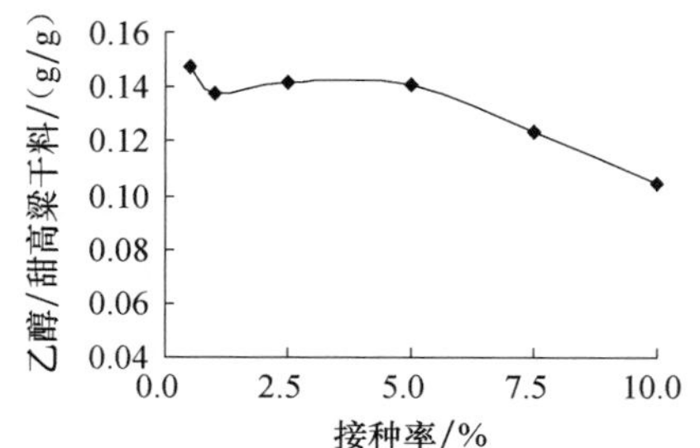

图 4.13　接种率对乙醇发酵结果的影响

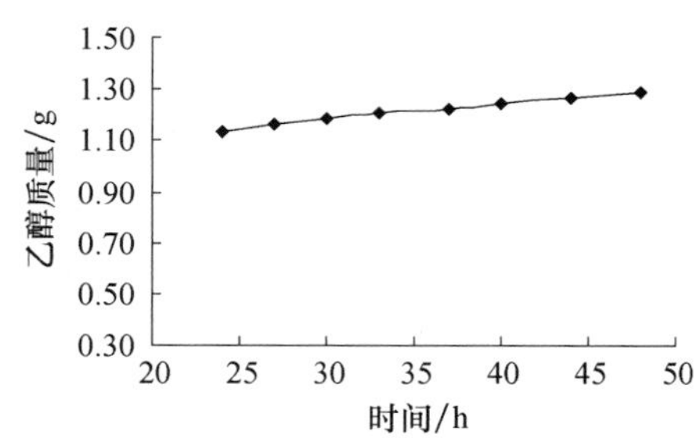

图 4.14　接种率为 0.50%时发酵产生的乙醇质量随时间的变化

调整初始 pH，研究其对发酵结果的影响。对初始 pH 是 2.5、3.0、3.5、4.0、4.5、5.0、5.5、7.0 时甜高粱固态发酵乙醇的产量以及剩余的总糖含量进行了测定，如图 4.15 所示。发酵过程中 pH 会降低，当初始 pH 在 4.5～7.0 范围内时，发酵结束时 pH 均会降到 4.0 左右。当初始 pH 在 4.5～5.5 的范围内时，发酵结束产生的乙醇较多，剩余的总糖含量较低，尤以 pH5.0 时乙醇产量最高，而此时剩余的总糖最少。

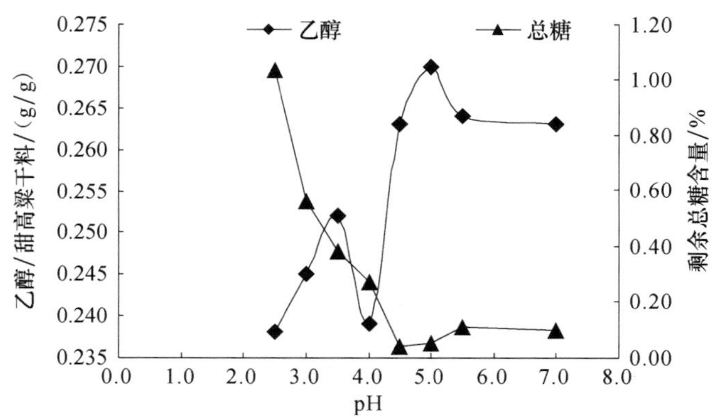

图 4.15　初始 pH 对发酵结果的影响

添加营养盐对微生物的生长和发酵有很大影响，营养盐不仅可以为发酵提供必需的养分，也能参与构成菌体成分，作为酶的组成部分或维持酶的活性，调节渗透压等。陈洪章研究员等研究了 $(NH_4)_2SO_4$、$MgSO_4$、KH_2PO_4、$CaCl_2$ 4 种营养盐对于甜高粱固态发酵乙醇的影响。实验采用正交设计方案，做出如下的 $L_9(3^4)$ 的正交表。如表 4.3 所示，$(NH_4)_2SO_4$ 是按照发酵料的质量比 0.25%、0.5%、1.0%添加，$MgSO_4$、KH_2PO_4、$CaCl_2$ 三水平均按 0%、0.5%、1.0%的比例添加。

表 4.3 正交实验因素水平表

水 平	$(NH_4)_2SO_4$	$MgSO_4$	$CaCl_2$	KH_2PO_4
1	0.25%	0	0	0
2	0.5%	0.5%	0.5%	0.5%
3	1.0%	1.0%	1.0%	1.0%

由表 4.4 分析得出：$(NH_4)_2SO_4$、$CaCl_2$ 在水平 2，$MgSO_4$、KH_2PO_4 在水平 1 时发酵效果最好，即最佳营养盐水平为 $(NH_4)_2SO_4$ 0.5%，$MgSO_4$ 0%，KH_2PO_4 0%，$CaCl_2$ 0.5%。因此，在甜高粱发酵生产乙醇的过程中，无须添加 $MgSO_4$ 和 KH_2PO_4，只需每 20g 甜高粱添加 0.1g $(NH_4)_2SO_4$、0.1g $CaCl_2$ 就能达到最佳效果。

表 4.4 正交实验方案以及结果

序号	$(NH_4)_2SO_4$/%	$MgSO_4$/%	KH_2PO_4/%	$CaCl_2$/%	乙醇/甜高粱干料/(g/g)
1	0.25	0	0	0	0.292
2	0.25	0.5	0.5	0.5	0.288
3	0.25	1.0	1.0	1.0	0.260
4	0.5	0	0.5	1.0	0.290
5	0.5	0.5	1.0	0	0.292
6	0.5	1.0	0	0.5	0.290
7	1.0	0	1.0	0.5	0.284
8	1.0	0.5	0	1.0	0.286
9	1.0	1.0	0.5	0	0.263
10	0	0	0	0	0.277
T_{1j}	4.253	4.391	4.398	4.288	
T_{2j}	4.422	4.386	4.264	4.373	
T_{3j}	4.221	4.119	4.234	4.235	
M_{1j}	1.063	1.098	1.100	1.072	
M_{2j}	1.106	1.097	1.066	1.093	
M_{3j}	1.055	1.030	1.059	1.059	
极差（R_j）	0.051	0.068	0.041	0.044	
较优水平（Q）	2	1	1	2	

注：T_{ij} 表示第 j 列第 i 水平的数据和；M_{ij} 表示第 j 列第 i 水平偏差的平方和。

近年来，丁醇作为一种极具潜力的新型生物燃料，具有高热值、易混溶性、高辛烷值和低挥发性等优良特性，在替代汽油作为燃料方面性能优于乙醇。程意峰等[48]以甜高粱茎秆汁作为生产丙酮、丁醇的发酵原料，从 5 种丙酮-丁醇菌中选出能够利用甜高粱茎秆汁且丁醇产量高的 *Bacillus acetobutylicum* Bd3 菌作为试验菌株，并对该菌株的发酵条件进行优化，得到的优化条件为：糖度为 10°

Brix 的甜高粱茎秆汁，玉米浆含量 5g/L，接种量 6%（V/V），$(NH_4)_2SO_4$ 5g/L，KH_2PO_4 0.4g/L，$CaCO_3$ 6g/L，温度 32℃，pH6.8，丁醇产量达到 10.29g/L。

2. 甜高粱固体发酵设备

现有的固态发酵制取乙醇的技术是按照传统的方式，先接种然后在发酵池中发酵，结束后再将发酵料装入蒸馏釜中进行蒸馏，得到乙醇产品，其间需要经过物料的几次转移，工艺烦琐，发酵时间长，发酵乙醇的产量低，不符合工业生产的高产高效要求。中国科学院过程工程研究所经过多年来对固态发酵的研究，发明了气升式固态发酵分离耦合设备和连续固态发酵耦合热泵气提分离乙醇设备，实现了固态发酵从发酵到得到乙醇全过程的连续操作，解决了固态发酵过程的连续传质传热、连续进出料、发酵和分离耦合的问题，降低了甜高粱乙醇的生产能耗，节约生产成本。以下对两种固态发酵设备加以介绍。

1）气升式固态发酵分离耦合设备

气升式固态发酵分离耦合设备（图 4.16）是利用 CO_2 气体作为循环载气，采用活性炭吸附的方法将乙醇分离出来，然后将降温后的气体重新加压返回固体基质反应器中，循环利用。该装置将卧式的发酵罐与竖直的气提罐垂直连接，再与活性炭吸附冷凝装置相连，实现了固态发酵从发酵到得到乙醇全过程的连续操作。

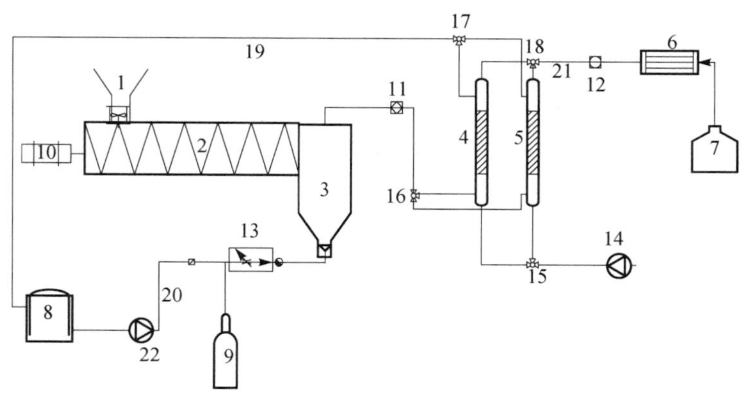

图 4.16　甜高粱固态发酵乙醇设备[47]

1. 关风器；2. 发酵罐；3. 气提罐；4. 第一活性炭吸附柱；5. 第二活性炭吸附柱；6. 冷凝器；7. 接收器；8. 储气罐；9. CO_2 气瓶；10. 步进电机；11. 第一乙醇浓度测量仪；12. 第二乙醇浓度测量仪；13. 质量流量控制器；14. 空气泵；15. 第一三通阀；16. 第一阀门；17. 第二三通阀；18. 第二阀门；19. 管路；20. CO_2 循环气体管路；21. 气体管路；22. 压缩泵

该固态发酵设备由发酵、气提、吸附、冷凝和接收 5 部分组成，相应的由装置中的发酵罐、气提罐、吸附柱、冷凝罐和接收器来完成。图 4.16 中的关风器在加料时起到密闭作用，从关风器加入的料到达发酵罐，并在其中发酵。发酵罐内设置螺旋推进器，该发酵罐壳体上设有一进料装置关风器。发酵罐横卧设置，它通过法兰与气提罐垂直连通安装成一体。推动螺旋推进器前进的步进电机与发酵罐内的螺旋推进器电连接，当开动步进电机时，螺旋推进器会推动物料前进，物料的前进时间可以预先设定好步进电机的前进时间。本装置中有两根活性炭吸附柱，并联安装；活性炭吸附柱外面安装有电加热装置，可以利用活性炭吸附柱外面的电加热装置进行加热，再在由空气泵压缩进入的空气的作用下，将乙醇带到冷凝器中冷凝，冷凝后的乙醇用接收器接收。发酵罐和气提罐的外面均设有水冷夹套，通过循环水调节罐内温度。

应用此固态发酵设备进行乙醇发酵，该设备将发酵跟气提分离相耦合，在发酵部分利用螺旋推进器一边发酵一边向前推进，发酵完全的同时恰好到达气提部分，通入适量的 CO_2 气体将乙醇从基质中分离出来，再用活性炭将混合气中的乙醇进行吸附，升高温度，解吸出来的乙醇冷凝后进行回收得到乙醇成品。利用气提的方法一方面可以降低发酵过程中产生的热量对发酵的影响，另一方面可以减轻乙醇的抑制作用。

清华大学李十中教授在甜高粱发酵中采用的是转筒固态发酵，将绞碎的甜高粱茎秆直接进行发酵。缓解了窖发酵过程中装窖、出窖的多次物料转移问题。改善了发酵物的散热环境和团聚现象对发酵过程的影响。但转筒固态发酵主要存在以下两个问题：①转筒发酵没有解决窖发酵的分离能耗高、乙醇挥发损失大、生产环境差等问题。②转筒设备的运行成本高，转筒的物料充满率的最大值为转筒容积的 30%，以发酵、操作时间为 48h 计，乙醇产能 1t/d 的转筒容积为 $333m^3$ 以上，达到国家中试产能指标——乙醇产能 3t/d 的转筒设备容积在 $1000m^3$ 以上。存在着利用资产投资和运行成本双高的问题。

与转筒固态发酵相比，上述的乙醇发酵分离耦合设备很好地解决了发酵过程中的乙醇分离困难等问题。

2）连续固态发酵与产物气提热泵耦合分离的设备

目前固态发酵设备均采用批次发酵工艺，进料出料的操作烦琐，生产不连续。要实现甜高粱乙醇工业化生产，首先要解决连续生产的问题。连续固态发酵与产物气提热泵耦合分离的设备（图 4.17）采用四级螺旋输送设备，实现了甜高粱物料的连续进出料过程，同时还将热泵技术引入固态发酵分离过程，能够有效地实现热泵系统对气提、发酵分离工艺过程的良好适应性。该设备主发酵塔的有效容积为 125L，热泵以发酵热为主要热源，对发酵系统起到了保温、保湿及发酵产物气提、冷凝分离作用，从而实现了连续固态发酵条件的稳定控制和发酵产物的有效分离。

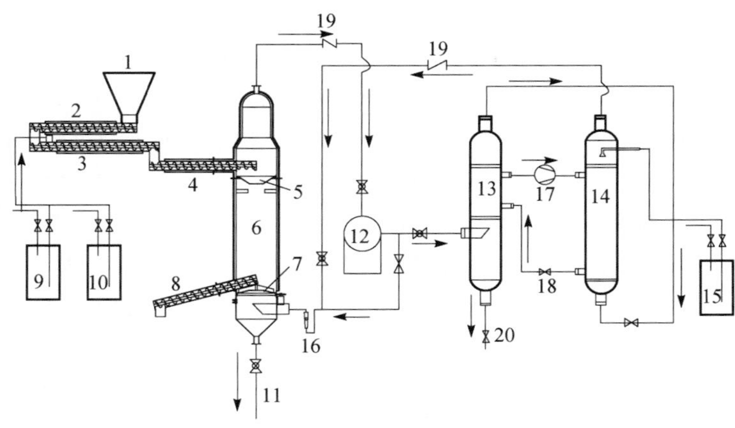

图 4.17　连续固态发酵与产物气提热泵耦合分离的设备流程图[49]

1. 进料器；2. 一级螺旋输送器；3. 二级螺旋输送器；4. 三级螺旋输送器；5. 布料器；6. 主发酵塔；7. 出料器；8. 出料螺旋输送器；9. 种子罐；10. 营养盐罐；11. 排污口；12. 罗茨风机；13. 热泵蒸发器；14. 热泵冷凝器；15. 加湿器；16. 流量计；17. 压缩机；18. 节流阀；19. 止回阀；20. 乙醇分离口；3、4、6 外层设有夹套

具体的发酵过程如下：

甜高粱茎秆物料由进料口加入，一级螺旋输送器在物料输送的同时起到密封作用，二级螺旋输送器在物料输送的同时耦合了接种、调质，三级螺旋输送器将物料送入塔内，由布料器将料均匀、松散地散入塔内，甜高粱茎秆物料在发酵塔中完成发酵。发酵后的残渣由出料螺旋输送器送出塔外，同时出料螺旋输送器起到密封作用。进料的同时向系统中通入 CO_2 气体进行系统的气体置换，将塔内氧气排出，保证发酵过程的微氧条件。

物料在二级、三级螺旋输送器的传输过程属于耗氧过程，完成了酵母的有氧繁殖。开始 5h，以 20L/h 的速度将 100L 茎秆物料送入塔内，最初发酵料温度升高到 32～35℃（通过加热套的循环水和 CO_2 循环气体通过热泵后被加热传递给发酵料），即开始发酵，发酵塔内可设定成三段：发酵前期、主发酵期和后发酵期（干燥期），物料通过干燥层后由出料螺旋输送器排出，其中出料器起到搅拌、布气的作用。

CO_2 循环气体在系统内不断地往复循环，甜高粱茎秆物料以固相发酵湿物料与含水和乙醇蒸气的气相 CO_2 载气形成利用床流态化的固态气提发酵分离状态。固相发酵湿物料由上向下在重力的作用下移动，同时受由下向上流动的气相 CO_2 载气向上曳力的作用，处于膨胀或半膨胀向下移动的状态。固相发酵湿物料在发酵分离结束的状态下移动至塔底出料口，由出料螺旋输送装置输送到塔外待作饲料加工或它用。

气相 CO_2 载气由塔底经出料、分布器分布后进入塔中的气提发酵分离状态，在塔顶和塔底气相压差的推动下由下向上流动，当载气具有较高干燥能力时（相对湿度较小时）主要以显热的方式向固态发酵湿物料传递发酵生成的乙醇和水由液相到气相的相变热量，当载气含水量较大时（相对湿度较大时）主要以潜热的方式，即载气中水由气相到液相的相变放热方式，向固态发酵湿物料传递发酵生成的乙醇由液相到气相的相变热量。气相 CO_2 载气在克服固态发酵湿物料阻力由下向上流动的过程中使固态发酵湿物料膨胀，同时实现了固态发酵分离的传质和传热。为增强发酵底物中酵母细胞的活力，气相 CO_2 载气中保持微氧状态。

气相 CO_2 载气在塔中脱离固态发酵湿物料的阻力后，气相的乙醇和水的含量达到操作过程的最大值，在塔顶 35～40℃状态下由罗茨风机送至表压约 0.5kg/cm^2、温度为 5～10℃的热泵蒸发器中，气相 CO_2 载气中的水和乙醇蒸气被冷凝、液化分离，从热泵蒸发器的底部取出粗乙醇。被冷凝分离后的气相 CO_2 载气乙醇和水的含量达到操作过程的最小值，由热泵蒸发器的顶部出口送至热泵冷凝器调湿加热至 35℃以上设定温度值后再送入气提发酵分离塔底部，完成再次工艺循环操作过程。

新型的连续固态发酵耦合热泵气提分离设备，能够较好地实现传热、传质的控制问题，发酵期通过气提可以将发酵物料中乙醇保持在一个相对较低的浓度，从而减少乙醇的抑制，发酵后期通过提高下层发酵物料的温度以提高气提效率，气提出乙醇浓度较高，从而降低乙醇蒸馏能耗，发酵过程用水量少、生产成本低、无污染，可实现固态发酵的清洁生产，批次发酵获得乙醇溶液最高浓度为 25%（V/V），平均浓度 10.8%（V/V），气提效率提高至 85.1%，气提发酵周期为 40h，乙醇产率为 19.49%（g/g 甜高粱干基），即约 5.2t 干茎秆产 1t 纯乙醇，实现了产能 0.5t/年的实验规模。

3. 甜高粱发酵渣的综合炼制

甜高粱茎秆经过榨汁或发酵后，其残渣的主要成分是纤维素。甜高粱茎秆中纤维素含量高达 2%～20%。甜高粱的纤维结构好，密度高，造出的纸亮度好。能够无污染生产纸浆，质量甚至可以超过木质纸浆。将甜高粱酿酒、饲料与造纸、纤维板相结合，统筹规划，利用酿酒、制糖后产生的大量茎秆造纸，可形成一个新的经济产业链条。

1）饲料生产

种植甜高粱的初级产品是籽粒和含糖茎叶，因此甜高粱的最直接用途是作为青饲料、青储饲料或干草饲料[50]。甜高粱营养丰富、适口性好[51]。各项营养指标均优于玉米，含糖量比青储玉米高 2 倍；无氮浸出物和粗灰分分别比玉米高 64.2%和 81.5%；粗纤维虽然比玉米多，但由于甜高粱干物质含量比玉米多 41.4%，因而甜高粱粗纤维占干物质的相对含量为 30.3%，低于玉米的(33.2%)[34]。因此无论是作为青储饲料还是青饲料，草食动物都喜欢采食，且饲喂效果优于玉米。此外，还可以用生物发酵法生产活性蛋白饲料[52]。沈阳农业大学多年来一直从事各种类型残渣发酵研究工作，并筛选出蛋白产率高的配合菌种，同时也研制出适于两种混合菌种发酵的最佳发酵工艺[19]。有人将 40 头荷斯坦牛分为 2 组，进行了甜高粱青储和玉米青储的对比实验。试验组饲喂甜高粱青储料＋配合精料，对照组饲喂玉米秸秆青储料＋配合精料，经 80 天饲喂，结果表明试验组头目均比对照组多产奶 5.25kg，产奶量提高 12.16%，实验组头目均节省精饲料 2kg，差异极显著（$P<0.01$），试验组头目均增收 4.54 元，经济效益明显[53]。目前，我国的一些大、中城市郊区都在大力发展甜高粱种植业，以满足畜牧业发展对饲料的需求。甜高粱茎秆残渣，可青储饲用[54]。

甜高粱作为青储饲料，首先要在合适的时间收获。作为青储的甜高粱，其收获期极为关键。籽粒完全成熟时，茎秆纤维素含量增加，难以被家畜消化吸收，营养价值降低；收获太早，含水分太大，含糖量和产量较低，也不耐储藏。收获期宜在甜高粱籽粒乳熟期为佳，并立即粉碎青储[55]。甜高粱茎秆收获后，接下来要做到“随切随填、压实封严”。甜高粱收获之后立即用饲料粉碎机或铡草机粉碎，切的越短越好，一般以 0.5～0.8cm 为宜。随切随入青储窖，逐层踩踏压实，装满后，封严窖池[55]。甜高粱青储要调节水分，还要注意糖分的含量。适宜乳酸菌繁殖的水分含量为 60%～75%。如水分过高，糖被稀释，发酵过程延长，易造成养分损失；水分过少，不易压实，窖内空气难以排净，导致青储饲料腐败霉烂。所以如果甜高粱收获时的水分高于 75%，则可与玉米或其他低水分茎秆混合青储。青储原料中要有足够的糖分，这样才能保证乳酸菌的发酵，生成乳酸，降低 pH，抑制丁酸菌的发酵，并防止蛋白质降解为氨。青储饲料质量的优劣与原料所含糖分的多少有直接关系。例如，甜高粱与其他茎秆的混料青储，当青储料含糖量低于 3%时，就应多加甜高粱青储料，以提高青储品质。甜高粱的青储过程中还要做好青储窖的管护工作。青储窖封严后，要在窖的周围约 1m 处挖排水沟，防止雨水进入，也可以在窖顶搭棚防雨。青储饲料制作一个半月以后可以开窖取用，其饲喂方法用量与玉米青储饲料相同。

宋俊萍等测定了固态发酵后的甜高粱发酵渣的消化率[24]，结果表明，短纤维以及未分级的发酵渣的体外消化率高，可能是因为它们含有较高量的淀粉，淀粉在酸性条件下水解成糖，糖溶解在水中，所以两者表现出较高的体外消化率。另外，由于筛分出来的长纤维中纤维含量特别高，消化率相对来说比较低，实验结果也证明了这一点（表 4.5）。

表 4.5 固态发酵后的甜高粱发酵渣体外消化率测定结果

	分级前的发酵渣		长纤维		短纤维	
消化前样品干物质重/g	0.5038	0.5016	0.5007	0.5000	0.5039	0.5049
消化后试管干残渣重/g	0.3922	0.4045	0.4482	0.4486	0.3921	0.4063
消化率/%	22.152	19.358	10.485	10.280	22.187	19.529
平均值/%	20.76		10.38		20.86	
校正后的消化率/%	43.51		35.40		43.59	

2）甜高粱造纸

甜高粱的纤维结构具有高的密度和产生同质片状物，其卡巴粒数很低，纸浆的强度也很高，在完全无漂白过程中达到很高的亮度，因此甜高粱纸浆特别适于生产高质量的纸浆。主要成分是纤维素和木质素，纤维占茎秆质量的 9%～13%，甜高粱的纤维占茎秆质量的 14%～17%[54]。

甜高粱茎秆经榨汁或发酵后，其残渣的主要成分是纤维素。残渣烘干后加入 2.5%～3.0%的酚醛树脂，经过热压便可制成高质量的纤维板。用甜高粱残渣还可以造纸，相对来讲，它是禾草类造纸原料中质量较好的一种，可以制造文化纸、草板纸和包装纸。由于酒糟在酿酒过程中经过粉碎、发酵和蒸馏，因此，其造纸的加工工序比稻草和麦秆还要简便，成本也较低[54]。

甜高粱开发利用中最大的副产物是茎秆残渣。沈阳农业大学的测试表明，压榨 1t 沈农甜杂 2 号鲜秆可获干渣 0.22t，这些干渣是非常好的工业原料，用它可以造纸张、生产纤维板、高粱合板；经过皮囊分离后的甜高粱茎秆内髓，也可以深加工成快餐饭盒（替代塑料快餐饭盒）、食用纤维素等。宋俊萍等研究了甜高粱固态发酵渣的分级利用情况。将发酵渣筛分为长纤维和短纤维之后，分别测定了蛋白质含量和体外消化率。将甜高粱发酵渣用 8 目的筛子进行筛分，留在筛子上面的是长纤维，蛋白质含量是 3.95%，体外消化率是 35.398%，长纤维彼此之间特别地清晰，韧性好，可以作为造纸原料；通过筛子的是短纤维，蛋白质含量是 6.37%，体外消化率是 43.585%，呈粉末状，留有发酵之后的酸香、酒味，手感质地松软，适口性好，可以用来喂饲牲畜。

用甜高粱茎秆残渣可以制造出优良的新闻纸张，可用小酒厂蒸馏出酒的茎秆酒糟生产包装纸和包装箱。我国河南临颍巨陵良种场的茎秆渣制作包装纸，每千克废渣可制造出 0.6kg 纸，折合为亩产纸张 220kg。1985 年，江苏盐城以酿酒后的酒糟用作制造纸盒的原料。因乙醇在酿制过程中经过粉碎、发酵和蒸馏，故其加工工序比用稻草和麦秆还简便，成本也较低，每 100kg 酒糟约生产出制盒纸 20kg[55]。

3）甜高粱制板材

甜高粱茎秆中纤维素含量比甘蔗还高，若以每亩产茎秆 4000kg 计，每亩可产纤维 480～800kg。甜高粱茎秆表皮组织致密坚韧，可加工出高质量的建材板[48]。甜高粱茎秆经榨汁或发酵后，其残渣的主要成分是纤维素。残渣烘干后加入 2.5%～3.0%的酚醛树脂，经过热压便可制成高质量的纤维板[16]。20 世纪 70 年代，北京市合成纸板厂就开始利用甜高粱废渣制造建材板；80 年代中日合资成立沈阳市新洋高粱合板有限公司，利用高粱茎皮制造板材，部分代替低密度刨花板、中密度板和胶合板，其年生产能力达 3 万 m^3。河南安阳辛村乡曾以甜高粱废渣制纤维板，每亩的茎秆渣要生产 100～150m^2 的纤维板。

我国是世界人造板最大生产国和消费国，生产量可达上千万立方米，占世界总量的 60%。利用秸秆生产生态板材是解决目前人造板行业普遍面临的原料缺乏问题的一个有效途径，同时也有助于为甜高粱的综合利用寻找合适的出路。以丰富廉价的秸秆类原料生产生态板材是板材产业发展的重要方向，未来将占有较大的市场比例。

目前国内外甘蔗、甜高粱、秸秆板材的技术可概括为：研究众多，产业化困难。特别是秸秆类板材存在的主要难题有：①秸秆表面富含蜡质和有机硅，常用黏合剂难以黏合；②需用 MDI 助剂，价格昂贵，需要专用脱模剂；③采用分级式铺装机，需使用有垫板铺装传送装置；④细胞的结构特征和化学组分与木材不同，传统的方法纤维分离、得率低，形态差。这些难题造成了传统技术很难使秸秆板材产业化。

中国科学院过程工程研究所在多年对秸秆组分特性和高值化利用技术的研究基础上，发明了汽爆秸秆人造板制造专利技术——“变性秸秆材料及其用途”，它解决了工艺方面的难题，在技术上处于国际领先水平。其技术的先进性表现在[55]：一是通过变性秸秆技术解决天然秸秆不易加工的问题；二是在热固化过程中，控制一定的含水量使秸秆中的纤维素的氢键重排，从而提高生态环境材料机械强度；三是利用变性秸秆生产生态环境材料，其工艺不加任何胶料，解决了二次污染问题；四是残渣可加工成饲料或有机肥，实现秸秆生物量全利用。

该项目目前和新疆、浙江等企业正在商谈合作，产业化序幕已经拉开。项目实施取得成功后，将秸秆变废为宝，有利于增加农民收入和政府财政收入，减少环境污染，能为当地提供一定数量的就业岗位，促进当地农业的发展，具有明显的经济和社会效益。

以年产 1.5 万 t 秸秆生态板材工厂为例，利用本工艺路线，可新增销售收入 2025 万元、利税 746 万元。本项目实现成功后，可在全国建立多个秸秆生产线，将产生巨大的经济和社会效益。

参考文献

[1]　宋俊萍，陈洪章，马润宇. 甜高粱秆固态发酵制取酒精的研究 [J]. 酿酒，2007，

34 (1)：81-83.

[2] 代树华，李军，陈洪章，等. 区域选择对甜高粱秸秆贮藏的影响 [J]. 酿酒科技，2008，8：17-19.

[3] 宋俊萍，陈洪章，马润宇. 甜高粱固态发酵渣综合利用的研究 [J]. 酿酒，2007，34 (4)：52，53.

[4] 中华人民共和国国家统计局. 中国统计年鉴 [EB/OL]. [2011-03-15]. HTTP：//www.Stats.gov.cn/tjsj/ndsj/2.

[5] 李金宝，何丽莲，李富生. 甘蔗作为能源作物的优势分析及前景展望 [J]. 中国农学通报，2007，23 (12)：427-433.

[6] 刘海清. 我国甘蔗产业现状与发展趋势 [J]. 中国热带农业，2009，(1)：8，9.

[7] 陈平华. 甘蔗主成分分析及作为再生能源的可行性 [J]. 甘蔗，2004，11 (2)：1-4.

[8] 王允圃，李积华，刘玉环，等. 甘蔗渣综合利用技术的最新进展 [J]. 中国农学通报，2010，26 (16)：370-375.

[9] 吴志霜，王跃华. 野生植物甜菜树嫩茎叶的营养成分分析 [J]. 植物资源与环境学报，2005，14 (1)：60，61.

[10] 陈连江. 新世纪我国甜菜生产与科研所面临的任务与挑战 [J]. 中国糖料，2003，(4)：46-50.

[11] 张福顺，孙以楚. 浅析叶用甜菜（*Beta. v. cicla* L.）的研究进展 [J]. 中国糖料，2000，(2)：46-48.

[12] 周萍. 从废甜菜丝中提取果胶的研究 [J]. 山西化工，2002，22 (3)：15，16.

[13] 陈山，卢家炯. 甘蔗制糖业副产物的综合利用 [J]. 食品与发酵工业，2005，31 (1)：104-108.

[14] 郭晨光，王红英. 甘蔗糖蜜在奶牛饲养上的应用 [J]. 中国奶牛，2002，2：22-24.

[15] 闫鸿雁，付立忠，胡国宏，等. 国内外甜高粱研究现状及应用前景分析 [J]. 吉林农业科学，2006，31 (5)：63-65.

[16] 刘兆庆，李达，王曙文，等. 甜高粱生物能源——生物能源的希望 [J]. 农产品加工，2005，6：34，35.

[17] 高士杰，刘晓辉，李玉发，等. 中国甜高粱资源与利用 [J]. 杂粮作物，2006，26 (4)：273，274.

[18] 朱翠云. 甜高粱——大有发展前途的作物 [J]. 国外农学：杂粮作物，1999，19 (2)：29-32.

[19] 梁新华，李钢. 甜高粱研究现状与产业化开发 [J]. 江苏农业科学，2002，(6)：39，40.

[20] 马鸿图，黄瑞冬. 甜高粱——欧共体未来能源所在 [J]. 农学，1994，(8)：13-16.

[21] 黎大爵. 开发甜高粱产业，解决能源，粮食安全及三农问题 [J]. 中国农业科技导报，2004，6 (5)：55-58.

[22] 蔡祖善. 甜高粱燃料乙醇产业概论 [J]. 化工科技市场，2007，2：1-4.

[23] 曹文伯. 发展甜高粱生产开拓利用能源新途径 [J]. 中国种业，2002，1：28-30.

[24] 陈洪章，宋俊萍.一种甜高粱固态发酵渣综合利用的方法：中国，200710099502.4 [P]. 2008-11-26.

[25] 段宁，孙启宏，傅泽强，等. 我国制糖（甘蔗）生态工业模式及典型案例分析 [J]. 环境科学研究，2004，17 (4)：29-32.

[26] 司伟，王秀清. 中国制糖工业效率评价与分析 [J]. 管理评论，2005，17 (8)：34-39.

[27] 姚志伟，谢惠琴，陈宝安，等. 国内甜菜生产概况及相关研究新进展 [J]. 中国糖料，1999，2：48-54.

[28] 范晶，陈连江，陈丽，等. 黑龙江省甜高粱的开发利用 [J]. 中国糖料，2005，2：58-61.

[29] 杨文华. 甜高粱在我国绿色能源中的地位 [J]. 中国糖料，2004，3：57-60.

[30] 徐景梅，马利. 甜高粱产业化发展面临新的机遇 [J]. 现代农业科技，2007，24：147-149.

[31] 宾力，潘琦. 甜高粱的研究和利用 [J]. 中国糖料，2008，4：58-63.

[32] 黎大爵. 甜高粱可持续农业生态系统研究 [J]. 中国农业科学，2002，35 (8)：1021-1024.

[33] 张金才，陈皆辉. 甜高粱的综合开发利用 [J]. 作物杂志，1999，(5)：1-3.

[34] 王艳秋，朱翠云，卢峰，等. 甜高粱的用途及其发展前景 [J]. 杂粮作物，2004，24 (1)：55-56.

[35] Osorio-Morales S，Serna Saldvar S O，Chavez Contreras J，et al. Production of brewing adjuncts and sweet worts from different types of sorghum [J]. Journal of the American Society of Brewing Chemists，2000，58 (1)：21-25.

[36] Bvochora J M，Read J S，Zvauya R. Application of very high gravity technology to the cofermentation of sweet stem sorghum juice and sorghum grain [J]. Industrial crops and products，2000，11 (1)：11-17.

[37] 曹俊峰，高博平，谷卫彬. 甜高粱汁酒精发酵条件初步研究 [J]. 西北农业学报 2006，15 (3)：201-203.

[38] 孙清，赵玲，孙波，等. 油污地甜高粱茎秆汁液制取酒精的试验研究 [J]. 可再生能源，2005，(6)：16，17.

[39] Gnansounou E，Dauriat A，Wyman C E. Refining sweet sorghum to ethanol and sugar：economic trade-offs in the context of North China [J]. Biore source technology，2005，96 (9)：985-1002.

[40] 曹玉瑞. 曹文博，王孟杰. 高能作物甜高粱综合利用 [J]. 太阳能，2001，(04)：24，25.

[41] Castillo M R，Gutierrez Correa M，Linden J C，et al. Mixed culture solid substrate fermentation for cellulolytic enzyme production [J]. 1994，16 (9)：967-972.

[42] Christakakopoulos P，Li L W，Kekos D，et al. Direct conversion of sorghum carbohydrates to ethanol by a mixed microbial culture [J]. 1993，45 (2)：89-92.

[43] Kangama C O，Rumei X. Production of crystal sugar and alcohol from sweet sorghum

[J]. African journal of food agriculture nutrition and development, 2005, 5 (2): 55-59.

[44] Mamma D, Koullas D, Fountoukidis G, et al. Bioethanol from sweet sorghum: Simultaneous saccharification and fermentation of carbohydrates by a mixed microbial culture [J]. Process Biochemistry, 1996, 31 (4): 377-381.

[45] Kargi F, Curme J A, Sheehan J J. Solid-state fermentation of sweet sorghum to ethanol [J]. Biotechnology and Bioengineering, 1985, 27 (1): 34-40.

[46] Gibbons W R, Westby C A, Dobbs T L. Intermediate-scale, semicontinuous solid-phase fermentation process for production of fuel ethanol from sweet sorghum [J]. Applied and Environmental, 1986, 51 (1): 115-122.

[47] 陈洪章，宋俊萍. 一种利用甜高粱秸秆固态发酵制备酒精的设备和方法：中国，200610112613. X [P]. 2008-02-27.

[48] 程意峰，李世杰，黄金鹏，等. 利用甜高粱秸秆汁发酵生产丁醇、丙酮 [J]. 农业工程学报，2008，24 (10)：177-181.

[49] 陈洪章，丁文勇，代树华，等. 连续固态发酵与产物气提热泵耦合分离的方法及设备：中国，200810134423. 7 [P]. 2010-01-27.

[50] 皮祖坤. 生物蛋白饲料研究 [J]. 中国饲料，2004，(9)：38-40.

[51] 周艳波. 甜高粱饲草待开发 [J]. 北方牧业，2004，(12)：20.

[52] 陈洪章，代树华,李军. 一种甜高粱秸秆为原料生产高蛋白饲料的方法：中国，200810112251. 3 [P]. 2009-11-25.

[53] 孙清，曹玉瑞. 甜高粱茎秆残渣生产蛋白饲料的研究 [J]. 中国农业科学，2001，34 (1)：61-65.

[54] Bernal M P, Navarro A F, Roig A, et al. Carbon and nitrogen transformation during composting of sweet sorghum bagasse [J]. Biology and Fertility of Solis, 1996, 22 (1): 141-148.

[55] 陈洪章，李佐虎. 变性秸秆材料及其用途：中国，ZL01136544. 7 [P]. 2003-04-23.

第 5 章　淀粉类原料炼制与发酵工业模式

淀粉是一种非常重要的工业发酵碳源，可以直接作为碳源或水解为多糖、寡糖、单糖尤其是葡萄糖等用于发酵。因而淀粉类原料的炼制对于整个发酵工业来说至关重要。目前一般采用植物淀粉主要是玉米淀粉作为发酵原料进行炼制。

5.1　发酵工业淀粉质原料资源及成分

发酵工业常用的淀粉质原料有粮谷类、薯类、野生植物类和农产品加工的副产品等。薯类原料主要有甘薯（又名红苕、地瓜、番薯）、马铃薯（又名土豆、洋芋）、木薯等。粮谷类原料有玉米、高粱、大麦、小麦、稻谷等。野生植物类主要有橡子、金刚头、土茯苓、芭蕉芋等。农产品加工副产品主要有米糠、麸皮、各种粉渣等。下面分别介绍上述原料的资源及成分。表 5.1 显示了1978～2009 年我国粮食总产量以及谷物、豆类、薯类的年产量。

表 5.1　1978～2009 年我国粮食产量（农业部农业统计年鉴整理）（单位：万 t）

年　份	粮　食	谷　物	豆　类	薯　类
1978	30476.5	—	—	3174.0
1980	32055.5	—	—	2872.5
1985	37910.8	—	—	2603.6
1990	44624.3	—	—	2743.3
1991	43529.3	39566.3	1247.1	2715.9
1992	44265.8	40169.6	1252.0	2844.2
1993	45648.8	40517.4	1950.4	3181.1
1994	44510.1	39389.1	2095.6	3025.4
1995	46661.8	41611.6	1787.5	3262.6
1996	50453.5	45127.1	1790.3	3536.0
1997	49417.1	44349.3	1875.5	3192.3
1998	51229.5	45624.7	2000.6	3604.2
1999	50838.6	45304.1	1894.0	3640.6
2000	46217.5	40522.4	2010.0	3685.2
2001	45263.7	39648.2	2052.8	3563.1
2002	45705.8	39798.7	2241.2	3665.9
2003	43069.5	37428.7	2127.5	3513.3

续表

年 份	粮 食	谷 物	豆 类	薯 类
2004	46946.9	41157.2	2232.1	3557.7
2005	48402.2	42776.0	2157.7	3468.5
2006	49804.2	45099.2	2003.7	2701.3
2007	50160.3	45632.4	1720.1	2807.8
2008	52870.9	47847.4	2043.3	2980.2
2009	53082.1	48156.3	1930.3	2995.5

注：“—”表示数据未统计。

5.1.1 粮谷类淀粉

植物中的叶绿素利用太阳能把二氧化碳和水合成葡萄糖，葡萄糖是植物生长和代谢的要素，但其中有一部分被用作下一代生长发育的养料储备起来。在植物体内，葡萄糖是以多糖的形式储藏的，其中最主要的多糖形式是淀粉。

谷物籽粒以淀粉的形式储藏能量，不同谷物中淀粉的含量是不同的，一般可以占到总量的60％～75％，因此，人们消耗的食品大都是淀粉。淀粉是人体所需要热能的主要来源，同时也是发酵工业的重要原料。表5.2所示为各种谷物籽粒中的淀粉含量。

表5.2 各种谷物籽粒中的淀粉含量（占干基比例,％）

名 称	淀粉含量	名 称	淀粉含量
糙米	75～80	燕麦（不带壳）	50～60
普通玉米	60～70	燕麦（带壳）	35
甜玉米	20～28	荞麦	44
高粱	69～70	大麦（带壳）	56～66
粟	60	大麦（不带壳）	40
小麦	58～76		

谷物淀粉主要包括玉米淀粉、高粱淀粉、大麦淀粉、小麦淀粉、稻谷淀粉等，其中玉米淀粉应用最多。

1. 玉米淀粉

1）玉米的生产分布与结构组成

玉米又名玉蜀黍，是禾本科植物，株形高大，叶片宽长，雌雄花同株异位，雄花序长在植株的顶部，雌花序（穗）在中上部叶腋间，是异花（株）授粉的一年生作物。

小麦、玉米和水稻是全球三大主要粮食作物。据联合国粮农组织统计，2006 年小麦、玉米、水稻三大作物总产量达 19.36 亿 t，占全球主要粮食作物总产量的 87.15%[1]，表 5.3 显示了我国谷物产量的分布比例。自 2001 年以来，玉米的总产量已超过水稻和小麦成为全球第一大作物。近几年，全球玉米产量均在 7 亿 t 左右。

表 5.3　我国谷物产量分布比例（农业部农业统计年鉴整理）（单位：%）

	玉米	稻谷	小麦
全国（港、澳、台未包括）	100	100	100
北京	0.547	0.001	0.269
天津	0.541	0.058	0.469
河北	8.936	0.294	10.684
山西	3.990	0.003	1.834
内蒙古	8.180	0.332	1.487
辽宁	5.873	2.594	0.039
吉林	11.038	2.588	0.009
黑龙江	11.711	8.070	1.010
上海	0.015	0.461	0.192
江苏	1.318	9.241	8.725
浙江	0.071	3.417	0.202
安徽	1.858	7.204	10.226
福建	0.089	2.641	0.010
江西	0.044	9.769	0.017
山东	11.718	0.574	17.785
河南	9.965	2.312	26.547
湖北	1.489	8.159	2.881
湖南	0.975	13.217	0.056
广东	0.456	5.423	0.002
广西	1.373	5.873	0.005
海南	0.049	0.748	0.000
重庆	1.491	2.621	0.449
四川	3.921	7.792	3.677
贵州	2.471	2.323	0.387
云南	3.309	3.261	0.802
西藏	0.016	0.003	0.213
陕西	3.208	0.423	3.328
甘肃	1.906	0.020	2.268

续表

	玉米	稻谷	小麦
青海	0.026	0.000	0.339
宁夏	0.954	0.331	0.639
新疆	2.460	0.248	5.448

玉米的种植历史悠久，7000 年前美洲的印第安人就已经开始种植玉米。哥伦布发现新大陆以及世界航海业的发展，玉米逐渐传到了世界各地，并成为各地最重要的粮食作物之一。大约在 16 世纪中期，我国开始引进玉米，18 世纪又传到印度。目前，玉米的种植以北美洲最多，其次为亚洲、拉丁美洲、欧洲等。全球 100 多个国家种植玉米，其中，主要玉米生产国和地区有美国、中国、巴西、阿根廷、欧盟、墨西哥和印度等。美国和中国是全球最大的两个玉米生产国。据美国农业部 2008 年 6 月份报告（表 5.4），2007/2008 年度（指作物年度，即 10 月至次年 9 月，下同），美国和中国的玉米产量分别占全球玉米总产量的 42.05％和 19.22％[2]。我国是全球第二大玉米生产国和消费国，在我国玉米也是仅次于水稻的第二大粮食作物。图 5.1 显示了 1978～2009 年我国玉米的产量，2009 年我国玉米产量约为 1.63 亿 t。图 5.2 显示了 2009 年我国各省市（除港、澳、台）的玉米产量。

表 5.4　2007/2008 年度主要玉米生产国和地区玉米产量占全球玉米总产量的比例

国家和组织	美　国	中　国	巴　西	墨西哥	阿根廷	印　度	欧洲联盟	其　他
比例/％	42.05	19.22	7.34	2.85	2.72	2.35	6.13	17.34

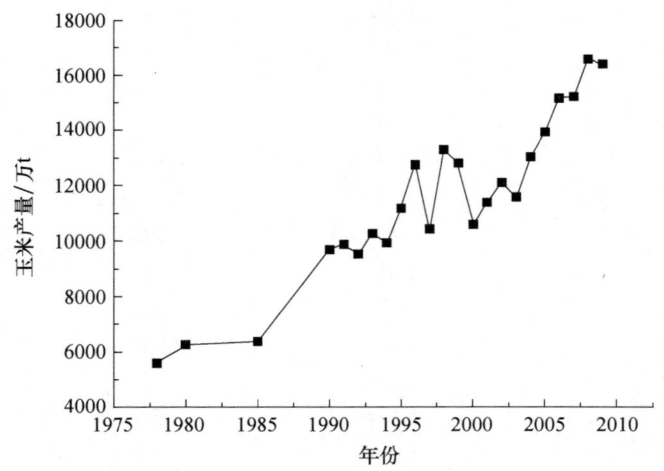

图 5.1　1978～2009 年我国玉米产量（农业部农业统计年鉴整理）

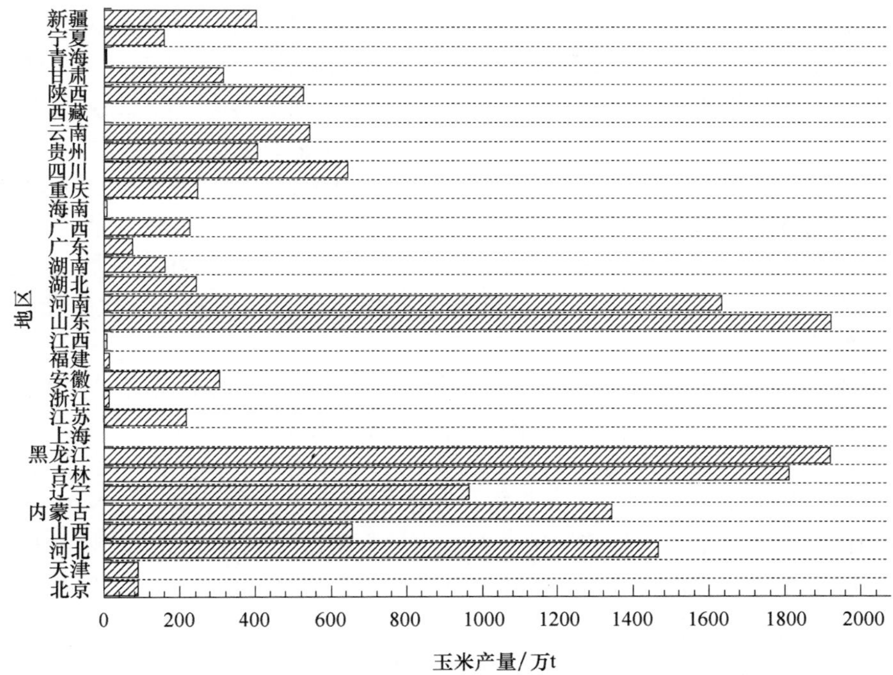

图 5.2　2009 年我国玉米产量分布（农业部农业统计年鉴整理）

玉米籽粒中含有 70%～75%的淀粉，10%左右的蛋白质，4%～5%的脂肪，2%左右的维生素，籽粒中的蛋白质、脂肪、维生素 A、维生素 B_1、维生素 B_2 含量均比稻米多。玉米籽粒的化学组成因品种、产地和气候条件的不同而异（表 5.5）。

表 5.5　玉米籽粒化学成分分析[3]

化学组成	含量范围	含量均值
水分/%	7～23	16.7
淀粉（干质量）/%	64～78	71.5
蛋白质（N[1)]×6.25，干质量）/%	8～14	9.91
脂肪（干质量）/%	3.1～5.7	4.78
灰分/%	1.1～3.9	1.42
粗纤维（干质量）/%	1.8～3.5	2.66
糖（干质量）/%	1.0～3.0	2.58

1）根据凯氏定氮法测得。

玉米的种子包括皮层、胚和胚乳。玉米籽粒因品种不同有黄、白、紫红、条斑等颜色，籽粒大小、形状和透明度等随品种类型的不同而不同。例如，马齿型品种粒大，扁平近长方形；硬粒型品种粒小，近于圆形，透明度好。

玉米的皮层包括果皮和种皮两部分，约占玉米籽粒质量（干质量，下同）的6%～9%。果皮在玉米籽粒的最外层，通常是透明无色的，只有少数品种是紫红或条斑色，它的结构紧密而有光泽，韧性大，不易破碎。种皮在果皮里面。由于玉米籽粒的果皮和种皮结合紧密，因此习惯上把它们称为皮层或者直接叫做玉米皮。皮层主要由纤维素、半纤维素、木质素组成，与胚乳结合在一起，成愈合状态，不易分离，其结合紧密程度与玉米的品种、成熟程度以及水分大小有关[4]。

胚乳分为糊粉层和淀粉层。糊粉层在皮层和胚乳淀粉层之间，占玉米籽粒质量的 7%左右，它的营养成分较高，蛋白质含量约为 22%，脂肪含量约为 7%，碳水化合物约为 69%。玉米籽粒的角质层和粉质层都属于胚乳淀粉层。胚乳淀粉层占玉米籽粒质量 70%～80%，它的主要化学成分是淀粉，其次是蛋白质，还含有约 0.4%的脂肪。

玉米胚也叫玉米脐子，它位于玉米籽粒的基部，是柔韧而富有弹性的基体，占玉米籽粒质量的 9%～10%，其体积是玉米籽粒的 1/8～1/4。玉米胚的营养成分丰富，玉米胚含油量高达 35%～40%，约占玉米籽粒含油量的 80%。玉米胚的蛋白质含量为 17%～20%，并含有大量的可溶性糖。脱脂后的玉米胚粕中蛋白质的色氨酸和赖氨酸含量高于玉米籽粒中的含量。玉米胚含有 7.5%左右的纤维素和半纤维素，它们构成了组织松散的胚体，富有韧性和弹性，不易被人体所消化。玉米的脂肪有从胚向胚乳渗透的特性。例如，新的玉米胚乳含油 0.4%，而储存 3 个月后含油 0.5%，储存 6 个月后含油 0.57%，9 个月后含油 0.82%，12 个月后达到 1.21%，18 个月后，胚乳中的脂肪含量比最初含量多 3～4 倍。故玉米籽粒储存时间越长，胚的含油量的减少越多。玉米胚的密度为 0.7～0.99g/cm^3，悬浮速度为 7～8m/s[5]。

根帽位于玉米籽粒的底部，无食用价值，它的韧性较强，与胚连接在一起。胚在脱离根帽时会残留一些胚，含油量高达 9.29%，比原根帽含油增加 3～5 倍，因此即使有些根帽混入提出的胚中，也不会对后续加工有太大影响[6]。

玉米为颖果，外层有坚韧的果皮包裹着，透水性较弱。玉米胚部组织疏松，含有较多的亲水基团，较胚乳部分容易吸水[1]。在玉米籽粒含水量较高的情况下，胚的水分含量比胚乳为高，而干燥种子的胚的水分低于胚乳。玉米全粒和玉米各组分之间的水分差异的特性为玉米干法和半干法提胚奠定了基础。

2）玉米的用途与深加工

玉米不仅具有高产的特性，而且兼有食用、饲用和工业用等多种用途。玉米是大宗谷物中最适合作为工业原料的品种，其加工空间大，产业链长，能够创造出玉米原料几倍的高附加值。近年来由于人民生活水平的提高，玉米不再是人们生活的主粮，成为工业粮食原料是玉米产业的主要出路。随着畜禽业的发展，国内对玉米的需求量大幅度增加，目前农村地区每年大约有 4000 万 t 玉米直接饲喂给禽畜，因为玉米营养价值的实际利用率很低，所以直接饲用会造成大量浪费。如果能够提高玉米深加工的程度，可大幅度提高玉米附加值和饲料的质量，使玉米产业以及畜禽业都从中受益。

现在国际上以玉米籽粒及其副产品为原料的加工产品有 500 多种。美国是世界上玉米产量和深加工的大国。玉米是美国的主要农作物品种，其深加工的产品由 19 世纪的淀粉、葡萄糖、饲料、玉米油等，发展到 20 世纪的变性淀粉、淀粉糖和燃料乙醇等，尤其是目前淀粉糖和燃料乙醇这两大主导产品，已成为推动美国玉米深加工产业发展的主要动力。

我国的深加工程度和综合开发率与世界发达国家相比水平还很低。近年来，玉米的深加工及综合利用成为农副产品开发的一项重点，是提高玉米经济效益的有效途径。现阶段玉米加工的主要产品是淀粉，其次是蛋白质、纤维和胚油。以淀粉为原料进一步可生产乙醇、淀粉糖和变性淀粉等多种产品，广泛应用于食品、医药、化工、造纸和纺织等行业；同时回收蛋白质生产蛋白粉，分离胚用于制胚芽油，回收纤维生产食物纤维或纤维饲料。玉米经过粗加工和深加工，其原料利用率高达 98%～99%[7]。综合国内外的资料，目前已经开发成功的深加工产品已达数十种之多，主要有淀粉糖化后的全糖、低聚糖、麦芽糖、麦芽糊精、结晶葡萄糖、食用葡萄糖浆、果葡糖浆等，淀粉氢化后的山梨醇（再加工成食品添加剂、表面活性剂、维生素 C、油漆原料等），发酵乙醇、味精、丙酮、丁醇、柠檬酸、单细胞蛋白、酶制剂等，葡萄糖氧化后的葡萄糖酸、内酯（凝固剂）等，玉米胚加工后的精制玉米油、玉米胚饼（饲料蛋白粉）等，以及玉米纤维蛋白饲料、DDGS（即含有可溶性固体的干燥蒸馏废液颗粒饲料）等[8]。

2. 小麦淀粉

小麦属于禾本科（Gramineae），小麦族（Triticeae Dumort），小麦属（*Triticum*）。人类种植和食用小麦的历史有 1 万年以上。目前，小麦仍是世界上大多数国家的基本粮食作物。全球总的播种面积在 2 亿 hm^2 以上。我国是世界上最大的小麦生产国，2007 年的产量为 10930 万 t。

小麦是世界上种植最广的作物之一。除南极外，小麦种植遍布世界各大洲。从北极圈到南纬 45°（除少数热带岛国外），从海平面到海拔 4570m 的高原都有小麦种植。小麦的种植面积约占粮食作物种植面积的 26%，产量约占总产量的 22%。世界上有 1/3 以上的人口以小麦为主要食用谷物。

我国的小麦种植非常广泛，从南到北，从东到西，各省均有分布，图 5.3 显示了 2009 年全国（不包括港、澳、台，后同）小麦产量分布情况。我国小麦的产区以长城为界，分为冬、春小麦，长城以南是冬小麦产区，主要省份是河南、山东、河北、江苏、四川、安徽、陕西、湖北、山西等省；长城以北是春小麦产区，主要省份是黑龙江、内蒙古、甘肃、新疆、宁夏、青海等省（自治区）。全国小麦播种面积以冬小麦为主，约占整个播种面积的 84%。

小麦产量居世界之首，从小麦的加工能力来看，不论加工总量还是加工企业数量也都是世界最大的。这些企业不仅多，而且遍及城乡，与我们的生活息息相关。按照 2007 年统计，全国规模以上（日处理小麦加工能力在 50t 以上）小麦粉加工企业 3184 个，年生产能力 10218 万 t[9]。

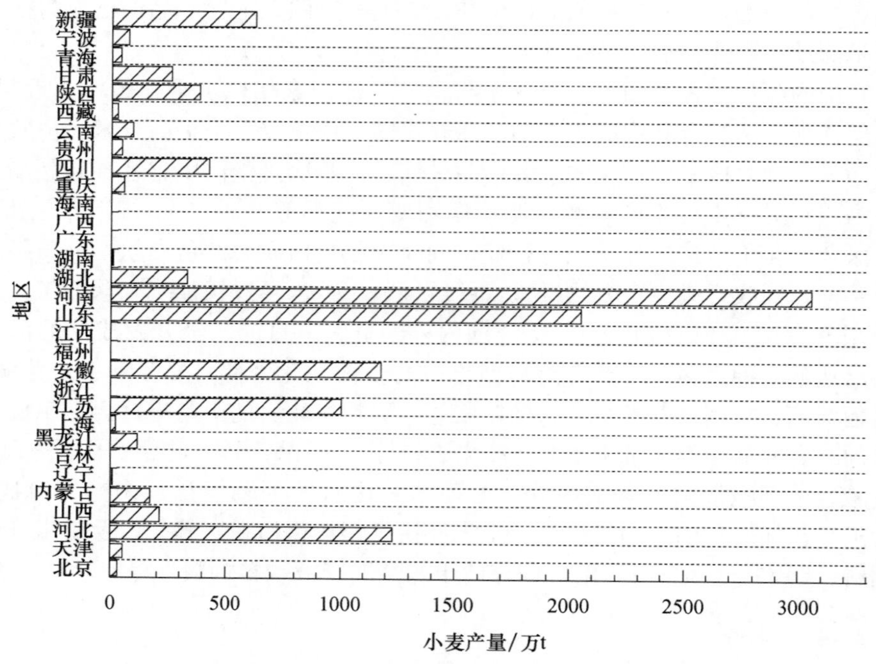

图 5.3　2009 年全国小麦产量分布（农业部农业统计年鉴整理）

小麦籽粒是小麦产业的基本原料。小麦籽粒为卵圆形，中部有腹沟，不同品种小麦籽粒大小、腹沟深度及其形状都不一样。小麦籽粒内部结构如表 5.6 所示。小麦子籽粒包括三部分：皮层、胚乳和胚。小麦皮层就是所谓的麸皮，可以分为以下 6 层：表皮、外果皮、内果皮、种皮、珠心层和糊粉层。这些结构中，皮层的外层比较容易在吸收水分后被剥离下来，而珠心层和糊粉层包裹着胚乳，小麦所含的淀粉主要是在胚乳中。小麦制粉的目的就是获得胚乳并磨成面粉，同时分离出麸皮和胚。胚乳中淀粉约为 70%，水分为 13%、蛋白质为 12%[3]。

表 5.6　小麦籽粒各部分质量百分比[3]

			质量百分比
皮层	外层	表皮	0.5
		外果皮	1.0
		内果皮	1.5
		种皮	2.0

续表

			质量百分比
	内层	珠心层	3.0
		糊粉层	5.5
	合计		13.5
胚乳			84
胚		胚芽	1.0
		盾片	1.5
	合计		2.5

长期以来，世界主要的粮食作物中玉米被大量用作工业原料，而小麦主要作为食品。不论是作为食品原料还是工业粮食原料，制粉都是小麦加工的第一步。通过制粉可以将胚乳与胚、皮层分开，得到小麦粉和麸皮。

麸皮是小麦制粉提取小麦粉和胚芽后的残留部分，是小麦面粉厂的主要加工副产品。麸皮实际上是小麦颗粒的皮层部分，包括果皮、种皮、珠心层和糊粉层。麸皮中主要富含纤维素和半纤维素，是膳食纤维的主要来源。麸皮同时含有46%的非淀粉多糖，其中 70%是阿拉伯木聚糖；麦麸也含有一些生理活性物质，包括 4%～5%的植酸和 0.4%～1.0%的黄酮[10]。小麦麸皮世界年加工量为 2 亿～3 亿 t，我国小麦麸皮年产量为 7000 万～8000 万 t。麸皮用途非常广泛，除少量用于食品加工和食品酿造外，大量麸皮被作为饲料使用[10]。将麸皮中富含的营养物质和生理活性物质提取出来作为高附加值食品的研究目前正积极开展着，也是资源开发的一个重要方向（图 5.4）。

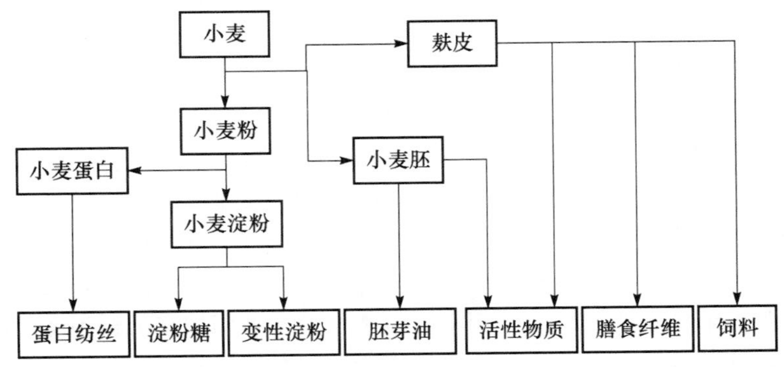

图 5.4　小麦原料高附加值产品路线图

小麦胚也是一种营养丰富的制粉副产物。过去与麸皮一样大都作为饲料使用是一种很大的浪费。小麦胚含有 30%以上的蛋白质，并含有人体必需的 8 种氨基酸。实际上，胚芽粉可以直接作为食品。胚芽制备的胚芽油也很受市场欢迎。近年来，从胚芽中提取各种生理活性物质的研究也在积极开展着并取得了很多成果。因此小麦胚虽然在小麦籽粒中所占比例很小，却是附加值比较高的部分。

小麦粉的主要成分是小麦淀粉和小麦蛋白。通过专门的方法可以将淀粉和小麦蛋白分开。小麦淀粉的性质优于从其他粮食原料得到的淀粉。比如热糊黏度低，糊化温度低，热糊稳定性好，改性后的淀粉乳化性能好，冷却后的淀粉凝胶强度高。这些性质对用小麦淀粉制备食品的品质有着重要影响[11]。通过适当手段的改性技术，还可以把淀粉制备成具有专门用途的变性淀粉和淀粉糖。在得到小麦淀粉的同时可以得到副产品小麦蛋白，又称为谷朊粉。谷朊粉被广泛用于早餐谷物、肉类、畜禽等产品和一些烘焙食品及冷冻食品中。同时小麦谷朊粉也是一种工业蛋白质原料，可被用来转化为小麦分离蛋白、水解小麦蛋白、组织化小麦蛋白等小麦蛋白产品[3]。

总之，随着小麦产量的增加和人们直接消费小麦食品减少，小麦作为工业原料的可行性逐渐凸显。以小麦为原料，通过适当手段可以生产出一系列高附加值的产品。因此将小麦根据其原料特征和产品特点进行炼制在经济上和社会效益上都有着重要意义。

3. 稻谷淀粉

稻谷是世界上第二大粮食作物，其年产量为 5.8 亿 t 左右，而我国作为世界盛产稻谷的国家之一，稻谷的年总产量为 1.8 亿 t 左右，占全国粮食总产量的 40%，占世界稻谷总产量的 37%，居世界首位[12,13]。

1）稻谷资源与分布

稻谷在我国分布广泛，北至黑龙江省漠河，南至海南，凡有水源灌溉的地方均可种植，但以南方各省居多，其中江苏、浙江、江西、安徽、湖南、湖北、广西、广东、四川和重庆 10 省（直辖市）的稻谷产量占全国的 70%以上（图 5.5）。在我国，大米消费支出项目主要是口粮食用消费、种子消费、饲料消费、工业消费、损耗消费和出口消费等，其中最主要是口粮消费，其占总消费量的 80%以上[14]。饲料消费主要在南方部分自给性饲养的地区，但随着饲料粮需求的增多，稻谷在饲料中的比例会进一步降低；工业用粮是指工业及手工制乙醇、饮料酒、溶剂、制药等用的粮食，随着食品、制药等加工制造行业的发展，其对稻谷提出了新的扩张需求，工业用粮的比例将会不断增大；种用粮和损耗粮随着稻谷播种技术以及储存条件的提高其所占的比例将会控制在一个较低的水平。

稻谷种植在我国有着悠久的历史，可以说我国是世界第一大水稻生产国，也是水稻加工的大国，据统计我国水稻产量在 1.8 亿 t 左右，全国从事稻谷加工的企业达 9000 多家[12,15]。但是我国却算不上水稻加工的强国，长期以来，稻谷加工的主要产品只有稻米一项，而加工过程产生的副产物，如稻壳、米糠、米胚等却没有得到很好地利用，特别是稻壳，乱堆乱放或焚烧，几年内都无法分解，成为黄色污染源，造成了稻谷资源的极大浪费[16]。这些加工副产物如果能够得到

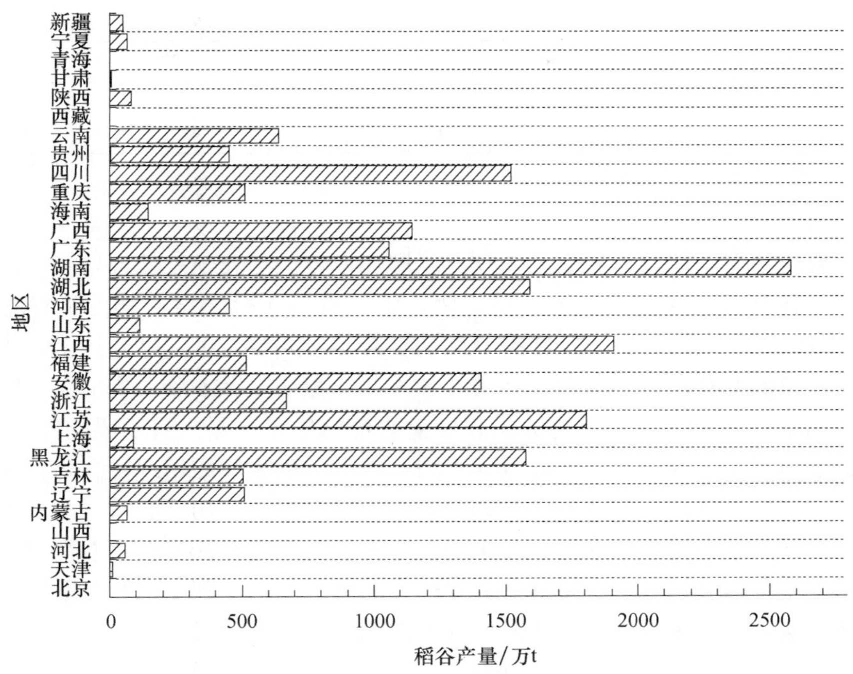

图 5.5　2009 年我国稻谷产量分布（农业部农业统计年鉴整理）

充分的开发利用，实现稻谷资源深加工全利用，那么就可以使稻谷资源增值几倍，甚至几十倍。近些年，一些西方发达国家已经开始利用高新技术对稻谷进行深度加工和综合利用，并产生了巨大的经济效益。虽然，目前国内的许多稻谷加工企业已经意识到稻谷深加工的重要性，并开始致力于稻谷深加工产品的研究。表 5.7 显示了 2000～2005 年 6 年间我国稻谷的生产利用情况。与发达国家相比，无论是稻谷的综合利用程度还是产品的利用价值，我国与他们仍存在一定的差距。因此，要想在短期内缩短与发达国家的差距，甚至超过他们，就必须改变传统的利用思路，从资源全利用的角度重新审视稻谷资源的开发过程，利用过程工程的原理，将多学科、多种新技术和多产品相结合，形成稻谷资源的分层多级利用的新模式。

表 5.7　我国稻谷生产供需平衡表[14]　　（单位：万 t）

项　目	2000 年	2001 年	2002 年	2003 年	2004 年	2005 年
稻谷产量	18981.4	17930.5	17634.2	16230.4	18052.3	18151.7
国内消费量	19180	19500	19290	19185	19030	18405
食用消费量	15300	15300	15200	15150	15100	15000
饲料消费量	2000	2300	2200	2200	2100	1550
工业用量	190	220	220	220	220	250
种用量	690	680	670	665	660	660
损耗浪费	1000	1000	1000	950	950	935

续表

项 目	2000 年	2001 年	2002 年	2003 年	2004 年	2005 年
净出口	174.7	151.4	244.7	105.7	−64.7	68.6
结余量	−198.6	−1569.5	−1655.8	−2954.6	−977.7	−253.3

注：资料来源于国家粮油信息中心（USDA）。

2）稻谷的成分

稻谷的构造一般分为谷壳、米皮、米胚和米体。谷壳是谷粒最外层，由粗纤维组成，含有B族维生素和硅、铁、钙、铜、磷等无机元素，其占稻谷总重的5%；米皮位于谷壳之下，内含部分脂肪、蛋白质和磷，其占稻谷总重的8%；米胚是谷粒的发芽部分，富含B族维生素和维生素E，其占稻谷总重的5%；米体（即稻米）占82%，主要为淀粉和少量的蛋白质[17]。除稻米用做粮食外，稻谷加工过程产生的副产品，如碎米、米糠、米胚、稻壳等应用现代高新技术进行再加工提炼，可制成新的产品。例如，利用碎米可制取多功能淀粉、淀粉基脂肪替代物；利用米糠可提取米糠油、米糠营养素、米糠营养纤维、功能性多肽；米胚可用来生产米胚油、米胚精等营养保健食品和添加剂；利用稻壳可以制备白炭黑、活性炭，生产多种美容化妆品，详见图 5.6[18]。

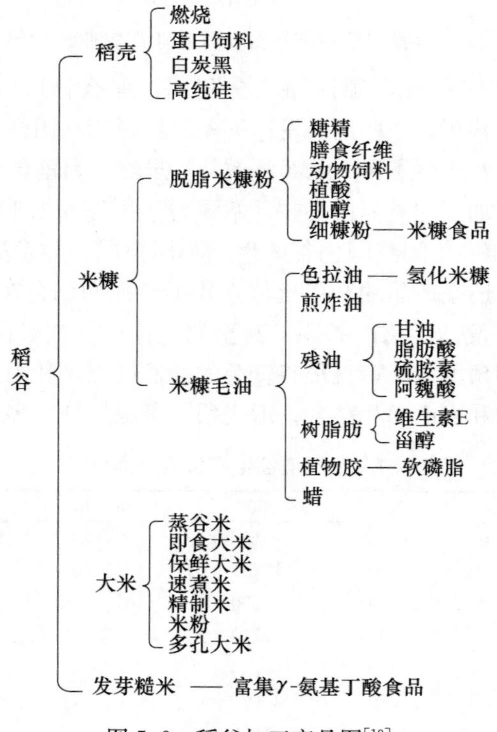

图 5.6 稻谷加工产品图[19]

稻谷加工成大米后剩余的稻壳、米糠、米胚、碎米等统称为稻米加工副产品（也称下脚料）。据测算，我国每年水稻产量为 1.8 亿～1.9 亿 t，每年可产生 3000多万 t 稻米副产物，其中 1400 多万 t 米糠，1700 多万 t 碎米，100 多万 t 谷物胚等。这些副产品集中了 64％的稻米营养素，但一直未能得到有效利用，一些米厂则直接把这些稻谷的副产品当成垃圾扔掉，造成资源浪费。稻米加工副产品完全可以经过再加工提炼，制成新的产品，实现物尽其用，其所产生的经济效益也非常可观，米糠里提炼出来的米糠毛油每吨可以卖到 5000 元左右，而碎米可以用来加工米乳。

稻米副产品深加工是我国稻谷生态产业开发中重要的组成部分，也是我国稻谷加工行业亟待解决的问题，搞好稻米副产品深加工，不仅能实现稻谷资源高值综合利用，而且能成倍地提高经济效益，增强企业的竞争力[20]。近些年来，国内一些研究机构和稻谷加工企业开始在稻米副产品的深加工方面加大了投入，大胆地进行探索并取得了良好的效果。江南大学研究开发稻米深加工高附加值产品 10 多种，分别利用早籼米与碎米生产低过敏性蛋白和抗性淀粉、多孔淀粉，使早籼米、碎米附加值提高 10 倍；利用米胚加工成米乳，1t 米胚可产米乳 8t，增值近 15 倍；应用生物、高效物理分离、超微粉碎等技术，从米糠中开发出米糠营养素泡腾片、米糠降血脂胶囊、米糠多糖等，使米糠增值 10 倍。黑龙江省虎林市通过科学规划，在发展绿色水稻的同时，发展稻谷深加工，每年除生产优质米 70 多万 t 外，还使 11.25 万 t 米糠、25 万 t 稻壳、125 万 t 稻草全部得到了利用，而且涌现出一大批稻谷深加工企业。湖北佳宝糖业公司将碎米经液化、糖化和异构化三步发酵，转化为葡萄糖，用发酵后的米渣生产高附加值的蛋白粉和蛋白发酵粉。1t 碎米可生产 1t 糖浆、130kg 蛋白粉和 65kg 蛋白发酵粉，加工后，碎米每吨平均增值 400 元。目前，该地区年转化碎米近 30 万 t，并形成年产糖浆 20 万 t、淀粉 20 万 t、蛋白粉 6 万 t 的产能。

可以看出，近些年来我国在稻米副产品深加工方面步伐正逐步加快，在很多方面都取得了突破性的进展，但与发达国家相比还有一定的差距，究其原因，主要是稻谷生态产业链还不够完善，稻米副产品加工过程中技术简单，产品品种较少，致使稻米副产品的附加值低，产品种类单一，选择性小。随着我国在稻米深加工方面研究的不断深入，以及引进国外先进的技术，我国的稻米深加工技术将会更加成熟，稻谷生态产业链也将不断完善，与发达国家的差距也会不断缩小。总之，稻谷生态产业链开发在我国势在必行，它是提高我国稻谷加工企业竞争力的必由之路。

5.1.2　薯类淀粉

1. 概述

全世界薯类（主要包括马铃薯、甘薯和木薯等）生产国有 100 多个，2000

年总种植面积为 5149.4 万 hm^2，平均单产 13.10t/hm^2，总产量为 67467 万 t，主要分布在亚洲、非洲、欧洲及美洲等地（表 5.8）。其中中国居世界第 1 位，尼日利亚为第 2 位，俄罗斯为第 3 位，印度为第 4 位（表 5.9）。

表 5.8　2000 年世界薯类生产分布情况[21]

地　区	面积/万 hm^2	单产/(t/hm^2)	产量/万 t	名　次
亚洲	1765	16.59	29281.35	1
非洲	1947.5	8.14	15852.65	2
欧洲	915	15.23	13932.4	3
北美洲	128.3	25.45	3264.7	4
南美洲	366.3	13.07	1787.4	5
大洋洲	27.3	13.01	355.4	6

表 5.9　2000 年世界前 4 名薯产国生产情况[21]

国　别	面积/万 hm^2	单产/(t/hm^2)	产量/万 t	比例/%
中国	1033.4	18.22	18828.5	28
尼日利亚	675.7	9.51	6425.91	9.5
俄罗斯	325	10.03	3259.7	4.8
印度	169.4	17.53	2969.58	4.4

根据中国统计年鉴数据显示，薯类作物的产量从 1978 年的 3174 万 t 增加到 2005 年的 3468.5 万 t，而到 2006 年下降到 2701.3 万 t，2007 年略有提升，达到 2807.8 万 t；种植面积从 1179.6 万 hm^2 减少到 2006 年的 787.8 万 hm^2，2007 年略提升到 808.2 万 hm^2（图 5.7）。

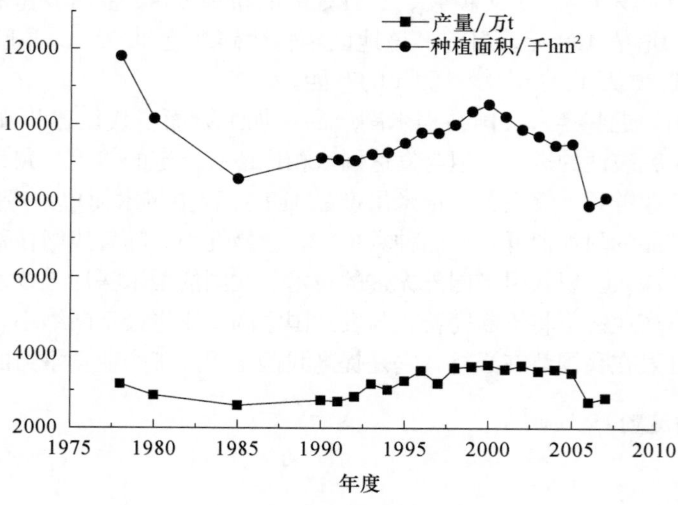

图 5.7　1978～2007 年全国薯类种植面积与产量（中国统计年鉴）

2. 中国薯类品种结构

2003 年中国薯类的播种面积为 970.2 万 hm^2，总产 3513.3 万 t。其中，马铃薯的播种面积 452.23 万 hm^2，占薯类的 46.6%，总产量 1361.9 万 t，占薯类的 38.8%；甘薯播种面积 517.97 万 hm^2，占薯类的 53.4%，总产量 2151.4 万 t，占薯类的 61.2%。从历史变化趋势看，马铃薯播种面积和产量占薯类播种面积和产量的比例不断增加，而甘薯产量及播种面积所占比例不断下降[21]。

木薯起源于热带美洲，广泛栽培于热带和部分亚热带地区，主要分布在巴西、墨西哥、尼日利亚、玻利维亚、泰国、哥伦比亚、印度尼西亚等国。

木薯于 19 世纪 20 年代引入我国，首先在广东省高州一带栽培，随后引入海南岛，现已广泛分布于华南地区，以广西、广东和海南栽培最多，福建、云南、江西、四川和贵州等省的南部地区也有引种试种。2001 年全国木薯种植面积 43.7 万 hm^2，鲜木薯产量 591 万 t，约占世界木薯总产量的 3.3%。

3. 薯类生产在粮食生产中的地位

从单产看，我国的水稻、小麦、玉米单产已超过世界平均水平，并且由于耕地的减少、农田质量下降、水资源短缺等问题，这些作物的单产提升空间非产有限，而马铃薯具有产量高、适应性强的特性，单产与世界平均单产相比存在较大差距[22]。

从播种面积和产量看，2003 年我国薯类播种面积占粮食播种面积的 9.8%，薯类产量占粮食产量的 8.2%，从历史趋势看，1949～2003 年薯类播种面积占粮食播种面积的比例、薯类产量占粮食产量比例都呈现先上升，后下降，再上升的变化趋势。薯类播种面积及产量所占比例变化幅度最大的是 1958 年，其变化幅度分别为 53.5% 和 47.4%，其中薯类播种面积所占比例最小的 1949 年为 6.4%，所占比例最大的 1958 年为 12.1%，薯类产量占粮食的比例最小的 1990 年为 6.1%，所占比例最大的 1958 年为 13.2%。表 5.10 和图 5.8 显示了 1978～2009 年全国粮食作物以及薯类的种植面积和产量。

表 5.10　1978～2009 年全国粮食作物以及薯类的种植面积　（单位：千 hm^2）

年　份	农作物总播种面积	粮食作物播种面积	谷　物	稻　谷	小　麦	玉　米	豆　类	薯　类
1978	150104	120587		34421	29183	19961		11796
1980	146380	117234		33878	28844	20087		10153
1985	143626	108845		32070	29218	17694		8572
1990	148362	113466		33064	30753	21401		9121
1991	149586	112314	94073	32590	30948	21574	9163	9078

续表

年　份	农作物总播种面积	粮食作物播种面积	谷　物	稻　谷	小　麦	玉　米	豆　类	薯　类
1992	149007	110560	92520	32090	30496	21044	8983	9057
1993	147741	110509	88912	30355	30235	20694	12377	9220
1994	148241	109544	87537	30171	28981	21152	12736	9270
1995	149879	110060	89310	30744	28860	22776	11232	9519
1996	152381	112548	92207	31406	29611	24498	10543	9797
1997	153969	112912	91964	31765	30057	23775	11164	9785
1998	155706	113787	92117	31214	29774	25239	11671	10000
1999	156373	113161	91617	31283	28855	25904	11190	10355
2000	156300	108463	85264	29962	26653	23056	12660	10538
2001	155708	106080	82596	28812	24664	24282	13268	10217
2002	154636	103891	81466	28202	23908	24634	12543	9881
2003	152415	99410	76810	26508	21997	24068	12899	9702
2004	153553	101606	79350	28379	21626	25446	12799	9457
2005	155488	104278	81874	28847	22793	26358	12901	9503
2006	152149	104958	84931	28938	23613	28463	12149	7877
2007	153464	105638	85777	28919	23721	29478	11780	8082
2008	156266	106793	86248	29241	23617	29864	12118	8427
2009	158639	108986	88401	29627	24291	31183	11949	8636

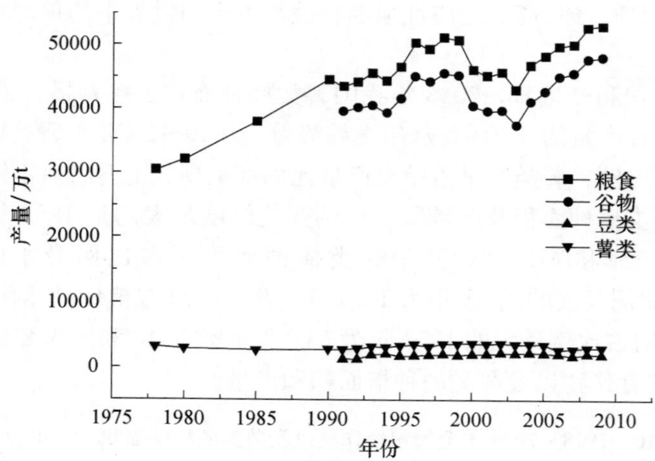

图 5.8　1978～2009 年全国粮食作物以及薯类的产量

从种植经济效益看，和其他粮食作物相比，薯类具有较高的种植效益，比小麦、玉米、豆类都要高，其中马铃薯每公顷的纯收益比小麦、豆类高，甘薯每公顷的纯收益比玉米、小麦、豆类高，各地薯类种植效益可能存在一定差别，种植效益不一定都比其他粮食作物高，但部分地区的薯类种植效益比其他粮食作物高，在薯类种植效益比较高的地区，可以考虑加大薯类的种植面积[22]。

4. 我国薯类生产区域布局

2003 年马铃薯产量占全国总产量的比例在 4%以上的省（自治区、直辖市）有：内蒙古（12.71%）、甘肃（11.02%）、云南（10.24%）、贵州（9.95）、四川（7.72%）、黑龙江（7.61%）、山西（5.82%）、重庆（5.43%）、湖北（5.06%）、陕西（4.13%），其中内蒙古是第一生产大省。

甘薯产量占全国总产量的比例在 4% 以上的省（直辖市）有：四川（16.36%）、山东（12.90%）、重庆（8.44%）、广东（7.43%）、安徽（6.68%）、河南（6.57%）、湖南（5.86%）、福建（5.53%）、湖北（4.31%），其中四川是第一生产大省，所占比例 1%以下的有：吉林、北京、内蒙古、天津、黑龙江、上海等。

木薯以广西、广东和海南栽培最多，福建、云南、江西、四川和贵州等省的南部地区也有引种试种。2001 年全国木薯种植面积 43.7 万 hm^2，鲜木薯产量 591 万 t，约占世界木薯总产量的 3.5%。广西是我国种植木薯的最大省份，种植面积和产量均占全国的 60%以上。上述数据分别说明了马铃薯、甘薯和木薯在全国的区域分布情况，而图 5.9、图 5.10 以及表 5.11 综合显示了 2009 年全

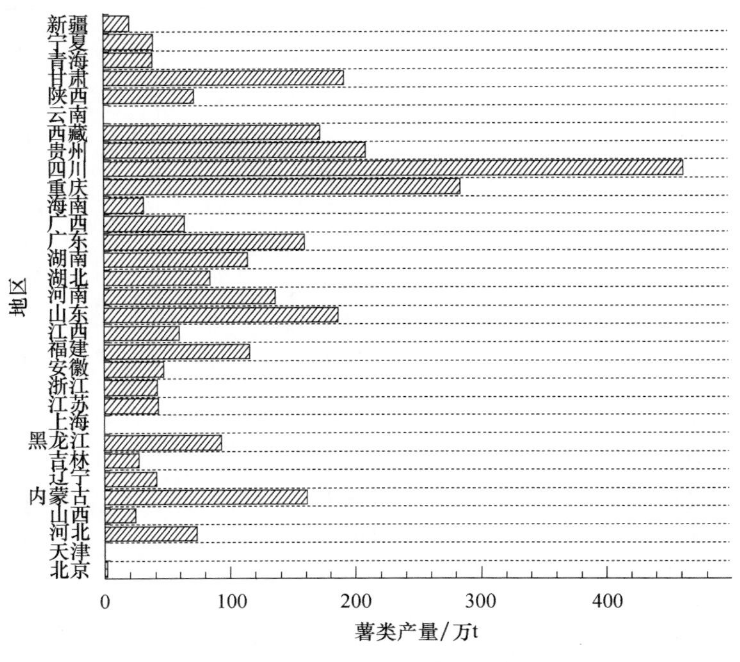

图 5.9　2009 年国内主要省（直辖市）薯类产量

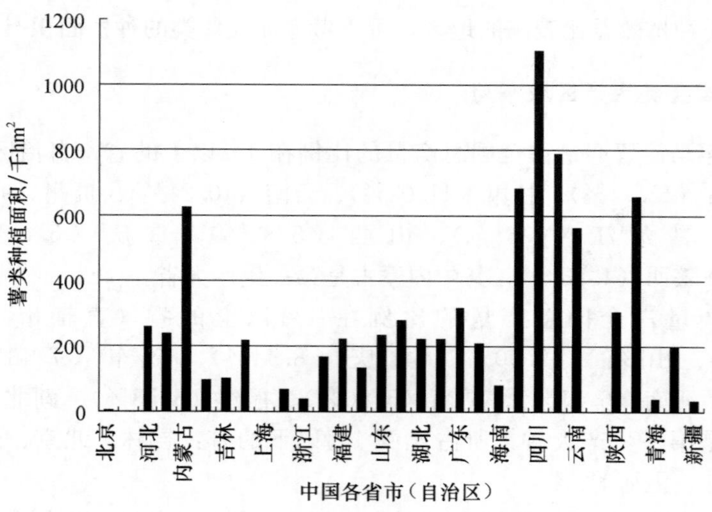

图 5.10　各省市薯类种植面积（中国统计年鉴）

国薯类（包括马铃薯、甘薯以及木薯等）的种植和产量分布，可以看出四川是全国薯类的第一生产大省。

表 5.11　2009 年全国薯类产量与分布

	产量/万 t	比例/%
全国（港、澳、台未包括）	2995.5	100
北京	1.7	0.056
天津	0.5	0.015
河北	73.4	2.451
山西	24.7	0.823
内蒙古	161.3	5.384
辽宁	41.7	1.392
吉林	27.0	0.901
黑龙江	92.9	3.100
上海	0.3	0.010
江苏	42.6	1.422
浙江	41.8	1.397
安徽	46.7	1.559
福建	116.1	3.875
江西	59.5	1.988
山东	186.3	6.220
河南	136.1	4.544
湖北	84.8	2.831

续表

	产量/万 t	比例/%
湖南	114.2	3.812
广东	159.8	5.334
广西	63.8	2.130
海南	31.8	1.062
重庆	284.4	9.494
四川	462.1	15.426
贵州	208.8	6.972
云南	172.2	5.748
西藏	0.3	0.011
陕西	72.0	2.402
甘肃	191.4	6.390
青海	38.3	1.279
宁夏	39.1	1.304
新疆	20.0	0.668

5. 中国薯类生产的资源优势

1）马铃薯

马铃薯原产于南美安第斯山地区，后被引入欧洲，再由荷兰人传入到我国东南沿海地区。此后，马铃薯逐步从东南沿海地区扩展到全国各地，已成为我国第四大粮食作物。马铃薯具有分布广、产量高（热带、亚热带地区一年可生产两季）、成熟早、用途多等特点。

据联合国粮食及农业组织资料统计，2002 年世界马铃薯种植面积为 18381 万 hm^2，产量 3.07 亿 t。中国马铃薯种植面积占世界总种植面积的 25%，年产量 0.67 亿 t，总产量约占世界的 22%和亚洲的 70%。

目前我国已成为世界上马铃薯生产第一大国。马铃薯资源主要分布在黑龙江、吉林、内蒙古、山西、甘肃、青藏高原和云南、贵州、四川等广大地区，分北方、中原、南方、西南四大区域。其中以西南山区的播种面积最大，约占全国总面积的 1/3。被中国农业部命名为“中国马铃薯之乡”的黑龙江省是全国最大的马铃薯种植基地。

我国马铃薯栽培面积变化呈 V 字形。近年来稳定在 400 万 hm^2 左右。但马铃薯单产提高幅度不快，1998 年全国平均单产为 13.9t/hm^2，低于世界平均产量 15%左右。2003 年世界马铃薯的收获面积为 1889.7 万 hm^2，我国收获面积为 450.2 万 hm^2，占世界收获面积的 23.8%；世界马铃薯产量为 31081.0 万 t，我国为6681.3万 t，占世界的 21.5%；世界马铃薯单产 16447.7kg/hm^2，单产最高的美国为 41151.7kg/hm²，中国单产为 14841.9kg/hm²，比世界平均水平低 9.8%，比美国低 63.9%。1961～2003 年，我国马铃薯收获面积及其占世界比例都呈现不断上升的变化趋势，从 1996 年开始所占比例都在 20%以上，所占比例最小的 1961 年为 5.9%，最大的 2002 年为 24.6%。马铃薯产量及其占世界比例呈现不断上升的变化趋势，从 2000 年开始，占世界比例都在 20%以上，所占比例最小的 1963 年为 4.4%，所占比例最大的 2002 年为 23.5%。世界和我国的马铃薯单产在波动中不断上升，世界单产的平均水平一直高于我国，但差距呈现不断减少的趋势，其中差距最小的 1998 年，只比世界平均水平低 0.5%。

目前我国年人均消费马铃薯 14kg，远低于世界年人均水平 28kg，更低于阿根廷的 52kg，美国的 61kg，俄罗斯的 121kg 及波兰的 136kg。马铃薯生产经济效益较高，据测算，在我国每公顷谷物的产值 3956 元，豆类 338 元，油料类为 4116 元，而马铃薯为 8790 元。马铃薯加工增值潜力更大，以 1kg 马铃薯为例，加工成淀粉增值 2.2 倍，加工成交联淀粉增值 4.2 倍，加工成快餐店的薯条增值 15 倍[23]。

2）甘薯

甘薯又名红薯、红苕、白薯。在我国红薯种植面积有 930 万 hm²，总产量 45 亿 t 左右，占世界总产量的 80%以上，居世界首位。

我国是世界最大的甘薯生产国。甘薯在我国分布很广，以淮海平原、长江流域和东南沿海各省最多。全国分为 5 个薯区：①北方春薯区，包括辽宁、吉林、河北、陕西北部等地；②黄淮流域春夏薯区；③长江流域夏薯区，除青海和川西北高原以外的整个长江流域；④南方夏秋薯区，北回归线以北，长江流域以南，除种植夏薯外，部分地区还种植秋薯；⑤南方秋冬薯区，北回归线以南的沿海陆地和台湾等岛屿属热带湿润气候，夏季高温，日夜温差小，主要种植秋薯、冬薯。2003 年世界甘薯收获面积为 903.1 万 hm²，我国收获面积为 530.9 万 hm²，占世界的 58.8%，是世界第一生产大国；世界甘薯产量为 12185.3 万 t，我国产量为 10019.2 万 t，占世界的 82.2%；世界甘薯单产水平为 13492.7kg/hm²，日本单产水平最高，为 23705.3kg/hm²，我国为 18872.7kg/hm²，比世界高 40%，比日本低 20%。1961～2003 年，中国收获面积及其占世界比例都呈现在波动中不断下降的趋势，其中所占比例最大的 1961 年为 81.2%，所占比例最小的 2002 年为 58.4%；我国甘薯产量的波动较大，呈现先上升，后下降，又上升，再下降的变化趋势，占世界比例呈现先下降，后上升，再下降的变化趋势。我国甘薯产量占世界的比例在 80%以下的只有 5 年，其他年份都在 80%以上。其中所占比例最小的 1964 年为 74.8%，最大的 1973 年为 87.6%；世界和中国的甘薯单产都呈现不断上升的趋势，1961～1964 年世界单产水平比中国高，但从 1965 年开始，中国的单产水平超过世界单产水平，而且差距不断拉大。

3）木薯

木薯是世界三大薯类之一，也是全球年产亿吨以上的 7 种作物之一。2001 年世界木薯产量为 17787 万 t，其中亚洲为 4949.2 万 t，占世界总产量的 27.8%。亚洲共有 12 个国家生产木薯，其中 3 个主要国家产量分别为：泰国 1828.3 万 t，越南 203 万 t，中国 591 万 t。中国约占世界总产量的 3.3%[23]。

许多热带、亚热带地区国家将木薯视为日常食物的主要热能来源。20 世纪 70 年代以前，我国南方部分地区居民也曾将其作为重要的粮食替代品。我国种植木薯的省份有广西、海南、广东、福建和云南等省（自治区）。根据联合国粮食及农业组织（FAO）统计数据，2006 年全国木薯产量为 430 万 t，种植面积为 26.58 万 hm^2，产量 90%以上集中在广东和广西。广西是我国种植木薯最大省份，其种植面积和产量均占全国的 60%以上。

由于木薯可在其他任何作物生长的地方种植，具有很强的抗干旱、耐贫瘠等特性，而且产量高、易储藏，其发展潜力十分可观。目前世界 60%的木薯作为食物，25%用于饲料，12%用于深加工。

5.1.3　非粮淀粉类资源

这里所说的非粮淀粉主要是以野生植物为原料来源的淀粉类。利用野生植物制备淀粉的优点是不与人争粮，不与粮争地，符合原料工业化的清洁、可再生要求和可持续发展策略，是未来发酵工业原料炼制的主要方向。

1. 橡子淀粉

青冈栎、栓皮栎、麻栎、高山栎等壳斗科常绿和落叶乔木其果实统称浆栎果，俗称橡子，种子含淀粉 30%～55%，还含有油脂、蛋白质等，可酿酒、榨油、浆纱、制粉条、糕点、乙醇和饲料等，是食品工业原料。橡子淀粉富含人体所必需的维生素和微量元素，含支链淀粉 60%以上。橡子淀粉可消除胃、肠中的污垢，排除肺脏的烟尘、尼古丁，降温解毒，被誉为人体“清道夫”。另外，橡子淀粉中含有 17 种氨基酸，其中包括有人体所不能合成而必须从食物中摄取的 8 种氨基酸，因此橡子淀粉备受消费者欢迎。橡子作为食品除直接用作食用橡子面、橡子淀粉外还可做豆腐及用于酿制。20 世纪 60 年代曾经掀起利用橡子的高潮，用它制酒和酱油。由于其自身缺陷，如淀粉支链度高难以消化吸收，且含有较多的单宁不易除净，因而其加工品仍有涩味和对中枢神经有毒害作用，使其在食品、饮料工业上的利用走入了死胡同，目前唯一的工业利用就是在纺织、印染和造纸工业上作上浆剂。用橡子生产淀粉民间早已流行，成套的工业生产流程也早已成熟[24]。

橡子淀粉的利用在我国有悠久的历史，主要用于食品加工以及工业发酵方面，但是因为橡子果种仁大多含鞣质而具有一定的苦涩味，且加工过程中易褐变，所以限制了橡子果的广泛食用。

橡子淀粉生产一般采用淀粉生产的湿法加工工艺，淀粉生产工艺流程经清洗—浸泡—碎解筛分—浓缩精制—脱水—干燥 6 个工段进行。将橡子仁放在水里浸泡 1～2 天，每天换水 1～2 次，去掉涩味后，用石磨磨成浆，装进缸等容器，沉淀后，倒掉上面水分，再过滤，把过滤物晒干即成淀粉。每 100kg 橡子可提出橡子粉 30～50kg。

橡子淀粉富含多种对人体有益的营养成分：脂肪、淀粉、蛋白质、单宁、钙、钾、钠、镁、铁、硒等元素一应俱全，尤其单宁更是其他元素不可替代的珍稀上品。《本草纲目》称其低热无毒、营养丰富。《中药大辞典》则指出：橡子取粉食，可健人，涩肠固脱，治泻痢脱肛及痔疮。《中国乡食大全》誉之“医食同源”。我们的近邻俄国、朝鲜尤其喜食。

橡子果中的鞣质属于植物多酚类，对生物大分子如蛋白质、多糖的结合特性以及金属离子的络合特性等化学性质使其具有多种生物活性，而这些生物活性最本质的方面体现在多酚对酶的抑制作用上（表 5.12），其机理主要在单宁所特有的分子结构和蛋白质的结合。

表 5.12　单宁对各种酶的抑制

单宁浓度/(g/L)	酶	抑制率/%
10.0	纤维素酶	80
2.0	β-糖苷酶	48
0.016	α-淀粉酶	70
1.8	果胶酶	85

橡子的利用已经有一定历史，但一直未能规模化开发利用。橡子果作为淀粉原料在工业发酵乙醇的应用，往往经过机械粉碎—去除单宁—高温或低温蒸煮—糊化—液化—糖化—液体发酵—初级蒸馏的路线生产乙醇。橡子属于坚果，机械粉碎能耗高，提取淀粉工艺复杂，难以利用粮食淀粉质原料生产乙醇的工艺技术路线。在粮食淀粉质原料生产乙醇工艺中采用的是液体液化—液体糖化—液体发酵—初级蒸馏的路线，这会产生大量高浓度有机废水，不仅容易造成环境污染，而且难以提取单宁等，造成资源的浪费，而橡子果的果壳在利用过程中也是被丢弃的部分。

2. 蕉芋淀粉

蕉芋（*Canna edulis* Ker）是一种很有潜力的淀粉作物，可以在山地和低地种植。蕉芋又名蕉藕、旱藕、藕芋等，属美人蕉科美人蕉属多年生草本植物，人工栽培收获的蕉芋块茎为一年生；原产南美洲热带亚热带地区，具有适应性广、喜温光、抗逆性强、产量高、易栽培、用途广等特点，在年均温 15℃以上，年降水量 800mm 以上亚热带区域各类土壤均可栽培。块茎富含淀粉，达 66%以上，是集粮食、能源、饲料于一体的多用途兼用作物。蕉芋生产潜力很大，在粗放栽培条件下，每亩块茎产量坡地达 2.5t 以上，坝地达 5t 以上。通过优质高产集成配套技术栽培，坡地和坝地亩产可达 5t 和 8t 以上。

蕉芋具有叶片美观、开花鲜艳、花期较长、病虫危害极少等优势，最初是作为一种多年生观赏作物，于 20 世纪 50 年代引入我国，主要在公园、房前屋后进行零星栽培作观赏用。50 年代末至 60 年代初，由于我国食物严重短缺，人们为生存而遍寻食物，野草、树根、芭蕉根、蕉芋块茎等均成为度荒的食物，在这些食物中，蕉芋块茎通过火烤熟后食用能解饥，且美味可口，由此蕉芋的食用价值得到关注，并通过生产实践，将其加工制成蕉芋淀粉、粉条、食用白酒、乙醇等，茎叶还可作饲料。由于蕉芋用途范围的拓展，兼之其耐粗放栽培且病虫害极少，成为大面积栽培发展的优势特色作物。蕉芋引入贵州从零星栽培作观赏开始到规模化种植已半个多世纪，研究主要集中在加工方法上，对品种和栽培技术的研究较少。

蕉芋在亚洲已成为高价值淀粉的新的原料来源，也是酿造发酵、食品和饲料加工的好原料。蕉芋淀粉颗粒粒径大，糊化温度低，糊透明度好，链淀粉含量高，成膜性好，其分子质量也很大，与马铃薯淀粉接近，具有较好的应用性质。蕉芋的开发利用以生产淀粉为主，并开发淀粉深加工产品以及粉丝、粉条等食品项目。目前，蕉芋淀粉主要以手工作坊式生产为主。其实，蕉芋的淀粉含量高，蛋白质、脂肪、灰分等杂质少，淀粉颗粒又大，是易用机制法生产淀粉的原料。

蕉芋淀粉还在更多领域中被广泛采用，一般 2.5kg 蕉芋淀粉可生产 0.5kg 味精，还可生产口服和注射用葡萄糖、高粱饴糖等淀粉糖，以及代藕粉等多种副食品。在纺织工业上，用蕉芋淀粉浆纱相比用粮食淀粉浆纱，具有黏结度高、光洁度好等特点。蕉芋淀粉还可用于造纸、制鞋、制帽、制作服装和文化用品等。

蕉芋淀粉工业化生产工艺流程如下：蕉芋—水力输送—清洗输送—二级清洗—清洗去石提升—蕉芋用型网挤压型制粉机—除砂—浓缩精制—真空脱水—气流干燥—成品包装。

目前，我国贵州是蕉芋淀粉的主要产区。

3. 黄姜淀粉

黄姜，又叫盾叶薯蓣（英文名 Peltate Yam）、火头根，系单子叶植物薯蓣科薯蓣属，为薯蓣科植物盾叶薯蓣（*Dioscorea zingiberensis* C. H. Wright）的根茎，是多年生缠绕草本，有地下块茎，含丰富淀粉，缠绕茎可长达 2m 以上，叶对生，三角状心形，全缘，具掌状脉。花单性，雌雄异株，穗状花序下垂；蒴果三棱状球形，具种翅；地下根茎是著名淀粉植物，也是滋补食品，又是药用植物；带果的薯蓣雌株，垂悬的果序，果反折。草质缠绕藤本，茎左旋，在分枝或叶柄的基部有时具短刺，单叶互生，盾形，叶面常有不规则块状的黄白斑纹，边缘浅波状，基部心形或截形；花雌雄异株或同株；雄花序穗状，雄花 2～3 朵簇生，花被紫红色，雄蕊 6；雌花序总状穗状。蒴果干燥后蓝黑色，种子栗褐色，四周围以薄膜状翅。花期 5～8 月。根茎类圆柱形，常具不规则分枝，分枝长短不一，直径 1.5～3cm，表面褐色，粗糙，有明显纵皱纹和白色圆点状根痕，质较硬，粉质，断面橘黄色，味苦。生于溪流两侧山谷、林边或灌丛中；主要分布于湖北、四川、陕西、辽宁、吉林、黑龙江等 8 省（自治区、直辖市）海拔 300m 以上的山地丘陵高寒山区，多年来人们对黄姜野生资源无计划地掠夺性采挖，导致该物种日渐枯竭。因而，我国甾体植物即将面临原料供应不足的局面，这将严重地威胁到我国甾体药物行业的发展。采用无性繁殖技术，经多年试验，通过人工栽培种植，取得了成功经验。因此大面积人工种植黄姜势在必行。

黄姜是生产甾体激素类药物的主要药源植物，是世界上皂素原料的王牌种类。目前，全国绝大部分皂素生产企业仍采用传统的自然发酵—酸解—提取生产工艺生产皂素，在生产中，黄姜中含有的淀粉（约占 40%）、水溶性皂苷（约占 2%）、黄姜色素（约占 2%）、黄姜油（约占 2%）以及单宁等其他成分，水解后形成葡萄糖、变形蛋白、多肽、氨基酸等物质，这些物质和黄姜皂苷 C3 位水解下来的糖类物质以及残余的酸一并进入皂素废水中，存在废水排放量大，环境污染严重等缺点。为此，一些研究者和研究单位分别进行了黄姜皂素加工过程中资源化利用的前端处理技术的研究，主要研究黄姜中的皂素、淀粉、纤维素的高效分离，分离后淀粉和纤维素的资源化利用等工艺技术。

黄姜其根茎果可直接入药，有祛湿、清热解毒的功效；现已研究发现黄姜可用于提取 120 种成分及工业无法大量合成的昂贵的甾体类激素——皂苷元；此外根状茎含有 50%淀粉，可综合用于柠檬酸、酿酒和乙醇生产，乙醇水及废酸液可提取农用核酸。皂素的涤加工产品“双烯”、“胱氨酸”、“无水胱氨酸”等多种延伸产品又是我国出口创汇的重要产品，国际市场十分紧俏，所以黄姜的经济价格很高，开发前景十分可观。

黄姜根茎内含薯蓣皂苷（dioscin）等，可作为激素类药物的原料药。世界上皂苷元含量在 1%以上的黄姜约 30 种，我国则有 50 余种黄姜，其中 17 个种、1 个亚种、2 个变种含皂苷元，占世界含有皂苷元植物的 50%以上，含量最高达 16.15%，超过墨西哥小穗花薯蓣 15%的记录，是世界上的王牌种类。黄姜是理想的提取甾体激素类药物的重要原料，皂苷元（俗称皂素），其甾体结构化合物加以改造，就可得到各种不同的甾体激素类药物。从黄姜根状茎中提取的最初产品为皂雄酮、乙酸孕酮（单脂）、强的松（泼尼松）、可的松系列以及催产素、避孕药等中间体或药物数千种，总之，以黄姜为原料，可以合成转化为性激素、蛋白同化激素和皮质激素等国计民生特需的系列产品，因此医药界称其为“药用黄金”，除国内需要外，一直俏销美国、德国、法国、日本等 120 多个国家和地区。

此外，黄姜除含皂苷元，还含有 45%～50%的淀粉，可用于酿造工业生产乙醇、酵母粉、肌苷粉、葡萄糖等；所含 40%～50%的纤维素，可生产羧甲基纤维素。提取皂素的废液，可提取农用核酸，是优质肥料。根状茎在医药、食品、高级化妆品、兽药等行业中也有广泛的用途，如根状茎直接入药，有祛湿、清热解毒之功效，民间用于治疗皮肤急性化脓性感染、软组织损伤、蜂蜇、虫咬及各种外科炎症，以及强身壮骨作用。水溶性活性物质可以生产盾叶冠心宁，用于治疗冠心病，效果好，副作用小。成都生物所利用黄姜研制的地奥心血康，具有调节新陈代谢机能，治疗动脉硬化以及对心血管系统的疾病都有较好的疗效，畅销国内外市场。另外，中国科学院武汉植物研究所研究发现，黄姜活性物质是杀灭钉螺，防血吸虫的理想药物，不仅灭螺效果好，而且不污染环境，保持生态平衡。

5.2　淀粉类原料的炼制

在微生物发酵过程中，普遍以碳水化合物作为碳源。使用最广的碳水化合物是玉米淀粉，也可使用其他农作物，如大米、马铃薯、番薯、木薯淀粉等。淀粉可用酸法或酶法水解生产葡萄糖，满足生产使用。

淀粉是一种重要的工业原料，是由葡萄糖组成的生物大分子。一些微生物，如丙酮丁醇梭菌等能够直接利用淀粉为原料发酵产品，但是绝大多数的微生物都不能直接利用淀粉，如氨基酸生产菌、乙醇酵母等。在工业发酵过程中，淀粉类原料的炼制对于发酵碳源的获得是极其重要的。

植物是淀粉类原料的主要来源。淀粉是植物体中储存的养分，主要储存在种子和块茎中，各类植物中的淀粉含量都较高，大米中含淀粉 62%～86%，小麦中含淀粉 57%～75%，玉蜀黍中含淀粉 65%～72%，马铃薯中则超过 90%。淀粉种类主要有玉米淀粉、绿豆淀粉、木薯淀粉、甘薯淀粉、马铃薯淀粉、小麦淀粉、菱角淀粉、藕淀粉等。

淀粉有直链淀粉和支链淀粉两类。直链淀粉含几百个葡萄糖单元，支链淀粉含几千个葡萄糖单元。在天然淀粉中直链的占 20%～26%，它是可溶性的，其余的则为支链淀粉。当用碘溶液进行检测时，直链淀粉液呈蓝色，而支链淀粉与碘接触时则变为红棕色。淀粉不溶于水，在和水加热至 60℃左右时（淀粉种类不同，糊化温度不一样），则糊化成胶体溶液。淀粉的结构简式 $(C_6H_{10}O_5)_n$，直链淀粉相对分子质量较小，在 50000 左右，支链淀粉相对分子质量比直链淀粉大得多，在 60000 左右。

5.2.1 谷物淀粉的制备

以玉米淀粉提取为例，淀粉的制备主要在于玉米的提胚。在提胚过程中，一方面要使玉米胚和玉米皮尽量完整地脱落，另一方面将混合物中的各种物质分离，以尽量提高胚的得率和纯度[25]。

玉米在深加工前要进行提胚去皮，即把种皮（将种皮和果皮统称为种皮）、胚以及胚乳分开。这是因为玉米胚乳、胚、种皮三者组分差异较大，分开利用可以分别用来制备相应的产品，提高玉米的综合利用程度，提高其附加值。其原因如下：

（1）玉米颗粒具有明显区别于其他粮食的特性。

玉米胚中脂肪含量很高，个别品种可达到 41%，可以生产食用玉米油。这些脂肪中含有大量的不饱和必需脂肪酸，如亚油酸和亚麻酸。玉米脂肪的平均消化率为 95.8%，其营养价值极高。目前市场上玉米毛油的销价为 6000 元/t，一级油为 7700～8000 元/t，胚饼为 1000 元/t。若按年产万吨乙醇日处理玉米 200t，1.2%毛油出率计，每年得毛油 720t，饼 6000t，合计产值约为 1000 万元。

（2）玉米深加工前提胚可减少营养物的损失。

玉米胚含油很高，进入液化糖化发酵时会在液面产生一厚油层，使 CO_2 不能及时排放而造成发酵液酸度增加，对菌体的繁殖和代谢产生不良影响，使发酵不彻底，造成产品的产量和质量下降[26]。因此，提胚既减少了营养资源的浪费以及对环境的污染，又减少了油渍皮质对管路的污染和堵塞，延长了液化、糖化、发酵的设备使用寿命。

（3）提胚去皮的玉米渣是加工谷物食品最好的原料之一。

用含胚的整粒玉米加工食品其口味会含有胚油味，且口感粗糙。纯净的玉米胚乳可用来生产玉米膨化食品、玉米片、珍珠米等。

从玉米的结构成分和特性可以看出，胚乳的主要成分是淀粉，脆性较大，破碎强度低；胚的主要成分是脂肪，韧性和弹性较大，不容易被破碎。对于高水分的玉米，这一差别更为显著。因而胚和胚乳的分离是玉米淀粉制备中一个相当重要的环节。各组分密度、悬浮速度和摩擦系数的差异，为胚、胚乳的分离提供了依据，也为采用合理的流程、选择和设计分离设备提供了可靠的参数。例如，当玉米水分含量在 14.5%以下时，胚的水分含量低于玉米籽粒水分含量的 2%～3%，此时玉米胚乳、胚、皮的结合比较牢固，不易脱皮[27]。

玉米提胚的方法，一般取决于所得产品的质量要求和用途。在西欧各国，对玉米粉的质量除了颗粒度和粉色要求之外，还把脂肪含量当成一项重要指标，脂肪含量一般以 1%为界限，根据产品的用途不同而异。例如，作为食用的面和糖，要求脂肪含量不要低于 1%，对酿酒工业，则要求脂肪含量不超过 1%[25]。

目前主要的玉米提胚法分三种：湿法提胚、干法提胚和半湿法提胚[28]。

1. 湿法提胚

将玉米用大量含亚硫酸的水浸泡后进行研磨提胚，用旋流分离器分离得到较完整的胚。浸泡的目的是使玉米粒变软，外部蛋白质分解，使胚、蛋白质和纤维等容易与淀粉分离。用亚硫酸水浸泡是为了缩短浸泡时间，并且防止浸泡过程中微生物发酵。该法普遍被淀粉行业及葡萄糖行业用来生产 99%以上纯度的淀粉，此外还常被用于乙醇发酵行业。目前玉米湿法提胚工艺流程如图 5.11 所示[28]。以湿法提胚工艺为例，介绍玉米淀粉的制备流程。

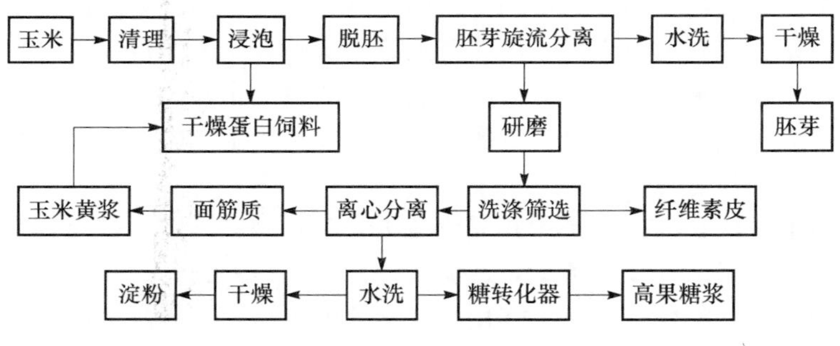

图 5.11　玉米湿法提胚工艺流程[28]

1）固体杂物的清除

优选清除杂质，颗粒饱满，无虫蛀，无霉变的玉米粒。但是玉米中仍存在不同颗粒度的固体杂质，为了保证安全生产和产品质量，首先必须清除其中的杂质。清除方法主要采用筛选、风选等，设备有振动筛、去石机、永磁滚筒、洗麦机等。

振动筛用来清除玉米中的大、中、小杂物。第一层筛面用直径 17～20mm 圆孔，第二层筛面用直径 12～15mm 圆孔，除去大、中杂物，第三层筛面选用直径 2mm 圆孔除去小杂物。去石机主要用来除去玉米中的并肩石，由于玉米粒度较大，粒型扁平，密度较大等特点，在操作时应将风量适当增大，风速适当提高，穿过鱼鳞孔的风速为 14m/s 左右。鱼鳞孔的凸起高度也应适当增至 2mm，操作时应注意鱼鳞筛面上物料的运动状态，调节风量，并定时检查排石口的排石情况。永磁滚筒是用来清除玉米中的磁性金属杂质，安置在破碎机前面，防止金属杂质进入破碎机内。洗麦机可以清理玉米中的泥土、灰尘。经过清理后玉米的灰分可降低 0.02%～0.6%。

2）浸泡

湿磨前玉米必须经过浸泡达到软化。浸泡并不是简单地将玉米水浸，要求水量适当均衡，二氧化硫浓度、pH、温度都要维持在正常范围内，玉米一般在48～52℃浸泡30～40h。最终玉米粒达到以下状态。

①含水约45%（湿基）；②所含干物质有6.0%～6.5%以可溶物进入浸泡水；③每千克吸收0.2～0.4g二氧化硫；④软化到可以在两手指之间压扁，谷粒可以很容易地用手指挤裂，胚芽完整脱出，不黏附胚乳、谷壳。当胚乳在粉碎时，淀粉成白色絮状沉淀，而麸质则成黄色絮块。

一般选用二氧化硫浸泡。浸泡中，二氧化硫的作用是通过分裂分子之间与分子之内的二硫化物来削弱谷蛋白基质。在浸泡中，由于二硫化物交联键被二氧化硫所破坏，一部分玉米蛋白成为可溶性，但这一点对基质的减弱作用较小。且反应产生的可溶多肽物是不能渗析的，主要是因为分子太大，不能通过细胞膜和种子被膜，保留在完整的玉米种子内，直到第一次破裂研磨才被释放出来。经过高温干燥的玉米在浸泡时所产生的可溶性蛋白质的量比未经干燥的玉米少，可能是由于提高了分子内氢键与非极性键的水平。但在干燥玉米中，一般使用的温度对蛋白质的溶解度没有什么影响。

玉米浸泡方法目前普遍采用几只或几十只金属罐用管道连接组合起来，用水泵使浸泡水在各罐之间循环流动，逆流浸泡。

浸泡温度对二氧化硫的浸泡作用具有重要的影响，提高浸泡水温度，能够促进二氧化硫的浸泡作用。但温度过高，会使淀粉糊化，造成不良后果。一般选取50～55℃为宜，不致使淀粉颗粒产生糊化现象。

浸泡时间对浸泡作用亦有影响。在浸泡过程中，浸泡水并不是从玉米颗粒的表皮各部分渗透到内部组织，而是从颗粒底部的疏松组织进入颗粒，通过麸皮底层的多孔性组织渗透到颗粒内部，所以必须保证足够的浸泡时间。玉米在50℃浸泡4h后，胚芽部分吸收水分达到最高值，8h后，胚体部分也吸收水分达最高值，玉米颗粒变软，经过粗碎，胚芽和麸皮可以分开。但蛋白质网仍未被分散和破坏，淀粉颗粒还不能游离出来。若继续浸泡，能使蛋白质网分散。浸泡约24h后，软胚体的蛋白质网基本上分散，约36h后，硬胚体的蛋白质网也分散。因为蛋白质网的分散过程是先膨胀，后转变成细小的球形蛋白质颗粒，最后网状组织被破坏。所以要使蛋白质网完全分散，需要48h以上的浸泡时间。

一般操作条件如下：浸泡水的二氧化硫浓度为0.15%～0.2%，pH为3.5。在浸泡过程中，二氧化硫被玉米吸收，浓度逐渐降低，最终放出的浸泡水内含二氧化硫的浓度为0.01%～0.02%，pH为3.9～4.1，浸泡水温度为50～55℃，浸泡时间为40～60h。浸泡条件应根据玉米的品质决定。通常储存较久的老玉米含水分低和硬质玉米都需要较强的浸泡条件，即要求较高的二氧化硫浓度、温度和较长的浸泡时间。

玉米经过浸泡以后，含水分应达到 40%以上。

3）玉米粗碎

粗碎的目的主要是将浸泡后的玉米破成 10 块以上的小块，以便分离胚芽。玉米粗碎大都采用盘式破碎机。粗碎可分两次进行：第一次把玉米破碎到 4～6 块，进行胚芽分离；第二次再破碎到 10 块以上，使胚芽全部脱落，进行第二次胚芽分离。

4）胚芽分离

目前国内胚芽分离主要是使用胚芽分离槽。优点是操作比较稳定，缺点是占地面积大，耗用钢材多，分离效率低，一般不超过 85%。国内外还有采用旋流分离器的玉米淀粉厂。这种分离器由尼龙制成，用 12 只分离器集中放在一个架子上，总长度不超过 1m，占地面积小，生产能力大，分离效率高，可达 95%以上。

5）湿磨

经过分离胚芽后的玉米碎块和部分淀粉的混合物，为了提取淀粉，必须进行磨碎，破坏玉米细胞，游离淀粉颗粒，使纤维和麸皮分开。磨碎工序的效果，对淀粉的提取影响很大。磨得太粗，淀粉不能充分游离出来，被粗细渣带走，影响淀粉出度。太细，纤维分离不好，影响淀粉质量。为了有效地进行玉米磨碎，通常采用二次磨碎。第一次用锤碎机进行磨碎，筛分淀粉乳；第二次用砂盘淀粉磨进行磨碎。也有采用万能磨碎机作第一次磨碎，经筛分淀粉乳后，再用石磨进行第二次磨碎。根据生产实践证明：金刚砂磨较石磨好，硬度高，磨纹不易磨损，磨面不需经常维修，磨碎效率也高。现已逐步以金刚砂磨代替石磨。

6）淀粉筛分

玉米碎块经过磨碎后，得到玉米糊，可以采用筛分的方法将淀粉和粗细渣分开。常用的筛分设备有六角筛、平摇筛、曲筛和离心筛等。

筛分淀粉的筛孔应根据筛分设备的种类和淀粉质量要求决定。六角筛清洗粗渣筛孔直径为 0.6mm，细渣筛孔直径为 0.12mm；平摇筛筛分粗渣筛孔用 7××号双料尼龙，筛分细渣筛孔用 12××号双料尼龙；曲筛清洗粗、细渣使用六级的 120°曲筛，筛长 1.6m，第一级曲筛的筛缝宽 0.05mm，其余各级筛缝宽 0.075mm；离心筛的转子筛板筛孔为 2mm×0.24mm。一般是用四级连续操作。

筛分粗、细渣所需清水量，以 100kg 干物质计算，筛分粗渣需 230～250L，细渣需 10～130L，水温为 45～55℃，含有 0.05%二氧化硫，pH 为 4.3～4.5 为宜。

7）蛋白质分离和淀粉清洗

分离粗、细渣后的淀粉乳浓度为 6～8°Bx，含干物质 11%～14%。所得淀粉化学组成分析如下。

从表 5.13 可以看出，淀粉乳中干物质除了淀粉以外，主要为蛋白质和水溶性物质，所以必须进行蛋白质分离和淀粉清洗。

表 5.13 淀粉乳中干物质组成与含量

成 分	含 量	成 分	含 量
淀粉	88%～92%	水溶性物质	2.5%～4.5%
蛋白质	6%～10%	二氧化硫	0.035%～0.045%
脂肪	0.5%～10%	细渣	0.05～0.1g/L
灰分	0.2%～0.4%		

8）离心分离和干燥

从旋流分离器出来的淀粉乳含水分 78%，把淀粉乳送入离心机进行脱水，可得到含水量为 45%的湿淀粉，这种湿淀粉即可以作为成品出厂或直接进入发酵工序。为了便于运输和储藏，最好进行干燥处理，将淀粉含水分降低至 12%的平衡水分，得到干淀粉。

湿法提胚工艺所得的胚纯度高，一般在 70%以上，胚的干基含油也较高，油粮比一般为 1.8～2.2，一般提取出的胚占 6%～8%。干燥后的胚（水分含量 2%～4%）含油率高达 44%～50%。但由于湿法提取的胚水分高达约 60%，所得湿胚必须经干燥才能储存或进入制油工序，这使得干燥能量消耗大，生产成本提高。而且在这种含水量大，转送时间长的提胚工艺中，会促使胚中的油脂酸败以及不饱和脂肪酸发生氧化，制取的玉米胚油酸价较高，油品质量差，油脂精炼损耗增大。另外，玉米籽粒用亚硫酸液浸泡，残余酸度对乙醇生产不利，对设备、管道也有一定的腐蚀作用[29]。因此，这种工艺的优点是各组成成分的分离彻底，可以得到比较纯的淀粉和胚，但该工艺设备投资大，投资回收期长，操作费用高，能耗高，污染严重，所得的蛋白质和胚只能用作饲料原料，不能食用。

湿法提胚工艺主要是将玉米作为淀粉原料来加以开发和利用，因而淀粉的市场需求对该工艺影响很大。当市场上纯淀粉的需求较大，供不应求时，湿法玉米加工工艺的优势就体现出来，而当市场上纯淀粉的需求变小，供大于求时，湿法提胚与其他提胚方式相比不占优势。而发酵、饲料、食品、糖浆等行业，也可以通过其他提胚工艺来进行。

2. 干法提胚

干法提胚是指不对玉米进行水分调节，玉米水分含量一般在 14.5%以内，直接利用机械法，先搓碾后挤压或撞击搓碾的共同作用，使玉米皮、胚和胚乳分离的方法。

目前玉米干法提胚工艺有两种流程：玉米联产提胚工艺和玉米简单干法提胚工艺，分别如图 5.12 和图 5.13 所示[28]。

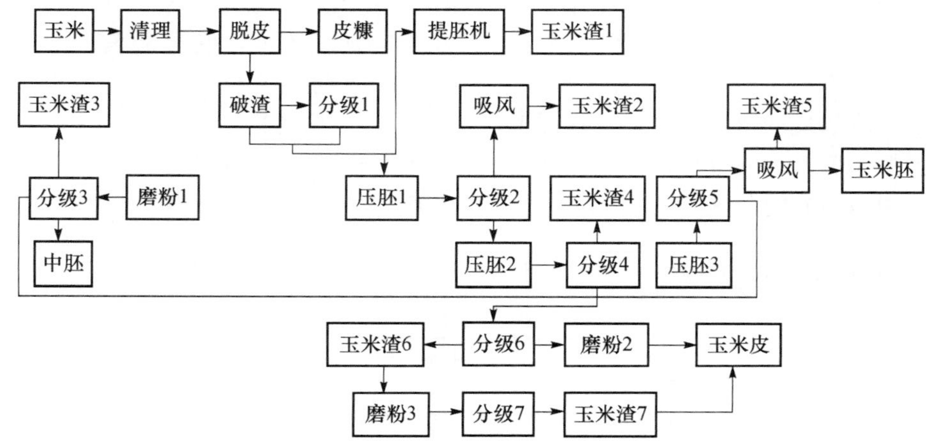

图 5.12　玉米联产提胚工艺流程

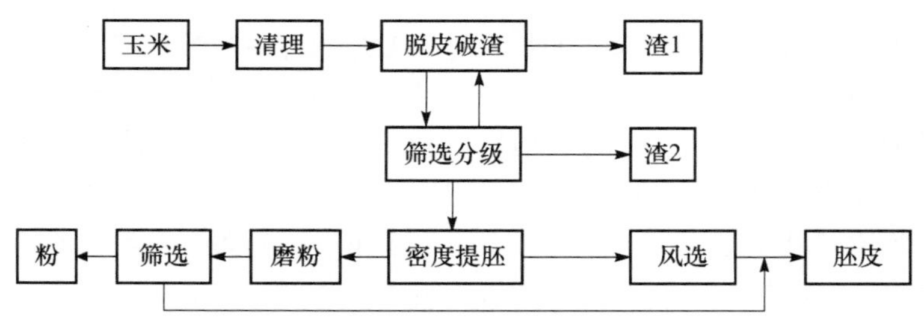

图 5.13　玉米干法提胚工艺流程

与湿法工艺相比，干法提胚工艺所得到的胚纯度和脂肪含量不高，胚中含有大量的淀粉，这种工艺因为分离效果差，分离纯度低，因此不能用于玉米生产淀粉，只能根据乙醇、啤酒、味精、柠檬酸、麦芽糖浆、葡萄糖浆以及膨化食品等适合以脱脂玉米粉渣为原料的一些行业的具体要求，加工生产脂肪含量低于15%、干基淀粉含量在 78%以上的含有玉米胚乳蛋白的玉米粉渣。这种工艺投资小，操作费用低，能耗低，无污染，所得的产品——玉米粉渣和胚可用作食品工业原料。目前从我国现有的干法提胚工艺的技术水平来看，需要解决的主要问题之一是胚破损严重造成的胚纯度低的现象[25]。

3. 半湿法提胚

玉米半湿法提胚是利用玉米胚的特性，使玉米籽粒在温度、水分、时间的综合作用下，使胚、胚乳、皮层在加工过程中的耐摩擦力、摩擦系数、密度、悬浮速度等方面的差异增大，采用水分调节以及搓碾、碾压、破碎、筛选和风选等技术，将胚和胚乳等其他组分分开[30]。例如，整粒黄白马齿玉米浸泡后，含水量达到18%～22%，其胚和胚乳的含水量及破碎强度不同，胚乳的破碎强度为10～30kg/cm²，胚的破碎强度为20～50kg/cm²。将玉米破碎、脱皮后再利用胚、胚乳和皮的密度、粒度及悬浮速度的不同，分出纯净胚乳（含胚≤1.2%）以及胚和胚乳的混合物，将混合物利用空气重力分级，再把胚压扁，经筛选分出胚，可以得到纯胚乳（图5.14），该工艺在美国被称为“Quick Germ”法[28]。

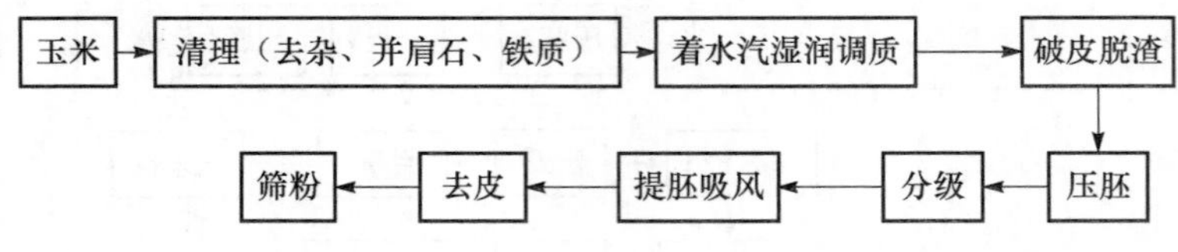

图5.14　半湿法提胚制渣（粉）工艺图

由于半湿法提胚的效果与胚和胚乳的含水量及破碎强度的差异大小有关，而因为不同产地、不同品种、不同收获季节、不同干燥方式的玉米各种物质含量、水分含量不同，因此不同玉米的半湿法提胚工艺的各项参数就不同。国内一般主要以马齿形为主，小圆粒形少，从侧面上看马齿形玉米的中央及顶端为粉质胚乳，两侧为角质胚乳，粉质区与角质区之比为1∶2。不同品种玉米这方面差别变化较大。粉质胚乳特点是细胞较大，淀粉粒既大又圆，蛋白基质较薄，易于吸水膨胀；角质胚乳细胞较小，淀粉粒小，呈多角形，其蛋白比粉质的高2%，黄色素含量也高，淀粉比粉质的少，不易于吸水膨胀[28]。

半湿法提胚与干法提胚一样，也存在着分离效果差以及分离纯度低的问题，不适合淀粉加工行业。但半湿法提胚淀粉损失率比干法提胚略低一些，从综合效益来看，略好于干法提胚。

目前我国玉米产量为1.3亿～1.5亿t，有1/10的玉米被加工成淀粉，用于纺织业、造纸业、食品业、医疗业等领域，淀粉总量接近1000万t（其中玉米淀粉接近900万t；木薯淀粉42万t，马铃薯淀粉24万t）。按目前的技术水平看，生产1t淀粉需1.5t玉米，耗电200kW·h，耗煤0.3t。

5.2.2　薯类淀粉的制备

目前，我国种植薯类的种类主要有木薯、马铃薯、甘薯三大类。其中北方地区主要为马铃薯，西南地区也有种植，广东、广西以木薯为主，安徽、江苏则多生产甘薯。鲜薯的加工多以淀粉为主，但是其致命的弱点就是储存期较短，一般3个月左右。因此以薯类淀粉为主要产品的工厂每年生产时间只有100天左右。

薯类淀粉的制备比较简单，主要工艺流程如图 5.15 所示：主要设备包括清洗机、切片粉碎机、纤维洗涤筛组、薯渣脱水机、干燥机、过滤器、淀粉浆离心脱水机、气流干燥机等[31]。

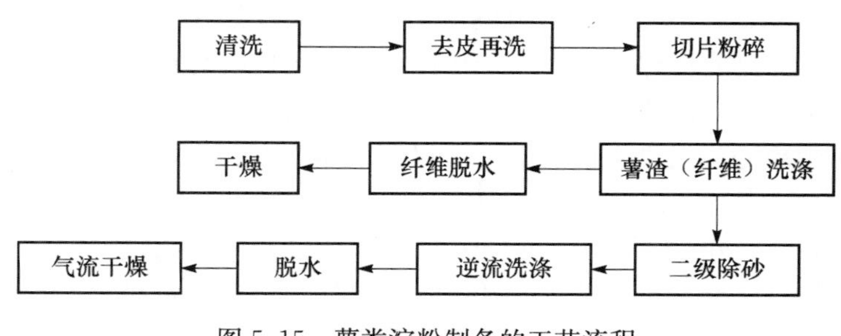

图 5.15　薯类淀粉制备的工艺流程

以马铃薯淀粉生产工艺为例简述如下。

1）清洗工艺

清洗主要是清除物料外表皮层沾带的泥沙，并洗除去除物料块根的表皮，去石机是要去除物料中的硬杂质。对作为生产淀粉的原料进行清洗，是保证淀粉质量的基础，清洗得越净，淀粉质量就越好。输送是将物料传递至下一工序，往往在输送的同时实现清洗。常用的输送、清洗、去石设备有：水力流槽、螺旋清洗机、桨叶式清洗机、去石上料清洗机、（平）鼠笼式清洗机、转筒式清洗机、刮板输送机等。根据土壤和物料特性可选择其中的一些进行组合，达到清洗净度高，输送方便的要求。

2）原料粉碎

粉碎的目的就是破坏物料的组织结构，使微小的淀粉颗粒能够顺利地从块根中解体分离出来。粉碎的要求在于：尽可能地使物料的细胞破裂，释放出更多的游离淀粉颗粒；并且颗粒易于分离。

3）筛分工艺

淀粉提取，也称为浆渣分离或分离，是淀粉加工中的关键环节，直接影响到淀粉提取率和淀粉质量。粉碎后的物料是细小的纤维，体积大于淀粉颗粒，膨胀系数也大于淀粉颗粒，密度又轻于淀粉颗粒，因此粉碎后的物料，以水为介质，可使淀粉和纤维分离开来。

4）洗涤工艺

淀粉的洗涤和浓缩是依靠淀粉旋流器来完成的，旋流器分为浓缩旋流器和洗涤精制旋流器。通过筛分以后的淀粉浆先经过浓缩旋流器，底流进入洗涤精制旋流器，最后达到产品质量要求。最后一级旋流器排出的淀粉乳浓度达到 23%是淀粉洗涤设备的理想选择。

5）脱水

马铃薯淀粉常采用真空吸滤脱水机，可实现自动给料、自动脱水、自动清洗。

6）气流干燥

气流干燥机是利用高速流动的热气流使湿淀粉悬浮在其中，在气流流动过程中进行干燥。它具有传热系数高、传热面积大、干燥时间短等特点。

淀粉经干燥后，由于温度较高，为保证淀粉的黏度，需要在干燥后将淀粉迅速降温。冷却后的淀粉进入成品筛，在保证产品细度、产量的前提下进入最后一道包装工序。

对于淀粉渣，小型工厂生产的淀粉渣不经干燥直接作为饲料，而大型工厂的淀粉渣大都进行干燥。为了节省热能消耗，可以先经压榨机脱水，然后用气流干燥机进行干燥。

5.2.3 淀粉转化为可发酵糖

淀粉是由葡萄糖组成的生物大分子，大多数的微生物都不能直接利用淀粉，如氨基酸的生产菌、乙醇酵母等。因此，在氨基酸、抗生素、有机酸、有机溶剂等的生产中，多要求将淀粉进行糖化，制成以葡萄糖为主的单糖使用，葡萄糖是菌体发酵最基本的碳源以及菌体生长和繁殖的能量及碳素来源。

淀粉水解成葡萄糖的过程包括液化和糖化。

淀粉液化可以通过酶法或者高温水解法进行。酶法液化是以 α-淀粉酶为催化剂，作用于淀粉的 α-1,4 糖苷键，从内部随机地水解淀粉，从而迅速将淀粉水解为糊精及少量麦芽糖，所以 α-1,4 糖苷键也称内切淀粉酶。淀粉受到 α-淀粉酶的作用后，其碘显色反应发生如下变化：蓝→紫→红→浅红→不显色（即碘原色）。无论是酶法还是高温水解法液化，都要先经过高温糊化的过程。淀粉颗粒在受热过程中吸水膨胀，体积迅速增加，晶体结构受到破坏，颗粒外膜裂开，形成一种糊状的黏稠液体，这一过程被称为糊化。糊化是淀粉液化的第一阶段。糊化的高温蒸煮不仅可以使原料中的细胞组织彻底破裂，使淀粉充分暴露，有利于糖化酶的糖化和酵母菌的发酵，还可以通过高温蒸煮，杀死原料内外附着的大量的微生物，有效地防止了生产中的杂菌污染。并且原料黏度的下降有利于原料输送以及下一工序的操作。淀粉经过一段时间的糊化过程后，虽然原有的淀粉链还未真正打开，但是因为外膜已经裂开以及晶体结构受到破坏，淀粉分子可以直接与酶作用，或者通过进一步的高温水解作用，使分子链迅速断开变短，最终生成含有少量葡萄糖的低分子糊精溶液，液体黏度也随之降低，这就是淀粉的液化过程。

淀粉糊化过程中分子链断裂产生的小分子中间物质叫做糊精。干糊精是一种黄白色的粉末，易溶于水，不溶于乙醇，溶解在水中具有很强的黏性，淀粉变为糊精之后，加入一滴碘时，溶液就会呈红紫色，而不会像淀粉遇碘那样呈蓝色。

糊化程度可以用糊化率来表示。

$$\text{糊化率}=\frac{\text{糊精或可溶性碳水化合物}\times 100\%}{\text{总糖}}$$

糖化是将液化后的低分子糊精在糖化酶的作用下水解成葡萄糖。因为淀粉颗粒晶体结构的原因，糖化酶对未经糊化的生淀粉的作用十分有限，所以淀粉在糖化之前，先要糊化和液化。在工业生产上，淀粉液化和糖化是两个很关键的工艺过程，尤其是液化过程，直接影响后续的糖化操作以及糖化液的质量。淀粉的糖化是以糖化酶为催化剂，该酶从非还原末端以葡萄糖为单位顺次分解淀粉的 α-1,4糖苷键或 α-1,6 糖苷键。因为是从链的一端逐渐地一个个地切断为葡萄糖，所以称为外切淀粉酶。淀粉糖化的理论收率：因为在糖化过程中，水参与反应，故糖化的理论收率为 111.1%。

玉米淀粉经过液化糖化之后，就可以用来发酵乙醇。发酵乙醇采用酿酒酵母菌种，目前发酵乙醇的工艺已经很成熟。淀粉发酵乙醇理论上淀粉出酒率为 58.6%。

淀粉糊化因为要经过高温蒸煮，需要很大的能耗。在乙醇生产过程中，蒸煮和乙醇的回收是两个最大的能耗环节。蒸煮过程所消耗蒸汽可占整个生产过程蒸汽消耗的 20%～30%[32]。为了降低蒸煮的能耗，近年来，有很多学者研究了无蒸煮发酵技术[32～44]，主要从高活力生淀粉糖化酶菌株的选育以及糖化发酵工艺方面来进行无蒸煮发酵的研究，但因为技术成熟度、生产成本等原因，一直未能实现大规模产业化。如果玉米在进行提胚等前处理过程中发生一定的糊化，那么可以大大减少发酵前高温蒸煮的糊化时间，降低能耗。用汽爆技术对玉米进行提胚，是一个高温高压的过程，玉米淀粉会在汽爆过程中发生一定的糊化作用。因此，从理论上讲，汽爆后的玉米淀粉用来发酵乙醇，可以减少或者省略发酵前的糊化环节，降低能耗。

5.3　淀粉原料的高效分离

然而通过以上的淀粉生产工艺可以看出：传统的淀粉分离工艺显然不适合发酵工业原料的高值化利用理念，产品得率低，原料大大浪费，因而有必要探索新型的高效分离的方法，在有效提取淀粉组分的同时，得到其他高附加值产物，有利于整个产业链的发展与进步[45]。本节以玉米为例，说明了淀粉类原料高效分离与全组分利用的意义与可行性。

5.3.1　新的玉米组分分离方式的意义

玉米的各种组分通过植物细胞结构和组织结构混杂在一起，胚、胚乳和玉米皮三者的成分有所不同，因此，三者的用途也有所不同。例如，淀粉主要集中在胚乳中，是制造淀粉以及发酵的原料，而油脂主要在胚中，可以用来提取玉米油，玉米皮的主要成分是木质纤维素。此外，玉米的胚、胚乳和玉米皮中各自还含有不同的组分。例如，玉米胚乳中除了淀粉之外还含有黄色素、蛋白质（尤其是醇溶蛋白）等物质，这些物质在玉米中虽然不是主成分，但是其经济价值却很高。如果能够将黄色素和醇溶蛋白等组分更容易地分离和提取，不仅可以让玉米各组分物尽其用，并且可以降低工业生产的成本，从而让玉米产生更大的经济价值。因此，玉米深加工前的组分分离不仅有助于提高产品的品质，还可以更好地对玉米进行综合利用，有助于更好地发挥出其各组分价值，解决资源浪费问题；并且合理的组分分离还可以减少转化过程中因为某些组分的损失、浪费而造成的污染问题。

为了能够从玉米深加工中获得更多高附加值的产品，近年来有很多对玉米中一些成分进行提取或者转化利用的研究，但是这些研究成果的产业化并不理想，其根本原因在于现在对玉米进行高值化的研究仍然是建立在湿法、干法和半湿法提胚组分分离的基础上的。

（1）干法和半湿法提胚工艺分离效果差，分离完之后各组分仍然有一定程度的混杂，不容易得到纯的组分，因此不容易转化成高品质的产品，并且不同组分相互混杂而带来的原料损失大，造成原料的浪费。

（2）湿法提胚工艺虽然各组分的分离彻底，可以得到比较纯的淀粉和胚，但投资大，操作费用高，能耗高，污染严重，所得的蛋白质和胚只能用作饲料原料，不能食用；并且湿法分离淀粉时，有很多淀粉混在了玉米黄粉中，分离出来的淀粉虽然品质高，但得率不高，造成了玉米淀粉的浪费。

因此，玉米深加工行业存在的综合利用程度低和污染大等问题，其根本原因在于现有的玉米组分分离技术不过关。组分分离技术在我国曾经受到高度重视，还被列入“八五”攻关计划，也取得一些进展，但至今还没有取得很好的效果，其主要问题是玉米胚的提取率和提取纯度较低，达不到工业生产要求。

因此，适应玉米高值化利用的新的组分分离方式，应该是基于玉米组织结构以及成分特性进行分离，不仅能够在植物组织层面上对玉米进行结构的组分分离，即将玉米胚、胚乳和玉米皮三组分有效地分离，并且要能够使玉米细胞中的各种化学成分更容易地分离，即将玉米细胞中的经济价值高的成分，例如黄色素、玉米醇溶蛋白、玉米油等物质更容易从细胞和组织中分离提取出来。同时，还能够尽量使各组分的成分不受到破坏。

5.3.2 汽爆技术对玉米组分分离的可行性

汽爆技术是蒸汽爆破技术的简称，是使用一定压力的介质对原料突然减压进行爆破的技术。汽爆条件的选择与原料的种类、汽爆物料的用途以及汽爆罐的性能有关。汽爆技术一般包括预处理、脱水、进料、汽相蒸煮、汽爆、固汽分离和固液分离等过程[46,47]。物料首先经过加水、加稀酸、加稀碱等预处理，以增强汽爆的效果，物料在浸洗处理后要先脱水，之后输送到汽爆反应器中。汽爆反应器一般需要进行预热，在物料进入反应器后，通入饱和水蒸气（有时也同时通入 N_2、空气等来提高汽爆反应器的蒸煮压力），继续加热使达到反应所需的温度和压力，然后进行汽相蒸煮，维持一定时间。反应完毕后，迅速打开放料阀门，使反应器内压力迅速降低，物料则从排料口底部进入收集罐，废气从排料口顶部排出，实现固汽分离。而固体物料中的液体会通过收集罐中的筛网进入底层，从排液管输出，进一步利用，去除液体的物料则可从收集罐的侧上部出口输出，进一步利用，从而实现了汽爆物料的固液分离。

蒸汽爆破技术是 1928 年由美国的 Mason 发明的，当时使用 7～8MPa 的饱和水蒸气爆破经化学预处理的木片制备纤维板[48]，但因汽爆技术爆破压力高，所以难以推广。但这之后，有很多关于汽爆技术的研究。20 世纪 80 年代以后，汽爆技术有很大的发展，应用领域也逐步扩大。国内对爆破制浆的研究是从 80 年代中期开始的[49,50]。这些汽爆工艺的缺点是木材需先用化学药品预处理木片再进行爆破，因而需要加入大量化学药品，造成环境污染。

陈洪章等在相关研究的基础提出了无污染低压汽爆技术，汽爆过程中不添加任何化学药品，因此可以消除污染。目前，无污染汽爆技术已经应用在秸秆综合利用、造纸工业、烟草加工、中草药提取、麻纤维清洁脱胶、淀粉类原料预处理等行业[51～56]。

目前我们在用汽爆技术对淀粉类原料预处理方面有一定的研究基础。研究表明，用新鲜葛根在不添加任何水分的情况下进行汽爆处理，通过汽爆的作用，葛根植物组织细胞壁破裂，结构破坏，葛根内的淀粉、黄酮等物质更容易从植物组织内溶出。汽爆后的葛根可以直接固态同步糖化发酵乙醇，省去了淀粉质原料在发酵前长时间蒸煮糊化的过程，从而降低乙醇发酵的能耗，并减少后续的废水处理过程[57]。

5.4　淀粉类原料的发酵工业炼制模式

本节以比较有代表性的植物淀粉谷物淀粉（玉米淀粉）和薯类淀粉（葛根原料）为例，利用蒸汽爆破技术对原料进行组分分离-分级炼制，论述两种淀粉原料的发酵工业模式，从而为淀粉类原料的新型炼制与发酵模式寻求新的路线。

5.4.1　玉米淀粉类原料的发酵工业炼制模式

通过研究汽爆对玉米组分分离的效果，证明了汽爆技术对玉米炼制的可行性，在此基础上形成了一系列的玉米淀粉类原料的发酵工业炼制模式，并且分别进行技术经济分析，考察了其经济可行性。

1. 汽爆对玉米的组分分离效果

选用了三种不同籽粒的老玉米作为样品。籽粒 1 大而饱满；籽粒 2 大小和成熟程度适中，属市场上常见大小的玉米；籽粒 3 比较小，不饱满。汽爆技术对不同玉米籽粒的组分分离效果如表 5.14 所示。实验结果表明，不同的玉米籽粒、不同浸泡时间以及不同汽爆条件都对玉米组分分离有影响。

表 5.14 汽爆技术对不同玉米籽粒的组分分离效果

汽爆条件		汽爆强度	组分分离结果								
压力/MPa	时间/min		籽粒 1			籽粒 2			籽粒 3		
			未浸泡	浸泡 24h	浸泡 48h	未浸泡	浸泡 24h	浸泡 48h	未浸泡	浸泡 24h	浸泡 48h
0.8	3	2.57	A	A	B	A	B	B	B	B	B
0.8	5	2.80	A	A	B	A	B	B	B	B	B
1.0	3	2.83	A	A	A	A	B	D	D	D	D
1.0	5	3.05	A	A	A	A	D	D	D	D	D
1.0	7	3.20	F	F	E	F	E	D	E	E	D
1.2	3	3.07	A	A	A	A	B	D	D	D	D
1.2	5	3.29	A	A	C	C	D	D	D	D	D
1.2	7	3.44	F	F	E	F	E	E	E	E	D
1.4	3	3.27	A	C	C	C	D	D	D	D	D
1.4	5	3.50	A	C	D	C	D	D	D	D	D
1.4	7	3.64	F	F	E	F	E	E	E	E	E
1.5	3	3.36	A	C	D	C	D	D	D	D	D
1.5	5	3.58	A	C	D	C	D	D	D	D	D
1.5	7	3.73	F	F	E	F	E	E	E	E	E
1.6	5	3.70	E	E	C	E	E	D	E	E	D
1.7	5	3.76	E	E	E	E	E	E	E	E	E

注：A 表示分离效果不好，胚乳较硬，无焦化现象；B 表示分离效果不好，胚乳松软，无焦化现象；C 表示分离效果好，胚乳较硬，无焦化现象；D 表示分离效果好，胚乳松软，无焦化现象；E 表示分离效果好，但有焦化现象，汽爆后的玉米成糊状；F 表示分离效果不好且有焦化现象。

汽爆对玉米组分分离的最佳效果是 D 所描述的分离效果，这种分离效果既能将玉米胚、胚乳和玉米皮三者充分分离，并且无焦化现象，胚乳糊化程度较高，比较松软，可能会有利于黄色素和醇溶蛋白的提取。

从表 5.14 中可以看出，汽爆压力过低（低于 1.0MPa）或者汽爆时间较短（3min）都不利于玉米的组分分离；而当汽爆压力太高（高于 1.5MPa）或者汽爆时间过长（超过 5min）容易使玉米焦化，效果不好。这是因为：汽爆压力过低或者时间过短，汽爆产生的爆破能力不足，不容易将玉米组分分离；而汽爆压力过大或者汽爆时间过长，高压水蒸气的温度过高，较高的温度会使淀粉焦化。因此，要将压力和时间控制在一定的范围内。在不使玉米焦化的汽爆条件范围内，汽爆压力越大，时间越长，组分分离效果越好。实验结果表明，玉米组分分离的效果与汽爆压力的关系更大一些，而与汽爆强度没有很直接的关系。汽爆强度是时间 t（min）和温度 T（℃）的综合效应，已有的经验公式[58]：

$$R_0 = t \times \exp[(T - 100)/14.75]$$

$\lg R_0$ 表示汽爆强度，可以用来表示汽爆效果，其中，参数 R_0 表示强度系数。通过水的饱和蒸汽压与温度的关系，得到不同压力下对应的温度，进而计算出汽爆强度。

汽爆对玉米组分分离的压力以 1.0～1.5MPa 为宜（对应温度为 180～199℃），低于 1.0MPa 玉米胚、胚乳以及种皮的分离效果不好，为 1.0～1.5MPa，压力越高，分离效果越好，但高于 1.5MPa 则容易出现玉米淀粉焦化变色的情况，这是因为压力越大，水蒸气的温度越高，较高的温度会使淀粉焦化。

汽爆时间以 3～6min 为宜，少于 3min 分离效果不好，在 3～6min 内，时间越长，分离效果越好，但多于 6min 则易出现玉米淀粉焦化变色的情况。

在玉米没有经过水浸泡的情况下，籽粒 3 在 1.0～1.5MPa 维压 5min 的汽爆条件下，玉米胚、胚乳、种皮三者分离效果很好，并且胚乳松软，松软的胚乳可能对黄色素以及醇溶蛋白的提取有利；而在同样条件下中粒玉米和大粒玉米分离效果不佳或者虽然分离效果好，但胚乳较硬。籽粒 2 用水浸泡 24h 后，在 1.0～1.5MPa 的压力下维压 5min，可以达到很好的分离效果，并且胚乳松软。籽粒 1 在用水浸泡 24h 后，在 1.0～1.5MPa 汽爆 5min 的条件下，也可以实现很好的分离效果，但胚乳较硬。胚乳较硬则结构致密，可能会不利于胚乳内黄色素以及醇溶蛋白的提取。

2. 其他条件对玉米汽爆的影响

不同籽粒的玉米的汽爆条件与汽爆效果与玉米的浸泡时间有关，是因为浸泡时间与玉米籽粒中的含水量有关。玉米籽粒的含水量越大，所需的汽爆条件越低，并且当玉米水分含量大的时候，玉米淀粉在高汽爆条件下不易焦化。表 5.15 显示了不同籽粒玉米在室温下浸泡不同时间的含水量变化。

表 5.15 不同籽粒不同浸泡时间的含水量

浸泡时间	含水量/%		
	籽粒 1	籽粒 2	籽粒 3
未浸泡	10.5	10.1	10.3
浸泡 1h	15.1	17.5	30.1
浸泡 2h	25.5	28.2	39.6

续表

浸泡时间	含水量/%		
	籽粒 1	籽粒 2	籽粒 3
浸泡 4h	26.1	29.8	40.5
浸泡 24h	33.2	38.4	40.8
浸泡 48h	34.9	39.7	40.8
浸泡 72h	35.2	40.5	40.9
浸泡 7 天	40.3	41.6	41.2

从表 5.15 中可以看出，浸泡时间越长，玉米中水分含量越大。籽粒小一些的玉米籽粒 3 在较短的时间内就能够达到较高的含水量，而籽粒大一些的玉米籽粒 1 需要浸泡更长的时间才能够达到较高的含水量。这说明水分在籽粒 1 中的扩散速度慢，在籽粒 3 中扩散速度快。水在玉米籽粒中的扩散速度与玉米的籽粒大小、成熟程度、原来的含水量以及不同的干燥方式有关。

汽爆条件与玉米的含水量有关，这可能是因为一方面玉米的含水量与玉米籽粒结构的致密程度有关，当玉米含水量高的时候，玉米的膨胀程度高，玉米不同组分的结合力会降低，有利于各个组分的分离；当膨胀程度高的时候，高温高压的蒸汽也更容易进入玉米籽粒内部。另一方面玉米籽粒内部的含水量大，在高温高压蒸汽环境下，内部的水分也迅速变为高温高压的蒸汽，从而加强了内部的爆破力。

玉米的含水量不仅与浸泡时间有关，还与浸泡温度有关。图 5.16 和图 5.17 显示了不同温度浸泡的玉米籽粒 1 含水量随时间的变化。从图 5.16 中可以看出，随着浸泡时间的增长，不同浸泡温度的玉米籽粒的含水量都在逐渐增大，增大到一定程度之后，含水量增加的速度变慢；对于 20℃、30℃、40℃、50℃、60℃的浸泡温度来说，都是在大约浸泡 24h 之后含水量增加速度变慢；而 100℃浸泡

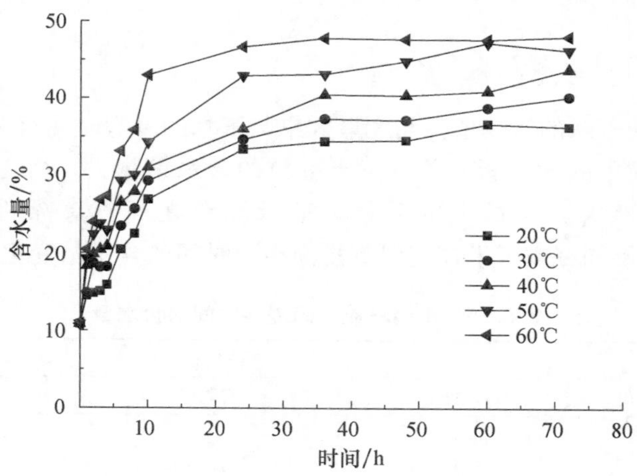

图 5.16　不同温度浸泡的玉米籽粒 1 含水量随时间的变化

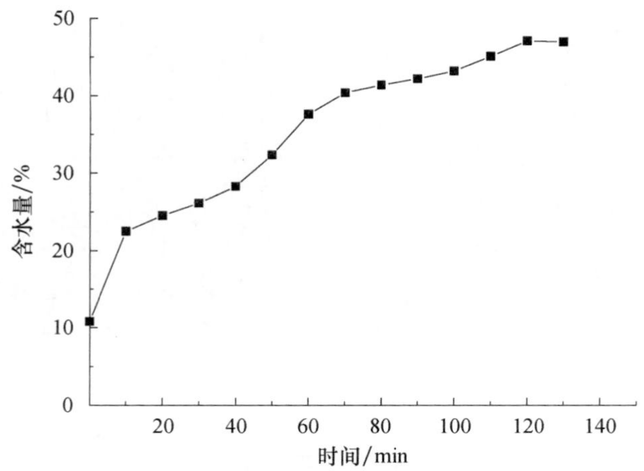

图 5.17　在 100℃浸泡的玉米籽粒 1 含水量随时间的变化

的玉米籽粒大约在浸泡 70min 之后含水量增加速度变慢，在 1h 内就可以达到很高的含水量。浸泡的温度越高，同样浸泡时间的玉米籽粒含水量越大，达到相同含水量所需要的浸泡时间越短。

因此，用汽爆技术对一批玉米籽粒原料进行组分分离时，要根据玉米籽粒本身的特性，兼顾生产效率与能耗，选择最佳的浸泡时间与浸泡温度。从以上实验结果可以看出，一般玉米籽粒的含水量在 30%以上时，用 1.0～1.5MPa 的压力爆破 3～5min，易实现胚、胚乳和玉米皮的有效分离。

实验表明，汽爆之后的玉米含水量为 50%～70%，汽爆之前的玉米含水量越大，汽爆之后的含水量也就越大。

3. 不同炼制方法的玉米形态及其结构

汽爆后的玉米中含有大量的水分，淀粉发生一定的糊化，结构松软。胚、胚乳和玉米皮三者有的完全分离开，有的还有些连接，但已松动，很容易相互分离。汽爆玉米胚乳的形态如 5.18 所示，汽爆后玉米胚的形态如图 5.19 所示，汽爆后玉米皮的形态如图 5.20 所示。汽爆后的玉米胚保持完整的状态，汽爆后的胚乳有的保持完整的状态，有的则裂成几瓣，汽爆后的玉米皮则成片状的破裂状态，有的是完整的一粒玉米上剥落下来的玉米皮，有的则是一粒玉米的玉米皮分成好几片，与干燥的玉米皮直接汽爆的状态完全不同。

汽爆后的玉米胚乳松软，用较小的机械力就可以将汽爆玉米胚乳研磨成细粉状。图 5.21 是研磨后的汽爆玉米胚乳的形态图。

将研磨后的湿态汽爆玉米胚乳在光学显微镜下观察，如图 5.22 所示。从图 5.22 中可以看出，汽爆后的玉米胚乳结构松散，颗粒之间分散程度高。

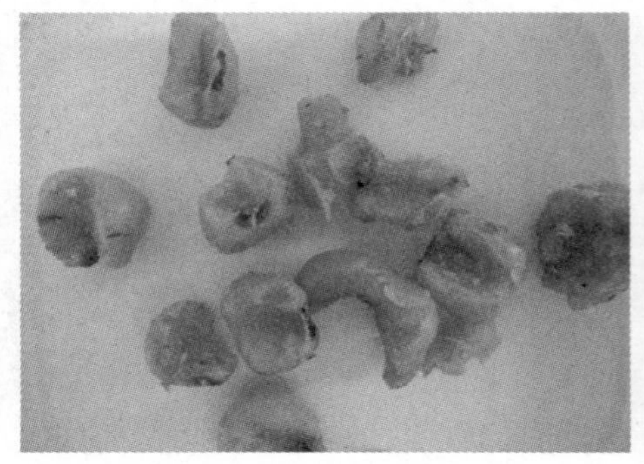

图 5.18　汽爆后的玉米胚乳形态

图 5.19　汽爆后的玉米胚形态

图 5.20　汽爆后的玉米皮形态

图 5.21　研磨后的汽爆玉米胚乳形态

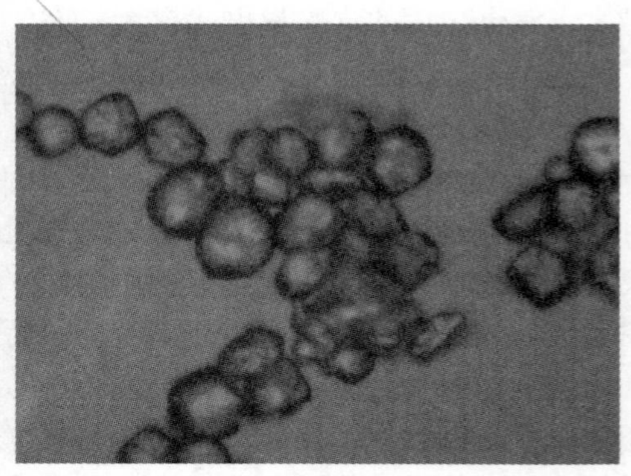

图 5.22　汽爆后的玉米胚乳湿态下光学显微镜照片（×400）

将研磨后的湿态汽爆玉米胚乳在 105℃干燥 6h 后，扫描电镜观察其形态结构，如图 5.23 所示。从图 5.23 中可以看出，当湿态的汽爆玉米胚乳在 105℃的高温下干燥之后，胚乳结构又变得致密，因而颗粒之间也结合紧密。这意味着用高浓度的乙醇提取干燥之后的汽爆玉米胚乳的黄色素效果可能会不佳。

图 5.23　汽爆后的玉米胚乳干燥后的电镜照片

玉米皮的主要成分是纤维素和半纤维素，以往的研究表明，汽爆技术能够让纤维类的原料实现组分分离，汽爆前后外观产生很大变化，但在玉米粒的汽爆过程中，玉米皮的形态并未发生很大变化，而单独将玉米皮进行汽爆处理，玉米皮的形态发生很大变化，这可能是因为物料结构的原因，玉米粒与玉米皮的整体结构不同，因此在相同的汽爆条件下玉米粒上的玉米皮与单独的玉米皮在受力性等很多方面是不同的。

在汽爆玉米组分分离过程中，玉米皮、胚、胚乳三者都保持完整的状态，这有利于三者之间的分离。三者之间不会发生因为互相混杂而在利用过程中产生一些成分的浪费和损失。

用亚硫酸浸泡后玉米如图 5.24 所示，从图 5.24 中可以看出，亚硫酸浸泡后的玉米粒保持原来的形状，籽粒变得松软，溶胀性好，容易将其破碎。浸泡之后的玉米要想分离胚、胚乳、种皮，无论是在工业上还是实验室里，都要再经过很多工序来完成。湿法提胚分离出来的玉米胚乳晾干粉碎后的形态如图 5.25 所示，

图 5.24　亚硫酸浸泡后的玉米形态

图 5.25　湿法提胚分离出来的玉米胚乳晾干粉碎后的形态

从图 5.25 中可以看出，湿法分离出来的玉米胚乳有松散的粉末状，也有颗粒状。电镜照片如图 5.26 所示，从图 5.26 中可以看出，湿法分离出来的玉米胚乳的大颗粒内部结构也有所松动。

图 5.26　湿法提胚分离出来的玉米胚乳晾干粉碎后的电镜照片

直接粉碎的玉米种皮和胚乳分不开，并且胚乳损失大。图 5.27 是机械粉碎后的玉米形态图，从图 5.27 中可以看出，粉碎后的玉米有较大的黄色颗粒，是胚乳和种皮的部分，胚的部分呈细粉状，可以用 40 目的标准筛对其进行筛分，筛分之后将分离的胚和胚乳称重，胚占 23%，胚乳和种皮占 77%。而在玉米籽粒中，玉米胚质量占 9%～10%，这说明胚乳中有很多细小的粉末也混在了胚中，胚乳有较大的损失。图 5.28 是过 40 目筛分离出来的玉米胚乳和种皮的形态，图 5.29 是过 40 目筛分离出来的玉米胚的形态。将筛分出来的玉米胚乳和种皮部分做电镜观察，如图 5.30 所示。从图 5.30 中可以看出，筛分出来的玉米胚乳和种皮部分沾有一定量的粉末状的物质，也有大颗粒状的部分，粉末状的部分附着在大颗粒上面。粉末状的部分可能是胚部分粘连混合在胚乳和种皮部分的，

图 5.27　玉米籽粒经机械粉碎后的形态

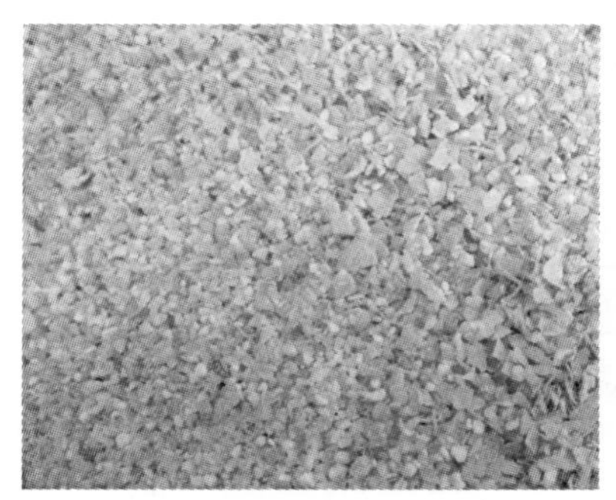

图 5.28　粉碎的玉米过 40 目筛之后分离的胚乳和种皮形态

图 5.29　粉碎的玉米过 40 目筛之后分离的胚形态

图 5.30　粉碎后的玉米胚乳和种皮的电镜照片

也有可能是被磨成粉末状的玉米胚乳部分，粉末状的部分结构松散，而大颗粒状的部分结构致密。

从汽爆之后、湿法处理之后、干法处理之后的玉米胚、胚乳以及玉米皮的形态结构的比较可以看出，汽爆法对玉米的组分分离不仅能够实现植物组织层面上的分离，即有效分离胚、胚乳和玉米皮，并且处理时间短，所需工序少，还可以使胚乳内部变得疏松，从细胞层面上进行组分分离，可能会有利于其内部物质的提取。并且，高温湿热作用使淀粉糊化，可能会减少玉米胚乳发酵前的糊化时间，这有利于玉米的高值化利用。

4. 玉米淀粉原料炼制发酵工业模式

通过前期的汽爆预处理工艺对玉米的作用研究及汽爆条件的分析，陈洪章等在新型的无污染汽爆组分分离和高值化利用理念的基础上提出了以下 4 条工艺路线对玉米淀粉原料进行炼制。

炼制工艺路线一简称“汽爆＋发酵”路线，如图 5.31 所示：将玉米汽爆处理之后，分离的胚乳转化为葡萄糖后用来直接发酵乙醇，胚用来提取胚芽油。

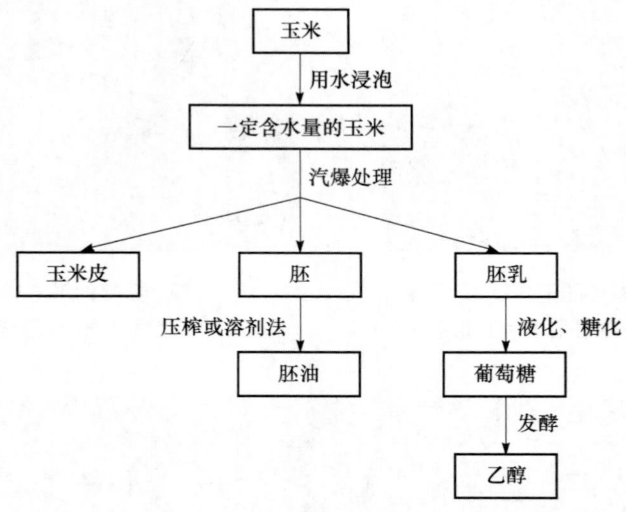

图 5.31　工艺路线一：汽爆玉米胚乳直接发酵的路线

炼制工艺路线二简称“汽爆＋黄色素提取＋发酵”路线，如图 5.32 所示：将玉米低压汽爆处理之后，分离的胚乳先用黄色素提取的最优化条件提取黄色素，然后分离的淀粉经液化、糖化后转化为葡萄糖发酵制备乙醇，胚用来提取胚芽油。

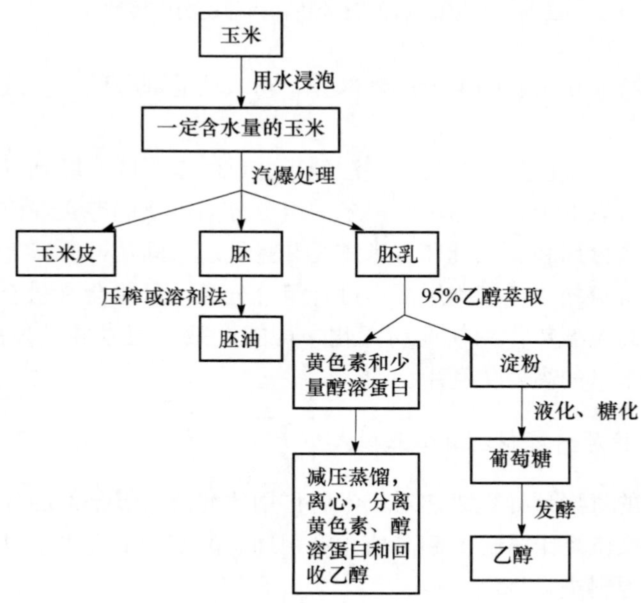

图 5.32　工艺路线二：汽爆玉米胚乳提取黄色素后发酵工艺路线

炼制工艺路线三简称“汽爆＋醇溶蛋白和黄色素联产＋发酵”路线，如图 5.33 所示：将玉米汽爆处理之后，分离的胚乳提取醇溶蛋白和黄色素，然后淀粉转化为葡萄糖后再发酵乙醇，胚用来提取胚芽油。

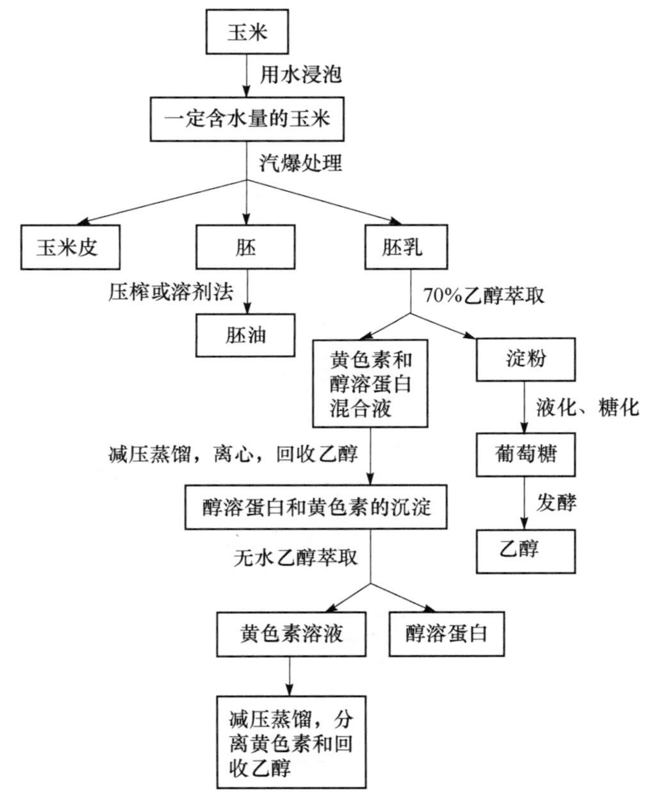

图 5.33　工艺路线三：汽爆玉米胚乳提取醇溶蛋白和黄色素后发酵的路线

炼制工艺路线四简称“汽爆＋醇溶蛋白和黄色素二次提取工艺联产＋发酵”路线，如图 5.34 所示：将玉米汽爆处理之后，将分离的胚乳用汽爆玉米胚乳醇溶蛋白和黄色素联产的二次提取工艺提取醇溶蛋白和黄色素，然后再发酵乙醇，胚用来提取胚芽油。

5. 汽爆玉米发酵乙醇技术经济分析

在工艺路线的技术可行性基础上，为了说明以上工艺路线的工业可行性，进行了初步的技术经济核算。

1）成本

生产中，生产成本主要来自原材料、设备折旧和人力成本、能耗。将汽爆玉

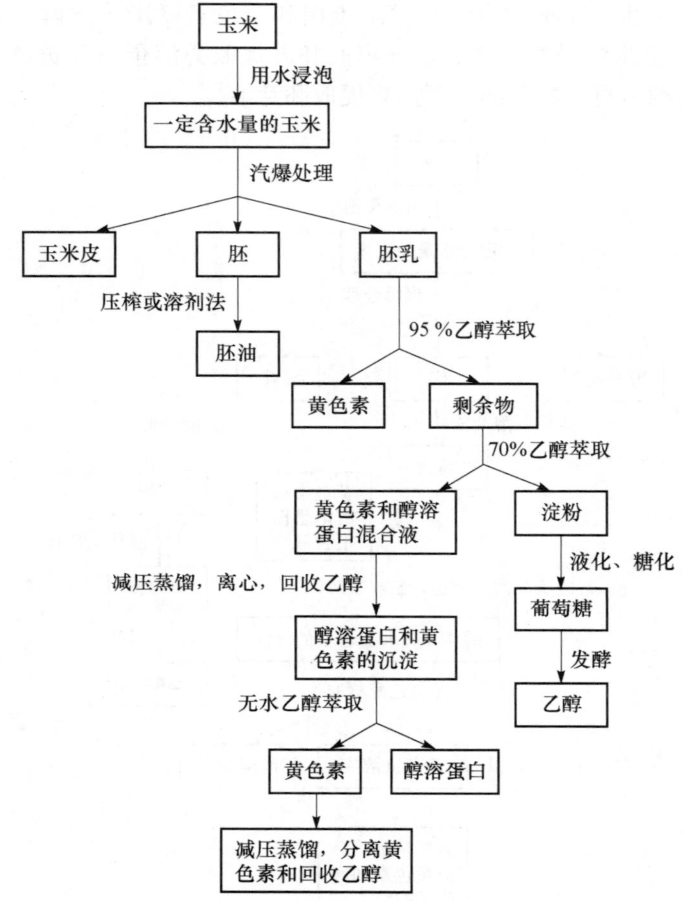

图 5.34　工艺路线四：汽爆玉米胚乳用二次提取工艺提取醇溶蛋白和黄色素后发酵的路线

米组分分离发酵乙醇的路线与现有的玉米提胚后发酵乙醇的路线的一些指标进行比较，以加工每吨玉米所需的各类消耗以及得到产品的量来计算，如表 5.16 所示。

表 5.16　加工每吨玉米的消耗和产品量

指　标	汽爆法	湿　法	干　法	半湿法
电耗/kW	8	65	20	15
汽耗/t	0.2	0.302	0	0.002
水耗/t	2（用于汽爆前浸泡玉米）	3.02	0.064	0.02
潮粮烘干费用/元	0	0	12.6	12.6
污水处理费/元	2	6	0	0

续表

	汽爆法	湿　法	干　法	半湿法
玉米胚饼/kg	68（纯度 0.95）	60（纯度 0.99）	120（纯度 0.7）	130（纯度 0.85）
玉米毛油/kg	24.5	26	13	20
含水量 10%的玉米皮/kg	133	140	140	140

注：湿法、干法和半干法的数据来自参考文献［59］。

按照 1kW·h 电 0.9 元，1t 水 2 元，1t 蒸汽 100 元来计算生产成本，按照可用于玉米淀粉发酵的淀粉量的比例来计算比较发酵成本，加工 1t 玉米的成本如表 5.17 所示。

从表 5.17 的成本分析中可以看出，技术路线一（汽爆＋发酵）的总成本比干法路线和半湿法路线的总成本分别高出 32 元和 30 元，高出的成本主要来自发酵成本。因为技术路线一在组分分离时玉米淀粉的损失小，因而可以用于乙醇发酵的玉米淀粉要多于对比路线二和三，因而其发酵成本也相对比较高。如果不考虑发酵成本，只考虑组分分离相关环节的成本，技术路线一的成本比湿法工艺低 119 元，比干法工艺低 1 元，比半湿法工艺低 4 元。由此可以看出，汽爆玉米组分分离与其他组分分离方法相比，更节约成本。

表 5.17　不同技术路线中各个单元操作的成本　　（单位：元）

各单元的成本	路线一	路线二	路线三	路线四	湿法（对比路线一）	干法（对比路线二）	半湿法（对比路线三）
玉米	1580	1580	1580	1580	1580	1580	1580
电耗	7.2	7.2	7.2	7.2	58.5	18	13.5
水耗	4	4	4	4	6.04	0.128	0.04
汽耗	20	20	20	20	45.3	0	0.3
污水处理费	2	2	2	2	6	0	0
醇溶蛋白和黄色素提取成本	0	260	450	400	0	0	0
设备折旧	13.33	16.67	17.67	17.67	50	15	16.67
每吨潮粮烘干费用	0	0	0	0	0	12.6	12.6
人力成本	80	100	100	100	80	80	80
发酵成本	226.2	226.2	226.2	226.2	170	195	200
总成本	1933	2216	2407	2357	1996	1901	1903

2）产品与收益

吨粮玉米淀粉等物质的比较：湿法提胚可以得到约 500kg 的淀粉，250kg 的玉米蛋白粉，50kg 的纤维素；干法提胚可以得到约 700kg 的淀粉，其中约含有 70kg 的蛋白质，40kg 的纤维素；半湿法提胚可以得到约 680kg 的淀粉，其中约含有 68kg 的蛋白质，39kg 的纤维素。以上数据为湿重（含水量约 10%）。汽爆组分分离之后得到的玉米胚乳中淀粉含量（干质量）见以下分析。

按照含水量为10%的1t玉米能够生产的各种产品的量来计算产品收益。1t玉米经过汽爆处理之后，约有5%物料损失，按照得到的胚乳、胚和玉米皮三者的干质量分别约为78%，8%和14%来计算，1t玉米可以得到约667kg干质量的胚乳，68kg干质量胚，120kg干质量的玉米皮。

（1）黄色素。黄色素的收益的计算方法是按照从每单位干质量的汽爆玉米胚乳中获得的黄色素的色价来计算。玉米黄色素的色价的计算方法是，用玉米黄色素与醇溶蛋白分离后的提取液在446nm下的光吸收乘以提取液的体积，除以提取物料的干质量，再除以100。由于所用的玉米原料的差异性，玉米原料本身含有的黄色素的量有所不同，应根据提取率的比例来计算。根据提取率以及提取的OD值进行色价的估算，技术路线二可以从每千克干质量的汽爆玉米胚乳中提取出色价$E_{1cm}^{1\%}$（446nm）约为100的黄色素；技术路线三可以从每千克干质量的汽爆玉米胚乳中提取出色价$E_{1cm}^{1\%}$（446nm）约为90的黄色素；技术路线四可以从每千克干质量的汽爆玉米胚乳中提取出色价$E_{1cm}^{1\%}$（446nm）约为80的黄色素。

按照1色价的玉米黄色素价格为0.1元计算收益。

参考价格：国产色价$E_{1cm}^{1\%}$为85的柑橘皮黄色素的价格是1500元/kg。日本产10g的玉米黄色素价格是620元。

（2）醇溶蛋白。醇溶蛋白的收益的计算方法是按照从每单位干质量的汽爆玉米胚乳中获得的醇溶蛋白量来计算。技术路线二可以从每千克干质量的汽爆玉米胚乳中获得约4.3g醇溶蛋白；技术路线三可以从每千克干质量的汽爆玉米胚乳中获得19.3g醇溶蛋白；技术路线四可以从每千克干质量的汽爆玉米胚乳中获得15.2g醇溶蛋白。

按照1kg醇溶蛋白60元来计算收益。

参考价格：市面上出售的精制玉米醇溶蛋白每千克220元。

（3）玉米油。玉米油的收益的计算方法是按照从每单位干质量的汽爆玉米胚中获得的胚油量来计算。为了计算玉米油的收益，进行以下实验：取2.0g干质量的汽爆玉米胚，以石油醚作为提取溶剂，采用索氏提取的方式提取玉米油，提取时间为2h，得到0.7192g玉米油，提取率为36.0%。以此数据计算玉米油的收益，技术路线一到技术路线四均可以从每千克干质量的汽爆玉米胚中得到约为360克的玉米油。按照每吨玉米油6000元来计算收益。

（4）胚饼。胚饼的收益的计算方法是按照从每单位干质量的汽爆玉米胚中获得的胚饼的量来计算。按照提取胚油之后的剩余的物质的干质量来计算胚饼量。技术路线一到技术路线四均可以从每千克干质量的汽爆玉米胚中得到约为640g的玉米胚饼。按照每吨胚饼1400元来计算收益。

（5）发酵产品——乙醇。乙醇收益的计算方法是按照每单位干质量的汽爆玉米胚乳的量来计算。技术路线二到技术路线四在汽爆玉米胚乳发酵乙醇之前都有提取的步骤，由于黄色素的含量很低（在每 100g 玉米籽粒中的含量为 0.01～0.9mg[60]），黄色素的提取给汽爆玉米胚乳带来的物料损失可以忽略不计；但因醇溶蛋白的提取而给汽爆玉米胚乳带来的物料损失需要折算。经过上述折算和计算之后，技术路线一可以从每千克干质量的汽爆玉米胚乳生产出 436g 乙醇；技术路线二可以从每千克干质量的汽爆玉米胚乳生产出 423g 乙醇；技术路线三可以从每千克干质量的汽爆玉米胚乳生产出 423g 乙醇；技术路线四可以从每千克干质量的汽爆玉米胚乳生产出 370g 乙醇。

按照每吨燃料乙醇 5000 元以及每吨乙醇可以获得政府补贴 2246 元来计算收益。

(6) DDGS。DDGS 是酒糟蛋白饲料的商品名，即含有可溶固形物的干酒糟。在以玉米为原料发酵制取乙醇过程中，其中的淀粉被转化成乙醇和二氧化碳，其他营养成分如蛋白质、脂肪、纤维等均留在酒糟中。同时由于微生物的作用，酒糟中蛋白质、B 族维生素及氨基酸含量均比玉米有所增加，并含有发酵中生成的未知促生长因子。根据发酵后的剩余成分的含量以及发酵后酵母的含量，以每吨玉米最后获得的 DDGS 来估算，技术路线一和技术路线二约可以获得 160kg DDGS，技术路线三和技术路线四由于发酵前有醇溶蛋白提取，因此约可以获得 140kg DDGS。每吨 DDGS 的市场价格为 1300 元。

根据以上分析数据，计算出用不同技术路线加工每吨玉米的收益情况，如表 5.18所示。

表 5.18　不同技术路线的收益　（单位：元）

	路线一	路线二	路线三	路线四	湿　法	干　法	半湿法
乙醇	1454	1411	1411	1411	1103	1274	1238
胚饼	60.93	60.93	60.93	60.93	63	168	182
胚油	146.9	146.9	146.9	146.9	156	78	120
玉米皮	140	140	140	140	140	140	140
醇溶蛋白	0	114.7	514.9	405.5	0	0	0
黄色素	0	946.1	1125	967.7	0	0	0
补贴	725.7	704.1	704.1	704.1	550.3	636.1	617.7
玉米黄粉	0	0	0	0	500	0	0
玉米纤维	0	0	0	0	50	0	0
DDGS	208	208	182	182	130	180	190
总收益	2736	3732	4285	4018	2692	2476	2488

用不同技术路线的总收益减成本，来计算利润，如表 5.19 所示。

表 5.19　汽爆玉米综合利用的不同技术路线的利润　（单位：元）

	成本	收益	利润
技术路线一	1933	2736	803
技术路线二	2216	3732	1516
技术路线三	2407	4285	1878
技术路线四	2357	4018	1661
湿法	1996	2692	696
干法	1901	2476	575
半湿法	1903	2488	585

从表 5.19 中可以看出，技术路线一比湿法路线多获得 107 元的利润，比干法路线多获得 228 元的利润，比半湿法路线多获得 218 元的利润。利润的增加主要来自组分分离时较低的能耗、较小的物料损失。在技术路线二到技术路线四这几个包含提取醇溶蛋白和黄色素的技术路线中，技术路线三能够获得的利润最高，与技术路线一相比，可以多获得 1075 元的利润，与湿法路线相比可以多获得 1182 元的利润。因此采用技术路线三（汽爆＋醇溶蛋白和黄色素联产＋发酵）对汽爆玉米的高值化利用效果最好。

但在目前醇溶蛋白和黄色素都不是大宗产品，因此，在选择技术路线的时候也要考虑产品的市场空间以及销售问题。另外，因为技术路线三的成本也是所有技术路线中最高的，因此，技术路线三的风险性要比其他低成本技术路线的风险性大。因此，汽爆玉米组分分离及其高值化的两种最佳利用模式是“汽爆＋发酵”和“汽爆＋醇溶蛋白和黄色素联产＋发酵”模式。

通过经济分析可以看出，玉米汽爆组分分离及其高值化的方式与现有利用方式相比，能耗低、污染小、经济性好，具有广阔的前景。

5.4.2　葛根淀粉类原料的发酵工业炼制模式

1. 葛根资源

葛根为豆科葛属植物野葛或甘葛藤的干燥根，始载于《神农本草经》。葛属植物全世界约有 20 种，主要分布于温带和亚热带地区，海拔 100～2000m 区域，喜生长于森林边缘或河溪边的灌木丛中，是阳生植物。我国共有葛属植物 11 种，分别是野葛、粉葛、食用葛、峨眉葛、云南葛、越南葛、三裂叶葛、萼花葛、狐尾葛、思茅葛和掸邦葛，其中野葛和粉葛的分布广、产量高，是资源较多的品种，在我国南方到处可见。葛根是中国南方一些省区的一种常食蔬菜，其味甘凉可口，常作煲汤之用。其主要成分是淀粉，此外含有约 12％的黄酮类化合物，包括大豆（黄豆）苷、大豆苷元、葛根素等 10 余种；并含有胡萝卜苷、氨基酸、香豆素类等。葛根为药食两用植物，味甘，性平，具有清热解毒等功效。葛根含的葛根异黄酮，对高血压，冠心病等心血管疾病有明显疗效。鲜葛根含淀粉

15%～25%，从葛根中提取的淀粉，具有葛根的主要特性与功能[61]。

葛根具有很强的适应性，在多种土壤上都可生长。葛根喜阴湿的地方，每年约在 11 月前后成熟。葛根的采挖一般在秋季霜降后至第二年春季清明前这一段时间。我国众多的山地、林地、斜坡、未开垦的荒地都为葛根的生长提供了良好的生长环境。葛根不仅自然野生资源丰富，而且容易栽培、繁殖，这就为葛根的开发利用提供了有利条件。葛藤具有匍匐、坚韧之性，其茎叶覆盖地面可防干燥，扎根后可防水土流失。所以，葛根的种植不仅能创造经济效益，不与粮争地，还能产生良好的生态效益。

葛根现已成为我国许多地方重点开发的经济作物，从而得到大面积人工栽培。用适宜于耐旱、耐贫瘠的不利于粮食作物生长的山坡地、沙荒地生长的富含淀粉的粉葛根为燃料乙醇的生产原料，为燃料乙醇生产的原料提供了新方向，既解决粮食发酵中存在的问题（粮食来源有限，且价格昂贵，因此粮食发酵成本高，竞争力差，另外大量粮食消耗会引起人均粮食占有量下降，影响国家粮食安全等），同时又有利于山区农业增产、农民增收，开辟一条致富之路。

2. 葛根的化学成分分析

葛根的主要成分包括异黄酮类化合物、淀粉和膳食纤维等。

将整株葛根据植物器官分为以下 4 个不同部分，分别测定新鲜葛不同部分的水分以及干葛的组分，结果如表 5.20 所示，葛不同部位水分含量各不相同，叶柄中的水分含量最高，达到 73.10%，比葛根的 62.97%高 10.13%。4 个部位可溶性总糖含量均在 10%左右，但可溶性还原糖含量差异显著，葛根、葛根柄、叶柄以及葛叶中可溶性还原糖含量分别为 3.611%、10.209%、9.182%以及 1.877%。葛根中的淀粉含量与黄酮含量均比其他部位高，分别为 48.042%和 1.3332%，而其他三部分黄酮含量：葛叶＞叶柄＞葛根柄，分别为 0.6596%，0.441%和 0.356%，但淀粉含量葛叶＞葛根柄＞叶柄，分别为 29.658%，24.338%和 9.848%。比较整株葛的 4 部分中性洗涤剂组分、半纤维素含量、纤维素含量可以看出，葛根柄中纤维素含量为 34.212%，约为葛根的 4.76 倍，另外叶柄与葛叶中纤维素含量分别为 31.365%和 14.266%，这为葛资源的综合利用提供依据与参考。

表 5.20　原始整株葛分部位成分分析　（单位：%）

	水分	可溶性还原糖	可溶性总糖	淀粉含量	葛根黄酮含量	中性洗涤含量	半纤维素含量	纤维素含量
葛根	62.97	3.611	13.027	48.042	1.3332	45.044	43.237	7.180
葛根柄	67.96	10.209	10.559	24.338	0.356	28.093	23.100	34.212
叶柄	73.10	9.182	9.561	9.848	0.441	27.895	23.414	31.365
叶	67.23	1.877	9.094	29.658	0.6596	45.737	24.703	14.266

在此基础上考虑葛根原料本身的特点，不同时间收获的葛根，其各组分含量不同。分别测定不同时间采获的葛根组分，实验结果如表 5.21 所示。从表 5.21 中数据可以看出，4 月采挖的葛根淀粉含量最高，达到 51.2%。

表 5.21　不同时间收获葛根的组分分析　（单位：%）

	4 月	7 月	9 月	12 月
葛根水分	66.487	62.96	72.171	71.50
干料淀粉含量	51.2	47.9	49.3	40.02
干料总黄酮	1.3332	1.4230	1.4034	1.023
中性洗涤	52.7413	45.0438	50.7112	46.0073
半纤维素	41.5690	43.2372	44.0253	42.0792
纤维素	4.6955	7.18	8.1784	7.9937

3. 葛根现有炼制模式

薯类种类较多，它们都是含淀粉较多的块根类，含蛋白质、脂肪很少，所以说薯类是同一家族。但它们也有不同之处，如甘薯含淀粉 25%左右，此外还有糊精、葡萄糖及蔗糖。在成熟过程中，会使淀粉转化成糖。收获后风干越久，糖化越多；马铃薯营养成分与其他薯类不同之处是所含赖氨酸含量比谷类高；芋头、山药、凉薯及木薯等除含淀粉较多外，其他营养成分都很少。木薯含有氰苷，在适当条件下，可产生游离氢氰酸，抑制后续发酵。

杜先锋等[62]采用 $Ca(OH)_2$ 水溶液代替清水作为浸泡剂，可以有效地提高淀粉的抽提率及淀粉的品质，并使功能性保健因子葛根总黄酮在淀粉中的保留量大为提高。最佳葛根淀粉生产的工艺条件为：料液比 1∶4，浆料 pH8.5，浸泡时间 3h，浸泡温度 30℃。

张丽霞等[63]以葛根淀粉为原料，以耐高温活性酵母为发酵菌种，进行发酵生产乙醇的研究，以还原糖含量为指标，通过正交试验确定最佳的酶解工艺条件为：加酶量 20U/g，料液比 1∶1，酶解时间 3.5h，酶解温度 90℃。在最佳酶解工艺条件下还原糖含量为 215.4g/L。添加适量的尿素氮源，乙醇含量较高，还原糖利用率达到 86%，发酵醪乙醇浓度可达到 11.5%（*V*/*V*）。

Wang 等[64]将新鲜葛根直接粉碎处理，利用风干的葛根为原料直接发酵丙酮丁醇，发酵后的葛根残渣用于提取葛根黄酮。140g/L 的葛根可发酵 17.99±1.08g/L 的丁醇溶剂，葛根发酵渣中黄酮的提取率为 1.9%。

但是，以上研究并没有考虑葛根原料的特殊性：存在高含量的淀粉与纤维类物质，只是使用其中的单一组分。实际上，薯类淀粉与谷物淀粉的炼制模式相差甚远。以乙醇发酵为例，现有以粮食淀粉质原料生产乙醇，采用的多为将机械粉碎的物料在高温下进行蒸煮—液体液化—液体糖化—液体发酵—初级蒸馏—精馏的工艺路线。而葛根中含有大量纤维，机械粉碎能耗高，提取淀粉工艺复杂，难以利用粮食淀粉质原料生产乙醇的工艺技术路线；另外，粮食淀粉质原料生产乙醇工艺中采用的是液体液化—液体糖化—液体发酵—初级蒸馏的路线，产生大量高浓度有机废水，不仅容易造成环境污染，而且难以提取葛根黄酮。因此，为了消除液体发酵的有机废水污染，针对葛根特点，需要研究开发出一条适合于葛根联产乙醇和葛根黄酮新的、清洁的工艺路线。

4. 新型葛根淀粉炼制模式[65]

当前淀粉质原料生产乙醇普遍采用原料粉碎—蒸煮糊化—糖化—液体发酵—初级蒸馏的工艺，生产中原料的糊化是一个高耗能过程，所耗能量占乙醇生产能耗的 30%～40%。针对葛根原料富含淀粉、纤维及黄酮的特点，若按此工艺生产乙醇，一方面，葛根中含有大量的纤维类物质（9%～15%），将大大提高原料粉碎的机械能耗，也将成为淀粉高效溶出的阻碍；另一方面，液态发酵易产生大量高浓度有机废水，不仅容易造成环境污染，而且难以提取葛根黄酮，造成资源的浪费。针对上述问题，在多年研究蒸汽爆破与固态发酵基础上，引入低压汽爆对淀粉质原料葛根进行预处理，并探索汽爆葛根直接固态同步糖化发酵乙醇，而后提取发酵剩余物中葛根黄酮的可行性。汽爆处理破坏固体物料结构，削弱其纤维组织对淀粉、黄酮溶出的阻碍作用，同时代替淀粉的糊化过程，降低能耗。采用固态发酵方式发酵，减少后续废水的处理过程，也为葛根黄酮的提取创造了条件。以下将探讨其工艺条件，并与传统的发酵工艺进行比较，为葛根资源的高效清洁综合利用提供依据。

新型葛根淀粉炼制的思路如下（图 5.35）：利用低压汽爆技术处理葛根，蒸汽压力0.5～1.0MPa，蒸汽爆破处理 2～4min；在无菌条件下，预处理后的葛根加入糖化酶、$(NH_4)_2SO_4$、KH_2PO_4 和活化的酵母，30～35℃同步糖化厌氧发酵 48～60h，蒸馏收集发酵产生的乙醇[66]。

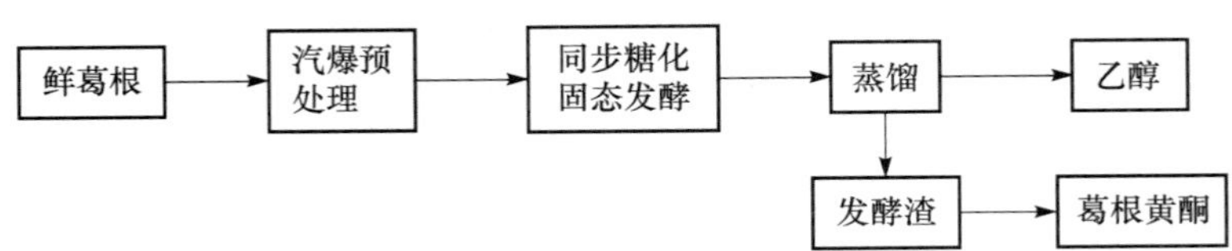

图 5.35　葛根淀粉类原料的发酵工艺模式

1）葛根的汽爆预处理

（1）汽爆压力对葛根成分的影响。将葛根在蒸汽压力 0.5～1.0MPa 的低压条件下蒸汽爆破处理 2.5min，测定不同汽爆条件处理后水分含量、可溶性还原糖、可溶性总糖以及黄酮的得率，结果如表 5.22 所示。

表 5.22 汽爆压力对葛根成分的影响

汽爆压力/MPa	初始含水量/%	汽爆后含水量/%	可溶性还原糖/%	可溶性总糖/%	黄酮得率/%
0	72.3		12.670	17.433	1.433
0.5	72.3	83.03	15.440	23.144	2.748
0.6	72.3	78.65	16.147	24.534	0.902
0.7	72.3	76.23	17.443	24.728	0.838
0.8	72.3	76.93	25.021	31.908	1.164
0.9	72.3	75.18	19.710	19.892	1.322
1.0	72.3	79.67	22.552	23.741	1.603

由表 5.22 看出，不同蒸汽压力条件下汽爆处理，对物料的预处理效果不同。蒸汽作用使汽爆后的物料含水量增加，随汽爆压力的增大，物料中水溶性还原糖、水溶性总糖的含量先增大后降低，而葛根总黄酮的提取量没有什么明显的变化趋势。蒸汽爆破的热机械化学作用，使植物组织的细胞壁破裂，破坏了固体物料葛根的结构，使葛根淀粉水解产生的糖浓度升高，但是进一步增大汽爆压力，物料中的可溶性糖可能发生反应而被损失。葛根总黄酮的提取量与物料的性质有很大关系，不同的汽爆压力处理后，葛根淀粉的糊化程度不一，从而直接影响葛根黄酮的析出，因此汽爆处理后的物料中葛根黄酮的提取量随汽爆压力的变化而变化，选取合适的汽爆压力将有助于葛根黄酮提取量的提高，初步考虑葛根的汽爆效果，选取 0.8MPa 作为葛根汽爆预处理的压力。

(2) 汽爆维压时间对葛根成分的影响。根据汽爆压力对葛根的影响实验，选定 0.8MPa 为实验的汽爆压力，分别维压处理 2～4min，测定不同汽爆维压时间处理后水分、水溶性还原糖、水溶性总糖以及黄酮的得率，结果如表 5.23 所示。

表 5.23 汽爆维压时间对葛根成分的影响

汽爆时间/min	初始含水量/%	汽爆后含水量/%	水溶性还原糖/%	水溶性总糖/%	黄酮得率/%
0	72.3		12.670	17.433	1.433
2.0	72.3	73.10	19.725	23.134	0.838
2.5	72.3	76.93	25.021	27.534	1.164
3.0	72.3	77.37	18.353	24.728	1.693
3.5	72.3	75.71	20.024	27.908	1.731
4.0	72.3	76.95	17.061	19.892	1.627

由表 5.23 看出，维压时间的长短，直接影响物料的预处理效果。0.8MPa 维压处理 3.5min，物料中水溶性的还原糖、水溶性总糖以及葛根黄酮的提取量都有较佳的水平。

2）汽爆处理葛根同步糖化固态发酵乙醇

付小果等[57]基于以上研究，将汽爆葛根直接加入糖化酶（65U/g）、纤维素酶（1.5U/g），0.1%（$(NH_4)_2SO_4$）、0.1% KH_2PO_4 和活化后的酵母，35～37℃条件下，固态同步糖化发酵 60h，蒸馏收集发酵产生的乙醇。测定发酵料中的乙醇得率，残余还原糖与残余总糖以及发酵料中葛根总黄酮的提取量。实验结果如表 5.24 所示。

表 5.24　汽爆葛根同步糖化固态发酵生产乙醇

汽爆条件		物料含水量/%	乙醇/%	残余还原糖/%	残余总糖/%	黄酮/%
压强/MPa	时间/min					
0.5	2.5	83.03	2.7689	0.3154	0.4823	0.2563
0.6	2.5	78.65	6.7419	0.4621	0.7657	0.2886
0.7	2.5	76.23	9.6271	0.4807	0.9352	0.5228
0.8	2.5	76.93	7.6180	0.5796	0.8812	0.6222
0.9	2.5	75.18	7.5576	0.6440	0.9128	0.6691
1.0	2.5	79.67	6.7267	0.3617	0.7720	0.6664
1.0	2.0	80.46	5.6391	0.4138	0.6180	0.5973
0.8	2.0	73.10	7.3159	0.4240	0.7651	0.5495
0.8	2.5	76.93	7.6180	0.5796	0.8812	0.6222
0.8	3.0	77.37	7.7751	0.4762	0.9318	0.8436
0.8	3.5	75.71	8.0108	0.3588	0.6622	0.8917
0.8	4.0	76.95	5.9563	0.4941	0.9881	1.0140

由表 5.24 可以看出，汽爆压力由 0.5MPa 上升到 1.0MPa，同样维压 2.5min，发酵料中乙醇的得率有先升高后降低的趋势，在 0.7MPa 下维压 2.5min 汽爆处理后发酵，发酵料中乙醇的得率最高，达到 9.63%，但发酵料中黄酮的得率随汽爆压力的增大而提高。当汽爆的压力保持在 0.8MPa，维压时间由 2.0min 增加到 4.0min 时，发酵料中乙醇的得率与黄酮的提取量与上述汽爆压力变化对葛根发酵的影响相似，在 0.8MPa 下维压 3.5min 汽爆处理后发酵，发酵料中乙醇的得率可到 8.01%，并且葛根黄酮的提取率达到 0.89%，考虑葛根发酵乙醇的得率，并兼顾发酵料中葛根黄酮的提取量，低压汽爆预处理葛根的优化条件为 0.8MPa 下维压处理 3.5min。

3）葛根发酵生产乙醇的不同工艺

根据上述优化的葛根同步糖化固态发酵以及葛根汽爆预处理工艺参数，将葛根分别按照以下 4 种工艺路线发酵乙醇。

（1）葛根固态发酵乙醇：加淀粉酶后 85～95℃蒸煮、加糖化酶糖化、接种酵母固态发酵。

(2) 葛根同步糖化固态发酵乙醇：加淀粉酶后 85～95℃蒸煮、加入糖化酶同时接种酵母同步糖化固态发酵。

(3) 葛根无蒸煮无糖化发酵：即生料发酵，加料的同时加入糖化酶并接种酵母发酵。

(4) 葛根低压汽爆-同步糖化固态发酵乙醇：葛根低压（0.5～1.0MPa）短时间（2～4min）汽爆预处理后，加入糖化酶同时接种酵母同步糖化固态发酵。测定发酵料中的乙醇得率，残余还原糖与残余总糖以及发酵料中葛根总黄酮的提取量。实验结果如表 5.25 所示。

表 5.25　不同工艺技术方案对葛根发酵乙醇的影响

发酵方式	固态发酵	同步糖化	生料发酵	汽爆处理
葛根含水量/%	66.487	66.487	66.487	66.487
干料淀粉含量/%	51.2	51.2	51.2	51.2
汽爆压力/MPa	—	—	—	0.8
维压时间/min	—	—	—	3.5
固液比(葛根/水)	3∶1	3∶1	3∶1	—
纤维素酶加入量/(U/g 葛根)	1.5	1.5	1.5	1.5
淀粉酶加入量/(U/g 葛根)	5.0	5.0	5.0	—
蒸煮温度/℃	90	90	—	—
蒸煮时间/min	40	40	—	—
糖化酶加入量/(U/g 葛根)	50	65	65	65
糖化温度/℃	60	—	—	—
糖化时间/min	60	—	—	—
$(NH_4)_2SO_4$/%	0.1	0.1	0.1	0.1
$MgSO_4$/%	0.1	0.1	0.1	0.1
酵母接种量/%	0.25	0.25	0.25	0.25
pH	4.5	4.5	4.5	4.5
发酵料中乙醇得率/%	5.31	6.47	3.33	6.62
干料乙醇得率/%	22.141	27.042	13.911	27.623
淀粉利用率/%	76	93	47.8	95
残余还原糖/%	0.914	0.49	3.34	0.644
残余总糖/%	3.217	0.69	4.82	0.912
黄酮提取率/%	0.7943	0.8917	0.5431	1.4834

由表 5.25 可以看出，葛根采用同步糖化固态发酵生产乙醇，在发酵过程中省略了糖化工段，能耗降低；糖化和发酵同时进行，糖化生产的葡萄糖一经生产就被酵母利用，可保持较低的水平，有利于防止染菌。发酵前添加纤维素酶，降解葛根外表皮的纤维素组分，有利于葛根淀粉的糊化，淀粉利用率由一般的固态发

酵工艺的76%提高到93%，以干料计算乙醇得率由22.141%提高到27.042%，提高了4.901%。

汽爆处理葛根固态发酵生产乙醇工艺采用短时间（2～4min）的蒸汽爆破技术对葛根进行预处理，省去了淀粉质原料的长时间蒸煮过程（30～120min），降低了发酵生产乙醇的能耗，缩短生产的周期；采用蒸汽爆破技术对葛根进行预处理，蒸汽爆破的热机械化学作用，使植物组织的细胞壁破裂，破坏了固体物料葛根的结构，使葛根淀粉糊化率提高，有利于糖化过程的进行与葛根发酵剩余物中葛根黄酮的提取。葛根在0.8MPa条件下维压3.5min汽爆预处理后，进行固态发酵生产乙醇的剩余物中，提取的葛根黄酮达到1.4834%（以发酵料计），其中发酵料水分为75.71%，而100g干葛根发酵后得到的干物质大约为46g，以此折合计算每100g干葛根发酵后剩余物中的黄酮提取量约1.7g，与发酵前物料中提取的黄酮量没有变化，在发酵乙醇的同时提取了葛根黄酮。另外将蒸汽爆破处理的葛根直接进行同步糖化固态发酵生产乙醇，不需要另外添加水，使发酵醪中水分含量大大降低，在提高发酵醪中乙醇含量的同时，降低了蒸馏的能耗，并且减少了后续废水的处理过程，降低生产成本的同时为发酵渣的二次利用提供条件，有利于葛根的综合利用。

4）葛根发酵乙醇剩余物中黄酮的提取与精制

在葛根发酵生产燃料乙醇的过程中，葛根中很大一部分有效成分仍保留在发酵剩余物中，主要是葛根总黄酮。葛根发酵生产燃料乙醇的剩余物如果忽略葛根总黄酮的提取，不但造成资源的浪费，更可能造成生态环境问题。

以不同乙醇浓度、提取时间、提取温度、固液比为主要考察因素，以测得的浸提样品中总黄酮含量为主要考察指标，设计因素水平如表5.26所示，结果如表5.27所示。

表5.26　正交试验因素水平表

水　平	乙醇浓度/%	提取时间/h	提取温度/℃	固液比
1	60	1.5	60	1∶6
2	70	2.0	70	1∶8
3	80	2.5	80	1∶10

表5.27　葛根总黄酮提取工艺正交试验结果

试　验	乙醇浓度/%	提取时间/h	提取温度/℃	固液比	得率/%
1	60	1.5	60	1∶6	2.24
2	60	2	70	1∶8	2.60
3	60	2.5	80	1∶10	2.57

续表

试　验	乙醇浓度/%	提取时间/h	提取温度/℃	固液比	得率/%
4	70	1.5	70	1∶10	1.85
5	70	2	80	1∶6	2.98
6	70	2.5	60	1∶8	2.18
7	80	1.5	80	1∶8	2.69
8	80	2	60	1∶10	2.20
9	80	2.5	70	1∶6	2.37
T_{1j}	7.41	6.79	6.63	7.60	
T_{2j}	7.02	7.79	6.82	7.47	
T_{3j}	7.27	7.13	8.25	6.63	
M_{1j}	2.47	2.26	2.21	2.53	
M_{2j}	2.34	2.60	2.27	2.49	
M_{3j}	2.42	2.38	2.75	2.21	
极差（R_j）	0.13	0.34	0.56	0.32	
较优水平（Q）	1	2	3	1	

对表5.27的结果进行极差分析，极差最大的为提取温度，为影响黄酮提取的最主要条件。当提取温度为80℃时提取率最高，这与单因素实验结果有所偏离，可能是由于正交实验中的各个因素交互作用所导致。4个因素中极差次大的为提取时间，为0.34，选择合适的提取时间为2h。当固液比1∶6时提取率最高。各个因素中乙醇浓度的极差最小，说明乙醇浓度对葛根黄酮提取影响最小。综上所述，在葛根黄酮热乙醇回流法工艺中选择实验条件为乙醇提取浓度为60%，提取时间为2h，提取温度为80℃，固液比为1∶6。

在葛根发酵生产乙醇的过程中，汽爆和发酵有利于葛根黄酮的溶出。葛根黄酮的溶出过程必须克服由纤维素、半纤维素构成的细胞壁致密结构的传质阻力，蒸汽爆破的热机械化学作用，使植物组织的细胞壁破裂，破坏了固体物料葛根的结构，发酵利用了葛根中的主要成分淀粉，可使葛根黄酮提取溶剂的用量大大减少，这都有利于黄酮的提取。

葛根总黄酮是葛根的有效成分，而葛根素则是葛根总黄酮中含量最多的黄酮化合物。现代医学和食品研究的结果表明，葛根素具有降低心肌耗氧量，改善局部微循环障碍，降低血糖等功效。因此，葛根素的开发研究及纯化技术日益受到人们的关注。传统的分离方法常用柱色谱法，使用的吸附剂大多为硅胶、聚酰胺、葡聚糖凝胶，但这些方法处理量小、操作复杂、成本高、难以用于工业化生产。大孔吸附树脂是一种具有多孔立体结构的聚合物吸附剂，这种吸附剂具有交换速度快、机械强度高和抗有机污染的优点，在药学、食品等领域得到了广泛的应用。

采用 AB-8 型大孔吸附树脂作为吸附剂，探讨了葛根素的分离条件及影响因素，高效液相色谱法测定纯化的葛根素含量，色谱条件如下：色谱柱，KromasilC18（150mm×4.6mm/5μm）；流动相，甲醇∶水（25∶75）；流速，1mL/min；检测波长，250nm；柱温，30℃。

以 AB-8 型大孔树脂对葛根素水溶液进行层析，其最佳工作条件为：上柱量为 4BV（BV，bed volume，柱体积），上柱吸附流速为 2BV/h（即 0.5mL/min，本实验中 1BV=15mL），吸附率可达到 91.29%；以 70%乙醇溶液洗脱，洗脱量 4BV，洗脱流速为 2BV/h，洗脱率可大于 95%。整体回收率为 86.54%。

5. 葛根发酵联产乙醇与葛根黄酮后固体渣的分级、利用

测定提取葛根黄酮后的固体渣的化学成分，结果如表 5.28 所示。发酵剩余纤维含量约为 18%，其中纤维部分测定最大纤维长度 2.4mm，最短 0.75mm，均值 1.59mm，是良好的造纸原料；蛋白粉料部分（短纤维部分）蛋白质含量约为 21.8%，可作为饲料的原料。

表 5.28　葛根发酵联产乙醇与葛根黄酮后固体渣组分分析

发酵方式	各组分含量/%				
	中性洗涤成分	半纤维	纤维素	灰分	木质素
固态发酵	12.450	49.358	25.790	2.389	10.013
同步糖化固态发酵	16.380	44.319	29.246	3.127	6.927
生料发酵	13.123	43.214	24.301	2.683	16.679
0.7MPa 固态发酵	15.242	46.853	24.562	1.381	11.962
0.7MPa 同步糖化固态发酵	17.921	43.999	22.745	1.740	13.595
0.8MPa 固态发酵	13.257	44.527	24.400	1.857	15.960
0.8MPa 同步糖化固态发酵	12.654	42.726	27.113	2.279	15.229
0.9MPa 固态发酵	14.206	47.545	21.274	2.107	14.868
0.9MPa 同步糖化固态发酵	20.541	46.412	15.029	1.565	16.453

6. 汽爆葛根同步糖化发酵乙醇工艺路线

根据葛根汽爆同步糖化发酵的理念与实验结果，提出汽爆葛根同步糖化固态发酵联产乙醇与葛根总黄酮工艺技术路线，如图 5.36 所示。

本工艺路线从葛根的特点出发，实现了葛根组分分级转化、综合清洁利用，具有以下特点。

1）葛根无污染蒸汽爆破新方法

采用低压短时（2～4min）的无污染汽爆技术对葛根进行预处理，蒸汽爆破

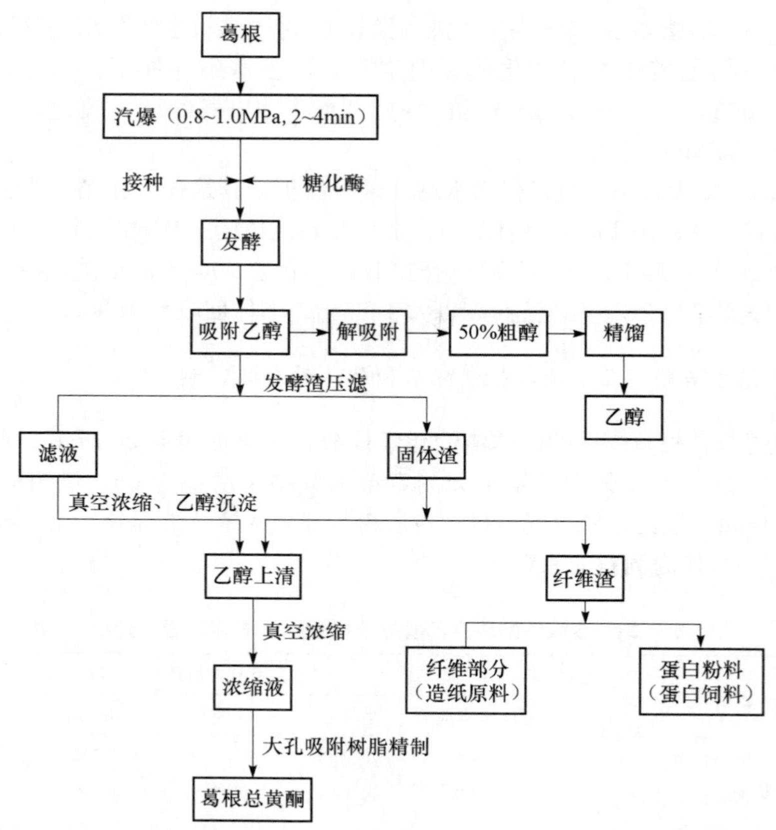

图 5.36　汽爆葛根同步糖化固态发酵联产乙醇与葛根总黄酮工艺流程简图

的热机械化学作用，使植物组织的细胞壁破裂，破坏了固体物料葛根的结构，使葛根淀粉糊化率提高，汽爆处理后的葛根能够直接发酵生产燃料乙醇。采用蒸汽爆破技术对葛根进行预处理，省去了淀粉质原料的长时间蒸煮过程（30～120min），降低了发酵生产乙醇的能耗，缩短生产的周期，降低生产成本。

2）葛根同步糖化固态发酵新方法

采用同步糖化固态发酵乙醇，只需要添加少量的水，使发酵醪中水分含量大大降低，在提高发酵醪中乙醇含量的同时，降低了蒸馏的能耗，并且减少了后续废水的处理过程，清洁生产、降低生产成本的同时为发酵渣的二次利用提供条件，有利于葛根的综合利用。

3）燃料乙醇与葛根黄酮的联产新技术

葛根同步糖化发酵生产燃料乙醇，是一个破坏葛根纤维结构，释放葛根淀粉并利用葛根淀粉生产燃料乙醇的过程。葛根同步糖化发酵生产燃料乙醇的剩余物如果忽略葛根总黄酮的提取，不但造成资源的浪费，更可能造成生态环境问题。

从发酵剩余物提取葛根总黄酮，综合利用葛根，提高经济效应，有利于葛根的工业化生产。

4）发酵剩余纤维渣的综合利用

由于采用固态发酵新工艺，发酵剩余物含水量低（60％～70％），便于综合利用。直接作为饲料，蛋白质含量低，粗纤维含量高，开发出分离纤维部分新方法，机械分离粗纤维作为造纸或纺织原料，而同时，提高了固体粉渣的蛋白质含量可作为蛋白饲料。

5）发酵剩余纤维渣纤维与蛋白粉料分离新方法

发酵剩余物（60％～70％）直接热风干燥至含水量 25％左右后，采用刺轮机械分级粗纤维部分与蛋白粉料部分。

以年产 20 万 t 葛根燃料乙醇为例，投入生产的鲜葛根原料为 140 万 t，得到的产品除 20 万 t 的燃料乙醇外，还将产生 6000t 葛根黄酮，133000t 的造纸原料及 5000t 的饲料原料。

与机械粉碎相比，汽爆预处理工艺的费用较低，一般每吨物料消耗 0.5～1.0t 蒸汽，对环境的影响程度小。与化学法相比，汽爆不需要额外添加化学试剂，节约成本而且不污染环境。总体说来，汽爆是一种经济、有效、无污染的适用于处理植物纤维原料的方法，被普遍认为是纤维质材料预处理简单高效的处理方式。目前也有将汽爆技术应用于淀粉质原料乙醇发酵的研究，研究表明以汽爆技术代替传统的乙醇生产过程中的蒸煮液化阶段，取得不错的效果[66]。

总之，针对葛根原料富含纤维和黄酮等特点，选用低压汽爆处理代替糊化直接固态同步糖化发酵乙醇，而后提取发酵剩余物的葛根黄酮，实现了葛根分层多级转化清洁利用，为非粮食类淀粉资源发酵乙醇提供了一条新途径。

参考文献

[1] 沈光琴，罗勇，兰宣莲. 浅析玉米种子贮藏［J］. 种子科技，2008，5：47，48.

[2] 赵久然，王荣焕，史洁慧，等. 国内外玉米动态及展望［J］. 作物杂志，2008，5：5-9.

[3] 顾尧臣，刘祖荫. 粮食深加工及综合利用［M］. 北京：科学出版社，1989：1-5.

[4] 张秀玲，黄炳权. 提高玉米提胚效率的技术措施［J］. 粮食与食品工业，2005，1：16-18.

[5] 黄秉涛. 玉米半湿法提胚技术机理［J］. 粮食加工，2004，2：14-17.

[6] 沈军. 实现玉米半湿法提胚的三个关键环节［J］. 粮食与食品工业，2007，14（3）：6-8.

[7] 李晓瑞. 玉米的加工利用［J］. 宁夏农林科技，2002，3：41，42.

[8] 秦先魁，刘启觉. 浅论玉米的综合利用与开发［J］. 粮食与饲料工业，2000，10：46，47.

[9] 王瑞元. 我国小麦粉加工业的现状及发展中应注意的几个问题 [J]. 粮食加工，2009，1：18-25.
[10] 吕姗姗. 小麦麸皮低聚木糖的提取精制及其功能研究 [D]. 黑龙江：东北林业大学，2007.
[11] 梁灵，魏益民，师俊玲. 小麦淀粉研究概况 [J]. 西部粮油科技，2003，(3)：21-25.
[12] 邴建国，刘玮，刘文，等. 稻谷深加工及综合利用技术探讨 [J]. 食品科学，2004，25 (1)：281-284.
[13] 刘军海. 米糠谷维素提取纯化方法研究进展 [J]. 粮食与油脂，2007，(11)：1-6.
[14] 华树春，钟钰. 稻谷加工行业的市场困境及成因分析 [J]. 世界农业，2007，2：19-21.
[15] 金增辉. 稻米生物质能源的开发与利用 [J]. 粮食与饲料工业，2005，(7)：1-3.
[16] 秦建春. 浅谈稻米加工副产品的深度开发利用 [J]. 环境科学与管理，2005，30 (6)：33.
[17] 姚惠源. 稻米深加工高效增值全利用的技术途径 [J]. 中国稻米，2001，4：24，25.
[18] 王雅芬，罗玉坤. 稻谷精深加工与综合利用前景 [J]. 粮食与饲料工业，2000，(7)：12-15.
[19] 李翔. 中国和日本米糠的利用比较 [J]. 粮食储藏，2004，33 (2)：48-52.
[20] 王正刚，周望岩，李永飞. 稻米及其副产品深加工技术 [J]. 粮食加工，2008，33 (4)：26-28.
[21] 王国扣. 世界薯类加工业的发展特点与走向 [J]. 粮油加工与食品机械，2002，(1)：6-9.
[22] 罗万纯. 中国薯类生产，消费和贸易 [J]. 世界农业，2005，(11)：25-28.
[23] 王彦波. 薯类加工与利用新技术新趋势 [J]. 粮油加工与食品机械，2004，(9)：57-59.
[24] 王宗训. 中国资源植物利用手册 [J]. 北京：中国科技出版社，1989.
[25] 田景明，王凤英. 关于玉米提胚工艺的探讨 [J]. 粮食与食品工业，1998，(1)：17-19.
[26] 刘玉兰. 对玉米发酵酒精生产中玉米提胚工艺与效果的探讨 [J]. 食品与发酵工业，1996，3：83-85.
[27] 孟昭宁，周丽荣. 玉米制糁与提胚 [J]. 农产品加工，2007，12：22，23.
[28] 杨永怀，闻晓龙. 玉米半湿法提胚制粉工艺及综合利用 [J]. 粮食与饲料工业，2001，4：48，49.
[29] 陈世忠，李振林. 对酒精厂玉米半干法粉碎的重新认识 [J]. 酿酒，2001，28 (6)：60，61.
[30] 黄炳权，张秀玲. 玉米半湿法提胚及制取玉米油工艺技术 [J]. 粮食与食品工业，2004，11 (3)：15-18.
[31] 伍真林. 利用薯类淀粉厂设备组织生产小麦淀粉 [J]. 淀粉与淀粉糖，1999，(1)：39，40.
[32] 张强，张春贺，孙平，等. 无蒸煮酿酒技术研究现状及进展 [J]. 酿酒科技，2007，12：91-94.

[33] 薛正莲. 玉米原料无蒸煮酒精发酵工艺的研究 [J]. 工业微生物，1999，29 (4)：31-33.

[34] 马文超，石贵阳，章克昌. 玉米原料无蒸煮发酵酒精工艺的研究 [J]. 酿酒科技，2005，2：50-53.

[35] 梁金钟. 无蒸煮无糖化一步发酵法生产燃料酒精 [J]. 酿酒，2005，32 (2)：60-65.

[36] 刘义刚. 无蒸煮原料液态法酿酒技术初探 [J]. 酿酒科技，1999，5：49，50.

[37] 吴文睿. 论无蒸煮酒精发酵技术 [J]. 中国酿造，2001，3：26，27.

[38] 方善康，姜守诚. 瓜干原料无蒸煮酒精发酵中试研究 [J]. 中国酿造，1990，4：35-39.

[39] 陈佩仁，张晓，叶春勇. 无蒸煮酿造麦曲黄酒中生淀粉水解机理及发酵特点 [J]. 酿酒科技，2007，1：62-64.

[40] 张文学，胡承. 利用酒精废糟液无蒸煮发酵生产酒精的研究 [J]. 酿酒，2002，29 (1)：59-62.

[41] 王祥观，张爱琴. 无蒸煮玉米面酒精发酵新工艺的研究 [J]. 酿酒科技，1992，3：18-20.

[42] 丁立孝，杨增军. 无蒸煮生淀粉糖化酶菌的选育 [J]. 吉林农业大学学报，1998，20 (1)：76-78.

[43] 秦先魁. 低脂玉米粉无蒸煮液态发酵制酒精技术初探 [J]. 西部粮油科技，2000，25 (6)：59，60.

[44] 张庆龙. 无蒸煮酒精发酵生产技术的探讨 [J]. 酿酒，2009，5：64-66.

[45] 陈洪章，王岚. 生物基产品制备关键过程及其生态产业链集成的研究进展——生物基产品过程工程的提出 [J]. 过程工程学报，2008，8 (4)：676-681.

[46] Galbe M，Zacchi G. Pretreatment of lignocellulosic materials for efficient bioethanol production [J]. Biofuels，2007，108：41-65.

[47] 陈洪章，李佐虎. 木质纤维原料组分分离的研究 [J]. 纤维素科学与技术，2003，11 (4)：31-40.

[48] Michalowicz. Apparatus and process of explosion fibration of lignocellulosic material：USA Patent，1655618 [P]，1983.

[49] 胡健，詹怀宇，黄十强. 杨木爆破法制高得率纸浆 [J]. 北方造纸，1996，3：33-36.

[50] 李卫，吕福荫，陆熙娴. 落叶松蒸汽爆破法制浆（SEP）的研究 [J]. 中国造纸，1996，15 (3)：25-30.

[51] 陈洪章，邱卫华. 秸秆发酵燃料乙醇关键问题及其进展 [J]. 化学进展，2007，19 (7)：1116-1121.

[52] 李冬敏，陈洪章. 汽爆秸秆膜循环酶解耦合丙酮丁醇发酵 [J]. 过程工程学报，2007，7 (6)：1212-1216.

[53] 陈洪章，刘丽英. 蒸汽爆碎技术原理及应用 [M]. 北京：化学工业出版社，2007.

[54] 杨雪霞，陈洪章. 汽爆玉米秸秆固态发酵生产饲料的研究 [J]. 粮食与饲料工业，2001，(2)：27-29.

[55] 杨雪霞，陈洪章，李佐虎．玉米秸秆氨化汽爆处理及其固态发酵［J］．过程工程学报，2001，1（1）：86-89.

[56] 陈洪章，李佐虎．无污染秸秆汽爆新技术及其应用［J］．纤维素科学与技术，2002，10（3）：47-52.

[57] Fu X G，Chen H Z，Wang W D．Production of ethanol and isoflavones from steam pretreated radix puerariae by solid state fermentation [J]．Chinese Journal of Biotechnology，2008，24（6）：957-961.

[58] Overend R，Chornet E，Gascoigne J．Fractionation of lignocellulosics by steam-aqueous pretreatments and discussion [J]．Philosophical Transactions of the Royal Society of London Series A，Mathematical and Physical Sciences，1987，321（1561）：523.

[59] 陈世忠，孙长友，李振林．对酒精厂玉米半干法粉碎的重新认识［J］．酿酒，2001，28（6）：60，61.

[60] 吕欣，毛忠贵．玉米黄色素研究进展［J］．粮食与油脂，2003，（4）：43-45.

[61] 熊汉国，孙明导．从野生葛根中提取葛根淀粉的工艺研究［J］．适用技术市场，2001，（9）：41，42.

[62] 杜先锋，许时婴，王璋．葛根淀粉生产工艺的研究［J］．中国粮油学报，1998，13（5）：28-32.

[63] 张丽霞，周剑忠，谢一芝，等．葛根淀粉发酵生产酒精的研究［J］．江苏农业科学，2008，（5）：242-244.

[64] Wang L，Chen H Z．Acetone-butanol-ethanol fermentation and isoflavone extraction using kudzu roots [J]．Biotechnology and Bioprocess Engineering，2011，16（4）：739-745.

[65] 付小果，陈洪章，汪卫东．葛根资源能源化生态产业链的研究［J］．中国高校科技与产业化，2008，（3）：78-80.

[66] 付小果，陈洪章，汪卫东．汽爆葛根直接固态发酵乙醇联产葛根黄酮［J］．生物工程学报，2008，24（6）：957-961.

第 6 章　木质纤维素原料炼制与发酵工业模式

随着世界人口的增加，粮食安全问题日益突出，同时发酵工业的需求在不断增大，发酵原料扩展到广泛的非粮原料是一种必然趋势。由于其资源丰富、可再生性，木质纤维素原料成为最现实可行的天然发酵工业原料[1,2]。但纤维素并不能直接作为发酵糖源，因此，清洁、高效的纤维素可发酵糖炼制技术成为国内外研究的热点。

6.1　木质纤维素资源与分布

木质纤维素资源丰富，主要包括农林业及其加工业废弃物，如农作物秸秆及木屑、木片，薪柴等。我国是一个农业大国，农村人口占全国总人口的 80%左右，不论是山区、高原，还是平原和丘陵都有已开垦的耕地，故可获得大量的农作物秸秆资源。2001 年，我国仅农作物秸秆资源量就达 7 亿 t；薪柴消耗量为 2.13 亿 t，实际上当年理论上可供给的薪柴量为 1.43 亿 t，薪柴量供需缺口约 0.7 亿 t。

6.1.1　农作物秸秆资源

秸秆是指农作物经加工提取出籽实后的剩余物的泛称。农作物的种类很多，诸如稻谷、小麦、玉米、豆类、薯类、油料作物、棉花和甘蔗等。稻谷在取出稻米后的稻草、稻壳，玉米在取出玉米颗粒后的玉米芯、玉米秆等都称为秸秆。

秸秆是重要的生物质资源，其蛋白质含量约 5%，纤维素含量约 30%，还含有一定量的钙、磷等矿物质。其热值约为标准煤的 50%。由于秸秆是泛称，因此，秸秆所含的能量与农作物的种类、生长的气候条件等各种具体因素有密切的关系。我国农作物秸秆年产量约为 7 亿 t 左右，列世界之首，主要品种及数量如表 6.1 所示。主要有水稻秸秆、小麦秸秆、玉米秸秆（表 6.1，表 6.2），其中玉米秸秆占 46.6%，稻草秸秆占 24.43%，小麦秸秆占 14.41%。50%以上的秸秆资源集中在四川、河南、山东、河北、江苏、湖南、湖北、浙江等 9 省，西北地区和其他省份秸秆资源分布量较少。稻草主要在长江以南的诸多省份，而小麦和玉米秸秆分布在黄河与长江流域之间，以及黑龙江和吉林等省份[3]（图 6.1～图

6.3，表 6.3)。秸秆年产量随种植量而变化，种植量的多少主要取决于经济收入的多少。据中国农业统计提要，1998 年我国秸秆产量约为 7.24 亿 t，以后逐年下降。其中 2000 年全国秸秆产量约 64792.3 万 t（表 6.3），而 2009 年约为 79861.02 万 t（表 6.2)。

表 6.1 我国主要农作物种植结构[3]（农业部农业统计年鉴整理）

项 目	1995 年	2000 年	2005 年	2007 年	2008 年	2009 年
农作物总播种面积	100.00	100.00	100.00	100.00	100.00	100.00
粮食作物	73.43	69.39	67.07	68.84	68.34	68.70
谷物	59.60	54.55	52.66	55.89	55.19	55.72
稻谷	20.51	19.17	18.55	18.84	18.71	18.68
小麦	19.26	17.05	14.66	15.46	15.11	15.31
玉米	15.20	14.75	16.95	19.21	19.11	19.66
谷子	1.02	0.80	0.55	0.55	0.52	0.50
高粱	0.81	0.57	0.37	0.33	0.31	0.35
其他谷物	2.80	2.21	1.58	1.51	1.42	1.23
豆类	7.49	8.10	8.30	7.68	7.75	7.53
大豆	5.42	5.95	6.17	5.70	5.84	5.79
杂豆	2.07	2.15	2.13	1.97	1.91	1.74
薯类	6.35	6.74	6.11	5.27	5.39	5.44
马铃薯	2.29	3.02	3.14	2.89	2.98	3.20
油料作物	8.74	9.85	9.21	7.37	8.21	8.61
花生	2.54	3.11	3.00	2.57	2.72	2.76
油菜籽	4.61	4.79	4.68	3.68	4.22	4.59
芝麻	0.43	0.50	0.38	0.32	0.30	0.30
胡麻籽	0.41	0.32	0.26	0.22	0.22	0.21
向日葵	0.54	0.79	0.66	0.47	0.62	0.60
棉花	3.62	2.59	3.26	3.86	3.68	3.12
麻类	0.25	0.17	0.22	0.17	0.14	0.10
糖料	1.21	0.97	1.01	1.17	1.27	1.19
甘蔗	0.75	0.76	0.87	1.03	1.12	1.07
甜菜	0.46	0.21	0.14	100.00	100.00	100.00

注：表中数据为各农作物所占百分比。

表 6.2　我国 2009 年农作物秸秆产量[3]（据农业部农业统计年鉴整理）

作物种类	作物名称	作物产量/万 t	谷草比	秸秆产量/万 t
粮食	稻谷	19510.3	1	19510.3
	小麦	11511.5	1	11511.5
	玉米	16397.4	2	32794.8
	豆类	1930.3	1.5	2895.45
	薯类	2995.5	1	2995.5
	其他	737.1	1	737.1
小计		53082.1		70444.65
油料作物	花生	1470.8	2	2941.6
	油菜籽	1365.7	2	2731.4
	芝麻	62.2	2	124.4
	其他	255.6	2	511.2
小计		3154.3		6308.6
棉花	棉花	637.7	3	1913.1
麻类	麻类	38.8	1	38.8
糖料	甘蔗	11558.7	0.1	1155.87
合计		68471.6		79861.02

注：秸秆重量以自然风干值计。

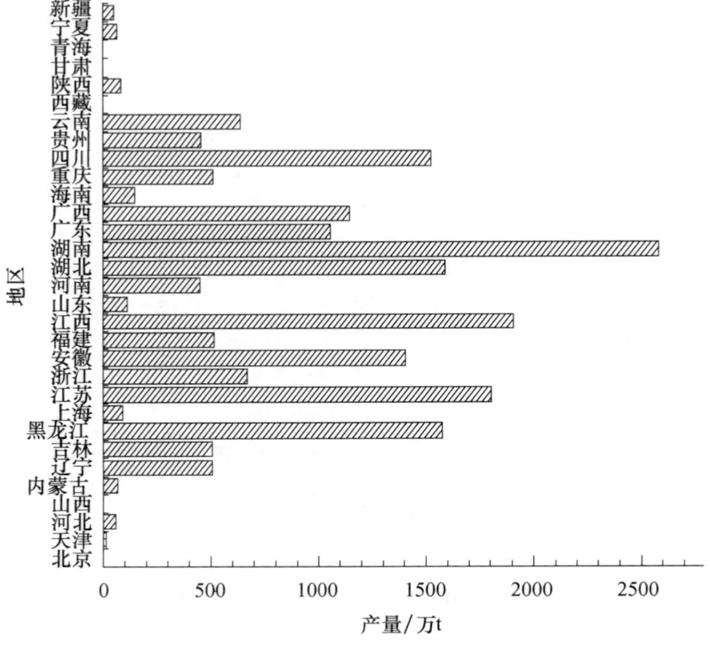

图 6.1　中国水稻秸秆资源分布（农业部农业统计年鉴整理）

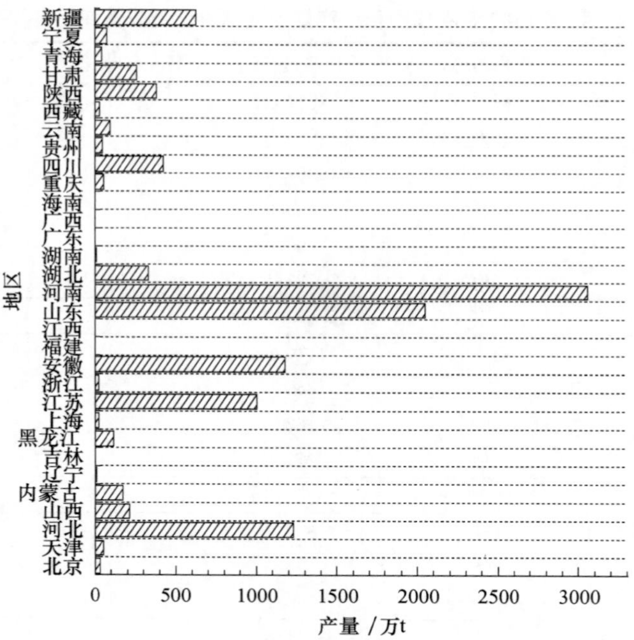

图 6.2　中国小麦秸秆资源分布（农业部农业统计年鉴整理）

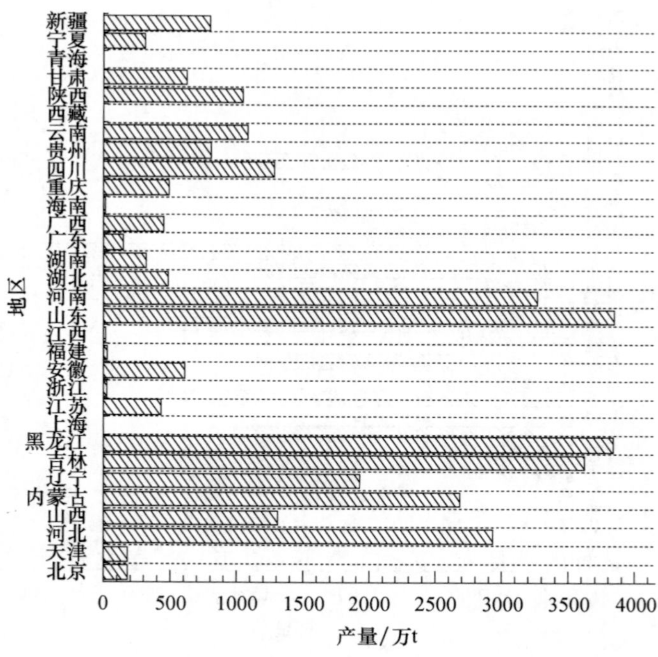

图 6.3　中国玉米秸秆资源分布（农业部农业统计年鉴整理）

表 6.3　2000 年秸秆资源分布、可获得量及其主要用途（单位：万 t）

		秸秆总产量	造肥还田及其收集损耗	作为饲料	造纸原料	作能源
全国		64792.3	9718.8	17744.7	2100.0	35228.8
华东	山东	7666.2	1149.9	2001.1	108.2	4407.0
	江苏	3862.2	579.3	160.0	59.2	3063.7
	安徽	3265	489.8	1132.4	45.9	1597.0
	浙江	1203	180.5	81.2	50.8	890.5
	江西	1456.4	218.5	206.0	52.9	564.3
	福建	771.4	115.7	11.1	109.4	340.3
	上海	251.4	37.8	2024.2	2.7	200.0
	河南	6113.8	917.1	661.2	377.6	2794.9
华南	湖北	2847.3	427.1	695.1	69.6	1689.4
	湖南	2281.8	342.3	695.1	113.8	1130.6
	广东	1564.7	234.7	761.4	118.3	450.4
	广西	1694	254.1	1287.1	36.1	116.7
	海南	248.5	37.3	200.6	1.6	9.1
东北	黑龙江	4157.5	623.6	825.0	70.8	2637.2
	吉林	3672	550.8	620.5	92.8	2407.9
	辽宁	2235.1	335.3	487.0	94.3	1318.5
华北	河北	4787.8	718.2	935.4	179.3	2954.9
	内蒙古	1878.8	281.8	—	23.1	1573.9
	山西	1492.9	223.9	406.4	106.6	756.0
	北京	519	77.9	22.8	1.5	416.9
	天津	383.1	57.5	35.8	15.3	274.5
西南	四川	4855.1	728.3	1801.9	161.8	2163.2
	云南	1651.6	247.7	1269.3	26.6	108.0
	贵州	1263.1	189.5	1048.5	7.5	17.6
	西藏	113.6	17.0	—	—	96.6
	新疆	1627.7	244.2	—	20.0	1365.5
西北	陕西	1489	223.4	449.1	129.8	686.9
	宁夏	347.2	52.1	—	13.7	281.4
	甘肃	867.5	130.1	—	10.3	129.1
	青海	225.2	33.8	—	0.6	190.8

注："—"表示未统计。

我国农作物秸秆的主要用途如图 6.4 所示。其中用于农村生活能源的秸秆占 54.36%左右，畜牧饲料用量约占 27.4%，还田或损失的秸秆占 15%，还有约 3.24%用于造纸。随着畜牧业的发展用作饲料的秸秆量会逐渐增大以及人们对秸秆这种可再生资源利用的重视程度的增加，资源收集、利用技术会更大幅度地提高，相应的对秸秆等生物质的需求量也会随之增加，这势必导致农作物种植的种类和数量的增加，估计每年可稳定用于工业原料的农作物秸秆数量为 1.00 亿 t 左右，其中仍以稻草、玉米秸秆和麦草为主。

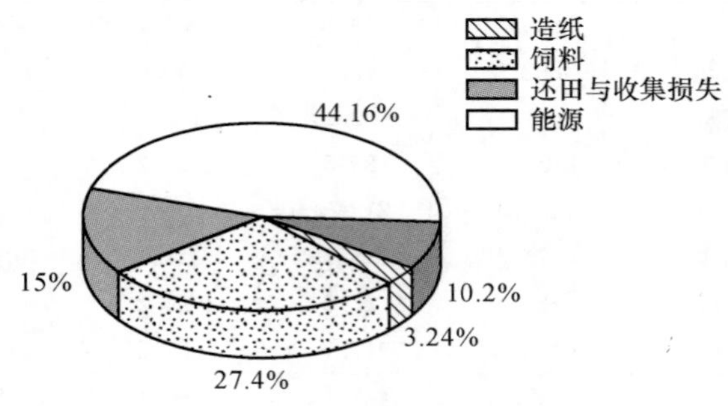

图 6.4　农作物秸秆的主要用途

6.1.2　林业、薪柴资源

薪柴是几个世纪以来人类所用的主要能源，它不仅可用于家庭，还可广泛地用于工业。根据统计数据，2005 年我国有 $1.7491\times10^8 hm^2$ 森林面积，森林覆盖率 18.21%，其中活立木总蓄积量 $136.1810\times10^8 m^3$，森林蓄积量 $124.5585\times10^8 m^3$。表 6.4 所示是 2004 年与 2003 年新造林面积比较。全国的造林林种中，在其他的用材林、经济林、防护林、特种林的造林面积锐减的情况下，薪炭林的造林面积 2004 年比 2003 年却增加了 34.79%[4]。

表 6.4　2004 年与 2003 年全国造林主要指标　　（单位：hm^2）

	用材林	经济林	防护林	薪炭林	特种林
2003 年	1175812	797318	7087319	37070	21374
2004 年	871132	456691	4210768	49966	9522
2004 年比 2003 年增减情况%	−25.91	−42.72	−40.59	+34.79	−55.45

1998 年的森林资源调查，我国有 $2.92\times10^6 hm^2$ 的薪炭林，占森林面积的 3.5%左右。而图 6.5 给出了 1978～2010 年中国木材产量，表 6.5 给出了全国第五次森林林木蓄积量普查结果。据估计，我国在“七五”期间年平均薪材产量约为 1.23 亿 t，“八五”期间年平均薪材产量为 1.7 亿 t。薪材资源分布与森林分布密切相关，我国森林主要由东北林区、西南喜马拉雅林区、西北林区和南方坡地林区四大林区组成，占全国森林总面积的 54.5%。东北林区最大，约 $3.3\times10^5 km^2$，占全国森林面积的 20.9%；森林蓄积量达 $2.94\times10^9 m^3$，约为全国总蓄积量的 23.5%。用材林是该林区的主要林种，91.9%林地面积是用材林，占林木蓄积量的 90.4%。

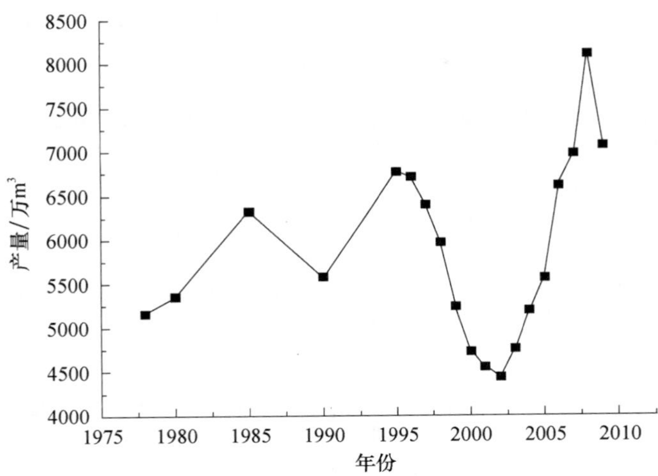

图 6.5　中国木材产量[3]（农业部农业统计年鉴整理）

表 6.5　全国第五次主要林区各种林木蓄积量

林　区	总　计		用材林		防护林		薪炭林		特种林	
	森林面积/$10^8 hm^2$	蓄积量/$10^6 m^3$	森林面积/$10^8 hm^2$	蓄积量/$10^6 m^3$	森林面积/$10^8 hm^2$	蓄积量/$10^6 m^3$	森林面积/$10^8 hm^2$	蓄积量/$10^6 m^3$	森林面积/$10^8 hm^2$	蓄积量/$10^6 m^3$
东北	0.3324	2934.86	0.3056	2651.89	0.009	95.22	0.0026	11.02	0.0151	176.72
西南	0.1902	3455.65	0.1196	2166.62	0.0581	1067.91	0.0046	30.29	0.0079	190.83
南方坡地	0.3162	1414.03	0.2657	1202.54	0.0255	148.01	0.0215	20.65	0.0036	42.83
西北	0.0224	330.96	0.01	149.65	0.0085	128.69	0.0005	1.14	0.0034	51.48
总量	0.8612	8135.5	0.7009	6170.7	0.1011	1439.83	0.0292	63.1	0.03	461.86

6.2　天然木质纤维素原料的主要成分

纤维素、半纤维素和木质素共同构成了植物细胞壁的主要成分，也即天然纤维素原料的主要组成成分。纤维素的分子排列规则，聚集成束，决定了细胞壁的构架。在纤丝构架之间充满了半纤维素和木质素。植物细胞壁的结构非常紧密，在纤维素，半纤维素和木质素分子之间存在着不同的结合力。纤维素和半纤维素或木质素分子之间的结合主要依赖于氢键；半纤维素和木质素之间除氢键外，还存在着化学键的结合，致使从天然纤维素原料中分离的木质素总含有少量的碳水化合物。半纤维素和木质素间的化学键结合主要是半纤维素分子支链上的半乳糖基和阿拉伯糖基，木质素和碳水化合物之间的化学键结合主要是通过分离的木质素-碳水化合物复合体（lignin-carbohydrate complex，LCC）进行研究的[5,6]。表6.6总结了纤维素、半纤维素和木质素的化学组成及其结构。

表 6.6 植物细胞壁中纤维素、半纤维素和木质素的结构和化学组成

	木质素	半纤维素	纤维素
亚基	愈创木基丙烷（G）、紫丁香基丙烷（S）、对羟基苯丙烷（H）	D-木糖、甘露糖、L-阿拉伯糖、半乳糖、葡萄糖醛酸	吡喃型 D-葡萄糖基
亚基间连接键	多种醚键和碳-碳键，主要是β-O-4 型醚键	主链大多为β-1,4 糖苷键支链菌β-1,2、β-1,3、β-1,6	β-1,4 糖苷键
聚合度	4000 个	200 个以下	几百到几万糖基
聚合物	G 木质素、GS 木质素、GSH 木质素	聚木糖类、聚半乳糖葡萄糖甘露糖、聚葡萄糖甘露糖	β-1,4 葡聚糖
结构	不定型的、非均一的、非线性的三维立体聚合物	有少量结晶区的空间非均一性分子、大多无定形	由结晶区和无定形区两相组成立体线性分子
三类成分之间的连接	与半纤维素有化学键结合	与木质素有化学键结合	无化学键

纤维素、半纤维素和木质素相互交织而形成的植物细胞壁，任何一类成分的降解必然受到其他成分的制约。例如，木质素对纤维素酶和半纤维素酶降解天然纤维素原料中的碳水化合物有空间阻碍作用，致使许多纤维素分解菌不能攻关完整的天然纤维素原料。天然纤维素原料的主要结构成分是化学性质很稳定的高分子化合物，不溶于水，也不溶于一般的有机溶剂；在常温下也不为稀酸和稀碱所水解。

纤维素、半纤维素和木质素这三类主要组分在细胞壁中的一般组成比例为4∶3∶3，不同来源的原料其比例存在差异，硬木、软木、草本都有所不同。天然纤维素原料除上述三类组分外，尚含有少量的果胶、含氮化合物和无机灰分等。以木材为例，其元素组成一般为：碳约50%，氢约6%，氧约44%，氮为0.05%～0.4%。

6.3 纤维素碳源

纤维素是D-葡萄糖以β-1,4糖苷键结合起来的链状高分子化合物，在常温下不溶于水、稀酸和稀碱。它是植物细胞壁的主要成分，尽管某些动物（如被囊动物）和某些细菌也含有纤维素，但与植物纤维素相比是微不足道的。尽管植物细胞壁的结构和组成差异很大，但纤维素的含量一般都占其干质量的35%～50%。棉花纤维素几乎是100%的纯纤维素。但更多的情况下，纤维素是被半纤维素（干物质含量为20%～35%）和木质素（干物质含量为5%～30%）包裹的[1]。

纤维素是由 Anselme Payen 于 1839 年首次用木材经硝酸、氢氧化钠溶液交替处理后，分离出的一种均匀化合物，它是 D-葡萄糖以 β-1,4 糖苷键结合起来的链状高分子化合物，在常温下不溶于水、稀酸和稀碱。对天然纤维素超分子结构的研究表明，纤维素是由结晶相和非结晶相交错形成的，其中非结晶相在用 X 射线衍射技术测试时呈现无定型状态，因为其大部分葡萄糖环上的羟基基团处于游离状态；而结晶相纤维素中大量的羟基基团形成了数目庞大的氢键，这些氢键构成巨大的氢键网格，直接导致了致密的结晶结构的形成[7]。纤维素是目前制浆造纸工业、纺织工业和纤维化工的重要原料，纤维素形式的生物能源将作为日后重要的清洁能源。

6.3.1　纤维素的化学结构

纤维素分子是由葡萄糖通过 β-1,4-糖苷键连接起来的链状高分子，主要含有碳、氢、氧三种元素，其中碳含量为 44.44%，氢含量为 6.17%，氧含量为 49.39%。纤维素的化学式为 $C_6H_{10}O_5$，化学结构式为（$C_6H_{10}O_5$）$_n$，其中 n 为葡萄糖基的数量，称为聚合度（DP），它的数量为几百至几千甚至上万。早在 20 世纪 20 年代，就已证明了纤维素由纯的脱水 D-葡萄糖的重复单元所组成，也已证明纤维素的重复单元是纤维二糖。纤维二糖的 C_1 位上保持着半缩醛的形式，有还原性，而在 C_4 上留有一个自由羟基。组成纤维素的 β-D-吡喃葡萄糖三个游离基位于 2,3,6 三个碳原子上，经证明分别为位于 C_2，C_3 上的仲羟基和位于 C_6 上的伯羟基。这三个羟基的酸性大小按 $C_2>C_3>C_6$ 位排列，反应能力也不同，C_6 位上羟基的酯化反应速度比其他两位羟基约快 10 倍，C_2 位上羟基的醚化反应速度比 C_3 位上的羟基快两倍左右。一般认为纤维素分子由 8000～12000 个葡萄糖残基所构成（图 6.6）。

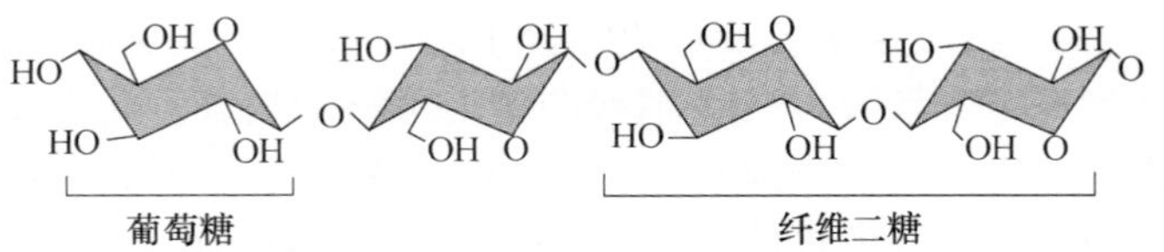

图 6.6　纤维素分子链结构式[7]

用氢氧化钠溶液在不同浓度和不同温度下处理，用以溶解不同聚合度的纤维素。利用特定条件下不同的溶解度，将纤维素人为地划分为：α-纤维素，指在 20℃条件下不溶于 16.5%NaOH 溶液的纤维素部分；将萃取碱液用酸中和后所沉淀出的部分称 β-纤维素；残留在中和溶液中未沉淀出的部分称 γ-纤维素。Staudinger 等曾用黏度去测定这三种纤维素的聚合度，结果表明，α-纤维素的聚合度大于 200，β-纤维素的聚合度为 10～200，γ-纤维素的聚合度小于 10。工业上常用 α-纤维素含量表示纤维素的纯度。习惯上将 β-纤维素与 γ-纤维素之和称为工业半纤维素。综纤维素（全纤维素）是指天然纤维素原料中的全部碳水化合物，即纤维素和半纤维素之和[6]。

6.3.2 纤维素的物理结构

所谓纤维素的结构，指的是组成纤维素高分子的不同尺度的结构单元在空间的相对排列，它包括高分子的链结构和聚集态结构。链结构又称一级结构，它表明分子链中原子或基团的几何排列情况。近程结构即第一层次结构，指的是单个高分子内一个或几个结构单元的化学结构和立体化学结构。远程结构即第二层次结构，指的是单个高分子的大小和在空间所存在的各种形状（构象）。聚集态结构又称为二级结构，指的是高分子整体的内部结构，包括晶体结构、非晶体结构、取向态结构、液晶结构。它们描述高分子聚集体中分子间是如何堆砌的，称为第三层次结构，如互相交缠的线团结构、由折叠链规整堆砌而成的晶体等。高分子的链结构是反映高分子各种特性的最主要的结构层次，直接影响聚合物的某种特性，如熔点、密度、溶解度、黏度、黏附性等；而聚集态结构则是决定高分子化合物制品使用性能的主要因素[8]。

1. 纤丝结构

原纤（fibril）是一种细小、伸展的单元，由这种单元聚集而构成某些天然和合成纤维材料的结构（如纺织纤维、木材或纤维状蛋白质），并使长的分子链在某一方向上聚集成束。由于纤丝（filament）聚集的大小不同，目前使用的术语有基元原纤（elementary fibril）、微纤丝（miorofilament）和大纤丝（macrofilament 或 microfilament bundle）[10]。天然纤维素具有 10000 个葡萄糖单元，原纤丝含有 60～80 根纤维素分子，相邻分子之间可以形成氢键，在一定空间范围内，氢键达到一定数量级，在 X 射线图谱上可显示出来。此空间称为结晶区，其余空间为无定形区。一根纤维素分子在微纤丝内，可以通过许多结晶区和无定形区。微纤丝由基元原纤所构成，尺寸比较固定。大纤丝由一个以上的微纤丝构成，其大小随原料来源或加工条件不同而异。

关于细胞壁各层的微纤丝结构，具有代表性的是 Fengel 所提出的木材细胞壁结构模型。Fengel 认为，直径为 30Å 的基元原纤是最基本的形态结构单元，由 16 根（4×4）基元原纤组成直径约为 120Å 的原纤，再由 4 根（2×2）这样的原纤组成一根比较粗的微纤丝（microfibril），其直径约 250Å，一个以上的微纤丝再组成大纤丝。基元原纤之间填充着半纤维素，而微纤丝周围包裹着木质素和半纤维素。在 120Å 原纤之间是几个半纤维素分子厚的分子层，而在 30Å 的基元原纤之间是半纤维素的单分子层。因为微纤丝要素形成是在细胞壁木质化之前，所以只有 250Å 的微纤丝为木质素所包围[10]。一般认为，液体在细胞壁内的运动主要发生在半纤维素的基元原纤界面上，通常的收缩，润胀过程也主要在这些界面上产生。

近年来，利用高分辨率电镜进行观察发现了直径为 17Å 的更为基本的基元原纤。由于在原纤丝的周围存在着半纤维素，在微纤丝的周围存在着许多木质素，故而微纤丝只有在脱木质素后才能观察到，基元原纤只有在半纤维素水解后才能观察到。大多研究者对基元原纤的测量结果是，其直径为 30～35Å，约由 40 个纤维素大分子链所组成。纤维素大分子排列规则的区域是结晶区，而排列不规则的区域则形成不完善的结晶结构。晶体直径在 30Å 左右出现一层半纤维素单分子层包围在晶体周围，若干纤维素的晶体结合在一起形成纤维素晶体束，直径 200～300Å，称为纳米纤维（nanofibers），其周围包有半纤维素及木质素。综上所述，植物纤维细胞壁是由很多的纤维组成的，较大的微纤丝总是由较小的基元原纤所组成。

2. 聚集态结构

纤维素的聚集状态，即所谓纤维素的超分子结构，主要研究纤维素分子如何排列组成晶区与非晶区结构，再组成基元原纤、原纤、微纤丝结构。主要包括结晶结构（晶区和非晶区、晶胞大小及形成、分子链在晶胞内的堆砌形式）、取向结构（分子链和晶区的取向）和原纤结构。通过 X 射线衍射的研究，发现纤维素大分子的聚集体中，结晶区部分分子排列的比较整齐，有规则，呈现清晰的 X 射线图，故密度很大，结晶区纤维素的密度为 1. 588g/cm^3。无定形区部分的分子链排列不整齐，较疏松，因此分子间距离较大，密度较低，无定形区纤维素密度为 1. 500g/cm^3，但其分子链取向大致与纤维主轴平行。纤维素结晶度是指纤维素构成的结晶区占纤维素整体的百分率，结晶度一般为 30%～80%[2]。

纤维素的结晶具有多型性。固态纤维素存在 5 种结晶变体，其特点可以从其单位晶胞的特点反映出来。纤维素晶体在一定条件下可以转变成各种晶变体。Ⅰ型是天然纤维素的晶型，Ⅱ型、Ⅲ型、Ⅳ型和Ⅹ型则是那些经过人工处理的“人造”纤维素的晶型。目前普遍接受的Ⅰ型纤维素晶胞结构为 Meyer 和 Misch 于 1937 年提出的单斜晶胞模型[9]。很多化学处理和热处理都会使晶型变化，球磨可以使晶格完全破坏。从结晶区到无定形区是逐步过渡的，无明显界线。每个结晶区称之为微晶体（也称之胶束或微胞）。在纤维素的微晶体的葡萄糖基2,3,6位的原游离羟基的位置上均已形成了氢键，只有在无定形区才有部分游离羟基存在。

6.3.3 纤维素的理化性质

1. 纤维素的化学性质

纤维素链中每个葡萄糖基环上有三个活泼的羟基：一个伯羟基和两个仲羟基。因此，纤维素可以发生一系列与羟基有关的化学反应。这些羟基还可以形成分子内和分子间氢键，它们对纤维素链的形态和反应性有着深远的影响，尤其是C_3-羟基与邻近分子环上的氧所形成的分子间氢键，不仅增强了纤维素分子链的线性完整性和刚性，而且使其分子链紧密排列而成高聚集的结晶区[10]。纤维素的可及性（accessibility）即反应试剂抵达纤维素羟基的难易程度。在多相反应中，纤维素的可及性主要受纤维素结晶区和无定形区的比率的影响。纤维素的反应性是指纤维素大分子基环上伯、仲羟基的反应能力。通常，伯羟基的反应能力高于仲羟基，由于空间位阻最小，C_6 位羟基与庞大的取代基的反应性能更高，例如，与甲苯磺酰氯的酯化反应主要发生于伯羟基。可逆反应主要发生在 C_6 位羟基；而不可逆反应则有利于 C_2 位羟基。因此，对于纤维素的酯化反应，C_6 位羟基的反应能力最高，而纤维素醚化时，则 C_2 位羟基反应能力最高[9]。

纤维素的降解是很重要的反应，可用以制造纤维素的产物。酸降解、微生物降解和碱性降解主要是纤维素相邻两葡萄糖单体间的糖苷键被打开；纤维素碱剥皮反应和纤维素的还原反应，作用于纤维素的还原性末端；纤维素的氧化降解主要发生在纤维素葡萄糖基环的 C_2、C_3、C_6 位的游离羟基位置上。当纤维素分子链氧化到某种程度，随之在 C_2 上形成羰基，在随后碱处理过程中，分子链经由β-烷氧基消除反应引起降解，苷键断开后，形成反应产物，进一步降解形成一系列的有机酸[2]。

纤维素酯化和醚化反应发生在纤维素分子单体上的三个醇羟基。可在很大程度上改变纤维素的性质，从而制造出许多有价值的纤维衍生物。如纤维素磺酸脂，纤维素醋酸酯，纤维素硝酸酯和纤维素醚（羧甲基纤维素、甲基纤维素、乙基纤维素）。为了提高在多相介质中纤维素酯、醚反应能力，改善纤维素醚酯的质量，需采用预处理的方法，一般有以下几种方法：①纤维素的预润胀处理使纤维素大分子间的羟基结合力变弱，从而提高试剂向纤维素内部的扩散速度。如用浓碱浸渍，冰醋酸活化等。②纤维素的乙胺消晶，乙胺浓度在 71%以上，仅改变结晶度的 20%左右。因此对乙胺消晶作用的解释，认为乙胺只进入到微纤维之间，只使无定形区润胀，而结晶区变动少。③高取代度的纤维素衍生物，由于它的羟基被大量取代，总的游离羟基数量下降，其吸湿性下降。但是事实上某些低取代度的纤维素衍生物的吸湿性反而增加，如许多低取代度的甲基、乙基、羟乙基、羟甲基纤维素醚等都有这种现象。这些基团使纤维素结构润胀而减弱大分子间结合力，使吸湿性和水解度增加，增加防皱性能，可用于增加纸板的挺度和防潮性，也可增加纸的裂断长，耐破度和形稳性[8]。

2. 纤维素的物理性质

纤维素的游离羟基对许多溶剂和溶液有强的吸引力。吸着水只在无定形区内，结晶区并没有吸着水分子。干燥的纤维素在吸湿过程中其无定形区的氢键不断打开，纤维素分子间的氢键被纤维素与水分子间的氢键所代替，虽然形成了新的氢键，但仍保持着纤维素分子间的部分氢键。在解吸时，由于内部阻力的抵抗，纤维素分子与水分子之间的氢键不能全部可逆地打开，产生滞后现象。纤维素所吸附的水一部分是进入纤维素无定形区与纤维素的羟基形成氢键结合的水，称为结合水。结合水的水分子受纤维素羟基的吸引，排列有一定的方向，密度较高，并使纤维素发生润胀，有热效应产生。当纤维素吸湿达到纤维饱和点后，水分子继续进入纤维的细胞腔和各孔隙中，形成多层吸附水或毛细管水，称之游离水。吸附游离水时无热效应，亦不能使纤维素发生润胀[8]。

当固体物吸收液体后，其外形的均一性虽然没有变化，但固体内部的内聚力减小而容积增大，固体变软，此现象又称之润胀。纤维素的润胀分为结晶区间的润胀和结晶区内的润胀。结晶区间的润胀是指润胀剂只能达到无定形区和结晶区的表面，纤维素的 X 射线图不发生变化。结晶区内的润胀是润胀剂渗透到微纤丝结晶区内部而发生润胀，产生新的结晶格子，出现新的 X 射线图。纤维素的无限润胀就是溶解。纤维素的羟基本身是有极性的，作为润胀剂，液体的极性越大，润胀的程度越大。碱溶液中的金属离子通常以“水合离子”的形式存在，这对于进入结晶区更有利。一般 15%～20%浓度的 NaOH 溶液可导致结晶内的润胀。若加大碱浓度，由于离子的密度太大，所形成的水合离子的半径反而减小，故润胀度会下降。除碱以外，其他润胀剂的润胀能力由强到弱依次为：磷酸、水、极性有机溶剂等。纤维素浸渍于 NaOH 的浓溶液中，即生成碱纤维素。碱纤维素虽经水洗干燥，这种变化也不能恢复到原来状况。碱纤维素成为比天然纤维素还要稳定的水合纤维素的晶形，使之吸收性增加，对各种试剂也易发生反应。用碱浸渍纤维素也称之为丝光化。另外，碱纤维素也是制备黏胶纤维和纤维素醚衍生物的重要的中间产物[8]。

高分子化合物的特点是分子质量大，内聚力也较大，在体系中运动比较困难，扩散能力差，不能及时在溶剂中分散。纤维素在溶剂中溶解，所得的溶液不是真的纤维素溶液，而是由纤维素和存在于液体中的组分形成一种加成的产物。纤维素的溶剂可分为水溶剂和非水溶剂两大类。水溶剂有以下几类：①无机酸类，如 H_2SO_4(65%～80%)、HCl(40%～42%)、H_3PO_4(73%～83%)和 HNO_3(84%)，这些酸可导致纤维素的均相水解。浓 HNO_3(66%)不能溶解纤维素，形成一种加成化合物。②Lewis 酸类，如氯化锂、氯化锌、高氯酸铍、硫代氰酸盐、碘化物和溴化物等溶剂，可溶解低聚合度的纤维素。③无机碱类，如 NaOH，肼和锌酸钠等。其中 NaOH 和锌酸钠仅能使低聚合度的纤维素溶解。④有机碱类，如季铵碱 $(CH_3)_4NOH$ 和胺氧化物（amine xide）等。应用胺氧化物溶剂溶解纤维素，可制造人造纤维。⑤配合物类，如铜氨、铜乙二胺（cuen）、钴乙二胺（cooxen）、锌乙二胺溶剂（zincoxen）、镉乙二胺（cadoxen）和铁-酒石酸-钠配合物（EWNN）[8]。

纤维素的非水溶剂是指以有机溶剂为基础的不含水或少含水的溶剂，由活性剂与有机液组成。有机液可作为活性剂的成分，也可作为活性剂的溶剂，它使溶液具有较大的极性，促进纤维素溶解。因此，关于纤维素在非水溶剂体系中的溶解机理，不能像纤维素的水溶剂那样简单地用所谓润胀理论来解释。Nakao 提出在非水溶剂体系中形成电子给予体-接受体（EDA）配合体：①纤维素羟基的氧原子和氢原子参与 EDA 的相互作用，氧原子作为一种 π 电子对给予体，氢原子作为一种 δ 电子对接受体；②溶剂体系中的活性剂存在一个电子给予体中心和一个接受体中心，两个中心在空间的地位适合于与羟基的氧原子和氢原子的相互作用；③存在一定适合范围的 EDA 相互作用强度，引起给予体和接受体中心极性有机液作用空间，达到羟基的电荷分离至适当量，使纤维素分子链复合体分开而溶解。

几种不同体系的纤维素非水溶剂分别介绍如下：①多聚甲醛/二甲基亚砜（PF/DMSO）是纤维素的一种优良无降解的新溶剂体系。PF 受热分解产生甲醛与纤维素的羟基反应生成羟甲基纤维素，而溶解在 DMSO 中。②四氧二氮/二甲基甲酰胺体系（N_2O_4/DMF 或 DMSO）是 N_2O_4 与纤维素反应生成亚硝酸酯中间衍生物而溶于 DMF 或 DMSO 中。通过乙醇或异丙醇水溶液或含 0.5% H_2O_2 水溶液，可形成再生纤维素。③胺氧化物（MMO）是直接溶解纤维素，不生成中间衍生物。④液氨/硫氰酸铵体系（NH_3/NH_4SCN）对纤维素的溶解是有限制的，由 72.1%(m/m)，NH_4SCN，26.5%(m/m) NH_3 和 1.4%(m/m) H_2O 的组成溶剂对纤维素具有最大的溶解能力。⑤氯化锂/二甲基乙酰胺（LiCl/DMAC）体系也是直接溶解纤维素，不形成任何中间衍生物。在室温下 LiCl/DMAC 溶液很稳定，可进行抽丝、成膜等开发。最近纤维素非水溶剂的研究较活跃，它不仅可用于人造纤维和薄膜的制造，也可用纤维素材料的加工，使纤维素在均相条件下反应以制造纤维素衍生物。纤维素溶剂的问题在于纤维素的低溶解度，溶剂的价格和回收率，环境污染。

纤维素热降解在 300～375℃较窄的温度范围内发生热分解。由于加热进程不同，产生不同的产品。在低温下（200～280℃）加热，着重于脱水生成脱水纤维素，随后形成木炭和气体产品。在较高温度下（280～340℃）加热，则更多地获得易燃的挥发性产物（焦油）。纤维素高温热降解最重要的中间产物是左旋葡萄糖，由它可以进一步降解成低分子质量产物和焦油状产物。焦油状产物是由于低聚物再次降解而成的，在高温下（400℃以上）可以形成芳环结构，与石墨结构相似。纤维素的机械降解是由于在机械过程中能有效地吸收机械能引起其形态和微细结构的改变，表现出聚合度下降，结晶度下降，可及性明显提高[9]。

6.3.4　葡萄糖的全能性

在发酵工业中，葡萄糖作为最基础的营养基，是发酵培养基的主料[10]，如抗生素、味精、维生素、氨基酸、有机酸、酶制剂等生产都需大量使用葡萄糖，同时它也可用作微生物多聚糖和有机溶剂的原料。

另外，葡萄糖在食品行业、化工行业、医药工业等应用也越来越广泛。例如，在食品行业的糖果业，葡萄糖已经由开始的只做添加剂转为主要原料，既提高了糖果的口味，又符合营养保健的要求；在糕点、冷饮业：葡萄糖作为一种全新的高档食品添加剂，应用于各种糕点、冷饮的生产制作，用来提高产品的风味、口感、色泽，尤其是能提高产品质量档次，已被业内人士大力推崇。具体应用有以下几方面：各种酒添加料、烘烤食品加味增色、软饮料、糕饼、布丁、各种罐头、奶制品添加料、咖啡、可可用料、冷饮、冰激凌、肉制品、灌肠、鱼类食品、各种面食、方便食品、口香糖等食品。在新兴的蔬菜加工业：随着国际市场的需求加大和蔬菜加工技术的不断进步，葡萄糖作为一种营养剂和保鲜剂，在高档保鲜、脱水蔬菜加工中的地位无可替代。

葡萄糖在工业上应用极广，如胶粘剂、烧铸制品、塑料制品、印染、制革、电镀、钻探、油漆、肥皂、杀虫剂、火柴、炸药等。

葡萄糖还可通过氢化、氧化、异构、碱性降解、酯化、乙缩醛化等反应，合成或转化为其他产品，如氢化制山梨醇；氧化制葡萄糖醛酸、二酸等，并可进一步制成酸钙、酸钠、酸锌以及葡萄糖酸内酯；异构化为 F42、F55、F90 果葡糖浆和结晶果糖；也可异构化为甘露糖（生产甘露糖醇原料），其中山梨醇可进一步生成维生素 C，被广泛应用于临床治疗，而且 15%甘露醇在临床作为一种安全有效的降低颅内压药物，来治疗脑水肿和青光眼。

葡萄糖是一种能直接吸收利用、补充热能的碳水化合物，是人体所需能量的主要来源，在体内被氧化成二氧化碳和水，并同时供给能量，转化成糖源或脂肪的形式储存，葡萄糖能促进肝脏的解毒功能，对肝脏有保护作用。葡萄糖主要用于补充热能和体液，用于各种原因引起的进食不足或大量体液丢失，用于身体虚弱、营养不良等补助营养。其在医药上的主要用途可分为口服和注射两种，一水葡萄糖可单独服用或制成多维葡萄糖服用。利用结晶葡萄糖可以进一步生产葡萄糖酸钙、葡萄糖酸锌、葡萄糖醛酸内脂等。

6.3.5 纤维素葡萄糖的制备及其突破点

研究最早的纤维素葡萄糖的制备方法是酸水解。所谓酸水解就是利用纤维素大分子中的β-1,4-糖苷键，它是一种羧醛键，对酸特别敏感的特点，在适当的氢离子浓度、温度和时间作用下，可以使糖苷键断裂、聚合度下降、还原能力提高。部分水解后的纤维素产物称为水解纤维素，完全水解则生成葡萄糖。纤维素水解试剂可以是浓酸、稀酸也可以是非水介质如醇和无水无机酸如无水氢氟酸。

早期的研究主要是采用浓酸法或稀酸法水解纤维素生成葡萄糖，酸水解最大的优点是水解完全、反应速率快、工艺成熟；但酸水解要消耗大量的酸，对反应设备腐蚀性大，能耗高，条件苛刻，同时产生大量的酸废水，环境污染严重。

1. 纤维素浓酸水解法制备葡萄糖

浓酸水解的报道最早见于1883年，浓酸水解多用41%～42%HCl，65%～70%H_2SO_4或80%～85%H_3PO_4等浓度的无机酸。纤维素在浓酸中是均相水解，首先是纤维素晶体结构在酸中润胀或溶解，然后通过形成酸的复合物再被水解成低聚糖和葡萄糖（图6.7）[11]。

纤维素 ⟶ 酸复合物 ⟶ 低聚糖 ⟶ 葡萄糖

图6.7 纤维素浓酸水解法制备葡萄糖

纤维素水解过程中存在葡萄糖酸回聚作用，尤其是当水解液中的单糖和酸的浓度比较高时。因此典型的浓酸水解工艺是先利用稀酸水解半纤维素，水解温度在100℃左右，然后烘干，加浓酸水解纤维素，破坏纤维素的结晶结构，再加水稀释，并加热至140℃，纤维素几乎全部水解为葡萄糖，由于温度不高，形成的葡萄糖很少分解。浓酸水解过程的主要优点是糖的回收率高，大约有90%的半纤维素和纤维素转化的糖被回收。

1937年，德国相继建成了数家可回收盐酸的商业浓酸水解厂。日本也于1948年开发出浓硫酸水解工艺，并进入商业化运行，他们首次采用膜技术进行糖和酸的分离，采用膜技术的酸回收率已达80%[11]。20世纪80年代，美国农业部重新开始了浓酸水解纤维素工艺的研发，最有名的研发单位为田纳西河流域管理局（TVA）[12]和普渡大学。

2. 纤维素稀酸水解法制备葡萄糖

稀酸水解要求在高温和高压下进行，反应时间几秒或几分钟，在连续生产中应用较多；浓酸水解要在较低的温度和压力下进行，但反应时间比稀酸水解长得多。由于浓酸水解中的酸难以回收，目前研究得较多的是稀酸水解。稀酸水解属多相水解，水解发生在固相纤维素和稀酸之间，在高温、高压下稀酸可将纤维素完全水解成葡萄糖。稀酸水解法一般根据半纤维素和纤维素水解特性不同分段进行，第一阶段条件温和，水解半纤维素，第二阶段水解较难水解的纤维素。美国国家可再生能源实验室稀酸水解木质纤维素的条件如下：

阶段 1：0.7%硫酸，190℃，3min 停留时间。

阶段 2：0.4%的硫酸，215℃，3min 停留时间。

实验室规模的实验获得了 89%的甘露糖，82%的半乳糖，50%葡萄糖。

历史上最早用稀酸水解木材生产乙醇始于德国。1932 年，德国发明了稀硫酸“渗滤”法（percolation reactor）水解纤维素，即“Scholler 法”，1952 年，稀酸水解渗滤反应器发展达到巅峰时期，该法现在仍然是从木质纤维素生产糖的最简单的方法之一，以至于成了衡量稀酸水解新工艺的标准。事实上，该工艺仍然在俄罗斯运行着。随后德国又开发了活塞流反应器（plug-flow reactor）[13,14]。

近年来，稀酸水解工艺主要向低酸、高温、短时方向发展。另外，稀酸水解也作为一种预处理手段来去除纤维素原料中的半纤维素，以使纤维素原料更易于酶解。

3. 纤维素的酶解法制备葡萄糖

随着生物技术的发展，纤维素的酶催化降解成为研究的重点，特别是以单糖降解为最终产物的纤维素酶促水解。酶解成本较高是纤维素代粮发酵的主要障碍，美国已投入上千万美元进行降低纤维素酶解成本的研究，一旦纤维素酶解成本降低到可经济生产的应用阶段，开发利用纤维素就进入产业化的实质阶段。由于酶解后的单糖非常容易被多种生物利用，所以可进行多种发酵产品的开发应用。例如，最简单有效的办法是利用基因工程构建超级菌株，可直接利用纤维素获得乙醇等产品。

6.4　半纤维素碳源

半纤维素是植物纤维原料中的另一个主要组分。1891 年，舒尔茨（Schulz）认为在植物组织中较易分离出的一类多糖是纤维素的半成品，或是纤维素的前体分子，所以把它称作半纤维素[15]，并发现该组分易于在热的稀矿物酸或冷的 5% NaOH 溶液中水解成单糖。对半纤维素而言，这一概念无论在化学结构或生物功能方面都比较含糊。近几十年来，随着多糖分离纯化的改进以及各类色谱、光谱、核磁共振，质谱和电子显微镜的应用，人们对半纤维素的认识日益深入。Aspinall 于 1962 年定义半纤维素是来源于植物的聚糖类，含有 D-木糖基、D-甘露糖基与 D-葡萄糖基或 D-半乳糖基的基础链（basic chain），其他糖基作为支链而连接于此基础链上。由于半纤维素的发现是因为与纤维素的碱溶解性质差别而提出的，在分离和提纯半纤维素过程中也是依据其碱溶解性质的不同而进行的。所以，1978 年 Whistler 认为半纤维素是可被碱溶液抽提的除纤维素和果胶质以外的植物细胞壁聚糖。半纤维素不像纤维素那样，仅有 D-葡萄糖基相互以 β-1,4 连接方式形成直链结构的均一聚糖的单一形式，而是以不同量的几种糖单元组成的共聚物，半纤维素就是这样一群共聚物的总称[6]。

6.4.1 半纤维素的化学结构

各种植物的半纤维素不但含量不同，而且结构各异。研究半纤维素的化学结构主要是研究半纤维素中聚糖的主链和支链的组成。其主链可由一种糖基构成，也可由两种或多种糖基构成，糖基间的连接方式也不相同；就同一种原料，产地不同，部位不同，它们复合聚糖的组成也不同。因此，要说明化学结构必须先进行分类，以构成半纤维素结构主链上的糖基来分类。一般认为，半纤维素是细胞内的基质多糖，主要成分为木聚糖（xylan）、木葡聚糖（xyloglucan）、葡甘聚糖（glucomannan）、甘露聚糖（manna）、葡糖醛酸甘露聚糖（galactomannan）、胼胝质（callose）等[16]。

1. 木聚糖类半纤维素的化学结构

几乎所有植物都含有木聚糖，其主链是由 D-木糖基相互连接成均聚物线性分子。木聚糖类半纤维素，是以 1,4-β-D-吡喃型木糖构成主链，以 4-氧甲基-吡喃型葡萄糖醛酸为支链的多糖，其结构如图 6.8 所示。

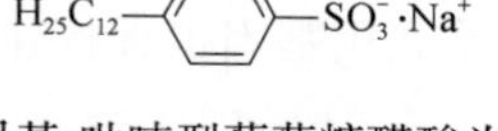

$$H_{25}C_{12}-C_6H_4-SO_3^-\cdot Na^+$$

图 6.8　以 4-氧甲基-吡喃型葡萄糖醛酸为支链的多糖结构

阔叶材与禾本科草类的半纤维素主要是木聚糖类多糖，在禾本科半纤维素的多糖中，往往还含有 L-呋喃型阿拉伯糖基作为支链连接在木聚糖主链上。支链多少因植物不同而异。禾本科植物半纤维素结构的典型分子是以 β-1,4 糖苷键连接的 D-吡喃式木糖基为主链，在主链的 C_3 和 C_2 上分别连有 L-呋喃式阿拉伯糖和 D-吡喃式葡萄糖醛酸基作为支链。还存在木糖基和乙酰基（木糖乙酸酯）支链。禾本科半纤维素聚合度小于 100。虽然木材木聚糖类的半纤维素与禾本科植物一样都是由 D-吡喃式木糖基以 β-1,4 糖苷键连接成为直链状聚糖，在此支链上再连上一些不同的短支链。但木材木聚糖链的平均聚合度一般大于 100，另外针叶木和阔叶木也有差别，阔叶木中的半纤维素主要是部分乙酰化的酸性木聚糖，如桦木含有的这种半纤维素约为 35%，而棉木仅含有 13%[17]。针叶木的木聚糖类半纤维素是聚 4-O-甲基葡萄糖醛酸阿拉伯糖木糖，基本上不存在乙酰基，而聚 O-乙酰基 4-O-甲基葡萄糖醛酸木糖才是阔叶木中最重要的半纤维素。

2. 聚甘露糖类半纤维素的化学结构

针叶木中聚甘露糖类半纤维素最多，阔叶木也有含有的，但草类中含量甚少。它实际上是由甘露糖与葡萄糖两种糖单元互相以 β-1,4 连接构成不均聚合物为主链。阔叶木聚甘露糖类半纤维素由葡萄糖（glucose）与甘露糖（mannose）基构成主链，稍有分支，两糖基的比例大多为 Mannose：Glucose＝(1.5～2)：1，平均聚合度为 60～70，是否乙酰化还不清楚。而针叶木聚甘露糖半纤维素中的糖基除葡萄糖和甘露糖以 3：1 的比例相互间随意排列构成主链存在外，还有半乳糖基以 α-1,6 连接到主链上的葡萄糖或甘露糖基的 C_6 上形成支链，乙酰基似乎是均等地分布在甘露糖单元的 C_2 和 C_3 上，平均聚合度>60，高的可超过 100。

3. 木葡聚糖的化学结构

木葡聚糖和纤维素都是由 D-吡喃葡萄糖残基以 β-1,4 键相连构成主链，其差别在于前者的主链上的 75%的葡萄糖残基在 O_6 被 α-D-吡喃木糖所取代。木葡聚糖中主要含有葡萄糖、木糖、半乳糖，其残基比大至为 4：3：1。根据植物种属的不同，木葡聚糖还可能含有岩藻糖和阿拉伯糖。双子叶植物木葡聚糖主链都是 β-1,4 葡聚糖。α-木糖残基连接到 β-葡萄糖残基的 O_6 上。末端半乳糖通过 β 连键与木糖残基的 O_2 相连。如果含有岩藻糖的话，则岩藻糖以 α 连键连接在半乳糖残基的 O_2 上。阿拉伯糖有时也存在木葡聚糖中，不过其量甚微。单子叶植物中木葡聚糖有较大差异，一般没有末端的岩藻糖，而且木糖和半乳糖含量都较双子叶植物低。

4. 甘露聚糖类的化学结构

甘露聚糖类包括甘露聚糖、半乳糖甘露聚糖、葡糖甘露聚糖和葡糖醛酸甘露聚糖等。甘露残基以 β-1,4 键连接形成甘露聚糖，当半乳糖残基以 α-1,6 键连接到甘露聚糖时则形成半乳糖甘露聚糖。葡糖甘露聚糖主链是由 β-1,4 连接的葡萄糖和甘露糖组成，二者的残基比约为 1：3，葡糖甘露聚糖还可能有单个半乳糖残基的侧链，因此，有时也被称为半乳葡糖甘露聚糖，此外，甘露糖残基的羟基还可能被乙酰化。葡糖醛酸在细胞壁中普遍存在，但其含量较低。其主链含有 α-1,4 连接的甘露糖残基和 β-1,2 连接的葡糖醛酸残基，而这可能交替存在。侧链既有 β-1,6 连接的木糖或半乳糖，也有 1,3 连接的阿拉伯糖。

5. 半乳聚糖和阿拉伯半乳聚糖的化学结构

半乳聚糖是由β-1,4 连接的半乳糖残基组成主链，侧链是连接在 O_6 上的半乳糖残基。阿拉伯半乳聚糖有两类，常见的一类具有末端的 O_3 或 O_6 连接的半乳残基，和 O_3 或 O_6 连接的半乳糖残基，和 O_3 或 O_5 连接的呋喃阿拉伯糖残基。另一类则含有 O_4 或 O_3 和 O_4 连接的半乳糖残基和 O_5 及末端连接的呋喃阿拉伯糖残基。阿拉伯半乳聚糖也可能是由几个阿拉伯糖残基构成的寡糖。此外，阿魏酸也可能连接在某些阿拉伯糖和半乳糖残基上。细胞壁中的阿拉伯半乳聚糖即可能是独立存在的分子，也可能是作为果胶多糖分子上的侧链[6]。

6. 阿拉伯聚糖的化学结构

阿拉伯聚糖基本上全部由阿拉伯糖组成，α-L-呋喃阿拉伯糖残基在 C_5 相连构成主链，阿拉伯聚糖支链较多，既有连接在 O_2 或 O_3，或者同时连接在 O_2 和 O_3 的呋喃阿拉伯糖侧链，也有阿拉伯寡糖侧链。

6.4.2 半纤维素的化学性质

半纤维素由于聚合度低，结晶结构无或少，因此，在酸性介质中比纤维素易降解。但是，半纤维素的糖基种类多，有吡喃式，也有呋喃式，有β-苷键，也有α-苷键，构型有 D-型，也有 L-型，糖基之间的连接方式也多种多样，有 1,2、1,3、1,4及 1,6 连接。大多研究表明，甲基吡喃式阿拉伯糖配糖化物水解速率最快，以下排列是：甲基-D-吡喃式半乳糖配糖化物，甲基-D-吡喃式木糖配糖化物，甲基-D-吡喃式甘露糖配糖化物，最稳定的是甲基-D-吡喃式葡萄糖配糖化物。同一配糖化物的β-D 型较 α-D 型更易水解。一般来讲，呋喃式醛糖配糖化物比相应的吡喃式醛糖配糖化物的水解速率快得多。葡萄糖醛酸配糖化物的水解速率 4 万或较慢，可能羧基对葡萄糖苷键有稳定作用。

半纤维素是由多种糖基构成的不均聚糖，所以半纤维素的还原末端有各种糖基，而且有支链。其他和纤维素分子一样在较温和的碱性条件下，即可发生剥皮反应。半纤维素在高温下可发生碱性水解。研究表明呋喃式配糖化物的碱性水解速率比吡喃式配糖化物高许多倍。半纤维素既溶于碱（5%的 Na_2CO_3 溶液），又溶于酸（2%的 HCl 溶液），它对水有一种相对的亲和力，这种亲和力能使其形成黏性状态或胶凝剂。在对半纤维素的黏性进行流变学研究时，也能很好地观察到这种现象。例如，当半纤维素在水中的分散浓度达 0.5%时，出现人类唾液的稠度；当分散浓度达 2%时，产生一种不能使其流动的黏性；当分散浓度达 4%时，与其说是一种液体，不如说是一种冻胶。半纤维素亲和力的大小和戊糖部分紧密相关，阿拉伯糖和木糖这两种成分负责将水团利用于半纤维素的不同结构上。这种特性给我们带来的最大好处是把戊糖应用于食品技术方面。这种特性还说明了另外一个道理，即如果一种半纤维素对水的亲和力很小，其原因要么是它所含戊糖的百分率太低，要么是它的空间组织结构使戊糖所处位置不能与水接近。

6.4.3　木糖的全能性

木糖（xylose）属于五碳糖，在自然界，绝大多数木糖以缩聚状态存在于植物半纤维素中，即以大分子木聚糖的形式含在植物体内。用酸或酶使木聚糖降解，获得木糖。虽然木糖是单糖的一种，但和日常食用的六碳糖（葡萄糖及果糖）不同，木糖不能为人体提供热量，但具有增加肠道双歧杆菌等某些特殊功能。工业生产的木糖为 D-木糖，为细针状晶体，味甜；其化学式为 $C_5H_{10}O_5$。

木糖是一种重要的食品添加剂和甜味剂，因其具有独特的化学性质和生理功能，是糖尿病、肥胖病等患者的良好食疗添加剂，另外，木糖还被广泛应用于肉食加工、肉类香料以及制备食品抗氧剂等方面。木糖是所有食用糖醇中生理活性比较好的品种。它在不增加血糖值、增殖双歧杆菌作用方面，都显示出优于其他糖醇的性能。

在发酵工业，主要利用其中的木糖发酵制备木糖醇、乙醇、2,3-丁二醇、单细胞蛋白等[18～21]，另外还可制取低聚木糖、阿拉伯糖、甘露糖和半乳糖等有较高附加值的工业产品。传统的酿酒酵母（*Saccharomyces cerevisiae*）和絮凝性细菌（*Zymomonas mobilis*）可轻易将葡萄糖发酵为乙醇，但不能将木糖和阿拉伯糖发酵为乙醇。管囊酵母（*Pachysolen tannophilus*）、树干毕赤酵母（*Pichia stipitis*）和假丝酵母（*Candida shehate*）具有将木糖发酵为乙醇的能力。但这些酵母如用于商业生产燃料乙醇却有诸多的弊端，如它们的乙醇耐受力低，发酵率较慢及发酵过程中供氧不好控制，另外它们对纤维素底物的水解和预处理过程中产生的阻碍物敏感。木糖尽管可以用糖异构酶转化为传统酵母可发酵的木酮糖，但其成本较高。而其他一些戊糖如阿拉伯糖等几乎没有自然存在的酵母可以发酵。一些细菌可利用这些混合糖，如大肠杆菌（*Escherichia coli*）、克雷伯菌（*Klebsiella*）、欧文菌（*Erwinia*）、乳杆菌（*Lactobacillus*）、梭状杆菌（*Clostridium*）等，它们能产生少量的乙醇，大部分都是一些混合酸和有机溶剂。可以采用细菌、酵母重组菌，通过代谢工程来发酵纤维素物质以生产燃料乙醇[21]。

根据目前的研究，自然界的微生物中产木糖醇性能优越的菌株主要为酵母，大多属于假丝酵母属、德巴利酵母属以及管囊酵母属。首先对半纤维素水解物进行脱毒处理后，接种，进行发酵转化。在木糖醇的发酵工艺中，比较重要的影响因素除氮源、其他培养基成分、接种量及种龄、pH、温度等外，通气量是一个非常重要的影响量。一般来讲，细胞生物量的增长与通气量正相关，而木糖醇转化率则与通气量负相关。在需氧条件下，糖的消耗主要用于菌体的生长，随着通气量的增大，菌体量也随着增大，但过大的菌体量会导致木糖的消耗主要用于产生菌体；同时大的通气量有利于抑制性物质葡萄糖、乙酸等的消耗。而在微需氧条件下大部分的木糖转化为木糖醇，乙醇的产量很小。Kazunori 等在模拟控制的微好氧条件下利用 *Candida magnoliae* 生产高浓度木糖醇，分批发酵，严格控制氧浓度的条件下，最终木糖醇的浓度为 356g/L，理论得率为 82%[22]。

6.4.4　半纤维木糖的制备及其突破点

半纤维素可经过酸水解、碱处理及汽爆处理等化学、物理、生物方法降解制备木糖，半纤维素由于其组成、结构、性质和反应条件的差异，水解产物复杂多样。

1. 汽爆半纤维素制备木糖

具有细胞结构的植物原料在高压（0.8～3.4MPa）、高温（180～240℃）介质下汽相蒸煮，半纤维素和木质素产生一些酸性物质，使半纤维素降解成可溶性糖，同时复合胞间层的木质素软化和部分降解，从而削弱了纤维间的黏结。然后，突然减压，介质和物料共同作用完成物理的能量释放过程[23～27]。将汽爆后的物料进行水洗，就可以回收半纤维降解糖。

2. 酸水解制备木糖

半纤维素稀酸水解机理与纤维素相似，首先酸在水中解离生成的氢离子与水结合生成水合氢离子（H_3O^+），它能使半纤维素大分子中糖苷键的氧原子迅速质子化，形成共轭酸，使苷键键能减弱而断裂，末端形成的正碳离子与水反应最终生成单糖，同时又释放出质子。后者又与水反应生成水合氢离子，继续参与新的水解反应[28,29]。

按照反应温度的高低，半纤维素稀酸水解可分为高温（>160℃）和低温水解。高温水解可以有效去除半纤维素并且得到溶解的糖[30]，半纤维素稀酸水解实际上是在溶解状态下进行的，反应相当快。随着半纤维素的去除，剩余纤维素几乎可 100%转化成葡萄糖。在较低温度下半纤维素各部分水解难易程度不同[31]，半纤维素糖苷键在酸性介质中会断裂而使半纤维素发生降解，先生成聚合度不同的低聚糖，低聚糖再进一步水解为单糖，整个水解过程是半纤维素的连续解聚过程，平均分子质量逐渐下降。在半纤维素水解过程中，酸催化长链低聚糖的降解反应要比短链慢，长链低聚糖在溶液中的溶解和扩散也比短链低聚糖慢，因为长链低聚糖容易吸附并沉淀在固体物料上，其和未降解的半纤维素与水分子通过氢键结合形成一个“冰状层”（ice-likelayer），从而影响了半纤维素的酸降解速率[32]。

6.5　木质纤维素糖平台

6.5.1　木质纤维素糖平台的构建

糖平台是指使用那些平均含有 75%以上碳水化合物的生物质，这些碳水化合物即为糖平台中间体，同时可作为进一步转化的基础。糖平台技术是基于生物化学的转化过程，其重点在于发酵那些从生物质原料中提取的糖分。糖平台技术可以生产出能源、燃料以及生物基产品，也可以生产出很多能形成谱系产品的化学品。

一般利用蔗糖与淀粉作为直接可发酵糖源，由于其获得容易，易于发酵，普遍用于工业化生产。但是蔗糖与淀粉原料的供应并不能满足生物炼制对原料的需要。纤维素可以转化为可发酵糖，而且由于其可再生性，纤维素糖平台的研究日益引起人们的广泛兴趣。但是同时纤维素并不能直接作为发酵糖源，目前利用这种原料最有前景的方法是：在预处理木质纤维素后，使纤维素变得更易被酶作用，从而用酶水解纤维素成分[33]。

按对纤维素原料主要作用机制来分，主要有脱木质素预处理、脱半纤维素预处理和降纤维素结晶度预处理。常用的预处理（组分分离）方法有物理法、化学法、生物法。

1）物理法

物理预处理主要包括机械粉碎、蒸汽爆破、冷冻粉碎、高能辐射、微波处理等。其中机械粉碎与蒸汽爆破预处理方法是研究的主要发展方向。机械粉碎可以降低纤维素结晶度，使水溶性组分增加。蒸汽爆破的优点主要有：①可应用于各种植物生物质，预处理条件容易调节控制；②半纤维素、木质素和纤维素三种组分会在三个不同的流程中分离，分别为水溶组分、碱溶组分和碱不溶组分；③纤维素的酶解转化率可达到理论最大值；④经过蒸汽处理后的木质素仍能够用于其他化学产品的转化；⑤半纤维素产生的糖可以被全利用，转化为液体燃料；⑥汽爆过程中产生的发酵抑制物可通过控制汽爆条件而大大降低。

2）化学法

化学预处理已广泛用于化学制剂溶解木质素和半纤维素，降低纤维素的结晶度或溶解纤维素。化学预处理方法主要有酸处理、溶剂处理和碱处理等方法。稀酸水解已经成功用于木质纤维原料预处理。稀硫酸预处理可以获得较高的糖得率，显著促进纤维素水解；浓酸液可用来处理木质纤维原料，但强酸有毒，有腐蚀性，需要耐酸设备。酸预处理后都必须中和剩余的酸以便后续水解和发酵，这样会产生一些抑制发酵的物质，同时需要去除中和反应产生的盐，都会增加生产成本。

溶剂处理引起纤维素晶体结构变化，因而使水解速度及水解程度都大大提高。最近，又出现了纤维素的一类新型溶剂——离子液体（ionic liquid），据报道其中的氯化 1-丁基-3 甲基咪唑和 1-烯丙基-3-3 甲基咪唑能够溶解未经处理的纤维素[34]，但是对溶解后再生纤维素的酶解情况的研究还未见报道。

某些碱可以用来预处理木质纤维原料，处理效果主要取决于原料中的木质素含量。碱水解的机理是基于木聚糖半纤维素和其他组分内部分子之间酯键的皂化作用，随着酯键的减少木质纤维原料的空隙率增加。NaOH 有较强的脱木质素作用，原料除去木质素后，酶水解糖化率将明显提高。

另外臭氧可以用来分解木质纤维原料中的木质素和半纤维素。该方法中木质素受到很大程度的降解，半纤维素只是受到轻微攻击，而纤维素几乎不受影响。此法的优点是：可以有效地除去木质素，不产生对进一步反应起抑制作用的物质，反应在常温常压下即可进行。但由于需要的臭氧量较大，整个过程成本较高[35]。

3）生物法

自然界存在着很多能分解木质素的微生物，微生物处理就是利用这些微生物除去木质素，以解除其对纤维素的包裹作用。白腐菌、褐腐菌和软腐菌等微生物常被用来降解木质素和半纤维素，其中最有效的是白腐菌。生物处理的条件比较温和，副反应和可能生产的抑制性产物比较少，并且节能，具有保护环境的优点。但是由于微生物产生的木质素分解酶活性较低，所以处理的周期很长，一般需要几周时间，因此，离实际应用尚存在一定距离。从成本和设备角度出发，微生物预处理显示了独特的优势，可用专一的木质酶处理原料，分解木质素和提高木质素消化率。

6.5.2 以木质纤维素糖为平台转化的产物

以木质纤维素糖为平台转化的化合物是指将生物质转化为糖后，再进行转化为其他化学品。以纤维素降解后的可发酵糖为平台可以制得多种工业常用原料（图 6.9，图 6.10），如丙酮、丁醇、柠檬酸、黄原胶、木糖醇等重要物质。产物主要可分为以下几大产品体系：C1 体系主要包括甲烷、甲醇等；C2 体系主要包括乙醇、乙酸、乙烯、乙二醇等；C3 体系主要包括乳酸、丙烯酸、丙二醇等；C4 体系主要包括丁二酸、富马酸、丁二醇等；C5 体系主要包括衣康酸、木糖醇等，C6 体系主要包括柠檬酸、山梨醇等[36]。

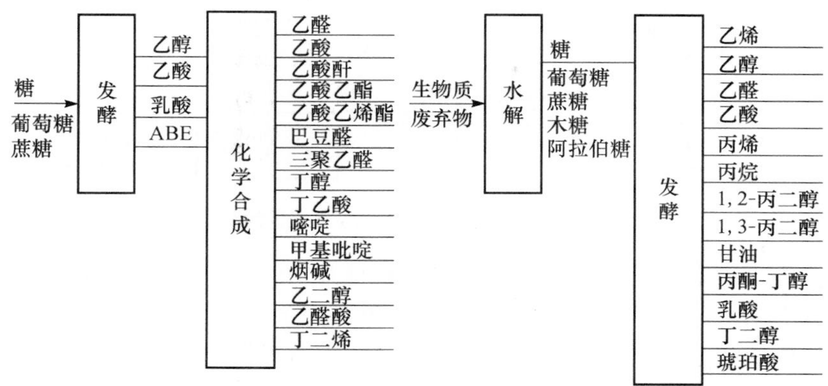

图 6.9　从生物质转化而来的各种化学品

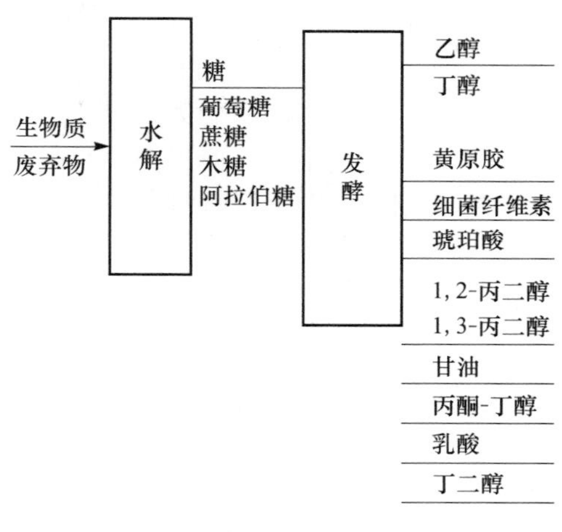

图 6.10　木质纤维素糖发酵平台

纤维素乙醇的分步水解糖化发酵（SHF）分两步进行：首先将纤维素酶解成葡萄糖；然后再发酵产生乙醇。其优点是纤维素酶解和乙醇发酵都可在各自最适条件下进行，45～50℃条件下酶解，30℃条件下乙醇发酵；缺点是水解时产生的葡萄糖将抑制纤维素酶和β-葡萄糖苷酶的酶活，这就需要水解时基质浓度比较低，纤维素酶用量增加，大大降低了酶解效率，而较低的基质浓度必然导致较低的乙醇发酵浓度，增加了发酵成本和乙醇回收成本。

木糖醇是以农林废弃料等为原料，经水解、净化、浓缩、脱色、加氢、浓缩、结晶、分离等工序制得。其生物转化的工艺流程如图 6.11 所示。

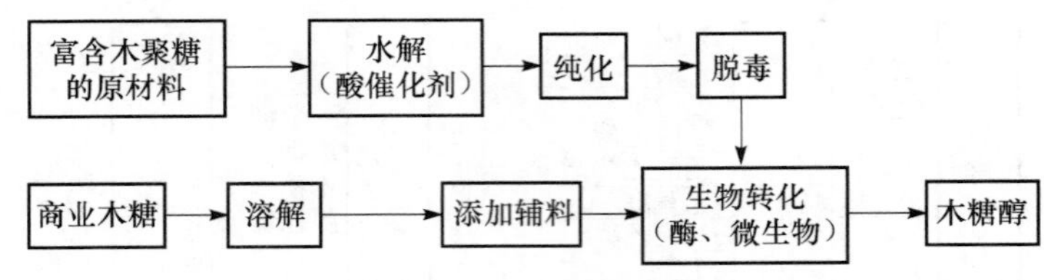

图 6.11　木糖醇的生物生产工艺流程

王旭等利用经对半纤维素水解液中发酵抑制物的耐受力驯化后的热带假丝酵母（*Candida tropicalis*）菌进行发酵生产木糖醇的研究，并对其进行优化，优化结果为接种量 10%(*V*/*V*)，种子 24h，温度为 30℃，初始 pH 为 5.5，并且在发酵过程中补加适量氮源，木糖醇得率达 61%[37]。

王乐等发现利用在多孔聚氨酯载体中的热带假丝酵母，可有效地利用半纤维素水解液生产木糖醇。在摇瓶条件下，采用分批发酵方式，确立了适宜的发酵工艺参数为：接种量 7%，聚氨酯加入量 1.0g/100mL，温度 30℃，初始 pH6.0，分段改变摇床转速进行溶氧调节，其中 0～24h 为 200r/min；24～46h 为 140r/min。聚氨酯利用化提高了菌体对发酵抑制物的耐受力，聚氨酯利用化细胞密度高，发酵性能稳定，发酵产率和体积生产速率都有所提高。水解液未经脱色与离子交换便可转化成木糖醇，聚氨酯利用化细胞连续重复进行 12 批次 21 天的发酵，木糖醇得率平均为 67.6%，体积生产速率平均为 1.92g/(L · h)[38]。

6.6　木质纤维素生物转化发酵抑制物产生及去除方法——抑制物作用机制及其破解途径

在对纤维素原料初级炼制过程中会产生多种发酵抑制物不利于菌种发酵的进行。这些抑制物主要有三类：弱酸类、呋喃醛类和酚类化合物，主要包括甲酸、乙酸、糠醛、羟甲基糠醛、香草醛、苯甲醛、对羟基苯甲酸、愈创木酚等。这些化合物影响后续发酵微生物的生长及发酵性能，降低了发酵得率和产量，是纤维素原料作为发酵工业原料大规模应用的一个主要障碍。

6.6.1　木质纤维素生物转化抑制物的产生

木质纤维素一般包括纤维素、半纤维素和木质素三种主要物质，此外还含有少量的灰分和抽提物。初级炼制可以降低纤维素结晶度及增加其孔隙度，但同时产生多种对微生物生长有抑制作用的化合物。目前正在研究的多种纤维素原料的预处理方法，如酸水解、蒸汽爆破、氨纤维爆破及湿氧化法等，各种不同的预处理过程都产生多种化合物，其种类及含量随纤维素原料性质及预处理条件的不同而不同（图 6.12）。在酸水解预处理过程中，纤维素主要转化成葡萄糖，同时半纤维素、木质素等也会发生不同程度的降解，生成的多种单糖在酸性条件下并不稳定，继续降解生成 5-羟甲基糠醛（HMF，5-hydroxymethyl furfural）、甲酸和乙酰基丙酸等发酵抑制物。木质纤维素酸水解生成发酵抑制物的具体过程如下：

（1）纤维素水解生成葡萄糖，在酸性条件下继续降解，生成 5-羟甲基糠醛、甲酸和乙酰基丙酸等物质。

（2）半纤维素水解生成多种单糖，主要有木糖、阿拉伯糖、甘露糖、半乳糖、葡萄糖和少量的乙酸，由半纤维素水解生成的多种单糖在酸性条件下并不稳定，继续降解生成 5-羟甲基糠醛、甲酸和乙酰基丙酸等物质。

（3）木质素也发生少量降解，其降解的主要产物为多种单环芳香族类化合物，在这些物质中一般认为一些低分子质量的酚类物质对发酵有抑制作用。

（4）灰分和抽提物主要生成酚类物质。

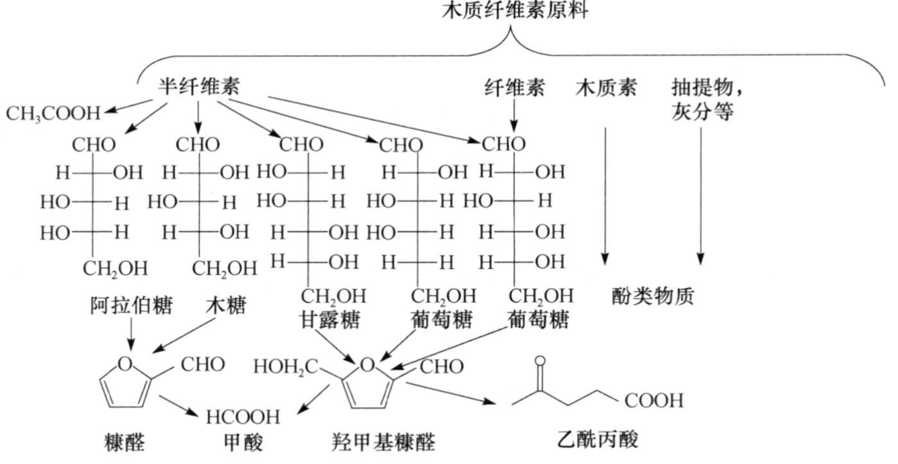

图 6.12　木质纤维素原料预处理过程中发生的各级反应及抑制物的形成[39,40]

木质纤维素产生的微生物生长抑制物主要可分为三类：

（1）弱酸，如乙酸、甲酸、乙酰丙酸等。乙酸由半纤维素脱乙酰生成，甲酸和乙酰丙酸是 5-羟甲基糠醛的降解产物，同时甲酸也可由糠醛在酸性环境下降解产生，弱酸引起细胞内环境酸化是抑制细胞生长的主要原因。

（2）呋喃醛类，主要是糠醛（furfural）和 HMF，分别由戊糖和己糖在酸性环境下脱水生成；呋喃醛类化合物对微生物的影响主要是抑制生长，使延滞期增长。

（3）酚类化合物主要由木质素降解形成。在木质纤维素降解产生的多种抑制物中，酚类化合物对发酵具有最强的抑制作用，并且低分子质量酚类化合物毒性更强，且取代基的位置（对位、邻位、间位）也影响酚类的毒性。酚类化合物对发酵的影响一般认为是该物质能渗透到细胞膜内，破坏细胞膜结构的完整性，从而影响发酵微生物的正常生长，降低发酵效率[10]。

另外对于不同的发酵产物来说，其所针对的抑制物不同。以发酵木糖醇来说，半纤维素水解液中通常含有木糖、葡萄糖、阿拉伯糖等单糖，这些糖类对发酵生产木糖醇会产生不同程度的影响。在半纤维素酸水解过程中所产生的一定含量的乙酸、糠醛、酚类等毒性物质可明显抑制水解液的发酵性能。同时，水解液中富含的多种金属离子与阴离子对木糖醇的代谢也存在不可忽视的作用[31]。半纤维素酸水解液中的主要抑制物乙酸、甲酸以及糠醛对利用木糖为碳源的少根根霉生长及后继利用葡萄糖产富马酸发酵均有显著影响，少根根霉菌体生长对甲酸和糠醛的浓度较敏感，而乙酸对少根根霉菌体的后继产酸发酵具有显著抑制作用。种子培养基中乙酸、甲酸和糠醛的浓度应分别控制在 1.5g/L、0.5g/L、0.5g/L 以内[32]。

6.6.2 木质纤维素生物转化抑制物的去除

早在 20 世纪 40 年代，科学家就发现了纤维素稀酸水解产物的发酵不如单纯的可发酵糖发酵那么简单，纤维素水解产物中存在一定的发酵抑制物质，因此开始研究去除这些物质的方法。在过去的近 70 年里，各种生物、物理和化学的方法被用来除去纤维素水解产物中的发酵抑制物质，从而提高水解产物的可发酵性。主要包括活性炭吸附、有机溶剂萃取、离子交换、分子筛、蒸汽气提等方法[41]。

1. 木质纤维素生物转化抑制物的去除方法

1）生物法

（1）酶处理。由于酶具有专一性，所以酶处理只能去除特定的抑制物质。经过过氧化物酶和漆酶处理后，通过木腐菌（*Trametes versicolor*）发酵柳树的半纤维素水解产物，乙醇的产率能提高 2～3 倍[42]。

（2）微生物处理。以能够吸收苯系化合物的微生物作为发酵的菌种，丝状软腐菌 *Trichoderma reesei* 能够降解蒸汽预处理过的柳树半纤维素水解所产生的抑制物质，能够把乙醇的最大产率提高 3 倍，最大产量提高 4 倍[43]。与用漆酶处理液相对比，用 *T. reesei* 处理的，在 280nm 处的吸收减少了 30%，表明所去除的抑制物质不同。通过 *T. reesei* 处理，乙酸、糠醛和安息香酸（苯甲酸）衍生物被从水解产物中除去。

2）物理法

物理方法有真空干燥浓缩、蒸煮、活性炭吸附、离子交换吸附及溶剂萃取等，真空浓缩及蒸煮可以使挥发性抑制物大量减少，离子交换及溶剂萃取可有效降低乙酸、呋喃醛及酚类化合物含量。

（1）旋转蒸发。通过旋转蒸发去除柳树半纤维素水解产物中最易挥发的部分（10%,*V*/*V*）后，再进行发酵，最后和含葡萄糖和营养物质的参考发酵样比较[44]，发现前者的乙醇产率只是稍低于后者。在参比研究中，非挥发性部分被认为更具有抑制作用。在用 *P. stipitis* 发酵酸水解白杨的研究中，发现与不含抑制物质的参比样相比，使用旋转蒸发处理时，在几乎蒸干的情况下，再对残余物进行发酵，乙醇的产量从 0 提高到了 13%[45]。这里抑制作用降低的原因被认为是：与原液相比，乙酸、糠醛和香草醛的浓度分别降低了 54%(降至 2.8g/L)、100%和 29%。

（2）萃取。David 利用膜萃取来提取木质纤维素的稀酸水解液中的乙酸，以辛醇和丙氨酸 336（1∶1,*V*/*V*）为有机相，可除去 60%以上的乙酸，同时低分子质量的木质素和酚类化合物也分离出来，并且将水解液的 pH 从 1～2 提高到 4.0，更适合下一步的发酵过程[46]。

用乙醚在 pH2 的环境中，对具有强抑制作用的云杉水解物进行 24h 的连续萃取后，其乙醇产量据报道能够与含有葡萄糖和营养物质（0.40g/g）的参比发酵样相比[47]。乙醚萃取了乙酸、甲酸、菊芋糖酸、糠醛、HMF 和苯系化合物。将萃取物重新分散在发酵介质中后再进行发酵，与参比发酵样相比，乙醇的产量和产率分别下降到 33%和 16%。在使用乙酸盐萃取时与上述报道保持一致，使用 *P. stipitis* 发酵的水解液中，乙酸的去除率是 56%，糠醛、香草醛和 4-羟基安息香酸被全部除去，乙醇产量从 0 提高到 93%。在使用乙醚萃取时发现，低分子质量的苯系化合物的抑制作用最大。再用水三次洗涤用乙醚萃取过的云杉稀酸水解产物，又在水相中发现了发酵的抑制物质，说明还有水溶性抑制物质存在。

（3）树脂吸附。据文献［48］报道，通过聚合树脂 XAD-4 的吸附后，用 HPLC 进行检测，糠醛的浓度从原来的 1～5g/L 降到 0.01g/L。然后再使用基因重组过的 *E. coli* K011 种进行发酵，这时糠醛在发酵过程中的抑制作用可以忽略。反应的速度和用同浓度的试剂纯度的糖作为发酵物质进行发酵的速度差不多，而且乙醇产量达到了理论产量的 90%。聚合树脂 XAD-4 使用后再进行解吸，就能够重复使用。

（4）活性炭吸附与离子交换

Villarreal 等研究了对桉树的半纤维素水解液的脱毒预处理，并将处理液用于木糖醇的发酵。他们采用活性炭吸附和离子交换的方法来对水解液进行预处理。发现利用离子交换的处理方法比活性炭吸附除杂的方法可以更显著地增加水解液的发酵性能。在最优的操作条件下，利用 *Candida guilliermondii* 经过 48h

的发酵，最终的乙醇得率为 0.57g/g 木糖[49]。

3）化学法

（1）过量碱法。通过碱处理纤维素水解产物来除去其中的抑制物，在过量碱化后（pH10），大量沉淀形成，乙醇的产量因此得到进一步提高。过量碱化能如此有效除去抑制物的原因在于，其对有毒物质的沉淀作用和一些抑制物质在高 pH 时的不稳定。例如，用 $Ca(OH)_2$ 调 pH 至 9～10，再用 H_2SO_4 调回 5.5，这种方法在 1945 年已经被 Leonard 和 Hajny 报道过。通过 $Ca(OH)_2$ 调节 pH 的水解产物比用 NaOH 调节 pH 的水解产物具有更好的发酵性，这可能是因为前者对抑制物质有沉淀作用[50]。

（2）亚硫酸盐和过量碱法联用。Larsson 等[51]使用了亚硫酸钠来处理杉木的稀酸水解产物，有效地降低糠醛和 HMF 的浓度。联合使用过碱化和加亚硫酸盐的方法经实验证实，对于除去要使用大肠杆菌发酵的柳树半纤维素的水解产物中的发酵抑制物是最有效的方法[52]。在未经处理的水解产物中，经过 40h 的发酵，只消耗了 24%的木糖，然而在过碱化处理过的水解产物中则全部消耗。当在水解产物中再加入 0.1%的亚硫酸盐并在 90℃加热 30min，和只经过过碱化处理的比较，发酵时间减少了 30%。

由于弱酸、呋喃衍生物和苯系化合物都会抑制纤维素水解产物的发酵，各种物质的相互作用会使已存在的抑制作用增强[53]，抑制作用在通过用漆酶处理除去苯系化合物后明显减弱[42]，这表明苯系化合物在纤维素水解产物发酵的过程中是主要的抑制物质。

以上所述的抑制物去除的方法都是在发酵前的脱毒环节，另外比较有利的方法是选育高抗性菌株，提高其自身内在的耐受能力，并通过发酵过程控制外在因素，以减少或消除抑制作用影响。高抗性菌株的选育主要通过进化工程及基因工程手段[54]。

2. 秸秆酶解液发酵丁醇的抑制物的去除

由于木质素降解会产生一系列物质，如芳香族、酚类等化合物，因此，对木质素降解物的准确定性和定量比较困难。人们对来源于木质素的发酵抑制物的研究方式，都是局限于对木质素组成的模型化合物，如阿魏酸、香草酸、丁香醛、苯等对丁醇发酵的影响[55,56]，由于这些模型化合物在水中的溶解度有限，而且各种抑制物还存在协同抑制的情况[30,57]，如王岚等在采用汽爆秸秆酶解液发酵丁醇的研究中发现仅考察模型化合物对丁醇发酵的抑制作用并不能完全反映酶解液中有毒物质对丁醇发酵的影响情况，由此研究了汽爆秸秆酶解液发酵丁醇的性能，分析了酶解液中抑制丁醇发酵的主要物质，考察了酶解液中可溶性木质素对丁醇发酵的影响，采用活性炭吸附处理汽爆秸秆酶解液，以去除其中的可溶性木质素，实现了汽爆秸秆酶解液发酵丁醇的目标。

1）汽爆秸秆酶解液的成分分析

为了使秸秆便于酶解成可发酵糖用于丁醇发酵，需要对秸秆进行预处理。表 6.7 比较了原始秸秆和汽爆秸秆组分含量。汽爆预处理的作用是去除木质纤维素原料中的半纤维和木质素，从而增加原料酶解的可及性，提高酶解效率。经过汽爆后，原料的纤维素和木质素的含量分别从 21.57％和 19.54％，增加到 25.39％和 22.32％，而半纤维素的含量则从 36.64％降低到 33.50％。但是汽爆强度过高，会产生如乙酸、糠醛、木质素的降解物，这些物质不仅会抑制酶解，还会抑制发酵的性能。另一方面，汽爆强度过高，会使半纤维素损失变大，而半纤维素被酶解成木糖后，是能够被梭菌利用生产丁醇的。因此，本研究采用低汽爆条件（R_0＝3.05），达到破坏秸秆的致密组织，有助于秸秆的酶解，但对半纤维素和木质素去除的作用并不显著。

表 6.7　原始秸秆和汽爆秸秆组分含量的比较

样　品	组成/％			
	半纤维素	纤维素	木质素	灰分
原始玉米秸秆	36.64±2.36	21.57±2.21	19.54±2.31	2.21±0.50
汽爆玉米秸秆	33.50±1.25	25.39±1.82	22.32±1.09	3.04±0.51

注：$\lg R_0$＝3.05。

2）汽爆秸秆酶解液的成分分析

该实验中原始酶解液的糖含量为 15～20g/L，为了满足丁醇发酵的糖浓度要求（通常为 50～60g/L），需要对汽爆秸秆酶解液浓缩。汽爆秸秆酶解液和经过减压蒸发浓缩后的酶解液中各种物质含量如表 6.8 所示。结果发现，减压浓缩的酶解液中可发酵糖浓度为 53.52g/L，可以满足丁醇发酵的要求。由于发酵培养基中 2％的丁醇就会对 *C. acetobutylicum* 发酵产生强烈抑制作用[58]，丁醇发酵培养基中的糖浓度不超过 60g/L[59]。在其他可溶性物质中，可溶性木质素的含量最高，为 6.64g/L。许多文献报道，在汽爆预处里过程中会产生木质素的降解物[60]，而用水洗和晾干的方法可以去除汽爆秸秆中 85％的苯类物质[60]，但是本实验中可溶性木质素含量在酶解过程中增加了，这说明木质素纤维素在酶解过程中也会产生可溶性木质素。

表 6.8　汽爆秸秆酶解液及其蒸馏浓缩的酶解液的组成分析　（单位：g/L）

成　分	汽爆秸秆酶解液	浓缩液
总糖	15.38±0.70	53.52±1.04
葡萄糖	9.72±0.39	32.88±0.64

续表

成　分	汽爆秸秆酶解液	浓缩液
木糖	4.05±0.22	13.40±0.26
纤维二糖	1.61±0.09	7.23±0.14
甲酸	0.03571±0.0005	0.1394±0.0005
糠醛	0.0092	ND
5-羟甲基糠醛	0.0377	ND
可溶性木质素	2.35±0.15	6.64±0.33

注：1）总糖指葡萄糖、木糖和纤维二糖之和。
2）ND 表示未检测。

此外，还检测了酶解液中羟甲基糠醛、糠醛和乙酸的含量，都低于 0.1g/L。这是由于在水洗，干燥以及减压蒸馏的过程中去除了这些汽爆产生的水溶性和可挥发性的物质。Fond 等[61]曾报道当培养基中的乙酸积累到 6.5g/L 时才能降低菌种的代谢能力。Ezeji[56]曾报道当糠醛浓度在 2.0g/L 以下，HMF 浓度在 1.0g/L 以下时对丁醇发酵菌种无抑制作用。这些数据说明，汽爆秸秆酶解液中的乙酸，糠醛和 HMF 的浓度均低于丁醇发酵的抑制浓度。

3）混合糖和汽爆秸秆酶解液发酵丁醇的对比

菌种 *C. acetobutylicum* ATCC 824 可以利用许多碳水化合物的底物，包括淀粉、木聚糖以及糖类，如葡萄糖、木糖和纤维二糖，但是发酵液中底物浓度不超过 6%。汽爆秸秆酶解液中存在的主要可发酵糖为葡萄糖、木糖和纤维二糖。为了考察菌种 *C. acetobutylicum* ATCC 824 发酵汽爆秸秆酶解液中混合糖的性能，首先将葡萄糖、木糖、纤维二糖以 6∶3∶1 的比例组成总糖为 50g/L 作为对照培养基，考察丁醇的产量和产率，其结果如图 6.13 所示。发酵 72h，总溶剂为 (10.91±0.06)g/L，[其中乙醇 (0.90±0.01)g/L；丙酮 (2.44±0.01)g/L；丁醇 (7.57±0.04)g/L，ABE 比例为 1∶3.10∶0.37]；产量为 0.23g/L，产率为 0.15g/(g · L)，此时，葡萄糖、木糖和纤维二糖的利用率分别达到 100%、94.7%和 83.4%。从糖利用的情况看，葡萄糖利用快于木糖和纤维二糖，因为葡萄糖比较容易被菌体代谢[62]，而木糖和纤维二糖的利用速度相差不大。有报道称[56,63]，菌种 *C. acetobutylicum* ATCC 824 单独以纤维二糖为发酵底物时，其溶剂产量高于以葡萄糖为底物。这些结果说明了 *C. acetobutylicum* ATCC 824 可以很好地利用汽爆秸秆酶解液中的混合糖发酵丁醇。

随后，将汽爆秸秆酶解液直接用于发酵丁醇 72h 后，总溶剂为 (3.71±0.04)g/L (ABE 比例为 1∶0.31∶1.91)，但是总酸产量却高达 (7.25±0.30)g/L (图 6.13，可溶性木质素降解物为 6.64g/L)，显示了菌种从产酸到产溶剂的代谢受到了抑制。发酵结束后，葡萄糖、木糖和纤维二糖的利用分别是 62%，23%和 19%。这些结果说明汽爆秸秆酶解液中存在发酵抑制物，根据表 6.8 对汽爆秸秆酶解液的组成分析，我们推测酶解液中的可溶性木质素降解物 (6.64g/L) 是主要发酵抑制物。

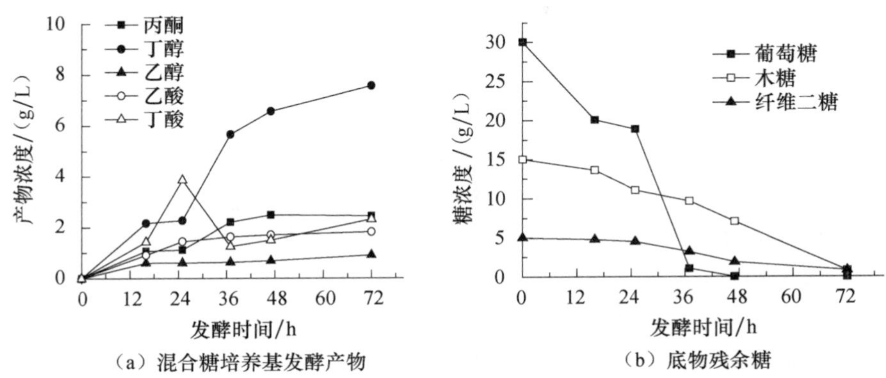

图 6.13　混合糖培养基发酵产物及底物残余糖的浓度随发酵时间变化的情况

为了考察可溶性木质素对丁醇发酵的抑制物作用以便确定其抑制浓度，将汽爆秸秆酶解液稀释后补充混合糖，使培养基中总糖浓度达到 50g/L 再进行发酵。从图 6.13 中可以看出，可溶性木质素的存在会使所有混合培养基中的产酸量（总酸量 6.55～9.26g/L）都高于对照混合糖培养基（4.14g/L，图 6.14）。值得注意的是，当发酵液中可溶性木质素为 0.89g/L 时，培养基中溶剂高于对照混合糖培养基，总溶剂产量达到 13.83g/L，溶剂转化率为 0.29，产率为 0.19。这个结果说明，可溶性木质素降解物（SLC）中有可能存在某些促进发酵的刺激因子。但目前未见到有关这方面的报道。而当 SLC 的含量高于 1.77g/L 时，木糖和纤维素二糖的利用率分别下降到 21%和 17%。随着 SLC 含量增加，到达 3.87g/L，则葡萄糖的利用率也下降为 64%。除此之外，高浓度的可溶性木质素降解物的存在（>1.77g/L）使培养基中的酸积累，尤其是乙酸的增加显著，使丁醇的产

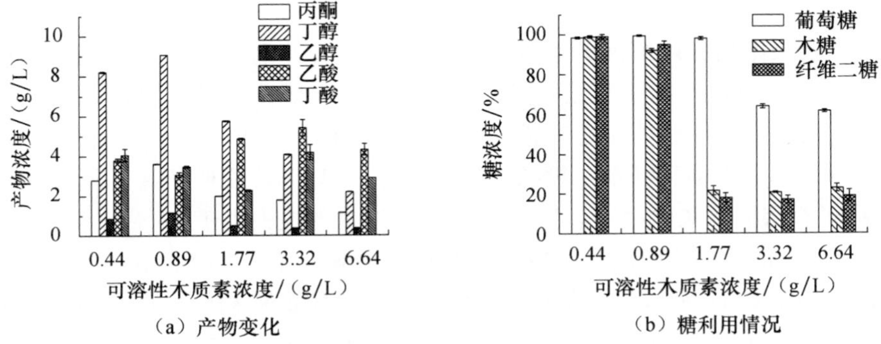

图 6.14　含有不同浓度的可溶性木质素的酶解液发酵 72h 的产物变化和糖利用情况

量下降。对于可溶性木质素的抑制机理，有文献报道，苯类物质增加了培养基内的离子浓度，从而使细胞的内外的水活度增加，影响了菌种的生长。另外，苯环类物质还会增加细胞膜的通透性，不利于菌种生长。但是由于可溶性木质素的种类随着处理方法不同而变化，很难界定其分子质量和成分，因此，对可溶性木质素降解物的来源和成分分析还需要深入研究。

4）活性炭处理汽爆玉米秸秆酶解液发酵丙酮丁醇

为了去除汽爆秸秆酶解液中的可溶性木质素以提高汽爆秸秆酶解液发酵丁醇的性能，采用活性炭吸附的方式去除酶解液中的可溶性木质素，这是因为活性炭被认为对苯类物质有很好的吸附效果[64]。首先，比较了不同浓度的活性炭的吸附效果（图 6.15），发现随着活性炭添加量的增加，酶解液中的 SLC 的浓度下降，当活性炭添加量为 7.5%时，酶解液中的 SLC 的浓度为 0.89g/L，已经低于 SLC 对丁醇发酵的抑制浓度了。

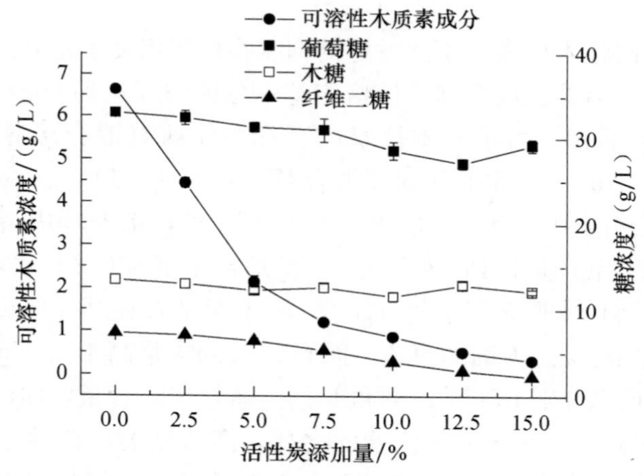

图 6.15　不同活性炭的添加量对酶解液中各组分的影响

从活性吸附后的酶解液的紫外扫描图（图 6.16）看出，活性炭吸附后的酶解液，在 280nm 的吸附峰明显下降了，说明活性炭吸附了酶解液中的大部分的苯环类物质，而这些物质正是来源于木质素的降解物。在 7.5%的活性炭的添加量下，葡萄糖、木糖和纤维二糖的吸附率都小于 10%，说明所用的活性炭可以对 SLC 进行吸附，去除率可以达到 80%，而对糖的损失小于 10%。

将 7.5%的活性炭吸附处理后的汽爆秸秆酶解液用于发酵丁醇，其产物与糖利用情况如图 6.17 所示。在发酵 72h 后，总溶剂浓度最大，为 12.34g/L，此时的产量为 0.30g/L，产率为 0.17g/(L · h)，高于对照混合糖培养基发酵丁醇的性能。葡萄糖、木糖以及纤维二糖的利用率都在 95%以上。这些结果说明活性

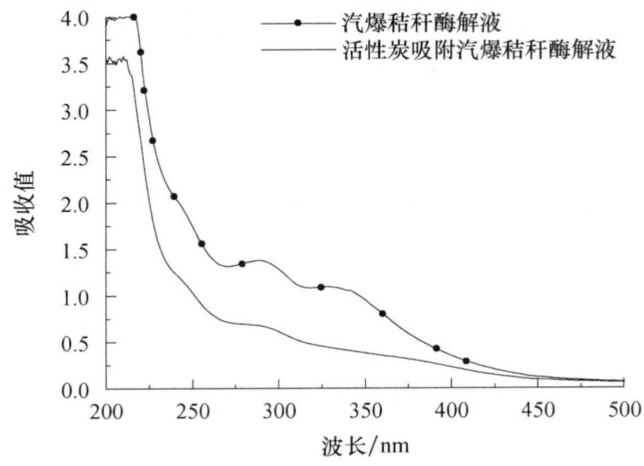

图 6.16　汽爆秸秆酶解液和活性炭吸附汽爆秸秆酶解液的全波段扫描图

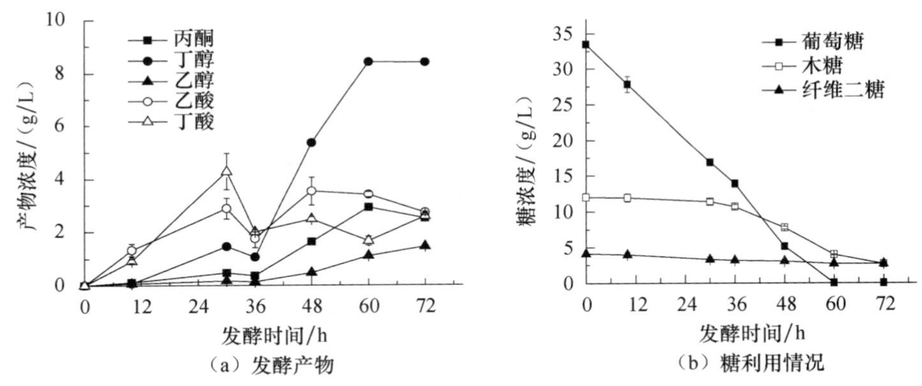

图 6.17　7.5%活性炭处理后的汽爆秸秆酶解液发酵产物和糖利用情况

炭去除汽爆酶解液中的发酵抑制物后，可以使 *C. acetobutylcium* ATCC 824 正常发酵。

5）汽爆-碱组合预处理秸秆酶解液丁醇发酵抑制物的去除

通过上述的研究可发现，汽爆秸秆酶解液中存在抑制梭菌发酵的可溶性物质，必须将其去除后才能满足丁醇发酵的要求。除了采用活性炭吸附法可以直接去除汽爆秸秆酶解液中的抑制物外，还可以从源头上改进原料以降低抑制物的产生。由于木质素的降解产物即可溶性木质素是丁醇发酵的主要抑制物，而本课题组也曾对碱氧化去除汽爆秸秆中的木质素进行过研究，Chen[65] 和 Cara 等[66] 都报道过，采用过氧化氢氧化法可以去除汽爆秸秆中的木质素含量，提高酶解效率和乙醇的发酵性能。因此，王岚等研究了采用汽爆-碱组合预处理的方法以降低秸秆中的木质素，减少后续酶解过程中产生的可溶性木质素，实现汽爆-碱组合处理秸秆酶解液直接发酵丁醇的目的。

（1）汽爆-碱处理秸秆的化学成分。表 6.9 显示了汽爆秸秆和两种汽爆-碱处理秸秆的组成含量。对比碱处理后的汽爆秸秆，发现纤维素含量增加，而木质素含量明显下降。经过 0.5%NaOH＋2%H_2O_2 和 1%NaOH＋4%H_2O_2 处理后，汽爆秸秆中的纤维素含量由 25.39%分别增加到 45.11%和 63.07%。当用 0.5%NaOH＋2%H_2O_2 处理汽爆秸秆后，其中的木质素含量从 22.32%下降到 14.74%，而采用 1%NaOH 和 4%H_2O_2 处理的汽爆秸秆，木质素含量仅有 8.45%。

表 6.9　汽爆秸秆和汽爆-碱处理秸秆的化学组成

样　品	成分/%			
	半纤维素	纤维素	木质素	灰分
汽爆玉米秸秆	33.50±1.25	25.39±1.82	22.32±1.09	3.04±0.51
汽爆-碱处理玉米秸秆（0.5%NaOH＋2%H_2O_2）	26.32±0.86	45.11±3.05	14.74±3.96	3.05±0.82
汽爆-碱处理玉米秸秆（1%NaOH＋4%H_2O_2）	24.13±1.79	63.07±1.99	8.45±2.14	3.24±0.16

注：汽爆条件为 1.1MPa，4min。

两种碱处理的汽爆秸秆经过纤维素酶酶解和减压蒸馏后，得到的酶解液的浓缩液中各物质含量如表 6.10 所示。一般，丁醇发酵培养基中的糖浓度不超过 60g/L。两种酶解液中的总糖含量分别为 40.71g/L 和 45.24g/L，基本满足了丁醇发酵的要求。由于用 1%NaOH＋4%H_2O_2 处理的汽爆秸秆的纤维素含量高于 0.5%NaOH＋2%H_2O_2 处理的汽爆秸秆，故其酶解液中的葡萄糖含量（26.71g/L）高于对应的 0.5%NaOH＋2%H_2O_2 处理的汽爆秸秆酶解液。另外，1%NaOH＋4%H_2O_2 处理的汽爆秸秆的木质素含量比 0.5%NaOH＋2%H_2O_2 处理的汽爆秸秆的木质素含量低 40%，因此其酶解液中的可溶性木质素含量也较低，为 1.12g/L。这说明原料中木质素含量的下降，会使酶解液中的可溶性木质素的溶出量也出现下降。根据前文的研究结果，酶解液中可溶性木质素含量超过 1.77g/L 就会对 *C. acetobutylicum* 发酵产生抑制作用。而经过 1%NaOH＋4%H_2O_2 处理的汽爆秸秆酶解的可溶性木质素含量低于抑制浓度，使汽爆-碱处理秸秆酶解液有可能直接用于丁醇发酵。

表 6.10　两种汽爆-碱处理秸秆酶解液中各物质的组成　（单位：g/L）

样　品	汽爆-碱处理玉米秸秆（0.5%NaOH＋2%H_2O_2）	汽爆-碱处理玉米秸秆（1%NaOH＋4%H_2O_2）
总糖	40.71	45.24
葡萄糖	22.37	26.71

续表

样　品	汽爆-碱处理玉米秸秆（0.5%NaOH+2%H_2O_2）	汽爆-碱处理玉米秸秆（1%NaOH+4%H_2O_2）
木糖	9.25	9.99
纤维二糖	9.09	8.54
可溶性木质素	2.23	1.12

注：总糖为葡萄糖、木糖、纤维二糖的和。

（2）汽爆-碱处理秸秆酶解液直接发酵丁醇

将两种汽爆-碱处理酶解液用于发酵丁醇的结果如图 6.18、图 6.19 所示。从发酵结果看出，采用 0.5%NaOH 和 2%H_2O_2 处理后的汽爆秸秆，其木质素含量下降至 14%，浓缩后的酶解液中的 SLC 含量超过 1.77g/L，经过 72h 发酵，葡萄糖的利用率仅为 70%，木糖和纤维二糖的利用率都不足 50%，这说明酶解液中 SLC 含量偏高，对菌体成长产生了抑制。然而，用 1%NaOH 和 4%H_2O_2 处理后的汽爆秸秆，其木质素含量下降至 8%，浓缩后的酶解液中的 SLC 含量也仅为 1.2g/L，因此 1%NaOH 和 4%H_2O_2 处理后的汽爆秸秆酶解液对丁醇发酵没有抑制作用，发酵 72h 后，总溶剂浓度为 12.10g/L，产量为 0.27g/L，产率为 0.17g/(L·h)。因此，有必要优化碱处理汽爆秸秆的条件，尽可能地去除汽爆秸秆中的木质素含量，以降低酶解液中的 SLC 含量。

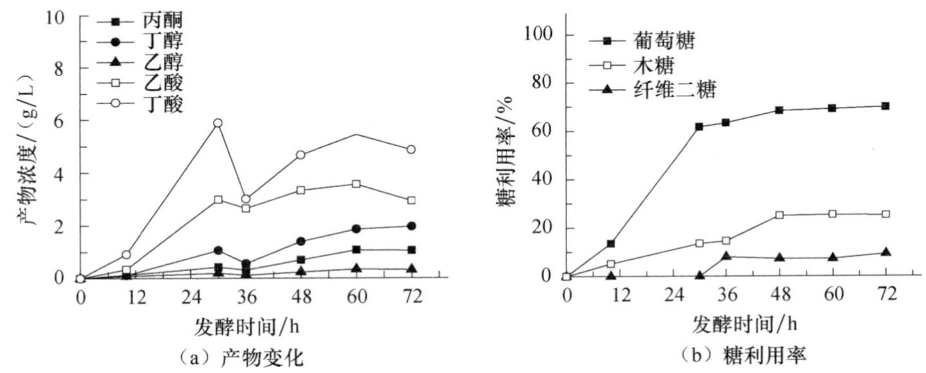

图 6.18　0.5%NaOH+2%H_2O_2 汽爆-碱处理秸秆酶解液发酵 72h 的产物变化和糖利用率

比较上述活性炭吸附酶解液中的可溶性木质素和汽爆-碱组合预处理去除汽爆秸秆中的木质素两种方法，均可以实现去除汽爆秸秆酶解液对丁醇发酵的抑制作用，而且两种方式处理后的酶解液的发酵性能相当。但我们认为碱处理去除汽爆秸秆中的木质素更加可行，原因是：①碱处理去除秸秆中的木质素后，可以提高底物中的纤维素含量，提高酶解效率[66]；②碱处理后，可溶性的溶液中富含木质素，以及少量的半纤维素和木质素。通过超滤等方法可以进一步分离制得成品的木质素，有利于木质素纤维素的综合利用[67]，碱液可以回收重复利用。

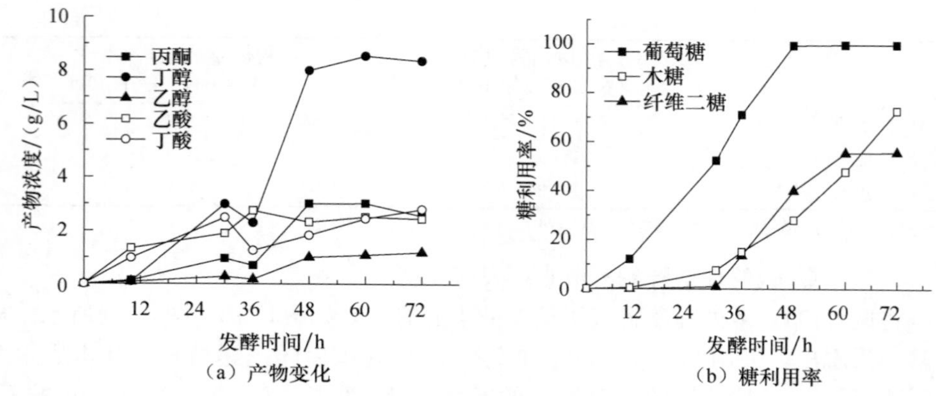

（a）产物变化　　（b）糖利用率

图 6.19　1%NaOH+4%H_2O_2 汽爆-碱处理秸秆酶解液发酵 72h 的产物变化和糖利用情况

6.7　木质纤维素生化转化发酵平台

6.7.1　发酵类型

微生物发酵过程即微生物反应过程，是指由微生物在生长繁殖过程中所引起的生化反应过程。根据微生物的种类不同（好氧、厌氧、兼性厌氧），微生物发酵可以分为好氧性发酵、厌氧性发酵和兼性厌氧发酵三大类。

1）好氧性发酵

在发酵过程中需要不断地通入一定量的无菌空气，如利用黑曲霉进行柠檬酸发酵、利用棒状杆菌进行谷氨酸发酵、利用黄单胞菌进行多糖发酵等。

2）厌氧性发酵

在发酵时不需要供给空气，如乳酸杆菌引起的乳酸发酵、梭状芽孢杆菌引起的丙酮、丁醇发酵等。

3）兼性发酵

酵母菌是兼性厌氧微生物，它在缺氧条件下进行厌气性发酵积累乙醇，而在有氧即通气条件下则进行好氧性发酵，大量繁殖菌体细胞。

按照设备来分，发酵又可分为敞口发酵、密闭发酵、浅盘发酵和深层发酵。一般敞口发酵应用于繁殖快并进行好氧发酵的类型，如酵母生产，由于其菌体迅速而大量繁殖，可抑制其他杂菌生长。所以敞口发酵设备要求简单。相反，密闭发酵是在密闭的设备内进行，所以设备要求严格，工艺也较复杂。浅盘发酵（表面培养法）是利用浅盘仅装一薄层培养液，接入菌种后进行表面培养，在液体上面形成一层菌膜。在缺乏通气设备时，对一些繁殖快的好氧性微生物可利用此法。

6.7.2　发酵方式

1. 深层液体发酵

液体深层发酵技术是当今生物技术产业的主体内容之一，是指在液体培养基内部（不仅仅在表面）进行的微生物培养过程。液体深层发酵是在青霉素等抗生素的生产中发展起来的技术。同其他发酵方法相比，它具有很多优点：①液体悬浮状态是很多微生物的最适生长环境；②在液体中，菌体及营养物、产物（包括热量）易于扩散，使发酵可在均质或拟均质条件下进行，便于控制，易于扩大生产规模；③液体输送方便，易于机械化操作；④厂房面积小，生产效率高，易进行自动化控制，产品质量稳定；⑤产品易于提取、精制等。因而液体深层发酵在发酵工业中被广泛应用。

尽管液体深层发酵技术经历了半个世纪的使用和研究，但仍然存在许多难于克服的弊端：

（1）高浓度有机废水的污染。在我国工业废水中，轻工行业占了 2/3，其中发酵废水仅次于造纸工业，我国发酵行业年排放有机废水达 28.12 亿 m^3。发酵行业中，每吨产品产生的发酵残液量较多的主要是味精、柠檬酸和酵母。酶制剂产生的高浓度有机废水相对较少，淀粉糖基本上不产生高浓度的有机废水。此外，在大型味精厂附有以玉米为原料的淀粉生产车间，每吨淀粉需要消耗 2～3t 玉米，同时产生黄浆水、玉米浸泡水等。因此在发展生产的同时，要加强对废水的治理，做到达标排放，将企业建成环境友好企业。大部分企业已经按照国家要求做到了达标处理和排放。

（2）高能耗。原料的复杂加工、机械搅拌高耗能和较高的通气比。国内发酵罐的电机配置一般为每立方米培养液 2kW 电机功率，通气量一般均为 0.8～1.0VVM①，即低功率消耗、高通气量法。也有采用每立方米培养液配置电动机 3～4kW，通气量为 0.4～0.5VVM，即采用高功率消耗、低通气量法。另外，每得到无菌空气 1m^3/min 的电力消耗约为 5kW。这样算下来，100m^3 的发酵罐运行一天的搅拌和通气的能耗就达 14400～16800kW · h。

（3）不适于高浓度、高黏度发酵。为了获得更多的发酵产物，希望发酵培养基的浓度越高越好，但是对于液态发酵高浓度的培养基会带来两方面的问题：首先是底物抑制作用，由于微生物的发酵多采用葡萄糖作为碳源，但高浓度的葡萄糖会产生葡萄糖效应反而抑制微生物的生长；再者随着发酵培养基底物浓度的增加，发酵液的液流类型往往从牛顿型变为非牛顿型，这些变化对于发酵液气液固

① VVM 表示 m^3/(m^3 · min)。

三相之间的混合、氧的溶解速度、营养物质的转移等均产生影响。

(4) 产物浓度低，分离纯化成本高。发酵液一般是复杂的多相系统，还有细胞、代谢产物和未用完的培养基等。分散在其中的固体和胶状物质，具有可压缩性，其密度与液体相近，加上黏度很大，属于非牛顿型液体，使从发酵液中分离固体很困难。

因此开发新型大规模清洁发酵技术已成为当务之急。

2. 同步糖化发酵

为克服产物反馈抑制作用，Gauss 等[68]于 1976 年提出了在同一个发酵罐中进行纤维素糖化和乙醇发酵的同步糖化发酵（SSF）法。在加入纤维素酶的同时接种乙醇发酵的酵母，可使生成的葡萄糖立即被酵母发酵成乙醇；去除了纤维二糖和葡萄糖对纤维素酶的反馈抑制作用，就可以不妨碍纤维素糖化的继续进行，乙醇得率可明显提高。同时应用 SSF 法也不必将葡萄糖与木质素分离，避免了糖的损失，而且可以减少反应器的数目，降低投资成本（约 20%）。此外应用 SSF 还可以进行己糖和戊糖的协同发酵，在脱毒处理方面也有明显优势。这就是所谓的同步糖化发酵技术。

陈洪章等研究了影响同步糖化发酵的因素，结果表明酶解仍然是同步糖化发酵的主要限制性因素，造成这种现象的原因就是酶解与发酵的最适作用温度不一致[69]。纤维素酶解的最适温度一般约为 50℃，而普通酿酒酵母的最适发酵温度通常约 30℃，选择耐高温酵母有利于 SSF 技术的应用。SSF 技术的关键是选择最适的酵母。

但是同步糖化发酵也存在一些抑制因素，如木糖的抑制作用，糖化和发酵温度不协调等。在同步糖化发酵中，半纤维素产生的木糖将会存留在反应液中，当浓度达到 5%时，木糖对纤维素酶的抑制作用可达到 10%。消除木糖抑制的方法是使用能转化木糖为乙醇的菌株，如假丝酵母、管囊酵母等。现在研究较多的是将利用葡萄糖与利用木糖的菌株混合发酵，与单纯利用葡萄糖发酵菌和单纯利用戊糖菌发酵相比，乙醇的产量分别提高 30%～38%和 10%～30%[5]。

3. 酶解-膜耦合发酵分离（NSSF）

在纤维素乙醇研究中，中国科学院过程工程研究所陈洪章研究员于 1998 年提出了非等温同步糖化发酵法，采用分散、耦合、并行系统，使纤维素糖化与乙醇发酵在两个生物反应器中进行，同时在两个反应器之间构建循环输送系统，通过将水解和发酵分在不同的反应区，使两者在各自的最适温度下进行，同时将酵母利用在发酵区避免酵母受热失活，称为酶解-膜耦合发酵分离。酶解-膜耦合是指利用酶解-膜反应器将发酵、催化以及分离相耦合的技术。酶解-膜反应器是指将适当的膜组件引入反应中，利用膜两侧推动力将可渗透的溶液从反应体系中分离出来从而使生物催化、产物分离、浓缩及酶的回收等操作结合成一个操作单元。

将此方法用于秸秆制得纤维素发酵乙醇的研究中，整个耦合体系包括酶解区域与发酵区域（图 6.20）。酶解区由酶解罐和中空纤维超滤膜组件组成，发酵区由发酵罐和渗透蒸发装置组成，两区分别控制温度为 50℃和 35℃，其目的是使酶解与乙醇发酵均在最优温度条件下进行。秸秆在酶解罐中酶解，酶解液在酶解区循环，利用超滤膜将酶解液中的纤维素酶和糖分开，纤维素酶被酶解液带回酶解区继续酶解，透过超滤膜的糖进入发酵罐被利用化酵母发酵，减除糖对酶解的反馈抑制作用，每隔一定时间启动渗透蒸发膜装置在线分离出乙醇，以消除发酵液中的乙醇对酶解区的纤维素酶和发酵区的菌种的抑制作用。结果发现，只开启酶解、发酵循环装置，不进行乙醇渗透汽化分离，与等温同步糖化发酵结果对比，前者有着更快的发酵速率与更高的乙醇含量，发酵 72h 后，乙醇浓度提高 8.6%。，若定时开启渗透蒸发装置，乙醇浓度提高了 2.4 倍[70]。酶解-膜耦合通过将酶解得到的小分子物质在线分离出酶解液，完全解除了产物的抑制，提高了酶解效率和产量。

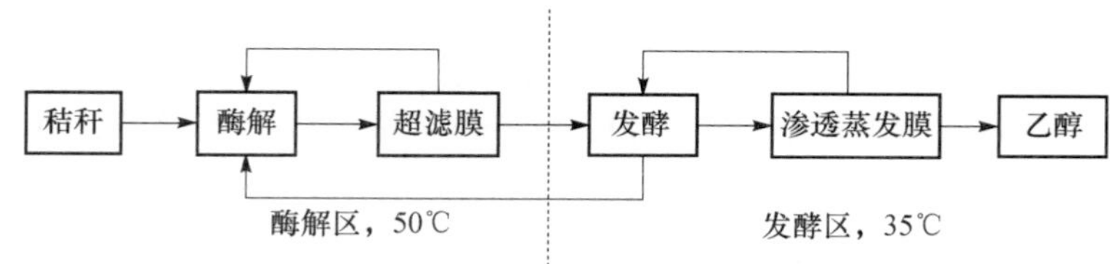

图 6.20　酶解-发酵-膜分离耦合发酵乙醇流程图[70]

4. 统合生物工艺

统合生物工艺（CBP），以前被称为直接微生物转化，可将纤维素酶和半纤维素酶生产、纤维素水解和乙醇发酵组合，通过一种微生物完成。自然界中的某些微生物具有直接把生物质转化为乙醇的能力。CBP 代谢工程也可以通过两条途径进行：使用能降解纤维素的微生物或是能产生乙醇的基因工程菌；使用发酵产物的得率和耐性都已经过考验的菌株，如酵母通过外源纤维素酶的表达使其也能降解转化纤维素。统合生物加工过程有利于降低生物转化过程的成本，越来越受到研究者的普遍关注[71]。

5. 固态发酵

随着日益严重的环境污染和生态问题的出现，固态发酵节水、节能的优势越来越受到人们的青睐。同时，固态发酵经过多年的发展已经从传统的作坊式、粗放型生产走向了现代的大规模纯种培养。其中气相双动态固态发酵新技术和连续厌氧固态发酵新技术代表着固态发酵重要发展方向。现代固态发酵技术的发展已经成为现代发酵工业不可缺少的一部分。

1）气相双动态固态发酵技术平台

陈洪章等在研究固态发酵的基础上，提出了好氧气相动态发酵的新过程[72～74]。此过程中，没有加入机械搅拌，而仅对固态发酵过程的气相状态进行控制，一方面气压处于上升和下降的脉动中，另一方面反应器的气相也处于流动中，改善了固态发酵过程的热量传递和氧传递，促进了菌体的生长和代谢，实现纯种培养。已经设计出的 100m^3 气相双动态固态发酵反应器是迄今全球最大的固态发酵规模。使用该反应器，以汽爆玉米秸秆为发酵的主要原料进行纤维素酶的生产，平均纤维素酶活达到了 120FPA①/g 干曲，最高达到了 210FPA/g 干曲，真正实现了纤维素酶大规模、低成本的生产。气相双动态固态发酵新技术可使发酵时间缩短 1/3，变温操作往往可提高菌体活性。在复合菌群组合优化方面也可发挥作用。因此对传统制酒、风味食品制造、红曲、果胶酶、饲料添加剂、烟草醇化和沼气发酵等方面提供技术改进的新途径。

2）连续厌氧固态发酵分离耦合技术平台

针对固态发酵生物燃料的迫切需求以及固态发酵存在的问题，中国科学院过程工程研究所陈洪章研究员等经过长期反复的实验和探索，提出了全新的热泵推动连续固态发酵与产物分离耦合思路[75,76]：将热泵引入固态发酵保温、保湿及发酵产物气提、冷凝分离系统，实现连续固态发酵条件的稳定控制和发酵产物的有效分离；使用多级螺旋输送器加料、卸料同时耦合接种调质过程，使固态发酵能够连续进行同时又保证了发酵罐的微氧发酵状态；应用近红外光谱检测技术实现发酵过程的在线检测。已经建立了有效体积 450L 的连续固态发酵反应器，并实现了利用它发酵丁醇及乙醇。该反应器的 6m^3 中试反应器正在建设调试之中。

3）吸附载体固态发酵平台

吸附载体固态发酵采用的固相是惰性载体，它们大都具有良好的孔隙度、吸水性和机械强度，这些性质使其具有传统固态发酵所不具备的优势。陈洪章等将该技术成功应用于黄原胶和细菌纤维素的发酵。

黄原胶发酵传统的方式为液态发酵，黄原胶黏度大，严重限制了其发酵效率，其发酵浓度最高达到 2%左右，高于这个浓度将无法搅拌和供氧。本课题组用聚氨酯为吸附载体进行固态发酵，不仅节省了搅拌能耗而且提高了发酵效率，发酵浓度可达到 4.2%，提高了 100%[77]。细菌纤维素的培养方法有静态法和动态法。静态法是指乙酸菌静置培养，在发酵液表面产生纤维素膜。然而，静态培养过程中由于纤维素的形成会限制氧的有效传递，从而进一步限制了纤维素的合成。动态法是在机械搅拌罐或气升式生化反应器中通风培养乙酸菌，纤维素完全

① FPA 表示滤纸酶活。

分散在发酵液中，呈不规则的丝状、星状或微团状。但是，在动态发酵过程中，受剪切力的影响，菌体易向不产细菌纤维素的方向突变。针对这些问题我们研究使用聚氨酯为吸附载体进行固态发酵，细菌纤维素产量较液态静置发酵法同期提高了 266%。

6.8　木质纤维素生物转化后处理平台

6.8.1　发酵产物的预处理

1. 发酵液的预处理与固液分离

从发酵液中分离出固体通常是木质纤维素生物转化后进一步加工的第一步，也是较艰难的一步。发酵液的预处理与固液分离，即去除细胞及不溶性物质，主要单元操作方法是离心和过滤。此阶段产品浓度和质量仅有少量改善，其主要任务是去除发酵液中的固体物质，为后续阶段提供澄清、洁净的原料液。

利用微生物发酵生产各种发酵产品，由于菌种和发酵醪特性不同，其预处理方法和提取、精制方法的选择也有所差异。应针对发酵醪的特性合理选择处理方法，大多数发酵产物存在于发酵醪中，也有少数发酵产物存在于菌体中，或发酵醪和菌体中都含有，如四环类抗生素。各种发酵产物无论在发酵醪或是在菌体内，往往浓度较低，并与多种溶剂和悬浮的杂质混在一起，要分离提纯发酵产物，首先要针对发酵醪的特性进行预处理。

发酵醪中的发酵产物含量较低，杂质的组成复杂，不少杂质的存在均对提取和精制等后继工序操作有影响，因此在提取前必须对发酵醪进行预处理。发酵醪预处理的目的不仅在于分离菌体，还在于将发酵醪的杂质除去，并改变滤液性质，以利于提取和精制后继各工序的顺利进行。在保证发酵产品的质量和卫生指标的同时，尽可能提高提炼的收得率及提取效率。

对于发酵醪的预处理一般有下列要求：

1） 菌体的分离

发酵醪中除了发酵产物外，还含有大量的菌体、菌丝体。将菌体与发酵醪分离的办法可采用离心分离和过滤两种。为了保证离心分离和过滤的顺利进行，对发酵周期要进行控制，周期太长，菌体自溶，使发酵醪黏稠，影响过滤和分离效果。为了保证发酵产品质量和卫生指标，应千方百计提高过滤速度和分离效率。

2） 固体悬浮物的去除

发酵醪中除了含有大量的菌体外，尚含有相当数量的固体悬浮杂质，通过过滤处理，将固形物质基本除去，以保证获得透光度合格的澄清处理液。

3）蛋白质的去除

发酵醪除去菌体和悬浮固体物质后，一些可溶性蛋白质仍留在滤液中，必须设法除去，要求在一定范围内的 pH 下不发生混浊，否则在溶媒提取时乳化严重，在离子交换提取时，影响树脂的吸附量。

4）重金属离子的去除

重金属离子不仅影响提取和精制后继工序的操作，也直接影响发酵产物的质量和收得率，所以必须设法除去发酵醪中的重金属离子。

5）色素、热原质、毒性物质等有机杂质的去除

对于药用的发酵产品，特别是针剂产品，如抗生素、ATP、核酸、酶、氨基酸等要设法除去色素、热原质和毒素物质等。

6）改变发酵醪的性质，以利于提取和精制后继工序的操作顺利进行

当发酵终了时，发酵产物可能在发酵醪中，也可能在菌体内部或两相同时存在。预处理时应尽可能使发酵产物转入便于以后处理的相中（多数是液相中）。这常常可用调节 pH 至酸性或碱性的方法来达到，例如，四环类抗生素由于能和钙、镁等离子形成不溶解的化合物，故大部分沉积在菌丝体内，用草酸酸化后，就能将抗生素转入水相；链霉素在中性的发酵醪中，约有 25％在菌丝体内，当酸化后就能逐步释放出来。

7）调节适宜 pH 和温度

一方面适合提炼工艺的要求，另一方面保证发酵产物的质量，尽量避免因 pH 过高或过低而引起发酵产物的破坏损失。为了进行发酵产物的有效分离、提纯和精制，必须首先将菌体、固形物杂质和悬浮固体物质除去，保证处理液澄清。离心分离和过滤都是发酵工业上通用的处理方法。

2. 固态发酵产物的预处理

固态发酵产物成分比较复杂，很多时候可将其直接干燥处理后粉碎作为产品，如以秸秆为原料固态发酵生产微生物杀虫剂以及固态发酵秸秆饲料蛋白。也有一些产物需要进一步地将产物分离纯化，如采用固态法发酵纤维素酶时，为了提取纤维素酶一般需要选用适当的溶剂处理含纤维素酶的原料，使之充分溶解到溶剂中，也就是浸提。由于纤维素酶能够溶解于水，而且在一定浓度的盐溶液中其溶解度增加，故一般采取在稀盐溶液中进行纤维素酶的提取。常用的盐溶液主要有 0.15mol/L 的氯化钠溶液或 0.02～0.05mol/L 的磷酸缓冲液。

6.8.2 发酵产物的纯化与精制

发酵产物经固液分离后，活性物质存在于滤液中，滤液体积很大，浓度很低，因此，木质纤维素生物转化后处理平台主要为产物的浓缩与纯化过程。下面

以纤维素酶的发酵为例，介绍发酵产物的纯化与精制主要涉及的方法。

纤维素酶的提取方法有许多种，最常用的方法是沉淀法。沉淀法是最古老的分离和纯化纤维素酶的方法，但仍广泛应用于工业和实验室研究。由于其浓缩作用常大于纯化作用，因而沉淀法通常作为初步分离的一种方法，然后再利用其他方法进一步提高其纯度。

1. 盐析法

所谓盐析法就是利用高浓度的盐促使蛋白质沉淀或聚结。这种方法的基本原理是盐离子与蛋白质分子争夺水分子，减弱了蛋白质的水合程度（失去水合外壳），使蛋白质溶解度降低；盐离子所带电荷可部分地中和蛋白质分子上所带电荷，使其静电荷减少，也易使蛋白质沉淀。在纤维素酶的提取中最常用的盐是硫酸铵。也有人用硫酸铵和硫酸钠混合盐析法对碱性纤维素酶进行提取。

盐析法的第一步是对粗酶液进行浓缩。这是由于无论是液态发酵的发酵液还是固态发酵的浸提液，液体量都很大，这样不仅增加了工作量，而且硫酸铵的用量太大，既造成了浪费，又增加了对环境的污染。所以一般将酶液浓缩至原体积的 1/10 ～ 1/15。浓缩的方法一般可将酶液 pH 调至 4.5，然后于 40℃，15mmHg① 的条件下减压浓缩。

2. 有机溶剂法

常用沉淀分离纤维素酶的有机溶剂有乙醇、丙酮、异丙醇等。有机溶剂沉淀法析出的酶沉淀，一般比盐析法析出的沉淀更易于离心分离或过滤，不含无机盐，常用于食品工业酶制剂的制备；分辨率也比盐析法好，而且有机溶剂易于去除和回收。不同溶剂的最适浓度分别为：乙醇 70%，丙酮 60%～62%，丙醇 50%，异丙醇 40%～60%。使用酶制剂容易引起酶的变性失活，所以必须在 4℃ 左右的低温下进行操作，沉淀析出后要立即分离。有机溶剂用量一般为酶液体积的 2 倍左右，而且要将酶液的 pH 调至纤维素酶的等电点附近。分离出来的纤维素酶沉淀可立即用 0.02～0.05mol/L 的磷酸缓冲液溶解后进行进一步的纯化。

3. 丹宁提取法

丹宁是一种多酚类物质，能与蛋白质结合生成不溶于水的复合物。在找到一种将菌或蛋白质从这种复合物中解析出来的方法以前，丹宁对纤维素酶来说是一种失活剂。因此丹宁沉淀法作为纤维素酶的提取方法，一直未能获得大规模的工业应用。后来，人们找到了几种将酶从丹宁与酶的复合物中解析出来的物质，这

---

① 1mmHg=133.3Pa。

些物质主要有：聚乙二醇（PEG）、聚乙烯氮戊酮（PVP）、聚氧化乙烯或山梨糖醇的甘油酯（POE·S·MO）或硬脂酸（POE·S，MS），这为丹宁沉淀法的工业应用开辟道路。用丹宁沉淀法制备的酶制剂不含盐，纯度高，不但符合食用的要求，而且可以作为口服药用酶制剂，亦可用于纺织加工和发酵工业等。吴慧清等认为利用丹宁沉淀纤维素酶后，采用聚乙二醇解析和激活纤维素酶，可以有效地提取粗菌液中的纤维素酶。他们首先将木霉经固态发酵制成纤维素酶湿曲，然后按曲水体积比 1∶5 加入 40℃去离子水，保温 60min 后，过滤得粗纤维素酶液，在酶活 FPA22.6U/mL 的稀酶液中，加入丹宁至 5.0g/L 时，粗酶液中的纤维素酶接近完全沉淀，将沉淀分散于 pH4.6 的 0.1mol/L 柠檬酸缓冲液中，加入聚乙二醇（PEG）6000 至丹宁含量的 1.6～4.0 倍，酶活回收率达到 210%～245%，可将纤维素酶浓缩 7～8 倍。他们认为 PEG 对纤维素酶有激活作用。PEG 可将纤维素酶从酶-丹宁复合物中解析出来。丹宁、PEG 的用量与酶液中的蛋白质含量有关，PEG 超过解析酶用量的一定范围，因激活纤维素酶使酶活回收率超过 100%，过多 PEG 会使系统发生相改变，从而使酶失活，使得酶活回收率急剧降低[78]。

4. 其他提取方法

（1）喷雾干燥法。过滤去除发酵醪液中的固形物（主要为菌体及杂质），将得到的上清液喷雾干燥，温度为 50℃，干燥后粉碎过筛，研究表明，喷雾干燥法提取纤维素酶酶得率（酶干粉重/酶液体积）为 5.6%，较盐析法为高，但酶活力偏低，羧甲基纤维素酶（CMCase）活性为 3909U，FPA 活性可达 306.67U，导致酶活力偏低的原因可能是酶纯度低，杂质较多。喷雾干燥法提取纤维素酶的优点是工艺简单，含盐量少[79]。

（2）膨胀床吸附法：利用膨胀床吸附的方式直接从发酵醪液中提取纤维素酶。原理是采用多孔的纤维素酶的结构类似物对纤维素酶的亲和作用获得目的酶。微晶纤维素膨胀床的吸附效果最佳，*Bacillus* spp. B21 所产纤维素酶经膨胀床纯化后，纤维素酶纯化了 18 倍，回收率 97%。膨胀床通过 1mol/L NaOH 进行洗脱后，可反复使用 10 次以上，吸附能力与回收率基本不变[80]。

（3）双水相萃取法。采用聚乙二醇 PEG/$(NH_4)_2SO_4$ 双水相体系，纤维素酶在聚乙二醇硫酸铵双水相体系中的分配主要是由于静电作用、疏水作用和生物亲和作用。当物质进入双水相体系后，纤维素酶是两性化合物，其上分布着许多羧基等酸性、碱性基团，由于表面性质，电荷作用和各种力（如疏水键、氢键和离子键等）的存在和环境因素的影响，使其在上、下相中的浓度不同。双水相体系萃取纤维素酶在 PEG 质量分数为 18%、相对分子质量 2000，$(NH_4)_2SO_4$ 为 16%，25℃，pH5.5 时，分配系数 K 和萃取率 y 分别为 8.23 和 0.947，此时分

配系数 K 和萃取率 y 最大[81]。

6.9　秸秆半纤维素发酵丁醇及其产业化炼制示范

我国是石油进口的大国，每年大约 50%的石油需要进口。这些石油资源除大部分用于燃料的生产炼制以外，还有相当一部分用于化学品的生产。中国的秸秆资源很丰富，年产量大约 7 亿 t，但是现在大部分没有得到有效利用。如果能利用生物炼制技术以秸秆为主要原料来生产化学品和燃料，将有效地缓解国家的石油进口压力。

6.9.1　木质纤维素发酵丁醇国外现状与发展趋势

2003 年 6 月“国际可再生能源会议”提出扩大再生能源供应是必然趋势。许多国家将生物质能摆到重要位置，制订了相应的开发研究计划。

美国生物能源的发展目标是到 2020 年生物燃油取代全国燃油消耗量的 10%，生物基产品取代石化原料制品的 25%，减少相当于 7000 万辆汽车的碳排放量 1 亿 t/月，每年增加农民收入 200 亿美元；欧盟委员会提出到 2020 年运输燃料的 20%将用燃料乙醇等生物燃料替代；日本制订了“阳光计划”；印度制订了“绿色能源工程计划”；巴西制订了“乙醇能源计划”等。一些跨国大公司也开始在可再生能源领域进行投资，如巴斯夫、杜邦、壳牌等。

丙酮、丁醇作为优良的有机溶剂和重要的化工原料，广泛应用于化工、塑料、有机合成、油漆等工业。丙酮-丁醇发酵曾是仅次于乙醇发酵的第二大发酵过程。但是，从 20 世纪 50 年代开始，由于石油工业发展，丙酮-丁醇发酵工业受到冲击，逐渐走向衰退。随着石化资源的耗竭以及温室效应的日趋严重，可再生能源日益受到人们的关注。作为丙酮-丁醇发酵的主要成分之一的丁醇（质量分数 60%以上）因其良好的燃料性能而使其发酵重新受到高度重视。丁醇作为燃料具有良好的水不溶性，低蒸汽压，高热比等特点，与燃料乙醇相比，能够与汽油达到更高的混合比，能量密度接近汽油，更适合在现有的燃料供应和分销系统中使用，被认为是比燃料乙醇更具有广泛应用前景的第三代生物燃料。同时，与石油炼制的运输燃料相比，生物丁醇还具有显著的环保效益，减少石油精炼过程中温室气体的排放。

传统的生物丁醇的制备方法是以玉米、小麦等淀粉原料经过糖化发酵制备而成的。但是以粮食为原料生产生物燃料不仅不能满足社会需求，而且会危及粮食安全。有研究人员指出，即使美国种植的所有玉米和大豆都用于生产生物能源，也只能分别满足美国社会汽油和柴油需求的 12%和 6%。而玉米和大豆首先要满足粮食、饲料和其他经济需求，不可能都用来生产生物燃料。国际货币基金组织也警告说，全球用于生物燃料的谷物生产不断增加有可能对世界贫困产生严重影响。为此，研究人员都在积极探索以非粮食类植物生产燃料丁醇的方法。

传统的丙酮-丁醇发酵工业主要采用玉米和糖蜜作为发酵原料。由于发酵原料对丙酮、丁醇的价格起着决定性的影响，因此，选用廉价的可再生生物质作为发酵原料成为降低发酵成本的一个有效途径。

1. 菌种的选育

丙酮-丁醇发酵是通过梭状芽孢杆菌来进行的，典型代表为丁酸梭菌（*Clostridium butyricum*）和丙酮丁醇梭菌（*C. acetobutylicum*）。这是一类革兰氏阳性严格厌氧菌，氧气对其是有毒的，因为借助于黄素蛋白能形成过氧化物，通过黄素氧化酶能使过氧根中的 O_2^- 释放出来。能够形成丙酮丁醇的细菌没有接触酶，也没有过氧化物歧化酶，因而不能分解上述物质使其无毒。许多梭菌的生长受到氧的抑制。

丙酮-丁醇发酵主要是使糖转化而生成丁醇和丙酮的发酵。在发酵中可同时产生乙酸、酪酸、乙醇等，并放出 CO_2 和 H_2。目前，常用的丙酮丁醇生产菌主要有以玉米为发酵底物的丙酮丁醇梭菌、拜式梭菌（*C. beijerinckii*）和以糖蜜为发酵底物的糖-丁基丙酮梭菌（*C. saccharobutylacetonicum*）[4]。*C. acetobutylicum* 是在稳定生长期开始产丁醇，而 *C. beijerinckii* 则在快速生长期开始产丁醇。图 6.21 为葡萄糖转化成丙酮丁醇的分子式。

$$\underset{\text{葡萄糖}}{12C_6H_{12}O_6} \longrightarrow \underset{\text{丁醇}}{6CH_3CH_2CH_2CH_2OH}+\underset{\text{丙酮}}{4CH_3COCH_3}+\underset{\text{乙醇}}{2CH_3CH_2OH}+18H_2+28CO_2+2H_2O$$

图 6.21　葡萄糖转化成丙酮丁醇的分子式[82]

对高产量的保藏菌株，为使其在传代过程中不致丧失活性，常要使其复壮。实验证明，那些高度抗热性的菌株也具有高产量和强烈的发酵能力。所以，复壮时，应将液体培养物加热到 100℃，1～2min，即使之冷却，使营养细胞及抵抗力较差的孢子被杀死，这样在进一步培养中只有最适合的孢子萌发。之后，可再传种培养孢子一至多次，再重复整个过程，以进一步选出更适合的菌株。梭菌常为噬菌体所侵袭，在早些时候，特别是在 20 世纪 20 年代常常整批的生产因此而被破坏，噬菌体造成发酵的梭菌大量减少。某些噬菌体只专化寄生于一定的梭菌菌株，但现已能培养出抗噬菌体的梭菌菌株。在现代大多数工业中均采用抗噬菌体的梭菌菌株。

通过一些强烈的化学诱变因子，如甲基磺酸乙酯（EMS）、亚硝基胍（NTC）、丙烯醇等，以及紫外线等物理诱变条件对产溶剂梭菌进行诱变筛选是通常采用的获得高产菌株的方法。Annous 等[83]报道，通过亚硝基胍诱变

C. beijerinckii NCIMB 8052，并利用 2-脱氧葡萄糖进行筛选，得到一株高产溶剂的突变菌 BA101，Formanek 等[84]研究表明该菌可以在含有 6%葡萄糖的 P2 培养基中产生 27.5g/L 的总溶剂，Chen 等[85]在添加了 60mmol/L 乙酸以及 8%葡萄糖的 MP2 培养基中发酵该突变菌株，可产生最高 32.6g/L 的总溶剂，其中丁醇含量为 20.9g/L，这是目前国际上批次发酵产丙酮丁醇的最高水平。随后，Qureshi 等[86~88]结合溶剂提取后工艺针对该菌株进行了相关的工业应用研究。中国科学院上海植物生理生态研究所张益棻等[89]通过土样分离、化学诱变、抗性筛选，获得 *C. acetobutylicum*EA2018 和 EA2019 菌种各 1 株，在 8%的玉米醪中，其溶剂产量为 20g/L，丁醇比例达 70%，比原菌种高 10%以上。

随着分子生物学技术的发展，使得人们对产溶剂梭菌进行代谢工程改造成为了可能。外源基因和调控因子的引入，使代谢工程有别于传统意义上的菌株改造。利用重组技术调控细胞中的酶反应，利用转运和调节功能来增加细胞中的目标成分。产溶剂梭菌代谢工程改造的第一次尝试是过表达 *adhE*，结果未发现溶剂产量有显著提高[90]。Harris 等通过敲除 *C. acetobutylicum* ATCC 824 中溶剂抑制基因 *sol R*，并在敲除 *sol R* 的基因工程菌中导入 *adhE* 基因，可以在含 8%葡萄糖的 CGM 培养基，pH 恒定为 5 的发酵条件下得到 27.94g/L 的总溶剂，其中丁醇为 17.6g/L，这是目前报道的溶剂产量最高的一株基因工程菌[90]。

2. 丙酮丁醇发酵菌株的底物利用

在发酵原料方面，代表菌种 *C. acetobutylicum* 能够利用淀粉和木聚糖等高聚物作为底物生长，但不能利用纤维素[91]。其中淀粉的水解主要由 α-淀粉酶来完成，已经证明淀粉酶的分泌由一个以上的淀粉酶基因调控。木聚糖的降解则依赖与内切木聚糖酶和 β-D-木糖苷酶的协同作用。此外，*C. beijerinckii* 也主要依靠葡萄糖淀粉酶和 α-淀粉酶来降解淀粉作为发酵底物。此外，这类菌还能利用多种已糖、低聚糖、甘油等。由于丙酮丁醇生产菌中不能够分泌纤维素酶，因此，难以直接利用木质纤维素原料，Sabath 等[92]通过对 *C. acetobutylicum* 进行基因改造，试图构建能够直接利用纤维素的丙酮-丁醇生产菌株。但是，从结果看来，这一目标的实现还需要很漫长的过程。

长期以来，玉米、小麦以及糖蜜一直是丙酮-丁醇发酵的首要原料。然而，随着粮食和糖蜜价格的不断上涨以及世界人口增长对粮食的潜在需求，选用廉价的秸秆等木质纤维素作为发酵原料成为降低发酵成本的一个有效途径[25]。木质纤维素原料中的纤维素和半纤维素经过酸水解或者酶水解后，可以转化成被微生物发酵利用的糖类物质。但由于木质纤维素原料的成分远比粮食原料复杂，转化效率低，因此必须在发酵前进行预处理。从 20 世纪 80 年代，人们就开始研究利用木质纤维素来发酵生产丙酮-丁醇。陈洪章等[93,94]构建了膜循环酶解耦合的发酵装置，利用汽爆麦草发酵生产丙酮-丁醇，得到丁醇最大产率为 0.31g/(L·h)，纤维素和半纤维素的转化率分别为 72%和 80%，并实现了连续酶解和发酵。这说明了利用木质纤维素发酵生产丙酮-丁醇是可以实现的。Yu 等[95]研究者将木材原料蒸汽爆破后再酸水解，测得水解物的发酵液中丁醇含量达到 9g/L，丁醇得率为 0.26g/g 葡萄糖。由于酸水解会产生醛、酸等不利于微生物生长的物质，采用纤维素酶水解是常用的方法。Marchal 等[96]改进了发酵工艺使酶解和发酵同步进行，用碱处理麦草发酵生产丙酮-丁醇得到总溶剂产量为 17.3g/L。Qureshi 等[97]利用麦草酶解液和葡萄糖混合发酵生产丙酮-丁醇，在批次发酵中，底物中 128.3g/L 糖可产生 47.6g/L 溶剂。

3. 连续发酵和利用化细胞发酵

连续发酵技术具有可以连续运行，非生产时间短等优点[98]。但是单级连续发酵丙酮-丁醇梭菌会导致菌株退化、产溶剂不稳定、底物利用不充分等缺点。Fick 等的连续发酵研究发现，一个月可以达到 0.75g/(L·h) 的丙酮-丁醇产率，但是其单位溶剂产量只有 13g/L，而且底物利用效率较低。采用多级连续可以解决单级连续发酵的缺点，Bahl 等报道使用多级连续发酵可以使单位溶剂产量达到 18.2g/L。苏联在 20 世纪 60 年代就已采取多级连续发酵（7～11 个发酵罐）进行溶剂生产。国内在同时期也进行了相关研究，中国科学院上海植物生理生态研究所进行丙酮-丁醇多级连续发酵研究，其产率为批次发酵的 2.3 倍。

国内外一般采取的利用化丙酮-丁醇梭菌的材料多以吸附型为主，如黏土块 (clay brick)、瓷环等。Qureshi 等利用化 *C. berjerinckii*BA101 于黏土块上，可以达到 15.8g/(L·h) 的溶剂产率。孙志浩等利用瓷环作为载体连续发酵丙酮-丁醇，可以在 90 天内达到 1.03g/(L·h) 的产率。高丁醇含量会影响连续发酵的时间，所以近年来利用利用化细胞技术结合先进的溶剂回收技术进行丙酮-丁醇补料批次发酵或连续发酵的研究也相继开展。Qureshi 等利用利用化细胞结合全蒸发工艺，可以达到 3.5g/(L·h) 的产率。

4. 溶剂回收工艺

近年来，一些先进的溶剂回收工艺手段也相继应用到丙酮-丁醇发酵工业中，如基于膜系统的渗透蒸发、液-液萃取、吸附、气提技术。其中膜技术对溶剂回收表现出很高的选择性，缺点是会出现堵塞和污染的现象。液-液萃取效率高但是易出现乳化现象。气提的优点是不会出现料液的堵塞和污染，且与膜蒸发相比回收产品的成本较低，但溶剂的回收并不十分完全。吸附的缺点是材料价格高，吸附容量小，选择性不高。上述回收技术均可以实现在线工作，从而使得丁醇产品对发酵的抑制和毒性作用显著降低。

由于丙酮-丁醇梭菌发酵液中丁醇浓度累积超过 20g/L 就会抑制细胞生长。如果在发酵过程中回收溶剂，去除丁醇对菌株的毒性，则可以提高发酵液中底物浓度和溶剂产量。Ezeji 等采用气提法在发酵过程中收集溶剂，补料分批发酵，500g 葡萄糖共产生 232.8g 溶剂。Qureshi 报道了利用各种吸附剂硅土、树脂、活性炭和乙烯聚合物回收和浓缩溶剂，实验表明硅土的吸附效果最好，比较膜渗透蒸发、气提蒸馏的能耗，吸附法的能耗最低。为了提高吸附效率和降低吸附剂成本，在乙醇脱水工艺中出现了生物质吸附法。Hassaballh 等报道使用玉米淀粉对高浓度下的乙醇蒸气进行吸附，可以得到无水乙醇。Westgate 等通过对比淀粉质、纤维素质等生物质的吸附效果，得出玉米粉的吸水性能最好，得到的乙醇产品纯度和能耗都令人乐观。

6.9.2　生物丁醇工业发展的意义

随着石油资源的日渐枯竭，全世界都把能源研究的重点转向生物燃料。现在已有生物柴油、生物乙醇等生物燃料得到了应用。在实际应用中，生物燃料丁醇由于能够与汽油以任意比进行混合，又无需对车辆进行改造，且其经济性高，可有效提高车辆的燃油效率和行驶里程。所以生物丁醇比生物乙醇具有更优越的品质以及更高的热值转化率。目前生物丁醇得到了人们更多的青睐，被称为第三代生物燃料。

我国的国情是人多地少，粮食安全是第一位的，不与农业争粮争地是发展生物质能源的原则。我国每年产生 7 亿多 t 作物秸秆，以及约 550 万 hm^2 不易耕种土地，如能利用 50%作物秸秆、30%的林业废弃物，以及 550 万 hm^2 不易耕种土地种植甜高粱等能源植物，可建设约 1000 个生物质转化工厂，其生产能力可相当于 1 亿 t 石油的年生产能力（大庆年产 5000 万 t）。

但是目前利用木质纤维原料生产丁醇的路线都是先将纤维素降解为葡萄糖，再进行丁醇的发酵。这一过程需要大量的纤维素酶，而纤维素酶的生产成本居高不下。因此，采用这种路线来生产丁醇，其生产成本偏高，作为燃料丁醇来使用，难以为市场所接受。探索新的生物丁醇产业化工艺模式，显得尤为重要。

解决“三农”问题、保护环境与改善生态、舒缓能源瓶颈、建设节约型社会、发展循环经济，都呼唤着新兴的生物质能源产业。与发达国家处在相近的起跑线上，我国在生物质利用的关键技术方面如木质纤维素水解、微生物利用、生物反应器与产品提纯技术等方面已取得重大进展，相对美国具有一定优势，可以在此新兴产业上取得国际领先地位。我们不能错过历史机遇，急需制定和实施一项推进我国生物质产业的国家重大专项计划，发挥我国现有的资源优势、技术优势、人才优势和体制优势，在新世纪的资源、材料领域国际竞争中取得领先地位。

6.9.3 木质纤维素原料转化丁醇的困境

传统的丙酮丁醇发酵基质采用的是玉米和糖蜜，丁醇的产量一般为 9～13g/L，原料成本占总成本的 60%～70%，这是限制丁醇发酵工业发展的重要原因，也是丁醇发酵工业缺乏竞争性的重要原因。同时，全球人口的急剧增长和人类生活水平的迅速提高也造成食品用粮及工业用粮均出现严重不足。另一个不容忽视的因素是溶剂对微生物细胞的毒性，尤其是丁醇的浓度产量达到 13g/L 就会使发酵停止，也是影响溶剂产量的一个限制因素。此外，在丙酮丁醇发酵过程中，传统的蒸馏法回收丁醇能耗较高，蒸汽消耗占整个生产动力成本的 70%，而且由于蒸馏法回收丁醇产生的废水太多，又增加了环保成本。

与酵母发酵乙醇相比，丁醇发酵的优势在于不仅能够利用葡萄糖，还能利用半纤维素的降解产物木糖，这为秸秆替代传统的淀粉发酵丁醇提供了可能，也为秸秆中的半纤维素提供了一条有效的利用途径。秸秆等木质纤维素类资源是自然界中分布最为广泛、含量丰富的可再生资源，仅我国每年的秸秆产量约达 7 亿 t。将秸秆等木质纤维素资源用于发酵工业，不仅将缓解粮食供应不足的现象，同时还将低了因秸秆焚烧带来的环境污染问题，实现秸秆的高值化利用。

虽然木质纤维素被认为是最有发展潜力的发酵基质，但在木质纤维原料转化生产丁醇的过程中，同样也面临着许多问题。就目前的状况，梭菌作为主要工业菌株还是不能有效地水解木质纤维素。因此，必须对木质纤维素原料进行预处理，将纤维素和半纤维素有效地水解为单糖然后才能被梭菌利用发酵生产丁醇。同时，木质纤维素在预处理阶段会产生许多复杂产物也会对丙酮丁醇的发酵产生抑制作用。更重要的是，在木质纤维素的利用过程中，人们往往采用单一技术，只重视其中一种组分的利用，忽略了其他组分的利用，造成了原料的浪费和环境污染，这也是整个生物质产业经济迟迟不能与石化行业相竞争的主要原因。

6.9.4 秸秆发酵生物丁醇新技术及其产业化示范工程的提出与研发过程

丁醇发酵曾是仅次于乙醇发酵的世界第二大发酵工业，20 世纪五六十年代由于受到石油工业的严重冲击而逐渐衰退。但随着石化资源的耗竭和温室效应等环境问题的日益突出，使丁醇发酵重新受到了人们的重视。但至今在世界上，纤维素原料发酵生物丁醇的技术经济仍未过关。国内外所采用的工艺主要是通过预处理降解纤维素为葡萄糖，然后利用葡萄糖发酵丁醇。这一过程仍然存在着纤维素原料难于全利用、易污染、生产成本高等问题。

秸秆等木质纤维素原料的主要成分是纤维素、半纤维素和木质素，其中的木质素本身就是一种用途广泛的化工原料，而纤维素和半纤维素可直接转换生产出糠醛、有机酸等化工产品以及造纸原料，经过水解的纤维素和半纤维素可转换成为葡萄糖、木糖等可发酵糖，生产各类生物基产品。然而，在木质纤维素的利用过程中，人们往往采用单一技术或者只重视其中一种组分的利用，忽略了其他组分的利用，造成了原料的浪费和环境污染。另外，在秸秆等木质纤维原料生物转化燃料方面，缺乏关键过程的技术突破，缺乏关键技术和过程的集成优化与系统耦合，这也是整个生物质产业经济迟迟不能与石化行业相竞争的重要原因。

中国科学院过程工程研究所生化工程国家重点实验室从 1986 年开始就将纤维素生物转化确定为重点研究方向，在秸秆组分分离及其生物量全利用和高值化方面奠定了雄厚的基础，成为国内外著名的具有大规模秸秆生物量高值化全利用综合技术体系的单位。本项目得到了国家 973 计划项目（秸秆资源生态高值化关键过程的基础研究 2004CB719700）、中国科学院重要方向性项目（纤维素乙醇产业化关键技术研究及示范 KGCXZ-YW-328）和中国科学院知识创新工程重大项目（木质纤维素预处理技术研究 KSCX1-YW-11A1）等的研究资助。针对秸秆纤维素酶解发酵过程中存在的纤维素酶制剂费用高、酶解效率低、纤维素难以降解等问题，选用秸秆半纤维素水解物直接发酵丁醇，使秸秆中的木质素和纤维素得到高值化综合利用的技术路线，形成了具有自主知识产权的秸秆半纤维素水解液发酵丁醇及秸秆木质素纤维素综合利用的关键技术。

6.9.5　秸秆半纤维素水解液发酵丁醇及木质素纤维素产业化炼制取得的主要创新性成果

陈洪章等针对秸秆转化丁醇过程中存在的酶解费用高、酶解效率低、纤维素难以降解等问题，选用秸秆半纤维素水解物直接发酵丙酮丁醇，而使秸秆中的木质素和纤维素得到高值化综合利用的技术路线。2009 年，在秸秆酸水解木糖发酵燃料丁醇关键技术已经取得突破，在吉林松原吉安生化丁醇有限公司建立了年产 600t 秸秆半纤维素水解液发酵燃料丁醇产业化示范工程，并组建出与其技术体系相配套的自主加工的工业化装置系统，为秸秆发酵燃料丁醇工业化生产提供了一条新的生产技术路线，为国内外首创。秸秆酸水解木糖发酵乙醇示范工程包括螺旋脱水机，$5m^3$ 高蛋白饲料固态发酵系统和 $10m^3$ 丁醇发酵罐，差压蒸馏塔，电渗析和离子交换柱等主要设备，以及配套设备等建设，完成了单机试车和工业装置试验。为秸秆半纤维素水解液发酵 5 万 t 级丁醇工业生产提供了工业规模放大参数。

在此基础上，2010 年 9 月“30 万 t/年秸秆炼制工业产业化生产线”在吉林省松原来禾化学有限公司正式建成并试运行，投产试车成功。“30 万 t/年秸秆炼制工业产业化生产线”（图 6.22～图 6.25）是利用玉米秸秆半纤维素发酵生产丁醇、丙酮、乙醇，而长纤维素造纸，短纤维素及木质素生产聚醚、酚醛树脂等产品的秸秆全生物量分层多级循环高值利用路线。该路线所生产的多种生物基产品

图 6.22　秸秆前处理设备

图 6.23　400m^3 丁醇发酵罐

图 6.24　污水沼气发酵罐

图 6.25　溶剂蒸馏塔

可应用于能源、塑料、材料、化工等行业，为秸秆资源高值化提供了新的途径。2009 年 9 月该公司开工建设的“30 万 t/年秸秆炼制工业产业化生产线”，设计能力为年产丁醇、丙酮、乙醇 5 万 t，高纯度木质素 3 万 t，纤维素 12 万 t。进一步利用该生产线所生产的木质素和纤维素为原料，年产 5 万 t 生物聚醚多元醇和 2 万 t 酚醛树脂胶的生产线也即将建成投产。“30 万 t/年秸秆炼制工业产业化生产线”项目投产后每年可实现销售收入 12 亿元，利润约 1 亿元。“30 万 t/年秸秆炼制工业产业化生产线”成功投产标志着突破了秸秆发酵丁醇及其综合利用多项技术难题，实现工业性技术验证，所使用的技术拥有完全的自主知识产权，是国内乃至国际上第一条低成本、高值化、规模化秸秆原料生物炼制组分全利用生产线。

1. 半纤维素水解液发酵丁醇及其多联产规模化生产线及配套装置

秸秆中的主要成分为纤维素、半纤维素和木质素，前两者可以降解为单糖用于发酵生产丁醇。但是纤维素的降解条件较为苛刻，需要消耗的大量纤维素酶才能使其有效降解，这样用秸秆中的己糖来生产丁醇就面临高成本的压力。而秸秆中的半纤维素较容易降解，使用稀酸处理的方法可以将半纤维素几乎全部降解为单糖。同时，用丙酮丁醇梭菌来发酵丙酮、丁醇和乙醇的时候即使用淀粉也只能达到 2%左右的浓度，而这样的浓度用来源于秸秆的五碳糖来发酵也足以支持。秸秆在提取戊糖之后，剩余物在经过适当的处理之后可以用于造纸和饲料，这也可以使秸秆这种原料得到充分完全的利用。基于上述考虑，我们提出了新的秸秆丁醇工艺路线，研发了一整套秸秆半纤维素水解液发酵丁醇及其多联产规模化生产线，并设计了相配套的装置实现。

所设计的用于秸秆半纤维素水解液发酵丁醇的装置系统及操作方法包括以下主要设备：秸秆粉碎机、洗涤罐、汽爆罐、水解罐、压榨脱水机、板框压滤机、离子交换柱、丁醇发酵罐、蒸馏塔、固态发酵罐。利用这套设备可以将秸秆中的半纤维素全部降解为以木糖为主的五碳糖，木糖通过丙酮丁醇梭菌发酵得到丁醇等总溶剂，经蒸馏后可得到生物丁醇。而秸秆中的半纤维素被利用后所得到的富含纤维素和木质素的固形物，可以用作造纸或提取木质素后作饲料。

所提出的装置系统为丁醇生产的新路线提供了实施基础，以易于降解的半纤维素作为丁醇发酵的原料，而不易降解的纤维素用作造纸或饲料，为丁醇生产提供了一条高效的生产工艺路线，不仅降低了丁醇的生产成本，实现了秸秆的全生物量利用，联产丁醇、丙酮、乙醇、糠醛、饲料，体现了秸秆丁醇发酵的“零成本”；而且整个过程中不产生废弃物和污染，实现了秸秆生态高值转化。

2. 秸秆半纤维素水解液发酵丁醇廉价培养基的制备及其菌种选育

由于木质纤维原料，尤其是农作物秸秆组成不均一性，使其水解产生的水解液组成也非常复杂。针对现有丙酮丁醇梭菌发酵五碳糖利用率低、发酵时间长，木糖的利用滞后等问题，以五碳糖溶液为培养基筛选产丁醇菌株，以农作物秸秆酸水解液与玉米粉水溶液按照不同比例配制的混合溶液作为产五碳糖菌株驯化培养基，驯化后的菌株结合诱变处理，获得高效利用五碳糖发酵丁醇的菌种；建立了以秸秆稀酸水解液得到的五碳糖替代传统粮食作为主要碳源，并辅以玉米浸液和淀粉乳作为营养物质替代化学合成培养基，调配营养均衡丙酮丁醇发酵培养基的方法；降低了丁醇发酵的原料成本，有助于缓解我国粮食供应不足以及环境污染的问题，具有良好的经济效益。所采用的营养均衡丙酮丁醇发酵培养基，可以使得丙酮丁醇梭菌总溶剂产量为 1.8%～2.3%，达到工业化发酵生产的要求。

3. 秸秆半纤维素提取剩余物中木质素、纤维素高值化转化新工艺体系

秸秆半纤维素提取五碳糖后，在碱萃取罐中进行高温碱蒸煮处理，得到的萃取液经超滤膜过滤，透过的流体进行碱液回收，截留的流体经中和后离心，得到的固形物干燥后即得高纯度木质素，碱处理后的萃取渣，由于大部分半纤维素被除去，纤维的长度减小，经碱处理后的萃取渣是比较纯净的短纤维，纤维变短后容易降解，适合用于发酵饲料，而且经好氧、厌氧发酵后，饲料易消化吸收，口感好，蛋白质含量高，提高了产品附加值；另外，萃取渣中的纤维素由于脱除了木质素和半纤维素，可以得到高性能的结晶纤维素，从而实现了秸秆高附加值的综合利用，并且没有污染物排放，实现了清洁生产，具有良好的社会意义与经济效益。

4. 丁醇发酵蒸馏废水清洁利用方法

一方面，丁醇发酵蒸馏后的废水中含有丰富的营养物质；另一方面，这些蒸馏废水当达到一定浓度时，黏度较高，如果继续蒸馏不仅造成蒸馏能耗和成本较高，而且这部分废水的排放也会造成严重的环境和生态污染。利用汽爆秸秆或秸秆半纤维素提取渣与发酵蒸馏废水进行混合固态发酵制备蛋白饲料，不仅解决了秸秆稀酸水解五碳糖丁醇或乙醇发酵的废水排放问题，同时变废为宝，满足了我国饲料的大量需求。

通过我们的研究发现，汽爆秸秆或秸秆半纤维素提取渣与一定体积丁醇发酵废水混合，使水分含量为70%～80%，灭菌后接入斜卧青霉和白腐菌，好氧固态发酵4～6天后，接入热带假丝酵母和植物乳杆菌，厌氧发酵2～3天，干燥便得到蛋白饲料。此方法制备的蛋白饲料产品，其蛋白质含量为22%～27%，粗纤维降解率为63%～68%。

参考文献

[1] 陈洪章，邱卫华，邢新会，等．面向新一代生物及化工产业的生物质原料炼制关键过程[J]．中国基础科学，2009，11（5）：32-37.

[2] 陈洪章．纤维素生物技术[M]．第二版．北京：化学工业出版社，2010.

[3] 资源环境学科信息门户．国家科学数字图书馆．Http：// Icgr. Caas. Net. Cn/Cgris. Html．[2011-03-04]

[4] 蒋剑春，应浩，孙云娟．德国、瑞典林业生物质能源产业发展现状[J]．生物质化学工程，2006，40（5）：31-36.

[5] 陈洪章．秸秆资源生态高值化理论与应用[M]．北京：化学工业出版社，2006.

[6] 杨淑蕙．植物纤维化学[M]．北京：中国轻工业出版社，2001：2-69.

[7] Zugenmaier P. Conformation and packing of various crystalline cellulose fibers [J]. Progress in Polymer Science，2001，26 (9)：1341-1417.

[8] 詹怀宇. 纤维化学与物理 [M]. 北京：科学出版社，2005：2-50.

[9] 高洁，汤烈贵. 纤维素科学 [M]. 北京：科学出版社，1996：2-39.

[10] 姚汝华. 微生物工程工艺原理 [M]. 广州：华南理工大学出版社，2007：2-35.

[11] E Harris E. Wood Saccharification [J]. New York：Academic Press，1949，4：153-158.

[12] Broder J D Barrier J W，Lightsey G R. St. Joseph：conversion of cotton trash and other residues to liquid fuel [J]. Liquid Fuels from Renewable Resources，1992：189-200.

[13] Church J A，Wooldridge D. Continuous high-solids acid hydrolysis of biomass in a 1 1/2-in plug flow reactor [J]. Industrial & Engineering Chemistry Product Research and Development，1981，20 (2)：371-378.

[14] Thompson D R，Grethlein H E. Design and evaluation of a plug flow reactor for acid hydrolysis of cellulose [J]. Industrial & Engineering Chemistry Product Research and Development，1979，18 (3)：166-169.

[15] 张盆，胡惠仁，石淑兰. 半纤维素的应用 [J]. 天津造纸，2006，28 (2)：16-18.

[16] 尹增芳，樊汝汶. 植物细胞壁的研究进展 [J]. 植物研究，1999，19 (4)：407-414.

[17] 许凤，孙润仓，詹怀宇. 非木材半纤维素研究的新进展 [J]. 中国造纸学报，2003，18 (1)：145-151.

[18] 陈洪章，刘健. 半纤维素蒸汽爆破水解物抽提及其发酵生产间接细胞蛋白工艺 [J]. 化工冶金，1999，20 (4)：428-431.

[19] Martinez A，Rodriguez M E，Wells M L，et al. Detoxification of dilute acid hydrolysates of lignocellulose with lime [J]. Biotechnology Progress，2001，17 (2)：287-293.

[20] 丁兴红，夏黎明，薛培俭. 半纤维素水解液发酵木糖醇的关键因子 [J]. 浙江大学学报（工学版），2007，41 (4)：683-687.

[21] 张宇昊，王颉，张伟，等. 半纤维素发酵生产燃料乙醇的研究进展 [J]. 酿酒科技，2004，(5)：72-74.

[22] Nakano K，Katsu R，Tada K，et al. Production of highly concentrated xylitol by *Candida magnoliae* under a microaerobic condition maintained by simple fuzzy control [J]. Journal of Bioscience and Bioengineering，2000，89 (4)：372-376.

[23] 乔小青，陈洪章，马润宇. 汽爆玉米秸秆水提液制备糠醛的研究 [J]. 北京化工大学学报（自然科学版），2009，36（增刊）：87-91.

[24] 庄新姝，王树荣，袁振宏，等. 纤维素超低酸水解产物的分析 [J]. 农业工程学报，2007，23 (2)：177-182.

[25] 陈洪章. 生物基产品过程工程 [M]. 北京：化学工业出版社，2010：2-35.

[26] 王旭，苏桂峰. 假丝酵母发酵玉米芯半纤维素水解液生产木糖醇 [J]. 中国酿造，2009，(6)：42-45.

[27] 杨斌，吕燕萍. 分解蔗渣的研究：Ⅱ. 特异青霉 YB－7 纤维素酶的性质研究 [J]. 华

中农业大学学报，1997，16（5）：361-366.

［28］ 杨森，丁文勇，陈洪章. 膜生物反应器在汽爆稻草秸秆酶解中应用研究［J］. 环境科学，2005，26（5）：161-163.

［29］ Almeida J R M，Modig T，Petersson A，et al. Increased tolerance and conversion of inhibitors in lignocellulosic hydrolysates by *Saccharomyces cerevisiae* ［J］. Journal of Chemical Technology Biotechnology，2007，82（4）：340-349.

［30］ Palmqvist E，Hahn-H Gerdal B. Fermentation of lignocellulosic hydrolysates II：inhibitors and mechanisms of inhibition ［J］. Bioresource Technology，2000，74（1）：25-33.

［31］ 方祥年，黄炜，夏黎明. 半纤维素水解液中抑制物对发酵生产木糖醇的影响［J］. 浙江大学学报（工学版），2005，39（4）：547-551.

［32］ 刘宁，李霜，严立石，等. 半纤维素水解液中抑制物对少根根霉发酵产富马酸的影响［J］. 现代化工，2008，（S2）：271-274.

［33］ 刘玉环，郑丹丹，蒋启海，等. 竹屑及其主要组分低温热解和酸水解蒸馏产物分析［J］. 林业科学，42（9）：95-101.

［34］ 李文. HPLC法测定牛乳中5-羟甲基糠醛的含量［J］. 食品信息与技术，2004，（11）：58.

［35］ 常春，马晓建，岑沛霖. 分光光度法测定纤维素水解液中5-羟甲基糠醛和糠醛［J］. 理化检验：化学分册，2008，44（3）：223-225.

［36］ 张翠，柴欣生，罗小林，等. 紫外光谱法快速测定生物质提取液中的糠醛和羟甲基糠醛［J］. 光谱学与光谱分析，2010，（1）：247-250.

［37］ 王艳辉，张扬，朱景利，等. 植物纤维素水解液脱除酚类化合物的研究［J］. 北京化工大学学报，2006，33（2）：37.

［38］ Rbitz W K. Biodiesel production in Europe and North America，an encouraging prospect ［J］. Renewable Energy，1999，16（1-4）：1078-1083.

［39］ Mosier N S，Sarikaya A，Ladisch C M，et al. Characterization of dicarboxylic acids for cellulose hydrolysis ［J］. Biotechnology progress，2001，17（3）：474-480.

［40］ 张桂，李俊英. 薄层层析法测定纤维素材料水解液中混合糖的研究［J］. 理化检验：化学分册，2002，38（2）：81，82.

［41］ Mohagheghi A，Ruth M，Schell D J. Conditioning hemicellulose hydrolysates for fermentation：effects of overliming pH on sugar and ethanol yields ［J］. Process Biochemistry，2006，41（8）：1806-1811.

［42］ Nsson L J，Palmqvist E，Nilvebrant N O，et al. Detoxification of wood hydrolysates with laccase and peroxidase from the white-rot fungus *Trametes versicolor* ［J］. Applied Microbiology and Biotechnology，1998，49（6）：691-697.

［43］ Palmqvist E，Hahn-H Gerdal B，Szengyel Z，et al. Simultaneous detoxification and enzyme production of hemicellulose hydrolysates obtained after steam pretreatment ［J］. Enzyme and Microbial Technology，1997，20（4）：286-293.

［44］ Palmqvist E，Hahn-H Gerdal B，Galbe M，et al. The effect of water-soluble inhibitors from steam-pretreated willow on enzymatic hydrolysis and ethanol fermentation [J]. Enzyme and Microbial Technology, 1996, 19 (6): 470-476.

[45] Wilson J J, Deschatelets L, Nishikawa N K. Comparative fermentability of enzymatic and acid hydrolysates of steam-pretreated aspenwood hemicellulose by *Pichia stipitis* CBS 5776 [J]. Applied Microbiology and Biotechnology, 1989, 31 (5): 592-596.

[46] Grzenia D L, Schell D J, Wickramasinghe S R. Membrane extraction for removal of acetic acid from biomass hydrolysates [J]. Journal of Membrane Science, 2008, 322 (1): 189-195.

[47] Clark T A, Mackie K L. Fermentation inhibitors in wood hydrolysates derived from the softwood *Pinus radiata* [J]. Journal of Chemical Technology and Biotechnology Biotechnology, 1984, 34 (2): 101-110.

[48] Weil J R, Dien B, Bothast R, et al. Removal of fermentation inhibitors formed during pretreatment of biomass by polymeric adsorbents [J]. Industrial & Engineering Chemistry Research, 2002, 41 (24): 6132-6138.

[49] Villarreal M L M, Prata A M R, Felipe M G A, et al. Detoxification procedures of eucalyptus hemicellulose hydrolysate for xylitol production by *Candida guilliermondii* [J]. Enzyme and Microbial Technology, 2006, 40 (1): 17-24.

[50] van Zyl C, Prior B A, du Preez J C. Production of ethanol from sugar cane bagasse hemicellulose hydrolyzate by *Pichia stipitis* [J]. Applied Biochemistry and Biotechnology, 1988, 17 (1): 357-369.

[51] Larsson S, Reimann A, Nilvebrant N O, et al. Comparison of different methods for the detoxification of lignocellulose hydrolyzates of spruce [J]. Applied Biochemistry and Biotechnology, 1999, 77 (1): 91-103.

[52] Olsson L, Hahn-hagerdal G Zacchi Gerdal B, Zacchi G. Kinetics of ethanol production by recombinant *Escherichia coli* K011 [J]. Biotechnology and Bioengineering, 1995, 45 (4): 356-365.

[53] Palmqvist E, Grage H, Meinander N Q, et al. Main and interaction effects of acetic acid, furfural, and phydroxybenzoic hydroxybenzoic acid on growth and ethanol productivity of yeasts [J]. Biotechnology and Bioengineering, 1999, 63 (1): 46-55.

[54] 薛珺，蒲欢，孙春宝. 纤维素稀酸水解产物中发酵抑制物的去除方法 [J]. 纤维素科学与技术，2004，12 (3)：48-53.

[55] Cho D H, Lee Y J, Um Y, et al. Detoxification of model phenolic compounds in lignocellulosic hydrolysates with peroxidase for butanol production from *Clostridium beijerinckii* [J]. Applied Microbiology and Biotechnology, 2009, 83 (6): 1035-1043.

[56] Ezeji T, Qureshi N, Blaschek H P. Butanol production from agricultural residues: Impact of degradation products on *Clostridium beijerinckii* growth and butanol fermentation [J]. Biotechnology and Bioengineering, 2007, 97 (6): 1460-1469.

[57] Mussatto S I, Roberto I C. Alternatives for detoxification of diluted-acid lignocellulosic

hydrolyzates for use in fermentative processes：A review [J]. Bioresource Technology，2004，93 (1)：1-10.

[58] Liu S，Qureshi N. How microbes tolerate ethanol and butanol [J]. New Biotechnology，2009，26 (3-4)：117-121.

[59] Ezeji T C，Qureshi N，Blaschek H P. Butanol fermentation research：Upstream and downstream manipulations [J]. The Chemical Record，2004，4 (5)：305-314.

[60] Li H Q，Chen H Z. Detoxification of steam-exploded corn straw produced by an industrial-scale reactor [J]. Process Biochemistry，2008，43 (12)：1447-1451.

[61] Fond O，Matta-Ammouri G，Petitdemange H，et al. The role of acids on the production of acetone and butanol by *Clostridium acetobutylicum* [J]. Applied Microbiology and Biotechnology，1985，22 (3)：195-200.

[62] Fond O，Engasser J M，Matta-Amouri Amouri G，et al. The acetone butanol fermentation on glucose and xylose I regulation and kinetics in batch cultures [J]. Biotechnology and Bioengineering，1986，28 (2)：160-166.

[63] Mes-Hartree M，Saddler J. Butanol production of *Clostridium acetobutylicum* grown on sugars found in hemicellulose hydrolysates [J]. Biotechnology Letters，1982，4 (4)：247-252.

[64] Mussatto S I，Roberto I C. Optimal experimental condition for hemicellulosic hydrolyzate treatment with activated charcoal for xylitol production [J]. Biotechnology Progress，2004，20 (1)：134-139.

[65] Chen H Z，Han Y J，Xu J. Simultaneous saccharification and fermentation of steam exploded wheat straw pretreated with alkaline peroxide [J]. Process Biochemistry，2008，43 (12)：1462-1466.

[66] Cara C，Ruiz E，Ballesteros I，et al. Enhanced enzymatic hydrolysis of olive tree wood by steam explosion and alkaline peroxide delignification [J]. Process Biochemistry，2006，41 (2)：423-429.

[67] Toledano A，Garcia A，Mondragon I，et al. Lignin separation and fractionation by ultrafiltration [J]. Separation and Purification Technology，2010，71 (1)：38-43.

[68] Gauss W F M，Suzuki S，Takagi. Manufacture of alcohol from cellulosic material using plural ferments：USA Patent，3990944 [P]. 1976.

[69] 陈洪章，李佐虎，陈继贞. 汽爆纤维素固态同步糖化发酵乙醇 [J]. 无锡轻工业大学学报，1999，18 (5)：78-81.

[70] 杨森，丁文勇，陈洪章. 膜生物反应器在汽爆稻草秸秆酶解中的应用研究 [J]. 环境科学，2005，26 (5)：161-163.

[71] 徐丽丽，沈煜，鲍晓明. 酿酒酵母纤维素乙醇统合加工（CBP）的策略及研究进展 [J]. 生物工程学报，2010，26 (7)：870-879.

[72] 陈洪章，李佐虎. 固态发酵新技术及其反应器的研制 [J]. 化工进展，2002，21 (1)：37-39.

[73] 李宏强，陈洪章. 固态发酵的参数周期变化及对微生物发酵的影响［J］. 生物工程学报，2005，21（3）：440-445.

[74] 陈洪章，徐建. 现代固态发酵原理及应用［M］. 北京：化学工业出版社，2004：2-5.

[75] 陈洪章，宋俊萍. 一种利用甜高粱秸秆固态发酵制备酒精的设备和方法：中国. 200610112613. X［P］. 2008-02-27.

[76] 陈洪章，丁文勇，代树华，等. 连续固态发酵与产物气提热泵耦合分离的方法及设备：中国. 200810134423. 7［P］. 2010-01-27.

[77] Zhang Z，Chen H. Fermentation performance and structure characteristics of xanthan produced by *Xanthomonas campestris* with a glucose/xylose mixture［J］. Applied Biochemistry and Biotechnology，2010，160（6）：1653-1663.

[78] 吴慧清，黄小茉. 丹宁-聚乙二醇法提取纤维素酶的研究［J］. 食品与发酵工业，2001，27（8）：41-44.

[79] 张冬艳，张瑞兰. 液体深层发酵饲料用纤维素酶的分离及酶化粗饲料［J］. 内蒙古工业大学学报（自然科学版），2002，21（2）：94-97.

[80] Amritkar N，Kamat M，Lali A. Expanded bed affinity purification of bacterial α-amylase and cellulase on composite substrate analogue-cellulose matrices［J］. Process Biochemistry，2004，39（5）：565-570.

[81] 陈俊. 双水相萃取技术分离纤维素酶和甘草酸应用研究［D］. 广西大学，2002.

[82] Ni Y，Sun Z. Recent progress on industrial fermentative production of acetone butanol by *Clostridium acetobutylicum* in China［J］. Applied Microbiology and Biotechnology，2009，83（3）：415-423.

[83] Annous B A，Blaschek H P. Isolation and characterization of *Clostridium acetobutylicum* mutants with enhanced amylolytic activity［J］. Applied and Environmental Microbiology，1991，57（9）：2544.

[84] Formanek J，Mackie R，Blaschek H P. Enhanced butanol production by *Clostridium beijerinckii* BA101 grown in semidefined P2 medium containing 6 percent maltodextrin or glucose［J］. Applied and Environmental Microbiology，1997，63（6）：2306.

[85] Chen C K，Blaschek Hp. Acetate enhances solvent production and prevents degeneration in *Clostridium beijerinckii* BA101［J］. Applied Microbiology and Biotechnology，1999，52（2）：170-173.

[86] Qureshi N，Blaschek H. Butanol recovery from model solution/fermentation broth by pervaporation：evaluation of membrane performance［J］. Biomass and Bioenergy，1999，17（2）：175-184.

[87] Qureshi N，Meagher Mm，Huang J，et al. Acetone butanol ethanol（ABE）recovery by pervaporation using silicalite-silicone composite membrane from fed-batch reactor of *Clostridium acetobutylicum*［J］. Journal of Membrane Science，2001，187（1-2）：93-102.

[88] Qureshi N，Blaschek H. Evaluation of recent advances in butanol fermentation，up-

stream, and downstream processing [J]. Bioprocess and Biosystems Engineering, 2001, 24 (4): 219-226.

[89] 张益棻，陈军，杨蕴刘，等. 高丁醇比丙酮丁醇梭菌的选育与应用 [J]. 工业微生物，1996，3 (4): 1-6.

[90] Nair R V, Papoutsakis E T. Expression of plasmid-encoded aad in *Clostridium acetobutylicum* M5 restores vigorous butanol production [J]. Journal of Bacteriology, 1994, 176 (18): 5843.

[91] Mitchell W J. Physiology of carbohydrate to solvent conversion by clostridia [J]. Advances in Microbial Physiology, 1997, 39: 31-130.

[92] Sabath F. Characterization of the cellulolytic complex (cellulosome) of *Clostridium acetobutylicum* [J]. FEMS Microbiology Letters, 2002, 217 (1): 15-22.

[93] 李冬敏，陈洪章. 汽爆秸秆膜循环酶解耦合丙酮丁醇发酵 [J]. 过程工程学报，2007，7 (6): 1212-1216.

[94] Wang L, Chen H Z. Increased fermentability of enzymatically hydrolyzed steam-exploded corn stover for butanol production by removal of fermentation inhibitors [J]. Process Biochemistry, 2011, 46: 604-607.

[95] Yu E, Deschatelets L, Saddler J. The bioconversion of wood hydrolyzates to butanol and butanediol [J]. Biotechnology Letters, 1984, 6 (5): 327-332.

[96] Marchal R, Rebeller M, Vandecasteele J. Direct bioconversion of alkali-pretreated straw using simultanesous enzymatic hydrolysis and acetone-butanol fermentation [J]. Biotechnology Letters, 1984, 6 (8): 523-528.

[97] Qureshi N, Saha B C, Cotta M A. Butanol production from wheat straw hydrolysate using *Clostridium beijerinckii* [J]. Bioprocess and Biosystems Engineering, 2007, 30 (6): 419-427.

[98] 靳孝庆，王桂兰，何冰芳. 丙酮丁醇发酵的研究进展及其高产策略 [J]. 化工进展，2007，26 (12): 1727.

第 7 章　废水与有机废弃物原料的发酵工业炼制模式

随着我国工业化、城镇化进程的加快，废水、污泥以及城市有机垃圾的数量不断增大，成为世界各国需要共同面对的一个问题。废水、污泥以及城市有机垃圾等废弃物也称“放错了地方的资源”，是受技术与人类认识水平的限制，尚未能加以利用的物质和能量。发展废水、污泥以及城市有机垃圾再生利用，推进其资源化，是实现有限资源的合理利用、缓解资源紧张的必然选择，也是解决环境污染、保证民众健康的重要进程[1~3]。

7.1　废水、污泥与垃圾资源的分布与成分

本章涉及的废水主要指工业生产废水和生产污水，是指工业生产过程中产生的废水和废液，其中含有随水流失的工业生产用料、中间产物、副产品以及生产过程中产生的污染物。

有机废弃物确切地讲是生物可降解的废弃物[4]，其含水率在 85%～90%以下，主要包含城市固体废弃物（municipal solid waste，MSW）和城市污水处理厂污泥（municipal sewage sludge，MSS）。

污泥是在水和污水处理过程中所产生的固体沉淀物质，其一种由有机残片、细菌菌体、无机颗粒、胶体等组成的极其复杂的非均质体。污泥的主要特性是含水率高（可高达 99%以上），有机物含量高，容易腐化发臭，并且颗粒较细，密度较小，呈胶状液态。污泥是介于液体和固体之间的浓稠物，可以用泵运输，但它很难通过沉降进行固液分离。而城市生活垃圾就是城市人口在日常生活中产生或为城市日常生活提供服务产生的综合性的固态废弃物，包括居民家庭生活中产生的垃圾以及街道清扫物，机关、团体、商业、服务业等单位产生的，由当地环境卫生管理部门清运的垃圾，以及建筑残土、砖瓦陶石、炉灰等废物，但是不包括工业固体废物和危险废物，下面将分别介绍其资源分布与成分。

7.1.1　废水资源

随着工业、农业和畜牧业的大力发展和人民生活水平的不断提高，废水排放量的不断增加成为我国环境污染的一个主要问题，严重危害人类的日常生活环境，已成为全球性的问题。

2010 年，全国废水排放总量为 617.3 亿 t，比上年增加 4.7%（表 7.1 为根

据我国环境保护部资料统计的全国废水和主要污染物排放量年际变化)。我国本来就是一个缺水国家,全国有 400 多个城市常年供水不足,110 个城市严重缺水,由此每年影响工业产值 2000 多亿元。表 7.2 显示了我国主要城市的工业废水排放情况。日趋严重的水污染不仅降低了水体的使用功能,而且加剧了水资源短缺的矛盾,对我国正在实施的可持续发展战略带来了严重的负面影响。

表 7.1 全国废水和主要污染物排放量年际变化 (单位:亿 t)

年度	废水排放量			化学需氧量排放量			氨氮排放量		
	合计	工业	生活	合计	工业	生活	合计	工业	生活
2006	536.8	240.2	296.6	1428.2	541.5	886.7	141.3	42.5	98.8
2007	556.8	246.6	310.2	1381.9	511.1	870.8	132.4	34.1	98.3
2008	572.0	241.9	330.1	1320.7	457.6	863.1	127.0	29.7	97.3
2009	589.2	234.4	354.8	1277.5	439.7	837.8	122.6	27.3	95.3
2010	617.4	237.6	379.8	1238.1	434.8	803.3	120.3	27.3	93.0

表 7.2 主要城市工业废水排放情况 (2009 年)[5] (农业部农业统计年鉴整理)

城市	工业废水排放量/(万 t)	工业废水排放达标量/(万 t)	工业废水中化学需氧量排放量/t	工业废水中氨氮排放量/t
北京	8713	8574	4898.1	452.8
天津	19441	19440	23469.4	2915.5
石家庄	19045	18992	49738.4	4068.5
太原	2483	2417	4920.0	353.8
呼和浩特	2374	2373	2474.1	236.3
沈阳	6259	5722	7947.0	1086.4
长春	5489	5133	25947.0	468.5
哈尔滨	3539	3446	13865.1	510.9
上海	41192	40687	29030.6	1982.8
南京	36339	33698	26702.5	1099.0
杭州	79959	76925	86449.3	2364.4
合肥	2036	1961	1380.7	80.1
福州	4288	3860	3980.1	550.3
南昌	10238	9554	21000.0	1085.5
济南	5014	4954	7004.6	319.9
郑州	11240	11155	9353.7	233.1
武汉	22532	22334	21808.1	1225.9
长沙	3726	3354	4920.9	228.7
广州	26023	25116	23425.3	935.8

续表

城　市	工业废水排放量/(万 t)	工业废水排放达标量/(万 t)	工业废水中化学需氧量排放量/t	工业废水中氨氮排放量/t
南宁	12347	11291	71981.7	1341.5
海口	475	475	328.6	8.7
重庆	65684	61925	100290.3	7251.4
成都	24554	24487	41504.0	5755.5
贵阳	2356	2292	1791.0	97.0
昆明	4256	4249	3276.3	209.8
拉萨	986	210	489.9	2.7
西安	14203	13281	40823.5	2230.2
兰州	2945	2905	1834.6	134.9
西宁	4387	3828	15990.1	970.8
银川	4987	4946	12552.6	1227.7
乌鲁木齐	5968	5251	8667.5	1668.5

废水包括生活污水和工业废水。根据我国 2003 年 5 月 1 日颁布实施的《城市污水再生利用分类》（GB/18918—2002）国家标准，废水共分为 5 类，即农、林、牧、渔用水，城市杂用水，工业用水，环境用水以及补充水源水，其详细分类及用途如表 7.3 所示。

表 7.3　城市污水再生利用分类（GB/18918—2002）

序　号	类　别	分　类	用　途
1	农、林、牧、渔用水	农田灌溉	种子育种、粮食与饲料作物、经济作物
		造林育苗	种子、苗水、苗圃、观赏植物
		畜牧养殖	畜牧、家禽、家畜
		水产养殖	淡水养殖
2	城市杂用水	城市绿化	公共绿地、住宅小区绿化
		冲厕	厕所便器冲洗
		道路清扫	城市道路的冲洗及喷洒
		车辆冲洗	各种车辆冲洗
		建筑施工	施工场地清扫、浇洒、混凝土制备
		消防	消火栓、消防水炮
3	工业用水	冷却用水	直滚式、循环式
		洗涤用水	冲渣、冲灰、消烟除尘
		锅炉用水	中压、低压锅炉
		工艺用水	溶料、水浴、蒸煮、水力开采、水力输送、增湿、稀释、搅拌、选矿、油田回注
		产品用水	浆料、化工制剂、涂料

续表

序 号	类 别	分 类	用 途
4	环境用水	娱乐性景观环境用水	娱乐性景观道、湖泊、水景
		观赏性景观环境用水	观赏性景观道、湖泊、水景
		湿地环境用水	恢复自然湿地、营造人工湿地
5	补充水源水	补充地下水	水源补给、防止海水入侵、防止地面沉降
		补充地表水	河流、湖泊

废水成分非常复杂，每一种废水都是多种杂质和若干项指标表征的综合体系。例如，发酵工业的乙醇废水、抗生素行业废水、黄姜皂素生产废水以及榨菜生产行业废水特点各不相同。

1）乙醇废水

乙醇废水是利用淀粉质原料发酵生产乙醇的过程中，发酵得到的醪液在蒸馏塔蒸出乙醇后排放的废水。该类废水一般具有以下特点[6~8]：①COD（化学需氧量）一般为80000～120000mg/L，BOD_5（生化需氧量）一般为40000～70000mg/L，可生化性较好；②硫酸根含量一般为5000～8000mg/L，有的甚至高达12000mg/L；③固形物高达10%～20%；④含大量有机质、蛋白质、维生素、N、P、K等；⑤pH3～5，腐蚀性强；⑥色度高达1000～1500倍。该类废水排入水体中，会大量消耗水体的溶解氧，恶化水质，严重影响水体的利用价值。另外，每生产1t乙醇产生7～15t废水，全国乙醇年产量达数百万吨，产生的废水总量是相当可观的。

2）抗生素废水

从抗生素的生产工艺及使用原料中，我们可以看出，该类废水成分复杂，有机物浓度高，溶解性和胶体性固体浓度高，pH经常变化，温度较高，带有颜色与气味，悬浮物含量高，含有难降解物质和有抑菌性作用的抗生素，并且有生物毒性。其具体特征如下[9~12]：

（1）COD浓度高（5～80g/L）。其中主要为发酵残余基质及营养物、溶媒提取过程的萃余液，经溶媒回收后排出的蒸馏釜残液，离子交换过程排出的吸附废液，水中不溶性抗生素的发酵滤液，以及染菌倒罐废液等。这些成分浓度较高，如青霉素废水中COD浓度为15000～80000mg/L。

（2）废水中的悬浮物（SS）浓度高（0.5～25g/L）。其中主要为发酵的残余培养基质和发酵产生的微生物丝菌体，如青霉素中SS为5～23g/L，庆大霉素废水中SS为8g/L左右。

（3）存在难生物降解和有抑菌作用的抗生素类毒性物质。由于抗生素得率较低，仅为0.1%～3%（质量分数），且分离提取率仅60%～70%（质量分数），因此废水中残留抗生素含量较高，一般条件下十四环素残余浓度为100～1000mg/L，土霉素为500～1000mg/L。废水中青霉素、四环素、链霉素浓度低于 100mg/L 时不会影响好氧生物处理，但当浓度大于 100mg/L 时会抑制好氧活性污泥，降低处理效率。

（4）硫酸盐浓度高。例如，青霉素废水中排放约 5000mg/L 的硫酸盐，链霉素废水中硫酸盐含量为 3000mg/L 左右，最高可达 5500mg/L，土霉素为 2000mg/L 左右，庆大霉素为 4000mg/L。一般认为好氧条件下硫酸盐的存在对生物处理没有影响，但对厌氧生物处理有抑制作用。

（5）水质成分复杂。中间代谢产物、表面活性剂和提取分离中残留的高浓度酸、碱、有机溶剂等原料成分复杂，易引起 pH 波动，影响生物反应活性。

（6）水量小且间歇排放，冲击负荷较高。由于抗生素分批发酵生产，废水间歇排放，故而其废水成分和水力负荷随时间也有很大的变化，这种冲击给生物处理带来了极大的困难。

3）造纸废水

造纸废水流量大、污染严重、处理难。其主要特点如下[13～15]：①污染物浓度高。尤其是制浆生产线废水，含有大量的原料溶出物和化学添加剂，其 BOD 浓度甚至高达 10^4mg/L 以上。②难降解有机物成分多，可生化性差。木质素、纤维素类等物质采用活性污泥法难以降解，如有的纸厂处理过的废水 BOD 已降至 10mg/L 以下，但 COD 仍达 200mg/L 以上，色度还很高。③废水成分复杂，除原料溶出物外，有的还含有硫化物、油墨、絮凝剂等对生化处理不利的化学品。④废水流量和负荷波动幅度大，并伴有纤维、化学品溢泄。在有多条生产线的工厂这种现象更明显。

4）制药废水

在黄姜酸解生产工艺的水解工段[16]，除皂苷被水解转化成不溶性的皂素外，淀粉、纤维素在强酸作用下转化成葡萄糖、单糖、多糖等物质；单宁是螯合状的多羟基酚类物质，木质素是一类复杂的酚类聚合物，这些物质都是带有苯环的复杂芳香族化合物，它们是废水的主要有机污染源。该生产废水有机物、糖分浓度高，呈红褐色，同时在水解生产过程中因加入过量的盐酸或硫酸，酸解洗出废水的酸浓度高。黄姜废水洗酸头道液 COD_{Cr} 浓度高达 100000～1100000mg/L，综合废水 COD_{Cr} 浓度为 5000～20000mg/L，其中含有大量糖分，总糖质量分数为 8.2%～10.1%[17]。据统计，黄姜皂素生产中，每加工鲜黄姜 1t，可获得皂素约 7kg，同时产生生产废水 400～500m^3，污水中酸的含量为 60～100kg，有机物约 230kg，其中有机物中的糖含量高达 200kg，其单位产品的有机污染强度极高[18,19]。

5）榨菜高盐废水

榨菜废水作为高盐废水中的一种，若未经任何处理直接排放将会对生态环境造成很大的破坏[20]，因此务必引起高度重视。高含盐废水是指盐度（以 NaCl

计）质量分数大于 1.0%[21]或含有机物和至少 3.5%的总溶解固体物（total dissolved solid，TDS）的废水，其来源广泛、成分复杂，在这些废水中除了含有有机污染物外，还含有大量的无机盐，如 Cl^-、SO^{2-}、Na^+、Ca^{2+} 等[22]。高含盐废水主要包括含盐生活污水、含盐工业废水和食品腌制废水，如海水冲厕[23]、制革企业兽皮腌制加工废水、石油开采及精炼废水、肉食罐装、蔬菜腌制、乳制品生产、海产品加工等所产生的一系列废水[24]。

从上述的分析可以看出，水环境中的污染物可以分为两大类：有机污染物（碳水化合物、脂类、蛋白质等）和无机污染物（氨、硝酸盐、亚硝酸盐、磷等）。此外，污水中还有一些其他的无机物和难生物降解的有机物。

有机物污染主要是有机物在自然水体中的生物降解过程中消耗大量的溶解氧，当有机物浓度过高，自然水体中的溶解氧将被耗尽，导致水体中大量其他生物缺氧死亡而造成对生态的严重破坏。有机物通常可以用生化需氧量（BOD）来表征，除了 BOD，人们还经常使用化学需氧量（COD）来表征污水中有机物的含量，来判断水质的污染程度。

城市污水和许多工业污水中往往含有大量的含氮化合物，其主要成分包括氨氮（NH_4^+ 或 NH_3）、硝酸氮（NO_3^-）和有机氮等形式。亚硝酸氮（NO_2^-）是一种中间产物，容易被氧化为硝酸氮的形式，含氮化合物的数量通常用各自的浓度来表征。

污水再生利用是实施污水资源化的核心内容。一般用过一次的水，污染杂质只有 0.1%左右，经再生处理重复利用，可实现水在自然界中的良性循环。城镇供水的 80%转化为污水，经再生处理，其 70%可回用于工业冷却、园林绿化、汽车冲洗及居民生活杂用，估算相当于增加城市供水量的 50%。

现代污水处理技术，按其作用原理可分为物理法、化学法和生物法三类。

（1）物理法。利用物理作用分离污水中主要呈悬浮状态的污染物质，在处理过程中不改变其化学性质。属于物理法的处理技术主要有以下几种：沉淀（重力分离）、筛滤（截留）、气浮、离心与旋流分离、反渗透等。

（2）化学法。通过投加化学物质，利用化学反应作用来分离、回收污水中的污染物或使其转化为无害的物质。属于化学处理法的主要有以下几种：混凝法、中和法、氧化还原法、电解法、吸附法、离子交换法、化学沉淀法、电渗析法、汽提法、吹脱法和萃取法等。

（3）生物法。利用微生物的新陈代谢功能，使污水中呈溶解和胶体状态的有机物被降解并转化为无害的物质，使污水得以净化。生物法主要包括活性污泥法和生物膜法，其中活性污泥法应用最为广泛。

就城市污水而言，由于其有机物浓度低，而且水量大，物理或者化学法因成本高，污染处理不彻底，除了在特殊情况应用外，很难成为广泛应用的方法。而生物法由于其条件温和，处理成本低，最适合于有机污水的处理。当前国外最为普及的污水处理技术是以生物处理为核心单元进行治理，进一步要求出水水质更高的深度处理时，使用物化技术作为辅助。

城市污水资源化可以分为两个方面：一方面是将废水中的污染物去除，将水资源进行回用；另一方面是利用污水中的有机物，既利用了有机物又回收了水资源。

膜技术是污水再生回用的关键技术，应用于污水资源化的膜技术有微滤、超滤、反渗透、纳滤及膜生物反应器等。通过微滤或超滤处理二级废水，可以去除水中的悬浮物、细菌、胶体和病毒，出水可达到杂用水标准。通过纳滤、反渗透对三级废水进行进一步处理，可去除废水中的溶解性杂质（有机物及有害矿物质），处理后水质可以达到自来水标准。通过膜生物反应器（MBR）技术建设小区中水回用工程以及对工业和市政污水处理装置进行技术及规模升级。

随着我国城市化进程的加快和 21 世纪可持续发展战略的要求，工业废水的循环利用已是大势所趋。但是，工业废水回用的技术水平总体较低，以传统的三级处理（混凝沉降＋砂过滤＋活性炭过滤）为主，膜分离技术尚处于推广阶段；绝大部分的回用水因水质问题只作为循环冷却水使用，少量深度处理的水作为工业用水（如软化水）回用于生产线上，这部分主要采用了膜处理工艺；以特大企业为主的行业（如钢铁、石化、造纸、发电等）回用率高，小企业相对集中的行业（如电镀、印染等）回用率较低。

7.1.2　污泥资源

据估算，污泥量（含水率 80%）为污水处理量的 0.5%～1.0%，我国的污水如经过全部处理，将产生干污泥约 900 万 t，且年增长率大于 10%，如此数量的污泥处置越来越成为非常紧迫的任务[25]。按照我国城市污水处理厂的建设规划，我国城市污水的处理量和处理率将进一步增加，污泥年产量也将大幅度提高[2]，可见我国污泥处理的形式十分严峻。在我国“十一五”有关污水处理设施的建设投资中污泥部分增长显著，约占总投资的 16%。未来随着污泥处理处置的进一步完善，其投资力度必将进一步加大，因此寻求高效经济的污泥处理方法也日益引起重视。

城镇污水处理厂污水处理过程中产生的初沉污泥和剩余污泥组成很复杂，既含有 N、P、K 等营养元素及大量有机物质，同时还有一定量的病原微生物、重金属和其他有害成分[1]，因此对城镇污泥的处理不当会同时造成环境污染和资源浪费的问题。2006 年我国污水年排放量已达 536.8 亿 m^3，污水处理率约 20%，污泥产量约为 3000 万 t（按含水率 97%计）。

污泥的危害主要如下：①污泥中含有各种致病菌、病毒、寄生虫卵和有害昆虫卵等，不加处理，直接施用或弃置，可能会污染食物链；②含有一定量的多氯联苯 PCB、多环芳香烃等，这些物质具有较高的致癌致畸及降低人体免疫力的作用；③有机物含量高，容易腐化发臭，恶臭污染环境，同时向大气排放温室气体；④含有重金属，主要包括砷（As）、镉（Cd）、铬（Cr）、汞（Hg）、铅（Pb）、铜（Cu）等，如果不加控制施用，可能污染土地，造成不可逆的耕地退化，重金属的含量如表 7.4 所示。

表 7.4　我国城市污水污泥中重金属含量统计表　（单位：mg/kg）

含量＼元素	Cd	Cu	Pb	Zn	Cr	Ni	Hg	As
平均值	3.03	338.98	164.09	789.82	261.15	87.80	5.11	44.52
最大值	24.01	3068.40	2400.00	4205.00	1411.80	467.60	46.00	560.00
最小值	0.10	0.20	4.13	0.95	3.7	1.10	0.12	0.19
中间值	1.67	179.00	104.12	944.00	101.70	40.85	1.90	14.60
国家标准（GB4284）	5/20	250/500	300/1000	500/1000	600/1000	100/200	5/15	75/75

注：国家标准栏中，前者为酸性土壤标准，后者为碱性土壤标准。

但污泥中也含有一些成分，充分利用可制成很好的肥料用于农业生产。城市污泥含有大量的有机质和 N、P、K 以及 Mn、Zn、Ca、S、Fe 等植物生长矿质元素，故它是一种很好的肥料和土壤改良剂。表 7.5 列出了国内外一些污水处理厂污泥中主要营养成分的大致范围。田间试验表明污泥用于农田后，能改善土壤的理化性质、增加土壤养分、提高其可耕作性（表 7.6），从而有利于农业的可持续发展。

表 7.5　我国城市污水污泥中营养物质成分统计表

含量/%＼营养物质	有机质	TN	TP	TK
平均值	37.18	3.03	1.52	0.69
最大值	62.00	7.03	5.13	1.78
最小值	9.20	0.78	0.13	0.23
中间值	35.58	2.90	1.30	0.49
典型农家肥	63.00	2.08	0.89	1.12

注：TN 表示总氮；TP 表示总磷；TK 表示全钾。

表 7.6　国内外污泥中主要营养物质成分

污泥源＼营养物质含量/%	N	$P(P_2O_5)$	$K(K_2O)$	有机质
西安污水处理厂（1993）	1.47～2.09	1.39～1.66	1.39～1.75	—
北京高碑店污水处理厂（1980）	3.31	0.4～0.86	1.12～1.91	—
北京酒仙桥污水处理厂（1995）	0.9	0.57～2.37	0.15～0.79	—
杭州四堡污水处理厂（2000）	1.54	5.26	2.17	35.7

续表

污泥源＼营养物质含量/%	N	$P(P_2O_5)$	$K(K_2O)$	有机质
天津纪庄子污水处理厂	2.4～7.3	1.2～1.9	0.37～0.43	25.1～36.2
苏州城西污水处理厂	1.48～7.47	0.50～2.19	0.180～0.61	27.3～47.5
上海东区污水处理厂污泥	3～6	0.1～0.3	1～3	61～72
美国城市污泥（平均）	3.0（全氮）	2.5（全磷）	0.4（全钾）	31.0

注：括号内年份表示取样时间。

7.1.3　城市有机垃圾资源

城市生活垃圾的产量与日俱增，已经成为世界各国需要共同面对的一个问题。城市生活垃圾作为生物质资源中的一个重要部分，其“重要性”不仅体现在它是一类数量巨大的可再生有机质，而且如何有效地对其进行处理和利用也是影响我国可持续发展道路的重要因素。

城市有机垃圾是人类日常生活和生产所排放的固体废弃物，可造成大气、土壤和地下水污染等环境问题，最终威胁人类健康。实际上生活垃圾也是一种潜在的生物质资源，通过焚烧发电、填埋气体回收利用等先进的技术，可形成垃圾的资源化产业，不仅可以消除环境危害，而且回收了其中的能源。

全世界年产垃圾约 450 亿 t，且每年以平均 8%～9%的增长率递增。西方发达国家大致以每年 2%～5%的增长率递增，日本每人每天平均垃圾抛弃量近 10 年内增加了一倍。我国垃圾产量的增长率与世界平均值持平，明显高于发达国家。

统计数据表明，我国城市垃圾产量呈迅速上升的趋势，基本上每隔 10 年垃圾清运量就要翻一番。采用天津大学杨晗熠等研究的城市生活垃圾产量预测模型，一个在 1990 年只产生 60 万 t 垃圾的城市，在 2010 年垃圾产量将达到 177 万 t，接近 1990 年垃圾产量的三倍，同样说明每隔 10 年垃圾清运量就要翻一番[26,27]。2005 年，全国垃圾清运量达到 15601 万 t，2010 年达到 15733.7 万 t，一方面说明我国城市垃圾清运能力的增强，另一方面说明垃圾产量在逐年增加(图 7.1)。

生活垃圾其成分复杂多样，根据国内外惯例，现在垃圾组分一般分为：有机物（动物、植物）、无机物（石、砖、陶、煤灰）和废品（纸类、织品、塑料、玻璃、金属）。另外，废旧的汽车、摩托车、电视机、电冰箱以及旧家具等，也日渐成为垃圾中的重要组成部分。在收集、运输和处理处置过程中，其含有的和产生的有害成分会对大气、土壤、水体等造成污染，不仅严重影响城市环境卫生质量，而且威胁人民身体健康。

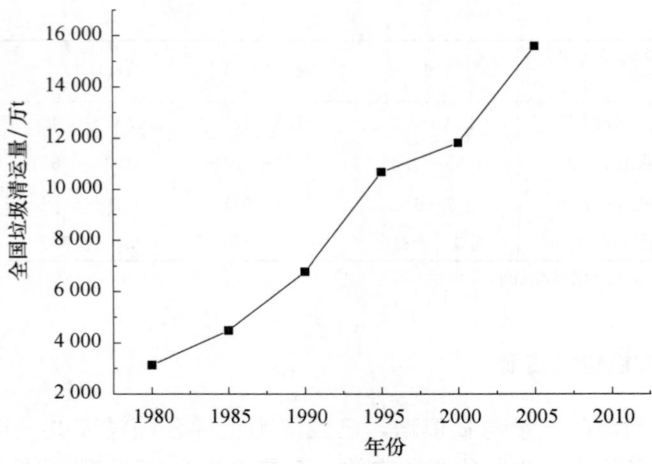

图 7.1　全国城市生活垃圾清运量[27]

城市生活垃圾的资源统计难度较大，因为不同地区、不同城市的垃圾成分差异很大，甚至同一城市不同来源垃圾组成也不同，主要与生活习惯、生活水平、能源结构、城市建设和季节气候等复杂因素有关。表 7.7 列出了一些国家与城市垃圾的组成分析结果。

表 7.7　生活垃圾主要组成

国家或城市	厨余垃圾	废　纸	废塑料	废纤维	炉　渣	碎玻璃	废金属	有机物总量
美国	12	50	5	—	7	9	9	
英国	27	38	2.5	—	11	9	9	
法国	22	34	4	—	20	8	8	
德国	15	23	3	—	28	9	9	
北京	27	3	2.5	0.5	63	2	2	33
天津	23	4	4		61	4	4	31
杭州	25	3	3		5	2	2	31
重庆	20				80			20
哈尔滨	16	2	1.5	0.5	76	2	2	21
深圳	27.5	14	15.5	8.5	14	5	5.5	65.5
上海	71.6	8.6	8.8	3.9	1.8	4.5	0.6	92.9

注：“—”表示未测定；表中数据为主要成分所占百分比。

垃圾处理的方式伴随社会的进步而发展，以前厨余垃圾等垃圾的处理方式为露天堆积，现在由于环境、土地等因素的影响，普遍推广应用的是堆肥、填埋和焚烧等集中处理的方式。据国家统计局 2005 年底统计，城市生活垃圾处理设施中 85.2％为填埋，5.6％为焚烧，9.2％为堆肥。这三种方式都具有自己的优势和特点，也具有技术本身的缺陷。垃圾卫生填埋不仅占地面积大，垃圾围城现象越来越严重，也是威胁土壤圈、地下水和大气圈的重要污染源。焚烧投资成本较高，易产生烟尘和剧毒二噁英（dioxin）污染物，对于高含水量低热值城市垃圾，在焚烧过程也需要大量的能量。好氧堆肥是一个耗能过程，极大地浪费了城市垃圾中所含的生物质能源[3]。这三种处理方式的共性难题是由垃圾资源中的可生物降解部分造成的（表 7.8）。

表 7.8　2009 年各地区城市生活垃圾清运和处理情况[5]

地　区	清运量/(万 t)	处理量/(万 t)	卫生填埋/(万 t)	堆肥/(万 t)	焚烧/(万 t)	生活垃圾无害化处理率/%
全国	15733.7	11232.3	8898.6	178.8	2022.0	71.4
北京	656.1	644.4	548.1	27.6	68.7	98.2
天津	188.4	177.6	126.4		51.2	94.3
河北	678.1	400.0	348.6	33.0	14.1	59.0
山西	374.6	235.6	202.4		33.2	62.9
内蒙古	366.5	263.9	240.0	23.9		72.0
辽宁	813.3	487.0	450.5	21.9	14.6	59.9
吉林	521.3	200.2	165.6		34.6	38.4
黑龙江	912.4	272.5	256.7		15.7	29.9
上海	710.0	559.3	380.7	15.2	106.1	78.8
江苏	957.3	870.9	479.6		387.1	91.0
浙江	925.6	903.4	498.5		404.9	97.6
安徽	432.8	263.6	230.4		33.2	60.9
福建	392.4	363.1	228.9	5.3	128.9	92.5
江西	280.8	237.0	237.0			84.4
山东	958.4	867.7	721.9	4.1	110.6	90.5
河南	679.5	511.9	459.5	20.7	31.7	75.3
湖北	680.6	378.8	362.6	3.6		55.7
湖南	511.9	341.0	341.0			66.6
广东	1960.6	1283.9	860.5		411.4	65.5
广西	240.2	207.3	186.1	8.3	12.9	86.3
海南	88.7	57.7	53.6		4.0	65.0
重庆	224.3	215.1	172.6		42.5	95.9
四川	590.1	492.7	420.5		72.3	83.5
贵州	209.1	170.8	170.8			81.7
云南	282.1	228.2	174.6		42.3	80.9
西藏	22.9					
陕西	356.2	246.4	244.4		2.0	69.2
甘肃	263.6	85.3	85.3			32.4
青海	87.4	56.9	56.9			65.1
宁夏	70.4	29.6	29.6			42.0
新疆	298.2	180.8	165.5	15.3		60.6

注：表中空白表示未统计或没有该项处理方式。

7.2　废水与有机废弃物的厌氧消化炼制技术

发酵工业大多以好氧发酵为主体，供氧需要消耗能量，并产生大量的二氧化碳（CO_2），造成碳资源的浪费，而从节能减排来讲，发酵工业的未来应以厌氧发酵为主。污泥厌氧消化是最古老和最常见的污泥生物处理法之一。

厌氧消化是指在厌氧条件下，依赖兼性菌和专性菌等微生物共同作用，对有机物进行生物降解生成 CH_4 和 CO_2 的过程。厌氧消化处理有机废物工艺在国内外均有应用，以国外较为成熟。有统计数据显示，全欧洲厌氧消化沼气的产量以甲烷计为 $1.5\times10^7 m^3/d$，同时该工艺处理过程中 CO_2 排放量少（较焚烧和堆肥），消化产物（沼渣、沼液）成为潜在的优质肥料[28]。

与其他的处理技术相比，厌氧消化技术具有以下特点：①经厌氧消化后产生清洁能源——沼气；②消化最终物可作为高质量的有机肥料和土壤改良剂；③在有机物质转变成甲烷的过程中实现了垃圾的减量化；④与好氧过程相比，厌氧消化无需氧气，降低动力消耗，因而使用成本低；⑤厌氧消化减少了温室效应气体的排放量。下面将进一步介绍厌氧消化技术的基本原理、发展历程、工艺以及废水和有机固体废弃物厌氧消化的影响因素。

7.2.1　厌氧消化的基本原理

厌氧消化是一个极其复杂的过程，其生物反应由多个阶段构成，涉及多种微生物的共同参与。厌氧消化过程中，不同微生物的代谢过程相互影响、相互制约，形成复杂的生态系统。厌氧消化完成后，原料中大分子有机物最终转化为 CH_4、CO_2、H_2S、H_2O 等。1979 年，Bryant 等通过对产甲烷菌和产氢产乙酸菌的研究，发现传统的两阶段理论存在不足，并提出厌氧消化的三阶段理论[29]，如图 7.2 所示。

第一阶段：水解发酵阶段。

农作物秸秆、人畜粪便、市政垃圾等有机废弃物都是以大分子状态存在的，如纤维素、脂肪、蛋白质等，它们只有被微生物水解后才能被吸收利用。微生物分泌的胞外酶（如纤维素酶、脂肪酶和蛋白酶等）将其进行酶解后，上述有机物便分解成简单的可溶性物质，如单糖或二糖、多肽或氨基酸、甘油和脂肪酸。随后，水解产生的可溶性物质在酸性发酵菌的作用下转化为更简单的以挥发性脂肪酸（VFA）为主的末端产物（如乙酸、丙酸、丁酸、醇类及氢气等），并分泌到细胞外。

第二阶段：产氢产乙酸阶段。

该阶段中，专性厌氧的产氢产乙酸菌把除乙酸、甲酸、甲醇以外的第一阶段

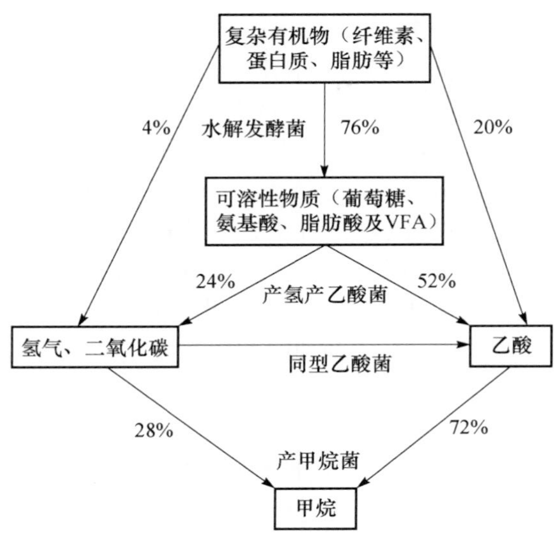

图 7.2　厌氧消化的过程图

产物，如丙酸、丁酸和醇类等转化成乙酸、氢气和 CO_2，同型乙酸菌将 H_2 和 CO_2 合成乙酸。其反应如下：

$$CH_3CHOHCOO^-\text{（乳酸）} + 2H_2O \longrightarrow CH_3COO^- + HCO_3^- + H^+ + 2H_2$$

$$CH_3CH_2OH\text{(乙醇)} + H_2O \longrightarrow CH_3COO^- + H^+ + H_2$$

$$CH_3CH_2CH_2COO^-\text{（丁酸）} + 2H_2O \longrightarrow 2CH_3COO^- + H^+ + 2H_2$$

$$CH_3CH_2COO^-\text{（丙酸）} + 3H_2O \longrightarrow CH_3COO^- + HCO_3^- + H^+ + 3H_2$$

$$CH_3OH\text{(甲醇)} + 2CO_2 \longrightarrow 3CH_3COOH + 2H_2O$$

较高级的脂肪酸生物降解时遵循 β 氧化机理，脂肪酸末端每次脱落两个碳原子（即乙酸）。对于含偶数个碳原子的较高级脂肪酸来说，这一反应终产物为乙酸，而含奇数个碳原子的脂肪酸反应最终要形成一个丙酸。不饱和脂肪酸先通过加氢变成饱和脂肪酸，然后按 β 氧化过程降解。

第三阶段：甲烷化阶段。

这一阶段中，属于古细菌的产甲烷菌利用第二阶段的主要产物乙酸和氢气，产生 CH_4 和 CO_2。甲烷化反应过程如下：

$$CH_3COOH \longrightarrow CH_4 + CO_2$$

$$H_2 + CO_2 \longrightarrow CH_4 + H_2O$$

$$HCOOH + 3H_2 \longrightarrow CH_4 + 2H_2O$$

$$CH_3OH + H_2 \longrightarrow CH_4 + 2H_2O$$

$$4CH_3NH_2\text{(甲胺)} + 2H_2O + 4H^+ \longrightarrow 3CH_4 + CO_2 + 4NH_4^+$$

甲烷化过程主要有两种类型：一类是分解乙酸的甲烷菌将乙酸分解为 CH_4 和 CO_2；另一类是氧化 H_2 的甲烷菌将 CO_2 还原为 CH_4。通常认为，厌氧消化所产 CH_4 中，约有 2/3 来源于乙酸，其他来自 H_2、CO_2 和一碳化合物。除了转化为细胞物质的电子外，被处理物中的几乎所有能量都以 CH_4 的形式被回收了。

对厌氧消化的微生物学认识，经历了一个由肤浅到逐渐完善的过程。20 世纪 30 年代，厌氧消化被概括地划分为产酸阶段和产甲烷阶段，即两阶段理论。70 年代初 Bryantlzgl 等对两阶段理论进行了修正，提出了厌氧消化的三阶段理论，突出了产氢产乙酸菌的地位和作用。与此同时，Zeikuslao 等提出了厌氧消化的四类群理论，反映了同型产乙酸菌的作用。该理论认为厌氧发酵过程可分为四个阶段：第一阶段（水解阶段），将不溶性大分子有机物分解为小分子水溶性的低脂肪酸；第二阶段（酸化阶段），发酵细菌将水溶性低脂肪酸转化为 H_2、CH_3COOH、CH_3CH_2OH 等，酸化阶段料液 pH 迅速下降；第三阶段（产氢产乙酸阶段），专性产氢产乙酸菌对还原性有机物的氧化作用，生成 $H_2HCO_3^-$、CH_3COOH，同型产乙酸细菌将 H_2、HCO_3^- 转化为 CH_3COOH，此阶段由于大量有机酸的分解导致 pH 上升；第四阶段（甲烷化阶段），产甲烷菌将乙酸转化为 CH_4 和 CO_2，利用 H_2 还原 CO_2 成 CH_4，或利用其他细菌产生甲酸形成 CH_4。无论是三阶段理论，还是四类群理论，实质上都是对两阶段理论的补充和完善，较好地揭示了厌氧发酵过程中不同代谢菌群之间相互作用、相互影响、相互制约的动态平衡关系，阐明了复杂有机物厌氧消化的微生物过程。

文献报道的有关厌氧消化动力学模型的研究大部分是针对有机废物中的可溶性物质，且只考虑消化过程中的三个阶段：发酵、酸化和气化，如 Mata-Alvarez[30]、Costello[31]、曾光明等[32]的研究。但系统中不溶性固体物质在厌氧消化过程中产生的作用是不容忽视的，Kiely 等[33]研究了 MSW 和初沉池污泥混合厌氧消化，发现不溶性聚合物的水解液化是整个厌氧消化的限速步骤，必须在模型中予以考虑，这个发现也引起诸多学者的共鸣，如 Siegrist 等[34]建立的关于污水污泥厌氧消化动动力学模型，该模型中物料的水解液化阶段被视为整个厌氧发酵过程的限速步骤，并提出了油脂、蛋白质和碳水化合物水解反应的一级反应速率常数 k 值，它和系统的 pH、HRT 有关。1999 年 Veeken 和 Hamelers[35]研究了 6 种物料（麦秆、树叶、树皮、稻草、橙皮和禾草）混合消化的 k 值，实验结果显示，系统温度为 20℃时 k 在 $0.003 \sim 0.15d^{-1}$，40℃时 k 在 $0.24 \sim 0.47d^{-1}$。Christ 利用餐厨垃圾厌氧消化也得到了相同的水解反应速率常数 k 值。厌氧消化中有机物质的生物降解率主要取决于水解液化阶段，而水解快慢又主要取决于微生物分泌的水解酶对有机物质的吸附性能，若水解反应速率遵循 Arrhenius 定律，则其所需的活化能为 $(64 \pm 14)kJ/mol$[35]。氢势的研究是厌氧消化机理研究的又一方向。Okamoto 等研究几种有机物料混合消化氢势的变化，实验表明碳氢化合物的氢势高于油脂和蛋白质，不同物料氢势不同，具体为：大白菜单位的氢势为 26.3～61.7mL/g；马铃薯为 44.9～70.7mL/g；大米为 19.3～96.0mL/g。将上述物料混合消化，利用反应曲面分类研究法，得到所产生物气中 60%以上均为氢气（除去初始接种物产生的气体），且在所产生物气中未检测出 CH_4。Lay 等[36]的研究也表明餐厨垃圾厌氧消化具有产氢潜能。

7.2.2　厌氧消化发展历程

厌氧处理技术发展至今已有 100 多年的历史，在此过程中，随着人们不断摸索污水的处理技术，总结经验，开始采用厌氧工艺进行生活污水的处理[37]，厌氧消化技术已经发展到第三代[38]。

1. 第一代厌氧处理技术

1860 年，法国工程师 Mouras 采用厌氧方法处理经沉淀的固体物质[39]。1895 年，Donald 设计了世界上第一个厌氧化粪池成功地处理生活污水[40]。至 20 世纪 50 年代，随着对好氧活性污泥法经验的积累，人们开始认识到延长污泥停留时间和减小反应器体积的重要性，Stander 教授发现各种发酵行业废水的有效处理中水力停留时间可以从传统的 2 周减至 2 天[41]。50 年代中期，Schroepfer 开发了厌氧接触反应器[42,43]，在连续搅拌反应器的基础上于沉淀池中增设了污泥回流装置，增大了反应器中污泥的浓度，这是厌氧处理技术的一个重要发展。

2. 第二代厌氧处理技术

随着生物发酵工程中利用化技术的发展，人们意识到提高反应器中污泥浓度的重要性，因此成功地开发出第二代厌氧处理技术。这些厌氧处理技术的共同特点是可以把 SRT 与 HRT 相分离，使 HRT 从过去的几天或几十天缩短到几天或几个小时。第一个突破性发展是 20 世纪 60 年代末 Young 和 McCarty 发明的厌氧滤器（AF）[44]。AF 是一种内部填充有微生物载体的厌氧生物反应器，厌氧微生物附着生长在填料上，形成厌氧生物膜，另一部分在填料空隙间处于悬浮状态。该工艺的开发使得厌氧反应器的容积负荷从 4～5kg COD/(m^3 · d) 提高至 10～15kg COD/(m^3 · d)[45]。70 年代，荷兰农业大学环境系的 Lettinga 等开发了升流式厌氧污泥床（UASB），他们在研究用升流式厌氧滤池处理马铃薯加工和甲醇废水时取消了池内的全部填料，并在池子的上部设置了气、液、固三相分离器，于是一种结构简单、处理效能很高的新型厌氧反应器便诞生了。UASB 反应器一出现很快便获得广泛的关注和认可，并在世界范围内得到广泛的应用[46]。

3. 第三代厌氧处理技术

随着第二代厌氧生物处理工艺的大量应用，人们逐渐总结出以 UASB 为代表的第二代厌氧生物处理工艺存在的缺点，如易出现污泥流失、占地面积大、难实现均匀布水等缺点，为解决这一问题，20 世纪 90 年代初在国际上出现了第三代厌氧处理工艺，包括厌氧膨胀颗粒污泥床（EGSB）反应器、厌氧内循环反应器（IC）、升流式厌氧污泥床过滤器（UBF）和厌氧折流板反应器（ABR）。

第三代反应器的共同特点有：①占地面积小，动力消耗小；②生物量高；③能承受更高的水力负荷并具有较高的有机污染物净化效能；④在低温条件下能有效处理低浓度有机废水。EGSB 是 20 世纪 90 年代初，由荷兰 Wageingen 农业大学率先开发的，与 UASB 反应器相比，它的显著特点是增加了出水再循环部分，使反应器内液体上升流速远远高于 UASB，该系统可有效处理低浓度废水[47]。IC 工艺是 20 世纪 80 年代中期由荷兰的 PAQUES 公司推出的，反应器由底部和上部两个 UASB 反应器串联叠加而成，增加了水力负荷，防止了污泥大量流失[48]。UFB 反应器由美荷 Biothane 系统国际公司所开发，是介于流化床和 UASB 之间的一种反应器，由于高的液体和气体上升流速使泥水能充分混合，因而负荷很高。

7.2.3 厌氧消化的微生物

用于厌氧消化的有机物种类很多。如农作物秸秆、人畜粪便、有机垃圾、生活污泥及城市生活废水和工业有机废水等，这些复杂的大分子有机物，其化学成分和分子结构都不相同，要将它们分解成 CH_4 和 CO_2，单一微生物是不可能实现的，必须有一个较为完善的微生物区系才能完成。

根据厌氧消化的具体过程和各阶段的功能来看，主要有三类微生物区系在这一过程中发挥功能。

1. 水解产酸菌

细菌类别有：梭菌属、拟杆菌属、丁酸弧菌属、双歧杆菌属等。按功能来分则可分为纤维素分解菌、半纤维素分解菌、淀粉分解菌、蛋白质分解菌、脂肪分解菌等。多数厌氧，部分兼性厌氧。

主要功能为：在胞外酶的作用下，将复杂有机物水解成可溶性有机物，并将可溶性大分子有机物转化为挥发酸类物质。

水解过程较缓慢，并受多种因素影响，在处理纤维素类固体废弃物时往往成为厌氧消化的限速步骤，产酸反应则进行较快。

2. 产氢产乙酸菌

细菌类别有：互营单胞菌属、互营杆菌属、梭菌属、暗杆菌属等。多数是严格厌氧菌或兼性厌氧菌。

主要功能为：将各种高级脂肪酸和醇类氧化分解为乙酸和 H_2，起到将其他不产甲烷菌与产甲烷菌的物质转化连接起来的作用，因此在厌氧消化过程中具有极其重要的地位。

3. 产甲烷菌

细菌类别有：严格厌氧的古细菌。产甲烷菌的形态主要有八叠球状、杆状、球状和螺旋状，如图 7.3 所示。按环境适应性可分为中温菌和高温菌，按营养类型可分为乙酸营养型和 H_2 营养型。乙酸营养型产甲烷菌的种类较少，但产生的甲烷量却占整个系统的绝大部分。

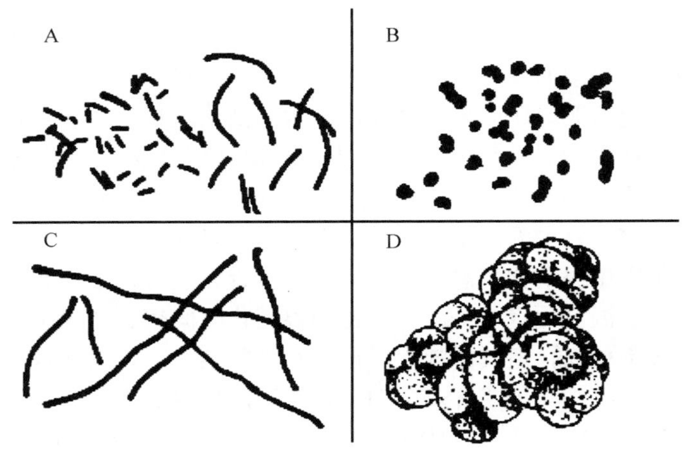

图 7.3　产甲烷菌的形态

主要功能为：与不产甲烷菌相互配合，相互制约，确保厌氧消化过程的顺利进行。例如，不产甲烷菌为产甲烷菌提供生长和产甲烷所需的基质，创造适宜的氧化还原电位，消除有毒物质；产甲烷菌为不产甲烷菌的生化反应解除反馈抑制；二者共同维持环境中适宜的 pH。

7.2.4　厌氧消化影响因素

首先厌氧消化体系是一个复杂的系统，系统内包含多种物质；其次，消化系统内微生物种群繁多；最后，厌氧消化分阶段进行，系统存在多个反应步骤，反应条件要求严格，涉及的微生物种类繁多，反应周期也比较长，因此，消化过程的影响因素很多。有的从微观上影响消化过程，有的则从宏观上影响反应进度，但任何一个因素的负面效应都将造成消化过程的终止。厌氧消化的影响因素主要有以下 9 个方面。

1. 温度

厌氧消化分为常温厌氧消化、中温厌氧消化（28～38℃）和高温（48～60℃）厌氧消化。实验表明，中温厌氧消化是高效经济的方法，最佳温度为35℃。厌氧发酵的温度与产气量呈正比关系，产气量是表征厌氧发酵优劣的重要参数，它们之间关系的实质是发酵底物的消化速率，温度越高，底物的分解速率越快。研究表明，平均温度为24℃时，牛粪50天全部消化；如果发酵温度控制在32～37℃，其发酵完全不超过28天；剩余污泥在中温35℃条件下20天即可达到消化目的，而在高温53℃条件下，12天即取得良好的处理效果。

温度是影响厌氧消化的最主要因素。许多研究表明温度对发酵效率、产气质量等有重要影响。温度升高，发酵效率增大，产气量提高，发酵延迟期缩短，但增加温度要多消耗能源，所以要综合考虑。常温消化（10～30℃）具有消化池不需升温设备和外加能源，建设费用低等优点，但常温消化原料分解缓慢，产气少，特别在北方或冬季，往往不能正常产气。中温消化（28～38℃）产气量比常温消化高出许多倍，且中温产甲烷菌种类多，易于培养驯化、活性高，因此常采用中温消化。但因中温消化的温度与人体温度接近，故对寄生虫卵及大肠杆菌的杀灭率较低。而高温消化（48～60℃）比中温消化时间短、产气量高、对寄生虫卵、病菌的杀灭率较高，但其能耗大、设备管理复杂、运行成本较高，也限制了其广泛应用。Ghosh[49]等使用传统高效反应器，观察到用55℃的高温处理比35℃时甲烷产量只提高了7%，但将垃圾颗粒粒径从2.2mm降低到1.1mm时，甲烷产量却提高了14%。厌氧消化中的微生物对温度的变化非常敏感，温度的突然变化，对沼气产量有明显影响。温度突变超过一定范围时，则会停止产气，因此要严格控制料液的消化温度。温度允许变动范围为±(1.5～2.0)℃，当有±3℃的变化时，消化速率就会受到抑制，有±5℃的急剧变化时，产气就会突然停止，使有机酸大量积累而终结消化过程[48]。

2. 底物组成

不同的底物组成，其可生化降解性大不相同（5%～90%）。Borja等研究了不同底物组成和浓度的有机固体废弃物的厌氧消化过程，认为在其他条件相同时沼气产量相差很大，甚至达到65%。这个结果与Jokela等的研究所得基本一致。另外，底物组成不同，在发酵过程中的营养需求与调控也不同。对于像以秸秆为主的底物，需补充N源的营养，以达到厌氧消化适宜的C/N值。

底物是否预处理对厌氧消化影响较大，底物的预处理方式主要包括物理预处理法、化学预处理法以及生物预处理法三种。

1）物理预处理法

物理预处理包括切碎、研磨、浸泡等方法。Zhang[50]在用稻草为底物固态发酵产沼气中采用研磨和切碎两种物理预处理方法处理稻草发现，在有或没有热预处理的情况之下，研磨比切碎的预处理方法更有效，在相同的颗粒大小条件下（25mm），研磨比切碎的预处理方法在沼气产量上高 12.5%；而切碎的预处理方法与没切碎相比并没有表现出明显的不同。这说明研磨不仅减小了颗粒的大小，而且破坏了秸秆的内部组织结构，使其更容易降解。Palmowski 等研究了厌氧消化有机废物时颗粒大小的影响，对于纤维素含量高的固体废物，粉碎能显著提高沼气产量和有机物的降解率以及缩短消化时间，而且更为重要的是通过粉碎使得原来不均匀的固体废物混匀了，减少了消化体积[51]。在研究和实际应用中都会考虑有机固体废物粒度的大小对厌氧消化的影响，但在文献中还没有关于底物粒度的具体的统一要求的报道。

2）化学预处理法

化学预处理方法包括酸碱浸泡预处理、热处理等。Ghosh 等[49]研究了用碱预处理城市固体垃圾后进行高温（55℃）两相消化处理，甲烷产量提高了 35%。Zhang 等[50]在进行稻草固态厌氧消化的研究中，对稻草分别进行在 60℃、90℃、110℃的热处理，结果是预处理的温度越高，固体减少量越多，甲烷生成量越多。与没有采取热预处理相比，总固体和挥发性固体减少量分别增加到 22.4%和 22.6%。

3）生物预处理法

目前，对固态厌氧消化的底物生物预处理的研究尚不多。Hasegawa 等[52]从高温反应器中分离到能分解溶化有机固体废物的嗜温微生物，用该微生物对污水污泥进行预处理，在 1～2 天内近 40%的有机物被分解，而且与没有经过该预处理相比，厌氧消化过程中沼气产量提高了 50%。还有用好氧处理作为厌氧消化预处理的报道，发现好氧堆肥过程能使随后的厌氧消化的效果提高[53]。

3. 总固体含量

根据总固体含量（TS）不同，厌氧发酵分为湿式（TS 为 5%～15%）和干式（TS 为 15%～40%）两种。已建成的厌氧发酵工程多采用湿式发酵，湿式厌氧发酵反应器体积大，产气率较低，且稀释发酵底物水消耗量大，既增加了工艺的运行成本，又浪费水资源。

直接采用干式厌氧发酵工艺，既不需加水也不需脱水，简化了前处理，节约了能耗；但高 TS 也导致进出料难、传热传质不均匀，还会造成发酵过程酸化等问题，这是制约干式厌氧发酵进一步应用的主要因素。

4. pH

pH是影响厌氧消化的重要因素之一。每种微生物群都有各自最适宜生存的pH范围，而在厌氧消化中，产甲烷菌对pH尤其敏感，其生存的最佳pH为6.5～7.2。

5. 有机负荷

当有机负荷过高时，会造成反应器内的酸积累，从而影响消化速率及效果；而当有机负荷过低时，又将使得消化池容积增大，增加运行费用。

6. 接种物

有机固体废弃物的厌氧发酵由多种微生物共同作用，因此，在发酵底物中添加一定量的微生物作为接种物是实现厌氧发酵快速启动、提高沼气产量的重要措施。接种物的选择与驯化情况则对厌氧发酵过程起至关重要的作用。国内外研究者大多采用经过驯化的污泥作为接种物，因为驯化后的污泥不仅产气启动快，而且总产气量大，同时也保留了沼液中的营养物质。驯化污泥主要来自厌氧消化池、化粪池和池塘，也有人直接利用畜禽粪便作接种物，同时，驯化的方法也多种多样。接种物采用中温驯化的较多，然而，资料表明，驯化良好的高温厌氧细菌的代谢速率要比35℃中温厌氧细菌高出50%～100%。

当总固体含量很高时，为了提供足够的厌氧消化微生物，提高厌氧消化的速度，接种物的量也相应地增大，有时有机固体废物的量与接种物的量之比达到3∶2[54]。而当接种量少时，发酵起始时间延长，产甲烷的速度变慢，这是因为在接种量小的情况下，需要一个产甲烷菌种的富集过程，而且就有可能造成酸的积累从而使沼气发酵失败。这说明加大接种量是防止酸积累、保证发酵正常进行的关键措施[54]。一般情况下，沼气固态厌氧发酵时，一定要加入菌种（消化污泥），其比例为料重的20%左右，能达到30%以上更好，这样可以提高产气速率和早期沼气中甲烷的含量。

7. 厌氧活性污泥搅拌和混合

搅拌的目的是使反应器内混合液达到均质状态，可以提高消化速率。研究表明，在启动初期采取适量的搅拌能够促进水解阶段的进行。但搅拌也会带来负面的影响，长期搅拌将不利于厌氧污泥颗粒的形成。因此，在实验中要找出一个最适合的搅拌速度及搅拌时间。

8. 营养比

反应器中的营养由所投配的生污泥提供。C/N值在营养配比中很重要，当

C/N 值太高，细菌氮量不足，消化液缓冲能力降低，造成 pH 上升，铵盐累积；而当 C/N 值过低，氮含量过高，会抑制消化的进行。研究发现，厌氧消化最适宜的 C/N 值为 20∶1～30∶1。

9. *有毒物质*

有毒物质主要是一些对甲烷菌有抑制作用的物质，如重金属、钠离子、钾离子、钙离子、镁离子、NH_4^+、表面活性剂以及硫酸根、硝酸根和亚硝酸根离子等。

7.2.5　厌氧消化工艺及其研究现状

影响厌氧消化的因素除了上述系统及外界因素外，反应器即厌氧消化工艺对固体废物的厌氧消化也有重要影响。秸秆由于密度小、体积大，且不具有流动性，无法连续进出料和进行连续的厌氧发酵。因此，厌氧消化工艺的优劣对作物秸秆的产气效率有较大影响。

厌氧消化处理技术，通过技术革新逐步形成了以湿式完全混合厌氧消化、厌氧干发酵、两相厌氧消化等为主的工艺形式。

湿式完全混合厌氧消化工艺（即湿式工艺）的应用最早也最为广泛。此工艺条件下固体浓度维持在 15%以下，其液化、酸化和产气三个阶段在同一个反应器中进行，具有工艺过程简单、投资小、运行和管理方便的优点。这种工艺条件下浆液处于完全混合的状态，容易受氨氮、盐分等物质的抑制，因此产气率较低。

厌氧干发酵[55]又称高固体厌氧消化，在传统的厌氧消化工艺中固体含量通常较低，而高固体消化中固体含量可达到 20%～35%。高固体厌氧消化主要优点[3,56]是单位容积的产气量高、需水量少、单位容积处理量大、消化后的沼渣不需脱水即可作为肥料或土壤调节剂。随着固体浓度的加大，干发酵工艺中需设计抗酸抗腐蚀性强的反应器，同时还得解决干发酵系统中输送流体黏度大以及高固体浓度带来的抑制问题。

另外，从发酵采用反应器方面来说，厌氧消化可分为单相消化以及两相消化。单相消化的工艺简单，能够有效处理总固体含量 20%～40%的有机固体废物。由于底物的高黏性，在反应器中底物一般通过平推流的方式移动。现在已经有多种有效的能够大规模应用的工艺，如 Dranco 工艺、Kompogas 工艺、Valorga 工艺[57]。在 Dranco 工艺中，从反应器底部抽取一些已经消化过的废物与没有消化过的废物按一定的比例混合，混合后从反应器顶部注入。Kompogas 工艺与 Dranco 工艺相似，不同的是发酵物平推流的方向不同，在 Kompogas 工艺中是水平的，而在 Dranco 工艺中是竖直的。TS 含量也不相同，Dranco 工艺能够适合很广的 TS 含量，而 Kompogas 工艺只适合 23%左右的 TS 含量。在 Valorga

工艺中，平推流的方向是环形的，混合搅拌是通过在反应器的底部注入高压的沼气来实现的[57]。

1983年，Ghosh最早提出了两相厌氧消化[58]，优化各个阶段的反应条件可以提高整体反应效率，增加沼气产量。该发酵系统包括两个部分：①水解酸化反应器，其中装有TS含量很高的发酵底物；②产甲烷反应器。水解酸化反应器中发酵产生大量的挥发性脂肪酸，通过渗滤，这些酸转入有大量的乙酸化菌和产甲烷菌的产甲烷反应器中。这样，能为两类微生物菌群分别提供适宜的生长环境，提高了整个厌氧消化的效率。Ghosh[59]通过中试以及扩大实验比较两相消化过程与单相消化过程认为：在两相消化过程中，沼气产率提高了，挥发性固体的转化率也提高了。

两相厌氧消化工艺即创造两个不同的生物和营养环境条件，如温度和pH等。动力学控制是两相系统促进相分离最常用的手段，根据酸化菌和产甲烷菌生长速率的差异来进行相分离。还有一些技术可促进厌氧系统的相分离，如滤床在处理不溶性的有机物时可用来达到相分离。渗析、膜分离和离子交换树脂等也可用于相分离。

两相厌氧工艺的主要优点不仅是反应效率的提高而且增加了系统的稳定性，加强了对进料的缓冲能力。许多在湿式系统中生物降解不稳定的物质在两相系统中的稳定性很好。虽然两相工艺有诸多的优点，但由于过于复杂的设计和运行维护，实际应用中选择的并不多。到目前为止，两相消化在工业应用上并没有表现出明显的优越性，投资和维护是其主要的限制因素。

7.3 国内外废水、污泥与垃圾资源的炼制现状

国内外废水处理特别是工业废水处理一般采用集中处理和单独处理两类。而废水的处理方法主要有以下三种：化学处理法、物化处理法和生物处理法。生物处理法因其具有处理成本低、工艺简单、无二次污染等特点，已受到广泛关注。生物处理法可分为好氧处理法和厌氧处理法，好氧处理法主要用于低浓度有机废水，而处理高浓度有机废水大多采用厌氧处理法，厌氧处理法由于其投资省、能耗低、可回收利用沼气资源、负荷高、产泥少、耐冲击负荷等多种优点而受到广大科研工作者的重视。

国内外城市污泥的主要处置方法有农业利用、卫生填埋及焚烧。主要处置方法中，焚烧处理由于新鲜污泥含水率高，需要外加燃料，费用高。污泥焚烧应该控制的主要是大气污染，焚烧所产生的废气中含有二噁英、悬浮的未燃烧或部分燃烧的废物、灰分等少量颗粒物，未完全燃烧产物有CO、H_2、醛、酮和稠环碳氢化合物，以及氮氧化物、硫氢化物等。

填埋则产生大量难处理的渗滤液、臭味和易滑坡，而且占用大量土地。法国已带头在 2002 年试行禁止直接填埋。欧盟将污水处理厂生物污泥划为“特殊垃圾”，必须由具有资格的企业按照规定的程序进行妥善处理，不得弃置。

在欧美一些先进国家污泥的农业利用率占污泥总量的一半以上，在美国、法国、英国等主要国家超过 60%。研究人员发现，使用污泥或堆肥污泥栽种水稻、玉米、小麦、棉花、蔬菜等作物，植株的生长状况、产量、品质明显比不施肥好，与施用化肥或优质农家肥相当甚至更好[60,61]。但是，污泥农用也存在一定的风险和隐患，多数研究表明污泥的有害成分进入土壤后一般不会立刻表现出其不利影响，但若长期大量使用则会出现明显的负面效应[62]。城市污泥中重金属含量可超过农用标准，限制了其直接农业利用[62]。

国内很难用单一处理方法完全处置一个大城市的大量污泥，各种处理方法对比如表 7.9 所示。

表 7.9　国内外城市污泥主要处理方法[62]

处理方法	主要使用国家及城市	主要优点	主要缺点	处理成本/(元/t)
堆肥农业利用	美国、法国、英国	资源化	重金属要求严格，需干植物等辅料	100～150
卫生填埋	德国、中国香港、中国	简单	长期占地、需适当干化	120～200
焚烧	日本	减量化、无害化	耗能成本高	300～350
制砖	广州	无害化彻底	成本较高，需销售相关产品	195

国际上，西方发达国家经济雄厚、技术先进、污泥处理程度较高。表 7.10 是一些国家的污泥的处理情况[63-64]。由表 7.10 可知部分国家的污泥处理方法及百分比[64]，污泥的主要处置方式有农用、填埋、焚烧、排海等。

表 7.10　部分国家的污泥处理方式及比例　　(单位:%)

处理方法	美　国	英　国	日　本	西　欧	北爱尔兰
填埋	25	8	—	45	12
排海	19	30	—	18	28
焚烧	21	7	62.7	7	0
农用	30	42	31.9	30	60
其他	5	13	5.4	—	—

污泥厌氧消化技术在日本的应用要追溯到 1932 年，这一年日本第一座污泥厌氧消化池在名古屋开始投入运行。随后几年，东京、大阪和京都等大城市也相继建成用于污泥消化的厌氧消化池。第二次世界大战期间，由于沼气可以作为汽

车燃料，厌氧消化技术曾受到广泛关注。在 20 世纪 60 年代和 70 年代，随着污水管网在日本的迅速普及和铺设，厌氧消化技术在城镇污水处理厂也得到了广泛应用，期间大约有 180 座城镇污水处理厂采用厌氧消化技术处理污泥。近年来，由于能源短缺和循环经济的需要，无论是政府还是科研人员都开始重新审视污泥厌氧消化技术在可再生能源中的定位。为了提高污泥厌氧消化工艺中甲烷的产率和速率，科研人员在污泥预处理、高温厌氧消化和高温-中温组合厌氧消化方面进行了大量的研究工作。

各国及各地区垃圾成分的差异，受制于当地的自然、经济、文化等因素，这使得各国对城市生活垃圾处理方法不尽相同。由于露天堆放早因不符合垃圾无害化的要求已被淘汰，而生物处理法又缺少拥有自主知识产权的先进成熟技术，因此我国目前垃圾处理主要集中在填埋、堆肥、焚烧三种模式上。

填埋是我国大多数城市解决生活垃圾出路的最主要方法。据不完全统计，2004 年我国投入运行的填埋场总规模超过 3 万 t/d。2005 年我国生活垃圾填埋场建设稳步推进，一批新的填埋场建成并投入运行。在这些新建成投入运行的填埋场中，中小型填埋场占据相当大的比例。根据工程措施是否齐全、能否满足环保标准来判断，填埋场可分为简易填埋场、受控填埋场和卫生填埋场三个等级。

城市生活垃圾堆肥处理在我国具有悠久历史，但由于各种原因，堆肥处理率并不高。根据国家统计局 2005 年 8 月公布的城市建设统计年报数据，截至 2004 年年底，全国 661 个城市共有城市生活垃圾堆肥厂 61 座，处理能力为 1.53 万 t/d，处理量 514 万 t。但具体考察这些垃圾堆肥厂，其中有相当部分如同垃圾堆放场，二次污染严重，实际处理量低。堆肥工艺可分为简易堆肥、好氧高温堆肥和厌氧消化三类。

随着对外开放，我国正积极筹划引进国外一些先进技术。由于经济发展区域的不平衡性，现在有能力采用厌氧消化工艺处理垃圾的城市都是属于较发达、城市规模较大的地区，如上海神工环保在上海宝山开工建设的有机垃圾综合处理厂就采用了 WABIO 湿式动态厌氧发酵工艺。由于国外的垃圾厌氧消化工艺处理规模都较小，一般均小于 20000t/年，而我国上海神工环保于 2004 年 7 月奠基的上海宝山神工生活废物综合处理厂，其处理能力达 500t/d，也是国内第一个以厌氧发酵工艺为核心的生活垃圾综合处理厂。生活垃圾经处理后，减量化达到 90%，处理能力比较大，在运行过程中正对其工艺进行不断完善。2005 年在技术上获得较大突破，以湿式厌氧发酵为主的垃圾资源回收综合处理技术获得了国家火炬计划项目证书。

2005 年，BTA 中国公司——北京德贝塔垃圾处理技术有限公司成立，致力于在中国推广应用先进的生物垃圾处理工艺技术。BTA 工艺可广泛应用于处理生活垃圾、商业垃圾、农业垃圾及城市固体垃圾中的可降解生物垃圾（biowaste）（垃圾中的有机物部分）。通过 BTA 工艺流程可将垃圾转换成高质量的生物燃气（biogas）和有机肥（compost），生物燃气又可发电并产出热能。自 1984 年起，德国 BTA 公司成功研发出 BTA 工艺流程后就不断完善此工艺，20 余载垃圾资源化处理技术研究与探索的经验积累使 BTA 公司成为当今世界垃圾处理工艺技术的领先者。公司拥有众多专利技术，并在全球范围推广应用这一技术。在世界各地与取得特许授权的合作伙伴共同完成了许多项目的开发建设，在全球范围 BTA 工厂数目在逐步增多。

2006 年，BTA 公司与中国合作伙伴驰奈公司共同推出“CN-BTA 餐厨垃圾资源化处理系统”，并在北京、上海两地进行了实地考查。CN-BTA 餐厨垃圾资源化处理系统是应用现代机械生物技术对餐厨垃圾进行的综合处理工艺，主要运用德国 BTA 公司的湿式预分选与厌氧发酵核心技术，针对中国餐厨垃圾三高（水分高、含盐高、油脂高）的特点，对不同城市的垃圾，经过分析测试垃圾性能指标确定资源最优化的处理方案及工艺流程，对餐厨垃圾进行最大限度地资源化利用处理。BTA 餐厨垃圾资源化处理系统对餐厨垃圾的处理达到真正彻底的“三化”（减量化、资源化、无害化），为彻底消灭“垃圾猪”、“地沟油”提供可靠的技术手段，为城市彻底解决餐厨垃圾问题提供切实可行的一体化解决方案，是循环经济模式下实现垃圾资源循环利用的最佳处理工艺系统。

此外，从广州市环卫局获悉，日处理生活垃圾 1000t 的广州市李坑生活垃圾综合处理厂于 2005 年初破土动工，2006 年建成试运营，每年可处理生活垃圾 34.75 万 t，生产有机肥 8.2 万 t，利用垃圾厌氧消化产生的生物气及李坑生活垃圾填埋场收回的沼气发电超过 4000 万 kW · h，装机 6000kW。处理工艺引进法国 Valorga 公司先进的垃圾分拣设备与 Dranco 厌氧消化技术处理生活垃圾。垃圾发酵处理后，最后只剩下约 15%的“真正”垃圾需填埋处理。采用厌氧生物处理技术，使垃圾的资源化利用率高达 85%。

7.4　废水、污泥与垃圾资源的发酵工业炼制

当今研究的热点是如何将废水、污泥以及垃圾作为一种资源加以有效利用，变废为宝，特别是发酵工业这个废水产生大户，如何将产生的发酵废水，进一步作为发酵工业的原料进行资源化炼制，对发酵工业的清洁性以及经济性起重要作用。

7.4.1　废水、污泥与垃圾资源的发酵工业碳源炼制

20 世纪 50 年代后，随着微生物研究的发展，污泥厌氧消化技术也不断提高。产氢产酸是污泥厌氧消化过程中的一个中间阶段，在污泥厌氧消化过程中，

通过条件控制，从污泥中可获取碳源和氢。水解阶段中，复杂的非溶解性的有机物质在产酸细菌胞外水解酶的作用下被转化为简单的溶解性单体或者二聚体。例如，纤维素被纤维素酶水解为纤维二糖与葡萄糖，淀粉被淀粉酶水解为麦芽糖和葡萄糖，蛋白质被蛋白酶水解为短肽与氨基酸等。这些物质在产酸细菌的作用下转化为以脂肪酸和醇为主的末端产物，主要有甲酸、乙酸、丙酸、丁酸、戊酸、己酸、乳酸等脂肪酸、醇类（乙醇等）、二氧化碳等；然后，两个碳以上的有机酸和醇被转化为乙酸等；最后，严格专性厌氧细菌将乙酸、甲酸等转化为甲烷和 CO_2。

碳源是生物法处理污水的重要物质，利用污水处理厂内部碳源可节约外加碳源的费用，国外学者在污泥产碳源领域的研究成果引人注目。吴一平等通过初沉污泥厌氧水解/酸化产物作为生物脱氮除磷系统碳源的试验研究表明，对初沉污泥适当转化，为生物脱氮除磷工艺提供足够快速可利用碳源的途径是可行的。

但活性污泥中有机物质的含量较低，因此酸化后有机酸浓度太低，从而造成发酵效率低，难以作为有效的碳源。陈洪章等[65]在木质纤维素等固体废弃物原料中接入含有丰富微生物菌群的活性污泥，控制适当的厌氧条件，可使木质纤维素等固体废弃物原料厌氧酸化为各种酸类、醇类物质，作为丰富的碳源用于不同产品的发酵。也解决了单纯活性污泥中有机废物含量过低、厌氧消化产酸浓度低的问题，又可以显著提高酸化有机酸浓度，降低微生物发酵的生产成本。

另外，陈洪章等[66]利用活性污泥中丰富的微生物菌系，提出一种可水解酸化木质纤维素生产有机酸、醇的微生物菌剂的制备方法。该方法通过从活性污泥中分离富集可降解木质纤维素并产有机酸的微生物菌群，并借助人工调节的手段，生产可降解酸化木质纤维素生产有机酸、醇的微生物菌剂。厌氧消化系统是一系列微生物共同作用的复杂过程，参与厌氧消化的微生物包括细菌、真菌和原生动物等。经人工调节手段，使污泥体系中的产甲烷菌受到抑制，阻断产甲烷过程，使厌氧消化过程停留在产酸阶段，从而累积有机酸、醇，使之作为后续发酵的廉价碳源得到利用，其优点体现在以下 4 方面：

（1）利用廉价的活性污泥中丰富的微生物菌系，经过一定的方法将其制备为微生物菌剂，代替常规的强酸、强碱以及高成本的纤维素酶等将木质纤维素水解酸化生产有机酸，为木质纤维素清洁、经济生产有机酸提供了新的方法。

（2）利用活性污泥制备的微生物菌系，可选择性地抑制产甲烷菌，使产甲烷过程被阻断，只停留在产酸阶段，最后使有机酸得到累积。

（3）利用该菌剂水解酸化木质纤维素生产有机酸，为木质纤维素的资源化利用提供了一条新的途径。

（4）利用该菌剂处理木质纤维素所需的设备简单，操作方便，具有成本低廉、发酵周期短、生产强度高等优点。

通常对废弃生物质厌氧消化的研究，主要偏重于有机质产甲烷及产气上。例如，专利 ZL 200510094483.7（一种用厨余物、秸秆、禽畜粪便和活性污泥为原料的沼气生产方法）就是以厨余物、秸秆、禽畜粪便和活性污泥按照1∶1∶1∶1的配比，并接种种泥后厌氧发酵产沼气；另外还有大量利用秸秆和活性污泥共同厌氧发酵制氢等的研究。然而厌氧消化的中间产物——有机酸是具有更高附加值的产品。但是正如前所述，有机物的厌氧生物降解需要经历水解、酸化、产氢产乙酸和产甲烷 4 个阶段，调控木质纤维素原料的厌氧生物处理过程控制在产酸阶段，从而得到包括酸类（如甲酸、乙酸、丙酸、丁酸、戊酸、乳酸等）、醇类（乙醇等）、CO_2 等末端产物，这些产物均是微生物良好的碳源，因此通过厌氧生物处理木质纤维素原料，将有助于使难以利用的木质纤维素原料转化为丰富的可发酵碳源，应用于多种产品的开发。

王治军等研究了热水解预处理对剩余污泥性质的影响，结果表明，水解液含有较丰富的 C_1～C_5 挥发性脂肪酸，如果将污泥水解液作为碳源用于污水处理厂的反硝化脱氮系统，可以减少额外投加的碳源，从而节省费用。氢气作为一种清洁绿色能源很受大家的关注。蔡木林等研究考察了原污泥和经碱处理的污泥在不同初始 pH（3.0～12.5）条件下的产氢效果。结果表明，当初始 pH 为 11.0 时污泥发酵的产氢率达到最大值。采用原污泥发酵产氢时，在初始 pH 为 11.0 的条件下发酵产氢获得的最大产氢率为 8.1mL，而经碱处理的污泥在同样初始 pH 的条件下发酵产氢可将其产氢率提高一倍左右，达到 16.9mL。赵玉山等进行了污泥产氢的试验，结果表明：其他实验条件不变时，不同来源的菌种对同一底物产氢能力不同，不同产氢微生物的产氢能力不同，混合菌种在产氢能力方面要优于单一菌种；发酵液的初始 pH 对污泥产氢能力具有显著的影响；污泥对不同底物的产氢具有选择性。

7.4.2　废水、污泥与垃圾资源厌氧消化产沼气

厌氧消化技术生产沼气在各个国家都得到很好的发展，在不同的国家和地区，由于资金和发酵原料产出情况等因素的影响，沼气利用模式不同。东南亚国家（如中国和印度等）的农村户用沼气池发展很好。在发达国家，大中型沼气工程发展比较完善，厌氧消化设备是连续搅动水箱式反应器，产生的沼气有一部分被用来加热反应器[67]。与发达国家自动化程度高的大中型沼气工程不同，发展中国家的许多户用沼气池都没有搅拌设备，不需要连续监控，而且废水、污泥以及垃圾等发酵原料资源丰富，来源广泛，对环境有很强的适应能力。

我国是世界上最早利用沼气的国家之一。我国沼气事业发展得到了政府的大力支持，特别是在农村，沼气事业得到了充分发展。1996～2003 年，我国农村家庭沼气总产量为 2554796.95 千 m^3，相当于 1824.1 千 t 标准煤[68]。我国沼气

事业经过了近80年的科学研究和生产应用，具有我国特色的沼气技术逐步成熟。在池型方面，研究出了适应不同气候、原料和使用条件的标准化系列池型[69,70]。中国科学院广州能源研究所与顺德县科委合作，于20世纪80年代初建设的“新埠能源实验村”使该村的农业生态得到良性循环发展。同时，我国的大中型沼气发酵工程也得到很好的发展，基本上具备了生产能源、减少污染和综合利用等多种功能，实现了能源、环境与经济三方面的综合效益[71]。天津市纪庄子污水处理厂和北京高碑店污水处理厂利用污泥厌氧消化处理系统生产沼气用于沼气搅拌和发电，实现了热联供电和资源的综合利用。北京市高碑店污水处理厂年发电量有望突破10^7kW·h，满足5000户家庭1年的用电量[72]。

厌氧发酵获取的沼气可以直接作为燃料使用，但远距离输送沼气很不方便，而且存在安全隐患，将沼气通过发电机组转换成电能则提高了能源品位，且便于输送，同时资金回收率也较高。许多国家已建成了多处厌氧发酵沼电联产工程。我国沼气发电研究始于20世纪80年代初，1998年全国沼气发电量为1055160kW·h，至2005年年底发电装机总量达19MW。2007年8月18日，我国最大的畜禽沼气发电工程——100kW的南洋农畜业沼气发电项目在无锡市惠山区正式投产。在德国，1992年就已经有沼气发电工程139个，到2004年建成运行的沼气工程达2500个，发电能力达到500MkW·h。沼气发电在发达国家同样受到广泛重视和积极推广，如美国的“能源农场”工程，日本的“阳光工程”，荷兰的“绿色能源”工程等。瑞典沼气产量约占其总能量消耗的0.3%[73]。在印度农村，沼气被用来作为内燃机、抽水机、发电机和碾磨机的燃料[74]。泰国制定政策来为改进炉灶（ICS）和小型沼气技术（SBD）提供支持[75]。在伊朗，已经可以以较低成本利用污水处理厂的污水生产沼气用于发电[76]；奥地利、瑞士等也有很多沼电联产工程。

沼气发电的设备主要是内燃机，美国在此方面的技术较为成熟，且处于世界领先水平。我国沼气发电设备的开发研究也主要集中在内燃机系列上，已形成系列化产品，主要是纯沼气发动机及双燃料沼气-柴油发动机。国内使用较多的是双燃料机，其中，胜利油田胜利动力机械有限公司一直致力于燃气发动机的研制，20世纪80年代研制开发出国内首台燃气发电机组并通过了国家鉴定。沼气发电为沼气的综合利用开辟了广阔的前景，国家在这个领域已给予政策扶持，并颁布了若干支持沼电联产工程的政策法规，这势必将推动沼气发电蓬勃发展。

7.4.3 发酵工业废水资源回用炼制

沼气发酵是废水、污泥与垃圾资源发酵工业炼制最常见的技术，另外，由于很多发酵废水本身含有较多的酸碱等，还可以作为淀粉、木质纤维素等发酵原料的前处理试剂，而微生物发酵堆肥技术等也是污泥与垃圾等原料的发酵工业炼制模式，下面将对废水、污泥以及垃圾资源发酵工业其他炼制模式进行简单的介绍。

废水资源成分复杂，现常规的处理方式为厌氧沼气发酵、沼液好氧曝气过程，以求最终达标排放。但废水资源中的酸、碱等可能对沼气发酵产生影响的成分却可以用于其他原料的配料、处理回用，或经过简单地处理后回用，进一步用于发酵工业的生产，节省能源。

发酵工业中的废水一方面可以少部分地回用于原料预浸泡处理，如玉米原料的酸液预浸处理、木质纤维素原料的预浸处理等，主要是利用其中的酸、碱，对原料进行降解、分级作用；另一方面，也可以将废水中丰富的有机成分进行沼气发酵，发酵后的沼液继续回用。

乙醇废水处理的一般流程是：乙醇蒸馏废液→高温厌氧处理→中温厌氧处理→好氧处理→达标排放。上述模式的根本弊端在于大规模的低浓度废水好氧处理能耗巨大，大量好氧污泥形成了新的污染，且各项环境指标完全“达标”十分困难，潜在的环境威胁依然存在。由此，国内外探索部分使用乙醇蒸馏废液作为下一批次乙醇发酵的工艺配料水的方法[77,78]，蒸馏废液的部分循环回用使乙醇行业向清洁生产的方向迈出了一大步，但是乙醇蒸馏废液的回用依然存在着诸多问题，如酸性热废液对固液分离装备腐蚀性大；废液 pH 为 3.8，与淀粉酶适宜的 pH6.0 不匹配，需外加碱上调 pH；引入了使发酵液渗透压增大的无机离子；蛋白质类物质随循环而累积造成发酵液黏度增大不利于固液分离；发酵时间的延长等。按生态学的视角，乙醇蒸馏废液的回用不符合生态营养链理论，乙醇发酵时酵母排出的代谢末端产物是酵母生理有害无益的物质，它们随蒸馏废液进入下一批次的乙醇发酵，势必对酵母细胞的繁殖和发酵产生不利影响。为解决这一问题，江南大学的毛忠贵教授所在研究室在多年“大宗发酵清洁生产”研究的基础上，提出了以“零能耗，零污染”为目标的乙醇和沼气双发酵偶联的环形工艺[79]。其关键技术之一是乙醇发酵与沼气发酵的偶联匹配问题，如沼液中小分子有机酸对酵母生长及乙醇发酵的影响等问题。在前期研究中发现并证实，使用乙醇蒸馏废液经二级沼气发酵后的消化液（沼液）作为乙醇发酵的工艺配料水是可行的[80]。

沼气发酵菌群是生物界最后的分解者。它们将复杂有机物分解成简单的有机和无机小分子物质，理论上存在可降解酵母代谢末端产物，解除沼液循环对酵母生长抑制的可能性。通过沼液全循环，实现了乙醇和沼气双发酵的偶联。重点研究了一级高温厌氧沼液直接循环作为乙醇发酵工艺配料水时的高温厌氧发酵行为，考察了循环过程中基本物质的变化及其对双发酵偶联过程的影响，最后与“高温＋中温”二级厌氧的沼液循环进行了对比。研究发现一级高温厌氧循环过程中溶解性 COD（sCOD）累积，并且 sCOD 的累积主要是由于高温厌氧出水中含有的乙酸和丙酸累积引起的。乙酸、丙酸的累积是造成乙醇发酵时间延长的主要原因。各种形式的磷酸盐在一级高温循环过程中未发生明显累积，高温厌氧出水中可溶性 TP 和 PO_4^{3-} 质量浓度稳定。高温厌氧出水可溶性总氮累积，对高温沼气发酵采用中温降解后，配料水中可溶性总氮质量浓度稳定。在循环过程中，离子质量分数在大幅度上升之后稳定在一定的范围内，并未随循环批次的增加而不断上升。在双发酵过程中，乙醇发酵的产酒率并未降低，制约循环继续进行的主要障碍是沼气发酵过程中累积乙酸和丙酸引起的乙醇发酵时间的延长，因此应当采取一定的措施使得厌氧消化液中有机酸的含量减少到影响乙醇发酵时间的质量浓度以下，可作为乙醇发酵的配料水使用。

7.4.4 污泥、固体垃圾资源堆肥化发酵工业炼制

当今研究的热点是如何将污泥、垃圾作为一种资源加以有效利用，变废为宝，近年来逐渐将污泥用于生产沼气、农肥、建筑材料等资源化利用方面[81]，其中污泥厌氧消化后，经浓缩、脱水和自然风干后直接用于农田。在发酵工业中，污泥、城市垃圾也可进行堆肥产微生物肥料的发酵工业炼制。

众所周知，我国用世界 7%的耕地，养育了世界 22%的人口，这完全是靠农业不断发展来维持的。发展农业，一靠正确的政策，二靠科学的耕作措施。据联合国粮食及农业组织（FAO）统计，在所有的耕作措施诸因素中，肥料的作用约占 50%，其他如植物病虫害防治、选种育种等也是重要因素。

1996 年我国化肥实际用量 3894 万 t，居世界第一位。2005～2010 年，我国粮食连年增产，与此同时，全国化肥施用量由 2005 年的 4766 万 t 增加到 2010 年的 5562 万 t。但化肥用量的增长，使得能源日益紧缺，造成土壤肥力衰退、水土流失、沙化，使众多水体富营养化，污染环境，危害人类健康。因此，依靠增加化肥投入提高粮食产量是行不通的。事实上，作物每年从土壤和肥料中吸收养分约各占一半，这一简单的数字说明培养土壤肥力是何等重要。

我国农业增产在发挥农田养分再循环的肥源潜力方面有广阔的前景。例如，农村秸秆普遍相对过剩，焚烧秸秆已经成为大江南北的普遍现象；城市生活垃圾量日益增多，经过分拣进行堆肥可实现垃圾资源化、减量化、无害化；即使是大型养殖场的粪便也未能得到有效利用，有些已经形成污染。据此，我们可以充分利用这些有机肥源，提高土壤肥力，促使农业增产。在由废弃物向作物肥源转化过程中，微生物将扮演重要角色。而生物肥料的施用如固氮类生物肥料不仅可适当减少化肥的施用（可减少 10%～30%的化学氮肥），而且因其所固定的氮素直接储存在生物体内，相对而言对环境污染的机会也小得多。

肥化是将要堆腐的有机物料与填充料按一定的比例混合，在合适的水分、通气条件下，使微生物繁殖并降解有机质，从而产生高温，杀死其中的病原菌及杂

草种子，使有机物达到稳定化[4]，如图 7.4 所示的堆肥流程图。根据处理过程中起作用的微生物对氧气的不同要求，可以把有机废弃物堆肥处理分为好氧堆肥和厌氧堆肥。好氧堆肥堆体温度高，一般为 50～65℃，故亦称高温堆肥。由于高温堆肥可以最大限度地杀灭病原菌，同时对有机质的降解速度快，大多都采用高温好氧堆肥。堆肥处理的对象主要是城市生活垃圾和污水处理厂污泥、人畜粪便、农业废弃物等。

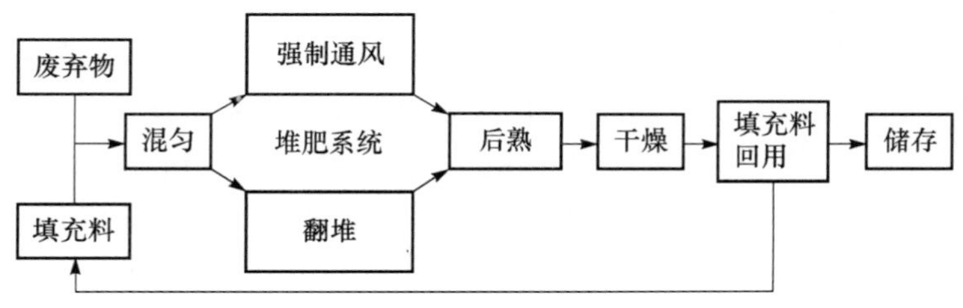

图 7.4　堆肥流程图

1. *堆肥原理*

自然界中有很多微生物具有氧化、分解有机物的能力，有机固体废物是堆肥微生物赖以生存、繁殖的物质条件，那么根据处理过程中起作用的微生物对氧气要求的不同，可将有机固体废物处理分为好氧堆肥和厌氧堆肥两种。好氧堆肥是在通气条件好、氧气充足的条件下利用好氧微生物的作用使有机物降解，由于好氧堆肥温度一般为 50～60℃，因此也称为高温堆肥；厌氧堆肥是在通气条件差、氧气供应不足的条件下借助厌氧微生物发酵堆肥。

在好氧堆肥过程中，有机废物中的可溶性有机物透过好氧微生物的细胞壁和细胞膜而被其吸收利用，不溶性的固体的和胶体的有机物先附着在微生物体外，由微生物所分泌的胞外酶分解为可溶性物质，再渗入细胞。然后，微生物通过自身的新陈代谢过程；把一部分被吸收的有机物氧化分解成简单的无机物，并放出生物生长活动所需要的能量；把另一部分有机物转化为组成自身的构件，维持微生物的生长繁殖。好氧堆肥过程中各物质的转化可用下列反应式表示。

（1）不含氮有机物的氧化

$$C_xH_yO_z + \left(x + \frac{1}{2}y - \frac{1}{2}z\right)O_2 \longrightarrow xCO_2 + \frac{1}{2}yH_2O + \text{能量}$$

（2）含氮有机物的氧化

$$C_sH_tN_yO_z \cdot aH_2O + bO_2 \longrightarrow C_wH_xN_yO_z \cdot cH_2O + dH_2O(\text{液}) + eH_2O(\text{气}) + fCO_2 + gNH_3 + \text{能量}$$

（3）细胞物质合成

$$nC_xH_yO_z + NH_3 + \left(nx + \frac{ny}{4} - \frac{nz}{2} - 5x\right)O_2 \longrightarrow C_5H_7NO_2(\text{细胞质}) + (nx-5)CO_2$$

$$+\frac{1}{2}(ny-4)H_2O+\text{能量}$$

(4) 细胞物质的氧化

$$C_5H_7NO_2(\text{细胞质})+5O_2 \longrightarrow 5CO_2+2H_2O+NH_3+\text{能量}$$

好氧堆肥大致上可以分为三个阶段，即中温阶段、高温阶段和降温阶段，不同的阶段拥有不同的微生物类群，包括各种细菌、真菌、放线菌和原生动物等，它们利用有机物作为食物和能量的来源。

堆肥初期，基质的温度一般不高，维持在 15～45℃。此时，活跃的微生物主要是一些细菌、真菌和放线菌，它们主要以糖类和淀粉为碳源。当堆肥温度上升到 45℃以上时，就进入高温阶段。这时，嗜温微生物受到温度抑制甚至死亡，嗜热微生物活跃起来，常见的有嗜热真菌、嗜热放线菌和嗜热细菌，在这一阶段，除了上阶段残留的和新形成的可溶性有机物继续被氧化分解外，堆肥中复杂的有机物，如纤维素、半纤维素和蛋白质也开始被强烈分解，同时腐殖质开始形成。随着多种有机物的进一步降解，堆肥进入降温阶段，此时基质中剩下较难分解的有机物和新形成的腐殖质，微生物活性下降，温度降低，嗜温微生物重占优势，剩余难分解的有机物进一步被分解，腐殖质逐渐积累并稳定下来。

好氧堆肥温度高，可以杀灭有机废物中存在的病原菌、寄生虫和一些植物种子，而且嗜热菌对有机物质的降解速度快，环境条件好，不会产生臭气。因此，采用的堆肥工艺一般为好氧堆肥。

厌氧堆肥是在无氧条件下，利用厌氧微生物的作用来进行的。厌氧堆肥过程一般包括产酸和产气两个阶段。第一阶段是产酸阶段，产酸菌将大分子有机物逐步降解为小分子的有机酸、醇、CO_2、NH_3、H_2S 等，随着有机酸的大量积累，pH 逐渐下降，产酸菌活性受到抑制，产甲烷细菌开始繁殖，此时有机酸和醇被分解，pH 回升，由于这个阶段伴随着大量甲烷气体产生，因此又称产气阶段，如图 7.5 所示。

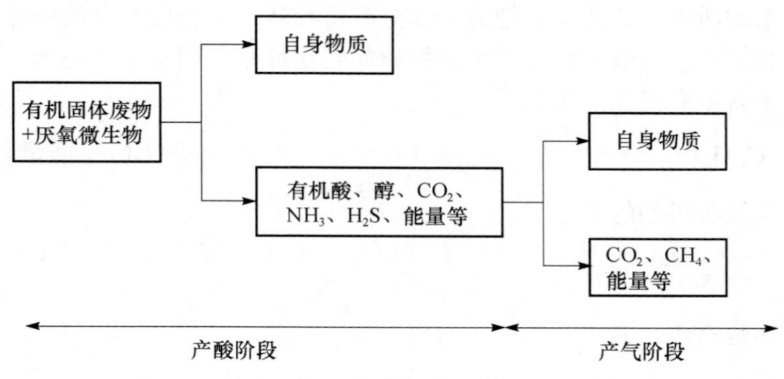

图 7.5　厌氧堆肥过程

与好氧堆肥相比，厌氧堆肥的周期长，易产生恶臭，产品中常含有分解不充分的杂质；但厌氧堆肥的工艺简单，运转费用低，通过堆肥自然发酵分解有机物，不必由外界提供能量，堆肥接近常温，可较好地保存肥效；而且，厌氧堆肥产生的沼气可以作为能源加以回收利用，同时也减少了 CO_2、CH_4 等温室气体的排放，消化产物（沼渣、沼液）成为潜在的优质肥料，从投资和运行成本的角度来看，厌氧堆肥也更为经济。

2. 堆肥工艺与设备

堆肥技术是有机固体废弃物和资源化利用的一种有效手段，人类利用有机固体废物生产堆肥的方式已经有很长的历史。农业上，农民们很早就知道将动物粪尿，废物垃圾以及废弃的菜叶等物质通过堆肥的方式转化为肥料。这些肥料可以为土壤提供大量的腐殖质和营养物质，对土壤的培肥有重要意义。现代的堆肥过程是在原始的堆肥方式上发展起来的，一方面，堆肥技术生产了大量的有机肥料作为土壤改良剂，对农田环境产生了良好的生态效益和经济效益；另一方面，采用堆肥技术作为有机固体废物处理的一种重要手段，改善了环境质量，实现自然界的物质能量良性循环。

与好氧堆肥相比，厌氧堆肥技术具有良好的经济效益（沼气用来发电或供热以及制作优质卫生的肥料等）和环境效益（占地少，大大减少了温室气体、臭气的排放等），因此，在我国厌氧堆肥工艺是一项很有前景的有机垃圾处理技术。

但我国处理城市生活垃圾的厌氧堆肥技术在流程的各个环节上还需要不断完善，如筛选适合垃圾厌氧发酵的高效微生物菌群，大力改善垃圾的分选措施，将堆肥工艺与其他方法紧密结合，进行堆肥的综合利用等。此外，多种原料混合发酵也是堆肥处理的一个方向。城市生活垃圾 C/N 值较高，有机质含量低，如果和粪便、下水道污泥等混合发酵，不仅能调节 C/N 值，利于发酵进行，并能提高有机物含量，增加肥效。总之，堆肥技术特别是厌氧堆肥技术处理有机固体废物，具有广阔的应用前景，在农业上和环境效益上都具有重要的意义。

不同堆肥技术的主要区别在于维持堆体物料均匀及通气条件所使用的技术手段，主要的堆肥方法与设备如图 7.6 所示。这些技术可以简单到把混匀的堆料堆成条垛式，然后定期翻堆垛以提供好氧条件；或者复杂到把堆料放入发酵仓中，用机械设备对物料进行连续的混匀，通过通气设备进行连续的通气。

1）条垛式堆肥系统

在堆肥系统中存在着技术水平等级之分，条垛式是堆肥系统中最简单的一种[82]。特点是通过定期翻堆来实现堆体中的有氧状态。翻堆可以采用人工方式或特有的机械设备。最普遍的条垛形状是底宽 3～5m，高 2～3m 的梯形条垛。最佳的尺寸根据气候条件、翻堆使用的设备、堆肥原料的性质而定。不管是为了

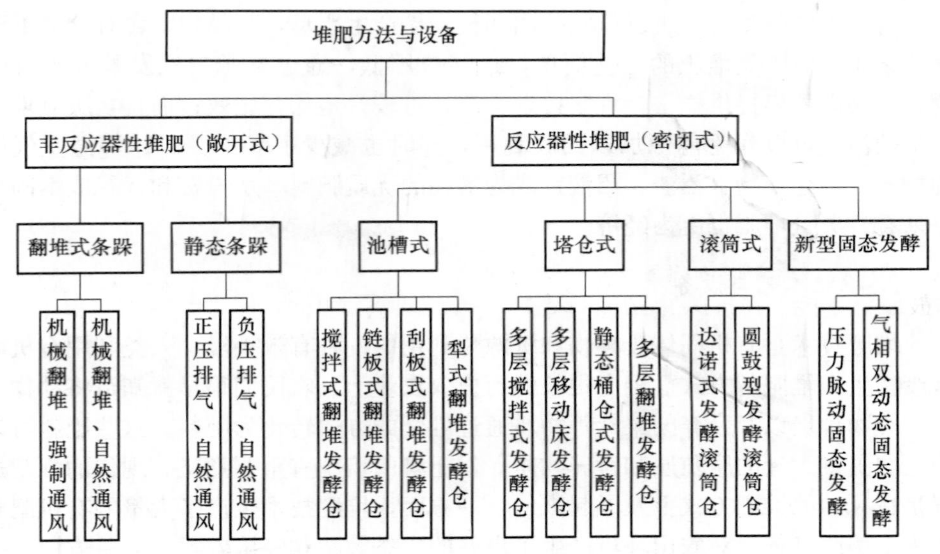

图 7.6 堆肥方法与设备分类

便于操作和维持堆体形状，还是为了保护周围环境和防止渗漏，条垛式堆肥都应堆在沥青、水泥或者其他坚固的地面上。

翻堆的频率受许多条件限制。首先，翻堆的目的是提供堆体中微生物群的氧气需求，因此，翻堆的频率在堆肥初期应显著高于堆肥的后期。其他因素如腐熟程度、翻堆设备类型、能力、防止臭味的发生、占地空间的需求及各种经济因素的变化。条垛式堆肥一次发酵周期为 1～3 个月[83]。

(1) 条垛式系统的优点。尽管技术水平低，条垛式系统也有许多优点：①所需设备简单，成本投资相对较低；②翻堆会加快水分的散失，堆肥易于干燥；③填充剂易于筛分和回用；④因为堆腐时间相对较长，产品的稳定性相对较好。

(2) 条垛式系统的缺点。条垛式系统的缺点也很明显：①条垛式系统占地面积大（堆体本身占地面积大，又加之堆腐周期长）；②需要翻动堆体进行通气，因此，要有大量的翻堆机械及人力；③相对于其他堆肥系统而言，条垛式堆肥系统需要更频繁地监测，才能确保足够的通气量和温度；④翻堆会造成臭味的散失，特别是当堆腐生污泥或未经稳定化的污泥时情况更为严重，这会造成环境问题；⑤条垛式在不利的气候条件下不能进行操作，雨季会破坏堆体结构，冬季会造成堆体热量大量散失，温度降低，这些问题可以通过加盖棚顶来解决，但这会提高投资成本；⑥为了保证良好的通气条件，条垛式系统所需要的填充剂比例相对较大。

条垛式系统一直被广泛采用[84～86]。美国 1993 年普查，条垛式系统占 321 个堆肥项目的 21.5%。1993 年加拿大普查全国 121 个运行的堆肥厂中，其中 90 个是条垛式系统[87]。条垛式系统在美国和加拿大等国使用比例较高，因为这些国家有相对较大的土地面积。

2）通气静态垛堆肥系统

相对于条垛式系统，能更有效地确保达到高温、提供进行病原菌灭活的堆肥系统被称为 Beltsiville（BARC）通气快速堆肥法[88]。通气静态垛与条垛式系统的不同之处：①堆肥过程中不进行物料的翻堆；②通过鼓风机通风使堆体保持好氧状态。在静态垛堆肥中，通气系统包括一系列管路，这些管路位于堆体下部，与鼓风机连接。在这些管路上铺一层木屑或者其他填充料，可以使通气达到均匀，然后在这层填充料上堆放堆肥物料构成堆体，在最外层覆盖上过筛或未过筛的堆肥产品进行隔热保温。

（1）通气静态垛的优点。通气静态垛系统有许多优点：①设备的投资相对较低；②相对于条垛式系统，温度及通气条件得到更好的控制；产品稳定性好，能更有效地杀灭病原菌及控制臭味；③由于条件控制较好，通气静态垛系统堆腐时间相对较短，一般为 2～3 周；④由于堆腐期相对较短、填充料的用量少，故占地也相对较少。

（2）通气静态垛的缺点。通气静态垛系统的缺点也较明显：堆肥易受气候条件的影响。与条垛式系统不同之处在于，在足够大体积、合适的堆腐条件下，通气静态垛系统受寒冷气候的影响较小。通气静态垛系统在美国使用最普遍。例如，世界上最大的污泥堆肥厂——污泥处理中心 SPDC，就是根据 Beltsville 方法建造的通气静态垛系统。美国的小城镇 Lawtence 和 Cedarhurst 也选用了通气静态垛系统，因为这种方法适合于小城镇的污泥处理（每天小于 1t 干质量污泥产量）。

3）发酵仓堆肥系统

发酵仓系统（图 7.7）是使物料在部分或全部封闭的容器内，控制通气和水分条件，使物料进行生物降解和转化。发酵仓系统与其他两类系统的根本区别是

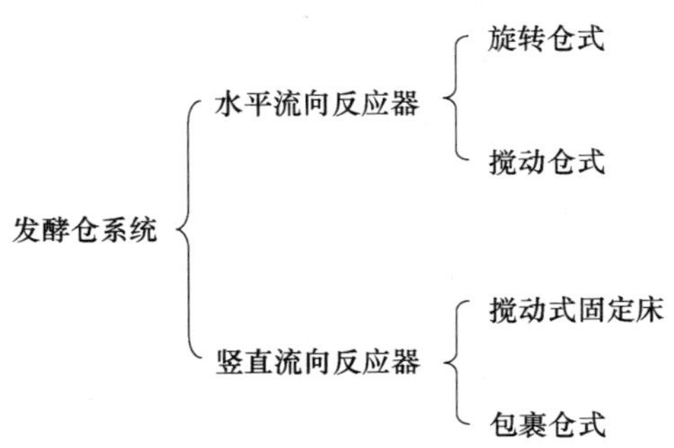

图 7.7　发酵仓系统

该系统是在一个或几个容器内进行，是高度机械化和自动化。堆肥基本步骤与其他两类系统相同。堆肥的整个工艺包括通风、温度控制、水分控制、无害化控制、堆肥的腐熟等。作为发酵仓系统不仅应尽可能地满足工艺的要求，而且要实现机械化大生产。作为动态发酵工艺，堆肥设备必须具有改善、促进微生物新陈代谢的功能。例如，翻堆、曝气、搅拌、混合，通风系统控制水分、温度，在发酵的过程中自动解决物料移动及出料问题，最终达到缩短发酵周期、提高发酵速率、提高生产效率、实现机械化大生产。

发酵仓系统按物料的流向划分，可分为水平流向反应器和竖直流向反应器。

相对于条垛式系统和通气静态垛式系统，发酵仓系统的特点是：①堆肥设备占地面积小；②能够进行很好的过程控制（水、气、温度）；③堆肥过程不会受气候条件的影响；④能够对废气进行统一的收集处理，防止了环境的二次污染，同时也解决了臭味问题；⑤在发酵仓系统中，可以对热量进行回收利用。

在发达国家发酵仓系统使用较普遍。法国目前拥有 70 多个堆肥厂，许多工厂都几乎实行了半机械化的操作，多采用滚筒式发酵系统。美国 1993 年普查，321 个堆肥厂中发酵仓系统占 30.1%[89,90]。

4）新型固态发酵堆肥系统

发酵仓系统是较普遍使用的堆肥系统，但是发酵仓系统也存在着明显的不利因素：首先是高额的投资，包括堆肥设备的投资（设计、制造），运行费用及维护费用；其次由于相对短的堆肥周期，堆肥产品会有潜在的不稳定性，几天的堆腐不足以得到一个稳定的、无臭味的产品，堆肥的后熟期相对延长；完全依赖专门的机械设备，一旦设备出现问题，堆肥过程即受影响。因此，采用新型的固态发酵技术与设备，维持发酵系统的稳定性是污泥、生活垃圾等堆肥资源化利用的关键。

固态发酵的规模化生产并未迅速普及，主要因为固态发酵一些培养参数（传热、传质及水活度等）难以控制。在传统的固态发酵中，加强传质、传热的手段就是机械翻动，即气相不动，固相连续翻动。其翻动的目的就是使颗粒混合，加速反应颗粒间或气体分子间的接触频率，使料层间的气体由分子扩散变为对流扩散。但对发酵过程中的微生物反应而言，过多的翻动对生长不利，使菌丝体断裂，翻动引起的剪切力对菌体往往有伤害。翻动固体物料除设备机械密封困难，能耗高，结构复杂，引起染菌等问题外，还有两个致命的缺陷：其一是黏湿物料与机械耙及四壁接触，且接触压力大，死角不可避免，无法清洗彻底，几乎不可能达到严格意义上的纯种培养；其二，翻动唯一的正面作用是使发酵料层内的气相传质由分子扩散变为对流扩散。但培养基不可能像干物料那样，容易结团，所以机械搅拌不易达到单颗粒混合尺度，即团块内部的大量颗粒不受机械翻动的影响，因此变分子扩散为对流扩散的有效性十分有限。

在固态发酵方面，中科院过程工程研究所对于固态发酵新技术的开发提出过多种解决方案，并且一直坚持对固态发酵反应器的研究，从思维方式上实现固态发酵的突破。1991 年李佐虎教授等提出了以压力脉动法向力为动力源的“外界周期刺激强化生物反应及细胞内外传递过程”的生物反应器设计新原理，从而诞生了“压力脉动固态发酵新技术”。从 0.5L 试验到 800L 中试，到 $25m^3$、$50m^3$、$100m^3$ 的工业规模，以微生物农药 B. t 可湿性粉剂、白僵菌和纤维素酶为示范性产品，自 1998 年以来先后在安徽众邦公司、山西益尔公司、江西天人公司、山东泽生公司建成了固态发酵大规模纯种培养的示范基地，显示出诸多优于液体深层发酵的技术经济指标。

气相双动态固态发酵可以克服传统固态发酵中的一些缺点。例如，气体压力脉冲的目的除避免机械搅拌的缺陷外，主要是为了提高传质、传热速率，减小温度、O_2 及 CO_2 浓度梯度。在微生物代谢活跃阶段，压力脉冲较高的频率才能满足微生物所需大量 O_2 及热传的要求。频率越高，越利于传质、传热，越利于酶活提高。但如果频率较高，对罐体性能、能耗要求较高及伴随大量的水分损失，导致底物水活度下降，严重影响菌体的生长，所以在最小温度、浓度梯度与最大的脉冲频率之间存在一个折中值。在发酵过程中，温度、氧、二氧化碳及水活度等因素共同影响菌体，以及很难预测微生物代谢活跃阶段的开始，所以很难使脉冲周期量化。根据温度探针指示基质温度［反应微生物的代谢状况：底物温度变化曲线与菌体生长曲线一致，包括延长期、对数生长期（温度迅速上升）、稳定期（温度开始下降）及衰亡期］并结合实际情况来优化气体脉冲周期。

气体内循环的目的是使气相始终处在对流扩散状态。内循环速率变化也应与微生物的代谢状况相对应，随着微生物代谢活动的加剧，气体内循环速率也应增加。但风速太大，填料层表面基质将被吹起。风速可以通过马达转速及风扇功率估计。

采用上述气相双动态固态发酵系统，陈洪章等进行了城市垃圾等原料固态发酵生态肥料的研究。结果表明，分别进行常压、周期变压固态发酵，这种周期性或变周期性变压发酵可以为微生物的生长提供充足的氧气、氮气，并迅速地排出代谢废气如 CO_2 等；在压力变化的同时，发酵料产生压紧与蓬松运动，起到了搅拌的作用。与常规静置发酵相比，采用变压发酵，微生物生长较快，发酵周期缩短，测量指标可提高一倍左右；镜检观察发现，变压发酵中微生物个体较大，在相同生长时间内，变压发酵的测量指标是常压发酵的 2～3 倍。

参考文献

［1］ 陈洪章. 生物质科学与工程［M］. 北京：化学工业出版社，2008：11-15.

[2] 陈洪章. 生物基产品过程工程 [M]. 北京：化学工业出版社，2010：12，13.

[3] 宋永民，陈洪章. 汽爆秸秆高温固态发酵沼气的研究 [J]. 环境工程学报，2008，2 (11)：1564-1570.

[4] 张爱军，陈洪章. 有机固体废物固态厌氧消化处理的研究现状与进展 [J]. 环境科学研究，2002，15 (5)：52-54.

[5] 中华人民共和国国家统计局. 主要城市工业废水排放及处理情况 [C]. 中国统计年鉴，2010.

[6] 成官文，王敦球，李金城，等. 我国糖业废水处理进展及其污染防治对策——以广西糖业为例 [J]. 桂林工学院学报，2000，(S1)：52-56.

[7] 陈孟林，吴颖瑞，倪小明，等. 糖蜜酒精废液治理技术的现状与发展方向 [J]. 现代化工，2002，(S1)：170-173.

[8] 应一梅. 内循环厌氧生物反应器处理酒精工业废水的生产性启动研究 [D]. 郑州大学，2004.

[9] 黄昱，李小明，杨麒，等. 高级氧化技术在抗生素废水处理中的应用 [J]. 工业水处理，2006，26 (8)：13-17.

[10] 巩有奎，张林生. 抗生素废水处理研究进展 [J]. 工业水处理，2005，25 (12)：1-5.

[11] 杨军，陆正禹. 抗生素工业废水生物处理技术的现状与展望 [J]. 环境科学，1997，18 (3)：83-85.

[12] 曾丽璇，张秋云，刘佩红，等. 抗生素制药废水处理技术进展 [J]. 安全与环境工程，2005，12 (4)：62-64.

[13] 杜仰民. 造纸工业废水治理进展与评述 [J]. 工业水处理，1997，17 (3)：1-5.

[14] 管运涛，蒋展鹏. 两相厌氧膜-生物系统处理造纸废水 [J]. 环境科学，2000，21 (4)：52-56.

[15] 王晖，符斌. 造纸废水处理方法现状及展望 [J]. 中国资源综合利用，2005，(2)：21-24.

[16] 陈洪章，付小果. 薯蓣属原料的汽爆初级炼制多联产的方法：中国，201010113617.6 [P]. 2010-08-18.

[17] 毕亚凡，汪建华，严向东，等. 黄姜皂素废水厌氧处理间歇试验研究 [J]. 工业水处理，2005，25 (9)：45-48.

[18] 吴成昌，田杰，戴军发. 黄姜产业可持续发展对策研究 [J]. 环境科学与技术，2005，28 (2)：95-97.

[19] 张勇，祁恩成，张守诚，等. 皂素废水综合处理技术的探讨 [J]. 环境科学与技术，2004，27：124，125.

[20] 李耀辰，鲍建国，周旋，等. 高盐度有机废水对生物处理系统的影响研究进展 [J]. 环境科学与技术，2006，29 (6)：109-111.

[21] 文湘华，占新民. 含盐废水的生物处理研究进展 [J]. 环境科学，1999，20 (3)：104-106.

[22] 王志霞，王志岩. 高盐度废水生物处理现状与前景展望 [J]. 工业水处理，2002，

22 (11): 1-4.

[23] 武周虎，张国辉，武桂芝. 香港利用海水冲厕的实践 [J]. 中国给水排水，2000，16 (11): 49，50.

[24] Lefebvre O，Moletta R. Treatment of organic pollution in industrial saline wastewater: A literature review [J]. Water Research，2006，40 (20): 3671-3682.

[25] 张辰，张善发，王国华. 污泥处理处置研究进展 [M]. 北京：化工大学出版社，2005: 10-17.

[26] 杨晗熠，吴育华. 组合预测模型在城市垃圾产量预测中的研究与应用 [J]. 北京理工大学学报 (社会科学版)，2009，(002): 54-57.

[27] 孟繁柱，金志英，王荣森，等. 我国城市垃圾产量预测 [J]. 环境保护科学，2003，29 (6): 21-24.

[28] 翁伟，杨继涛，赵青玲，等. 我国秸秆资源化技术现状及其发展方向 [J]. 中国资源综合利用，2004，(7): 18-21.

[29] 张自杰. 排水工程 (下) [M]. 北京：中国建筑工业出版社，1997: 10-15.

[30] Mata-Alvarez J，Mace S，Llabres P. Anaerobic digestion of organic solid wastes: An overview of research achievements and perspectives [J]. Bioresource Technology，2000，74 (1): 3-16.

[31] Costello D，Greenfield P，Lee P L. Dynamic modelling of a single-stage-high rate anaerobic reactor-I. model derivation [J]. Water Research，1991，25 (7): 847-858.

[32] 曾光明，何静，马荣骏，等. 运用动力学模型研究盐度对厌氧生物的抑制作用 [J]. 中南大学学报 (自然科学版)，2005，36 (4): 599-604.

[33] Kiely G，Tayfur G，Dolan C，et al. Physical and mathematical modelling of anaerobic digestion of organic wastes [J]. Water Research，1997，31 (3): 534-540.

[34] Siegrist H，Vogt D，Garcia-Heras J L，et al. Mathematical model for meso-and thermophilic anaerobic sewage sludge digestion [J]. Environmental Science & Technology，2002，36 (5): 1113-1123.

[35] Veeken A，Hamelers B. Effect of temperature on hydrolysis rates of selected biowaste components [J]. Bioresource Technology，1999，69 (3): 249-254.

[36] Lay J，Li Y，Noike T，et al. Analysis of environmental factors affecting methane production from high-solids organic waste [J]. Water Science and Technology，1997，36 (6-7): 493-500.

[37] 童昶，沈耀良，赵丹，等. 厌氧反应器技术的发展及 ABR 反应器的工艺特点 [J]. 江苏环境科技，2001，14 (4): 9-11.

[38] 徐晓秋. 高浓度有机废水厌氧处理技术的研究进展与应用现状 [J]. 应用能源技术，2011，(12): 6-9.

[39] Barber W P，Stuckey D C. The use of the anaerobic baffled reactor (ABR) for wastewater treatment: A review [J]. Water Research，1999，33 (7): 1559-1578.

[40] Metcalf L. American sewerage practice: Disposal of sewage [J]. American J Public

Health Nations Health，1936，26（5）：536.
[41] Stander G J. Effluents from fermentation industries. Part Ⅳ（1）：A new method for increasing and maintaining efficiency in the anaerobic digestion of fermentation effluents [J]. Public Health，1950，14（9）：263-273.
[42] Schroepfer G J，Fullen W，Johnson A，et al. The anaerobic contact process as applied to packinghouse wastes [J]. Sewage and Industrial Wastes，1955，460-486.
[43] 贺延龄. 废水的厌氧生物处理 [M]. 北京：中国轻工业出版社，1999：8-15.
[44] Droste R，Guiot S，Gorur S，et al. Treatment of domestic strength wastewater with anaerobic hybrid reactors [J]. Water Quality Research Journal of Canada，1987，22（3）：474-490.
[45] Witt E R，Humphrey W，Roberts T. Full-scale anaerobic filter treats high strength wastes [C] //34th industrial waste conference procedding. Purdue University Lafayette Indina，1979.
[46] 任南琪，王爱杰. 厌氧生物技术原理与应用 [M]. 北京：化学工业出版社，2004：2-55.
[47] Lettinga G，van Velsen A F M，Hobma S W，et al. Use of the upflow sludge blanket（USB）reactor concept for biological wastewater treatment，especially for anaerobic treatment [J]. Biotechnology and Bioengineering，1980，22（4）：699-734.
[48] 马溪平. 厌氧微生物学与污水处理 [M]. 北京：化学工业出版社，2005. 1-15.
[49] Ghosh S，Henry M，Sajjad A，et al. Pilot-scale gasification of municipal solid wastes by high-rate and two-phase anaerobic digestion（TPAD）[J]. Water Science and Technology，2000：101-110.
[50] Zhang R，Zhang Z. Biogasification of rice straw with an anaerobic-phased solids digester system [J]. Bioresource Technology，1999，68（3）：235-245.
[51] Wujcik W J，Jewell W J. Dry anaerobic fermentation [C]. Biotechnology and Bioengineering，1980，10：43-65.
[52] Hasegawa S，Shiota N，Katsura K，et al. Solubilization of organic sludge by thermophilic aerobic bacteria as a pretreatment for anaerobic digestion [J]. Water Science and Technology，2000，41（3）：163-169.
[53] Kbler H，Hoppenheidt K，Hirsch P，et al. Full scale co-digestion of organic waste [J]. Water Science and Technology，2000，41（3）：195-202.
[54] 潘云霞，李文哲. 接种物浓度对厌氧发酵产气特性影响的研究 [J]. 农机化研究，2004，(1)：187，188.
[55] 曲静霞，姜洋，何光设，等. 农业废弃物干法厌氧发酵技术的研究 [J]. 可再生能源，2004，2（2）：40-42.
[56] 李东，马隆龙，袁振宏，等. 华南地区稻秸常温干式厌氧发酵试验研究 [J]. 农业工程学报，2006，22（12）：176-179.
[57] Cicek N. A review of membrane bioreactors and their potential application in the treat-

ment of agricultural wastewater [J]. Canadian Biosystems Engineering，2003，45 (6)：37-49.

[58] Ghosh S. Gas production by accelerated bioleaching of organic materials：US Patents. 4396402 [P]. 1983.

[59] Ghosh S，Buoy K，Dressel L，et al. Pilot-and full-scale two-phase anaerobic digestion of municipal sludge [J]. Water Environment Research，1995，67 (2)：206-214.

[60] 李兵，尹庆美，张华，等. 污泥的处理处置方法与资源化 [J]. 安全与环境工程，2004，11 (4)：52-56.

[61] 施跃锦，李非里. 城市污水污泥的厌氧消化与厌氧堆肥 [J]. 浙江工业大学学报，2002，30 (4)：377-381.

[62] 余杰，田宁宁，王凯军. 城市污水厂污泥处理与处置技术的新思路 [J]. 中国给水排水，2008，24 (6)：11-14.

[63] 宋敬阳. 城市污水污泥的农田施用 [J]. 国外环境科学技术，1993，(3)：29-32.

[64] 韦朝海，陈传好. 污泥处理，处置与利用的研究现状分析 [J]. 城市环境与城市生态，1998，11 (4)：10-13.

[65] 陈洪章，邱卫华. 一种水解酸化生物质原料制备发酵碳源的方法：中国，201110035297. 1 [P]. 2011-09-07.

[66] 陈洪章，付小果. 木质纤维素水解酸化微生物菌剂的制备方法：中国，201110034303. 1 [P]. 2011-09-07.

[67] Lansing S，Botero R B，Martin J F. Waste treatment and biogas quality in small-scale agricultural digesters [J]. Bioresource Technology，2008，99 (13)：5881.

[68] Zhang P D，Jia G M，Wang G. Contribution to emission reduction of CO_2 and SO_2 by household biogas construction in rural China [J]. Renewable and Sustainable Energy Reviews，2007，11 (8)：1903-1912.

[69] 高云超，邝哲师，潘木水，等. 我国农村户用型沼气的发展历程及现状分析 [J]. 广东农业科学，2006，(11)：22-27.

[70] Liu Y，Kuang Y Q，Huang N S，et al. Popularizing household-scale biogas digesters for rural sustainable energy development and greenhouse gas mitigation [J]. Renewable Energy，2008，33 (9)：2027-2035.

[71] 雷震宇，李布青，周婷婷. 大中型沼气工程设计初探 [J]. 农业工程技术：新能源产业，2010，11：19-23.

[72] 曹冬梅，刘坤. 城市污泥厌氧消化产沼气资源化研究 [J]. 工业安全与环保，2006，32 (011)：41-44.

[73] Lantz M，Svensson M，Bjamsson L，et al. The prospects for an expansion of biogas systems in Sweden——incentives，barriers and potentials [J]. Energy Policy，2007，35 (3)：1830-1843.

[74] Purohit P，Kandpal T C. Techno-economics of biogas-based water pumping in India：An attempt to internalize CO_2 emissions mitigation and other economic benefits [J]. Re-

newable and Sustainable Energy Reviews，2007，11（6）：1208-1226.

［75］ Limmeechokchai B，Chawana S. Sustainable energy development strategies in the rural Thailand：The case of the improved cooking stove and the small biogas digester［J］. Renewable and Sustainable Energy Reviews，2007，11（5）：818-837.

［76］ Tsagarakis K P. Optimal number of energy generators for biogas utilization in wastewater treatment facility［J］. Energy Conversion and Management，2007，48（10）：2694-2698.

［77］ Kim J S，Kim B G，Lee C H，et al. Development of clean technology in alcohol fermentation industry［J］. Journal of Cleaner Production，1997，5（4）：263-267.

［78］ 张建华，段作营，李永飞，等. 酒精蒸馏废液全循环工艺研究［J］. 食品与发酵工业，2006，32（4）：31-34.

［79］ 毛忠贵，张建华. 燃料乙醇制造的“零能耗零污染”趋势［J］. 生物工程学报，2008，24（6）：946-949.

［80］ 张成明，翟芳芳，张建华，等. 木薯酒精生产中厌氧消化液的回用工艺研究［J］. 安徽农业科学，2008，36（17）：7417-7420.

［81］ 郭春耀. 污泥资源化研究进展［J］. 山西煤炭管理干部学院学报，2009，4：4.

［82］ Manser A G R，Keeling A A. Practical Handbook of Processing and Recycling Municipal Waste［J］. Florida：Lewis Publishers，1996.

［83］ Pipatti R，Savolainen I，Sinisalo J. Greenhouse impacts of anthropogenic CH_4 and N_2O emissions in Finland［J］. Environmental Management，1996，20（2）：219-233.

［84］ Nakasaki K，Yaguchi H，Sasaki Y，et al. Effects of pH control on composting of garbage［J］. Waste Management & Research，1993，11（2）：117.

［85］ De Bertoldi M，Vallini G，Pera A. The biology of composting：a review［J］. Waste Management & Research，1983，1（2）：157-176.

［86］ Breidenbach A W. Composting of Municipal Solid Wastes in the United States［J］. US Environmental Protection Agency，1971：77-92.

［87］ Hogg D，Barth J，Favoino E，et al. Comparison of compost standards within the EU，North America and Australasia［J］. Waste and Resources Action Programme（WRAP），2002.

［88］ Epstein E，Willson G，Burge W，et al. A forced aeration system for composting wastewater sludge［J］. Water Pollution Control Federation，1976，48（4）：688-694.

［89］ 李国学，张福锁. 固体废物堆肥化与有机复混肥生产［M］. 化学工业出版社，2000：5-75.

［90］ 李艳霞，王敏健，王菊思，等. 固体废弃物的堆肥化处理技术［J］. 环境污染治理技术与设备，2000，1（4）：39-45.